北京理工大学“双一流”建设精品出版工程

Computational Solid Mechanics

计算固体力学

董春迎 ◎ 编著

北京理工大学出版社
BEIJING INSTITUTE OF TECHNOLOGY PRESS

内容简介

计算固体力学是计算力学的一个分支学科，它利用计算方法研究各种固体力学和结构力学问题。本书主要介绍有限元法的基本原理和数值方法，其内容包括杆系结构、平面问题、轴对称和空间问题、板弯曲、动力学及非线性问题。此外，本书对边界元法、等几何有限元法和等几何边界元法也做了简单介绍，旨在便于读者对这些独特的计算方法有初步了解。

本书可作为工程力学、机械工程、土木结构、航空航天工程和船舶与海洋等专业的本科生和研究生教材，也可供工程技术人员和教师参考。

图书在版编目(CIP)数据

计算固体力学 / 董春迎编著. -- 北京 : 北京理工大学出版社, 2022.11(2024.1 重印)

ISBN 978-7-5763-1855-5

Ⅰ. ①计… Ⅱ. ①董… Ⅲ. ①计算固体力学 Ⅳ. ①O34

中国版本图书馆 CIP 数据核字(2022)第 221823 号

责任编辑：曾　仙　　　**文案编辑**：曾　仙
责任校对：周瑞红　　　**责任印制**：李志强

出版发行 / 北京理工大学出版社有限责任公司
社　　址 / 北京市丰台区四合庄路 6 号
邮　　编 / 100070
电　　话 / (010) 68944439 (学术售后服务热线)
网　　址 / http://www.bitpress.com.cn

版 印 次 / 2024 年 1 月第 1 版第 2 次印刷
印　　刷 / 廊坊市印艺阁数字科技有限公司
开　　本 / 787 mm × 1092 mm　1/16
印　　张 / 14
彩　　插 / 4
字　　数 / 341 千字
定　　价 / 56.00 元

PREFACE

前言

计算固体力学是计算力学的一个分支学科，它利用计算方法研究各种固体力学和结构力学问题。随着计算机硬件和软件的飞速发展，计算固体力学的应用越来越广泛，它的求解问题涉及各类大变形固体力学（黏弹塑性、热传导和多体接触等）、结构动力学（冲击载荷、热冲击和波的传播与散射等）和结构优化（结构尺寸优化、结构形状和拓扑优化等）等。计算固体力学围绕各种数值方法开展研究，其中主要的数值方法为有限元法、边界元法和等几何分析。有限元法作为一种应用广泛、适用性强的数值方法，在计算固体力学中占有独特的地位。边界元法在弹性力学、声学和电磁学等领域具有突出的优势。等几何分析是近年来发展起来的一种新的数值方法，它将计算机辅助设计和数值分析无缝地连接在一起，具有高精度、高效率等特点，已被应用于静力学、动力学、声学、生物力学及流体力学等领域。计算固体力学还包括有限差分法、加权参数法、无网格法、近场动力学等，这些分支方法各有特点，在各自的应用领域发挥着重要作用。

党的二十大报告明确指出：教育、科技、人才是全面建设社会主义现代化国家的基础性、战略性支撑。为此，面向国家重大需求和计算力学前沿发展需要，探究计算固体力学课程中存在的问题，包括优化课程内容、培养力学专业大学生的爱国主义情怀、科学精神品质和大国工匠精神等方面。遵循党的二十大精神，本书以编者多年来在计算固体力学领域的教学和科研经验为基础，考虑到有限元法在实际工程结构中的应用和在科学研究中所起的重要作用，书中重点介绍了有限元法的基本原理、方法和应用，还介绍了边界元法、等几何有限元法和等几何边界元法的基础知识，并对知识点辅以相关例题及详解和配套习题，可为读者进一步学习和研究计算固体力学的理论和方法奠定良好的基础。

全书共分为 11 章。第 1 章为绪论，简要介绍计算固体力学的发展概况，便于读者对计算固体力学的研究内容和应用有大致了解。第 2 章主要介绍平面二维桁架结构的有限元法，旨在为后续介绍的有限元法奠定知识基础。第 3 章介绍可用于平面应力或者平面应变问题的常应变三角形单元，以便读者掌握有限元法在平面问题应用中的基本原理和方法。第 4 章介绍等参有限单元法，旨在读者掌握等参有限元的基本概念和求解方法。

第5章介绍高次等参单元，便于读者了解线性单元的弱点和高次等参单元的优点。第6章介绍轴对称和空间问题的有限元法，旨在读者了解实际工程问题是三维的，需要用三维有限元法求解，但对于一些工程问题可以简化，用轴对称有限元法求解。第7章介绍Korchhoff板和Mindlin板弯曲的有限元法，便于读者了解这两类板弯曲有限元法的基本方程和求解方法。第8章介绍弹性动力学问题的有限元法，旨在读者掌握动力学问题的有限元求解方法。第9章介绍非线性有限元法，其中涵盖非线性类型、非线性分析中的计算方法、弹塑性分析及几何非线性分析。第10章介绍位势问题和弹性力学问题的边界元法，分别推导了这两类问题的边界积分方程，并给出了数值实施方法。第11章介绍等几何分析中涉及的NURBS曲线曲面的基本知识及等几何有限元法和等几何边界元法的数值实施方法。

本书既可作为工程力学、机械工程、土木结构、航空航天工程和船舶与海洋等专业的本科生和研究生教材，也可供相关领域的科研人员参考。

本书的出版得到了北京理工大学“十四五”（2022年）规划教材项目的资助，本书中的部分研究内容是在国家自然科学基金（No. 11972085、No. 11672038）的资助下完成的，在此表示衷心的感谢。本书在编写过程中参考了大量文献，在此对相关作者一并表示感谢。北京理工大学出版社的曾仙编辑为本书的细节做了很多工作，特此表示谢意！

由于笔者水平有限，书中难免有不妥之处，恳请读者批评指正。

董春迎

2022年10月

目 录
CONTENTS

第1章
绪　　论

1.1　引　言

计算力学是一门力学、应用数学和计算机科学的交叉学科，旨在开发解决科学和工程中具有挑战性和重要性的计算问题的新方法，因此对数值方法的依赖性很强。计算力学中常用的数值方法如图1.1所示。计算固体力学、计算流体力学、计算细观力学、计算生物力学及计算热力学是计算力学众多分支学科中的一部分。本书主要介绍计算固体力学涉及的一些数值方法，如有限元法、边界元法、等几何分析等。在固体力学中，有限元法比有限差分法更常用；而在流体力学、热力学和电磁学中，有限差分法的应用更广泛。一般来说，边界元法的适用性有限，但在弹性力学、断裂力学、电磁场和声学工程等特定领域有独特的优势。等几何分析是近年来新兴的一种高效、高精度的计算技术，它集计算机辅助设计与分析于一体，能避免网格划分，在许多领域得到广泛应用。

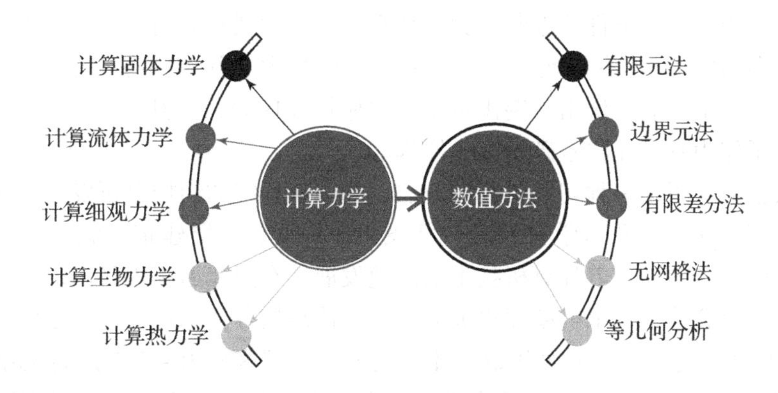

图1.1　计算力学的分支学科及常用的数值方法

1.2　计算固体力学的发展简述

1.2.1　有限元法

虽然计算固体力学的起源很难确定，但在计算力学学者中有一个普遍的共识，即都会提到瑞士物理学家Ritz（1909）发表的论文。该论文提出了一种求解连续体力学问题的近似方法。该方法把待解函数用一系列已知的试函数进行加权求和来表示，利用最小势能原理求解每个试函数的权系数。这种方法的缺点是试函数必须事先满足问题的边界条件，而且在实际计算时只能求解有限未知数的代数方程组。Cross（1932）提出了框架分析的矩阵分配法。该方法也是简单框架分析的重要工具，并且可以在不使用现代结构分析软件的情况下对复杂问题进行编程。由于刚度矩阵是严格对角占优的，因此在任何加载条件下该方法都是收敛的。Hrennikoff（1941）发表了一篇关于薄膜和板模型作为晶格框架的论文，其将求解域离散为晶格结构的网格——这是网格离散化的最早形式。因此，这一论文普遍被视为有限元法诞生的转折点。

Courant（1943）使用三角形区域的多项式函数求解了扭转问题，克服了 Ritz 法中所有试函数都必须满足问题边界条件的缺点。事实上，在 Ritz 法的应用中，选取合适且满足问题边界条件的试函数并不容易，人们需要有一定的数学基础和工程实践经验，这给当时的工程技术人员带来了困难。

Turner 等（1956）在研究飞机结构时提出了杆、梁和三角形单元的刚度表达式。Clough（2001）在 1960 年分析弹性平面问题时，首次使用了 finite element method（有限元法）这一名称。Zienkiewicz 和 Cheung（1967）出版了第一本有限元法的专著——*The Finite Element Method in Structural and Continuum Mechanics*。Oden（1972）出版了第一本非线性有限元法的专著——*Finite Elements of Nonlinear Continua*，被认为是固体和结构非线性有限元法的先驱性著作。

我国学者在有限元领域也做出了重要贡献。钱令希（1950）在《中国科学》发表的《余能原理》论文为非线性问题提供了一个有力的能量变分原理。胡海昌（1954）提出的广义变分原理为构造新型有限单元奠定了数学基础。冯康（1965）建立了有限元法收敛的理论基础。但受当时计算条件的限制，我国计算力学的发展和应用严重滞后于西方。徐芝纶（1974）出版了我国第一本有限元法的专著——《弹性力学问题的有限单元法》，为有限元法在我国的推广和工程应用做出了突出贡献。钱伟长（1980）在其专著《变分法及有限元》中系统性论述了作为有限元法基础的变分原理。

有限元法已被证明是一种切实可行的方法，并已从传统的结构分析发展为多学科领域中广泛使用的计算方法。这些多学科领域包括飞机、桥梁、高层建筑、涡轮叶片、高速飞行器、车辆、人体器官等。随着计算机技术的高速发展，有限元通用程序出现，其解决问题的规模越来越大，计算效率及求解精度也大大提高，使结构分析和设计逐步走向自动化和智能化。1990 年 10 月，美国波音公司开始在计算机上对新型客机 B－777 进行无纸设计，并于 1994 年 4 月试飞成功，其中在结构的力学分析和安全评估方面大量使用了有限元技术。目前，广泛应用的大型有限元软件有 ABAQUS、ANSYS、NASTRAN、ADINA 等，还有大连理工大学研制的 JIGFEX 有限元通用软件。

有限元法概念清晰、理论易懂、适用性广，因此广受工程师和科技人员的青睐，已被公认为科学技术领域中一种有效的数值分析工具。

1.2.2　边界元法

边界元法是一种仅利用问题域的边界积分方程求解线性偏微分方程的数值方法，其需要根据问题的格林函数来定义曲面（或曲线）积分。如果已知物理问题边界上的行为，就可以使用这些信息来确定域内任意一点的物理行为。如果物理问题具有线性齐次特征，则最好使用边界元法，这是使用格林函数的必要条件。由于这一要求，边界元法的适用性有限。虽然边界元法可以解决非线性问题，但由于积分方程中存在的域积分破坏了边界元法的纯边界特性，因此边界元法在求解非线性物理问题时没有优势。

20 世纪 60 年代，随着计算机技术的迅猛发展，以离散形式求解边界积分方程的方法成为可能。但当时有限元法正处于蓬勃发展阶段，而且其适用性极其广泛，使得人们的注意力基本上都在有限元领域。尽管如此，仍有一些学者热衷于边界积分方程数值解法的研究。Hess（1962）采用间接边界积分方程法求解了旋转体轴线垂直于自由流动方向的势流问题，计算了任意旋转体在攻角前的任意区域的压力分布，还计算了旋转体表面的势流。Jaswon 和 Ponter 基于间接边界积分方程法研究了位势问题（Jaswon，1963）以及扭转问题（Jaswon et al.，1963）。因间接边界积分方程法中边界上待求量的物理意义不明确，人们逐渐将注意力转向直接边界积分方程方法。

Rizzo（1967）发表了关于二维弹性力学问题的直接边界积分方程法的第一篇论文。Cruse 和 Rizzo（1968）发表了关于弹性动力学问题的直接边界积分方程法的论文；Cruse（1969）将该方法推广到三维弹性力学问题。该方法所包含的未知边界变量具有明确的物理意义，如弹性问题中的位移和面力。一旦得到这些边界量，我们就可以求解问题域内任意点的位移和应力。

第一本关于边界积分方程法的专著是 *Boundary Integral Equation Method*（《边界积分方程法》）（Cruse et al.，1975）。Brebbia（1978）出版了第一本以边界元法为名称的专著 *The Boundary Element Methods for Engineers*（《工程师的边界元法》）。之后，有关边界元法的论文、专著及会议文集陆续问世，这些工作对边界元法的发展起到了重要的推动作用。

我国学者对边界元法的研究起始于 20 世纪 70 年代末。在杜庆华的推动下，一批学者在边界元法理论及应用研究方面取得了重要的研究成果。杜庆华等（1989）出版的专著《边界积分方程法 - 边界元方法：力学基础与工程应用》反映了 20 世纪 80 年代国内学者在边界元领域里的研究成果。高效伟和 Davies（2002）发表了国际上第一个弹塑性边界元程序。姚振汉和王海涛（2010）出版了专著《边界元法》，其中介绍了大规模问题的快速多极边界元算法和在机械与结构工程中的应用等内容。高效伟等（2014）出版了专著《高等边界元法——理论与程序》，其内容涵盖位势问题、热传导和热辐射问题、弹性及非均质和非线性力学等。此外，我国学者在径向积分方法（Gao，2002）、近奇异积分计算（Luo et al.，1998；Ma et al.，2002；张耀明 等，2010）、非均匀介质（Dong et al.，2002；高效伟 等，2007）及软件开发（张见明，http://www.5acae.com/）等方面也做出了突出贡献。

边界元法的突出优点是其精度高。该方法在边界积分方程中采用了精确的基本解，比有限元法、有限差分法和无网格法等数值方法具有更高的求解精度。它的解精确满足问题域内的微分方程，但在边界上不能精确满足边界条件。另外，该方法在弹性力学、断裂力学、声学、电磁场等领域以及处理无限域和半无限域等问题时具有优势。边界元法的主要弱点有：对于非线性问题，积分方程中包含域积分；形成的求解方程组的系数矩阵是满秩的；积分方程中含有各类积分（近奇异积分、弱奇异积分及超奇异积分等），需要高深的数学基础知识；应用范围不如有限元法广泛。

1.2.3 等几何分析

Hughes 等（2005）提出的等几何分析方法迅速得到计算力学领域学者的广泛关注，已成为计算力学界的研究热点。该方法实现了计算机辅助设计（CAD）和计算机辅助工程（CAE）的无缝连接。在传统的数值方法中，由 CAD 创建的几何模型需要进行网格划分之后才能用于有限元、边界元或其他数值方法的计算。在等几何分析中，直接使用 CAD 构建几何模型的样条函数（非均匀有理 B 样条，NURBS）代替原有数值方法中的多项式插值函数对物理量进行逼近，从而形成了等几何有限元法和等几何边界元法。基于 NURBS 基函数的一大优点是其能够用少量的单元精确模拟几何形状，继而避免几何误差，提高求解精度。

Cottrell 等（2009）出版了世界上第一本关于等几何分析的专著——*Isogeometric Analysis - Toward Integration of CAD and FEA*，其中介绍了等几何分析的基本原理、方法以及等几何有限元法的应用。Bazilevs 等（2013）出版了专著 *Computational Fluid - Structure Interaction Methods and Applications*，介绍了等几何有限元法在流固耦合方面的研究成果。Beer 和 Bordas（2015）编写了一本有关等几何有限元和等几何边界元的书——*Isogeometric Methods for Numerical Simulation*，介绍了强和弱间断面的扩展等几何分析、等几何配点法及基于 T 样条的等几何分析等。Beer（2015）出版了一本有关先进数值模拟方法的专著——*Advanced Numerical Simulation Methods - From CAD Data Directly to Simulation Results*，重点介绍了三维弹塑性、与时间相关的等几何边界元法。Gan（2018）出版了一本专注于梁结构等几何分析的专著——*An Isogeometric Approach to Beam Structures - Bridging the Classical to Modern Technique*。de Borst（2018）出版了一本等几何扩展有限元的专著——*Computational Methods for Fracture in Porous Media - Isogeometric and Extended Finite Element Methods*，介绍了多空介质的断裂力学计算方法。Beer 等（2020）出版了一本专门介绍等几何边界元法的专著——*The Isogeometric Boundary Element Method*。这些专著对等几何有限元法和等几何边界元法的进一步研究起到了重要的推动作用。此外，大量等几何分析方面的文献出现在与计算力学相关的各类杂志中。

我国学者在等几何分析领域中也做出了重要贡献。胡平等（2016）出版了《精确几何拟协调分析》，这是第一本中文等几何分析专著，书中总结了其课题组在等几何有限元分析方面的阶段性成果。余天堂等发表了多篇关于等几何分析的论文，涉及板的断裂力学等问题（Yu et al.，2016；Yu et al.，2020）。张见明等提出了等几何边界面法，该方法不仅继承了边界元法的所有优点，而且能避免几何误差，继而提高了求解精度（Zhang et al.，2009）。笔者课题组在等几何边界元法和等几何有限元法方面进行了一些基础性和应用性方面的研究，发表了多遍学术论文（Bai et al.，2015；Gong et al.，2017；Qin et al.，2017；Sun et al.，2019；Yang et al.，2019；Wu et al.，2020；Xu et al.，2021；Dai et al.，2021）。

以 NURBS 为基函数的等几何分析方法具有高阶连续特性，在分析板壳弯曲（Hughes et al.，2005）、Cahn - Hilliard 方程（Gomez et al.，2008）等问题中具有优势，但由于其张量积结构的特性，在细化过程中会产生多余的控制点，导致大量的自由度，从而降低计算效率。另外，用多片 NURBS 曲面表示复杂几何结构时，在交界面处会出现缝隙或重叠，这种情况不适合等几何分析。针对此情况，邓建松等提出了层次T网格上的多项式样条（Deng et al.，2008），该样条具有局部性和自适应性。该方法已被应用于研究断裂力学（Yang et al.，2019）和加筋板壳（Qin et al.，2017）等问题。

1.3 计算固体力学的应用举例

本节简单介绍有限元法、边界元法和等几何分析等三个数值方法的一些应用例子。

1.3.1 有限元法

1.3.1.1 结构和土层的计算模型（Perelmuter et al.，2003）

结构分析可能涉及非常典型的有限元模型，其中包含30万~50万个不同类型（杆、板、壳、弹性连杆等）的单元，并有超过100个刚度属性集。通常考虑15~30种不同的载荷模式，每种包括数百个结点或分布载荷的组成部分。如果要同时分析结构的承重结构和土层，模型的维数会急剧增加。在图1.2所示的模型中，结构模型包含27 138个方程，而“土壤-结构”模型包含319 133个方程。

1.3.1.2 铲斗有限元模型（Logan，2014）

图1.3所示为一个铲斗有限元模型，其包括185 026个结点和169 595个单元。在这些单元中，78 566个薄壳线性四边形单元用于离散铲斗和耦合器，83 104个实体线性块单元用于离散凸台，212个梁单元用于离散升降臂、升降臂气缸和导向杆。

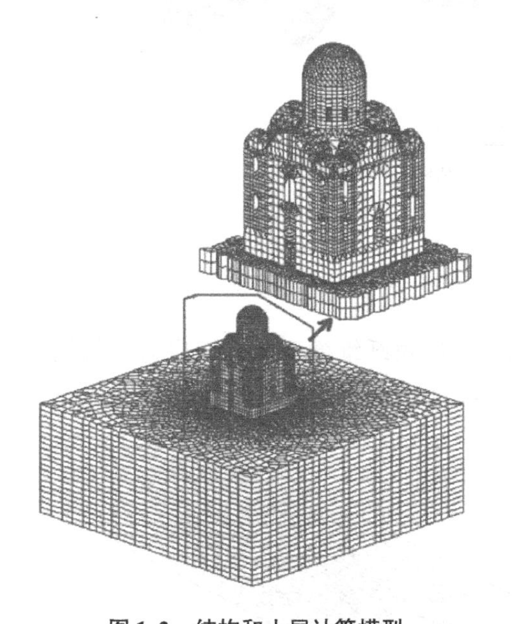

图1.2 结构和土层计算模型

图1.3 铲斗有限元模型（附彩图）

1.3.1.3 骨骼有限元模型（Astier，2007）

Astier从CT扫描数据重建了一个人体肩部区域骨骼和关节结构的几何形状，并通过Hypermesh软件对它们进行了超过25万个单元的网格划分。图1.4所示为有限元模型和计算结果。

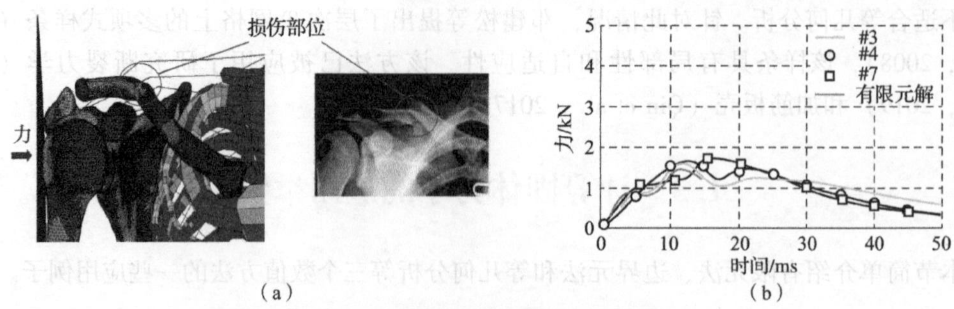

（a）　　　　　　　　　　（b）

图 1.4　人体肩部骨骼模型（附彩图）

（a）与侧面汽车碰撞时观察到的损伤和医学数据集吻合良好；（b）有限元解和三组实验结果（#3、#4、#7）吻合良好

1.3.1.4　飞机有限元模型（林丽 等，2014）

在图 1.5 所示的飞机有限元模型中，整体网格尺寸约为 250 mm，壳单元和梁单元采用共结点建模，其中壳单元总数约为 5 万、梁单元总数约为 2.2 万。

（a）　　　　　　　　　　（b）

图 1.5　飞机有限元模型（附彩图）

（a）飞机外层蒙皮壳单元；（b）飞机内部结构壳单元及梁单元

1.3.2　边界元法

1.3.2.1　短纤维增强复合材料（Liu et al.，2005）

图 1.6（a）所示为一个含有 216 个随机分布且定向短纤维模型的表面应力等值线图；图 1.6（b）所示为包含 2 197 个短纤维的边界元模型，其自由度为 3 018 678。

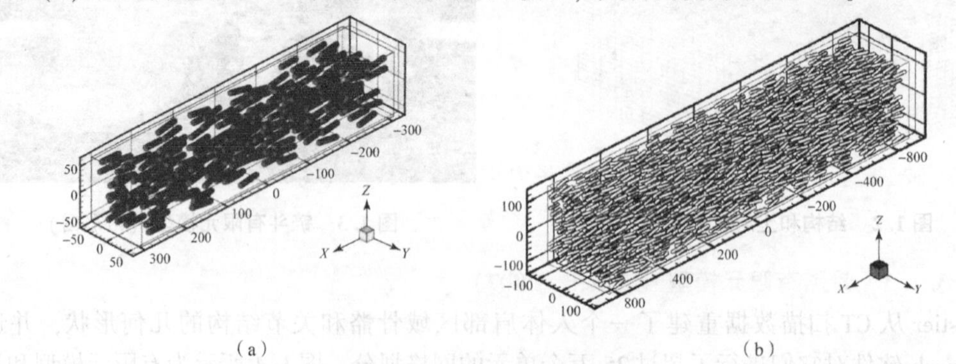

（a）　　　　　　　　　　（b）

图 1.6　多纤维边界元模型

（a）短纤维表面应力 σ_x 等值线图；（b）包含 2 197 根短纤维的代表性体积胞元

1.3.2.2 圆形和球形夹杂（Yao et al.，2008）

图1.7所示为圆形和球形夹杂的快速多极边界元法分析模型，其中夹杂数目分别为1 600个和300个，总自由度数则分别为544 000和372 600。

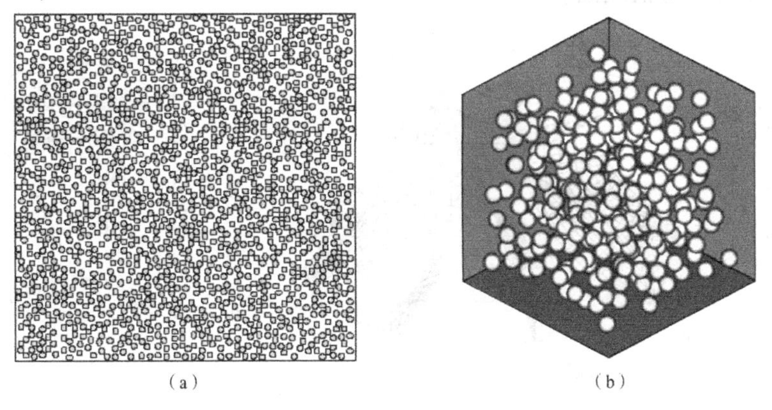

图1.7 快速多极边界元法分析模型

（a）二维圆形夹杂；（b）三维球形夹杂

1.3.2.3 接触问题（Dong et al.，2002）

图1.8（a）所示为一个稳态滚动接触问题。在此问题中，等效于车辆轮子的载荷被施加到含有厚度为 h 的涂层的半空间基底 Ω^s 表面上，Γ_i 为涂层和基底之间的界面。边界元法只需要离散接触边界 Γ_a、涂层 Ω^c 和可能的塑性区 Ω^p。图1.8（b）显示了在给定参数 $P/k=0.5$（P 为最大接触载荷，k 为剪切屈服参数）及不考虑摩擦的情况下，位置 $x_1=0.85a$（a 为接触半长）及 $x_2=0$ 处的边界元法和有限元法结果的比较，其中 G_s 为基底材料的剪切模量，σ_{xy} 和 γ_{xy} 分别为剪应力和塑性剪应变。

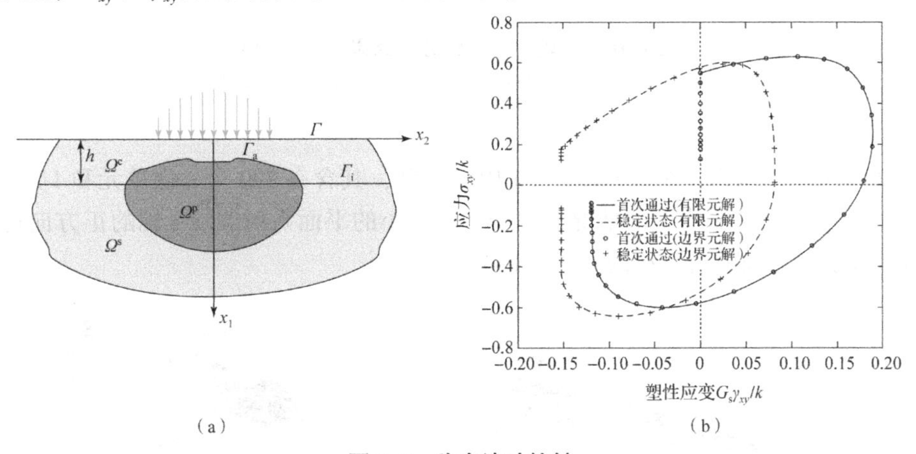

图1.8 稳态滚动接触

（a）几何模型；（b）计算结果

1.3.3 等几何分析

本节仅给出笔者课题组近年来在等几何分析方面的一些研究例子，以介绍等几何分析的广泛适用性。

1.3.3.1 叶轮片分析（Yang et al.，2021a）

图 1.9 所示为叶轮片等几何分析时的 NURBS 网格，图 1.10 显示了叶轮片的 y 方向位移分布和冯米塞斯应力等值线图。

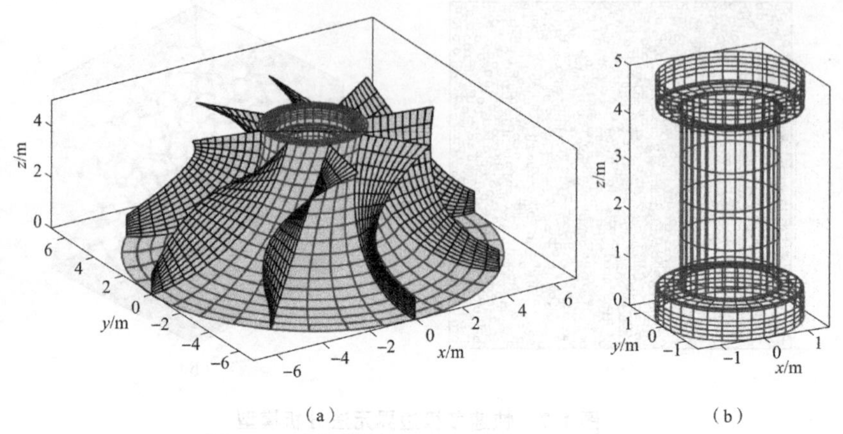

图 1.9 叶轮片的 NURBS 网格（附彩图）

（a）整体模型网格；（b）轮毂的内表面网格

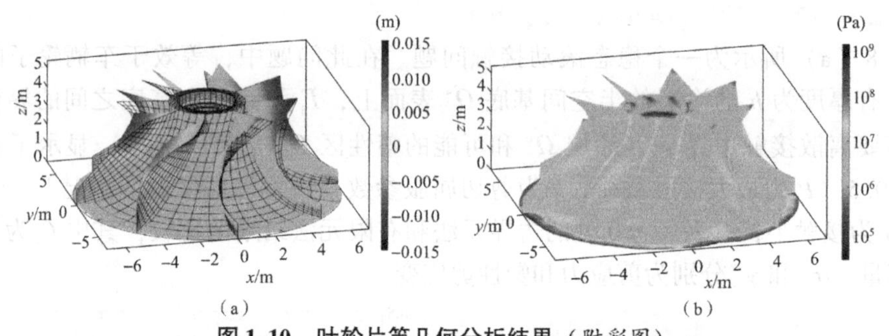

图 1.10 叶轮片等几何分析结果（附彩图）

（a）y 方向的位移分布；（b）冯米塞斯应力等值线图

1.3.3.2 潜水艇声学问题（Wu et al.，2020b）

图 1.11（a）所示为一个潜水艇的 NURBS 模型，其含有 790 个 3 次单元和 1 707 个控制点。考虑潜水艇在无限域水中的情况，一个单位大小的平面入射波沿 z 轴的正方向传播。图 1.11（b）显示了球面散射声压的大小（Pa）。

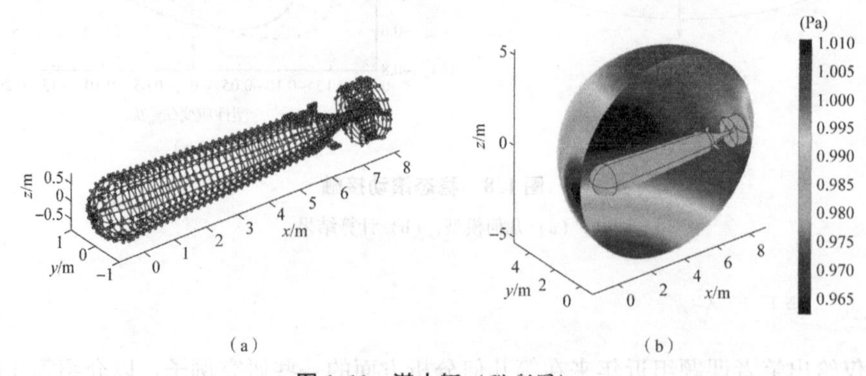

图 1.11 潜水艇（附彩图）

（a）潜水艇控制点和网格的分布；（b）球面散射声压分布

1.3.3.3 液体夹杂（Dai et al.，2021）

图1.12（a）（b）所示分别为随机分布液体夹杂的初始控制点和胞元外边界的初始控制点，图1.12（c）所示为液体夹杂表面的冯米塞斯应力分布。

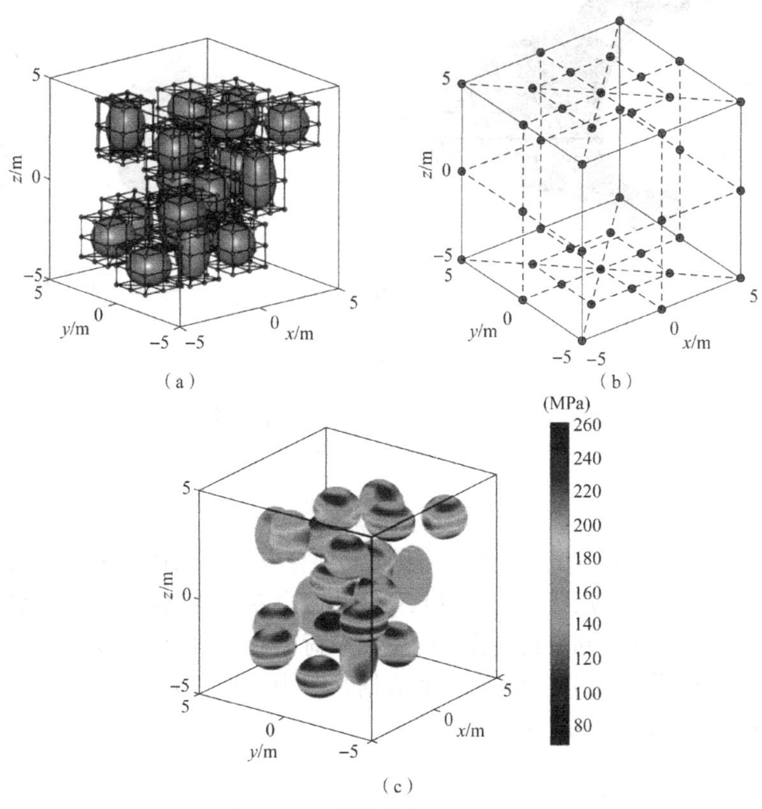

图1.12 液体夹杂（附彩图）

（a）夹杂控制点；（b）胞元外边界控制点；（c）液体夹杂表面的冯米塞斯应力分布

1.3.3.4 三维连杆的弯曲分析（Yang et al.，2021b）

图1.13（a）所示为一个三维连杆结构的NURBS离散，其左端固支，右端在z方向承受内部横向载荷$P=-100$ N；图1.13（b）所示为z方向位移的等值线图。

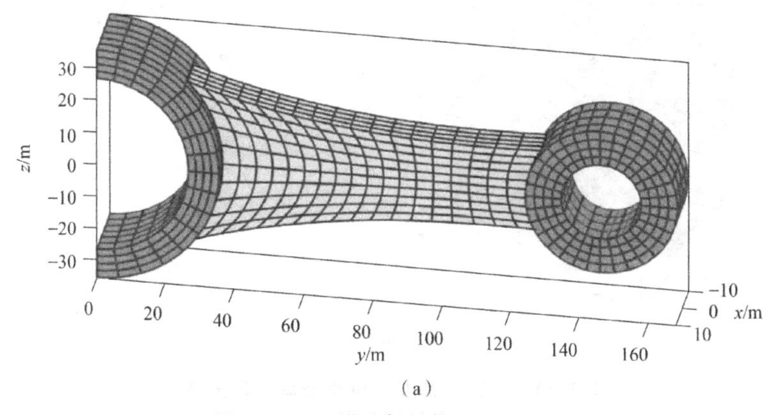

图1.13 三维连杆结构（附彩图）

（a）NURBS离散

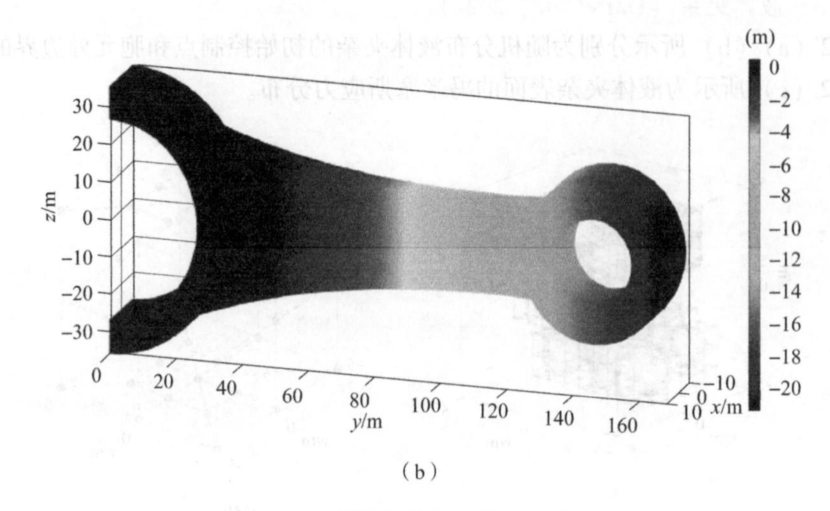

(b)

图 1.13　三维连杆结构（续）（附彩图）

（b）z 方向位移的等值线图

1.3.3.5　固体火箭发动机燃烧室的力学分析（Zhan et al., 2022）

如图 1.14 所示，采用等几何有限元－边界元耦合方法对固体火箭发动机进行结构完整性及力学性能研究，其中采用等几何有限元和等几何边界元分别对推进剂黏弹性药柱与发动机弹性壳体进行模拟，探究和分析其在实际工况载荷下的力学行为，为固体火箭发动机的装药设计、储存及结构完整性分析提供理论依据。图中，$R_1=180$ mm，$R_2=280$ mm，$R_3=450$ mm，$r=25$ mm，$d=15$ mm，$H=1\,000$ mm。

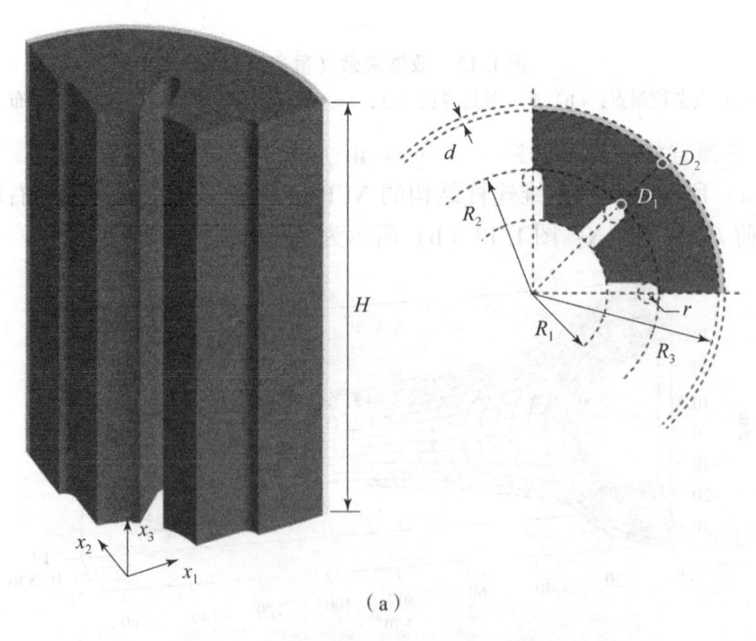

(a)

图 1.14　固体火箭发动机燃烧室（附彩图）

(a) 计算模型和几何参数

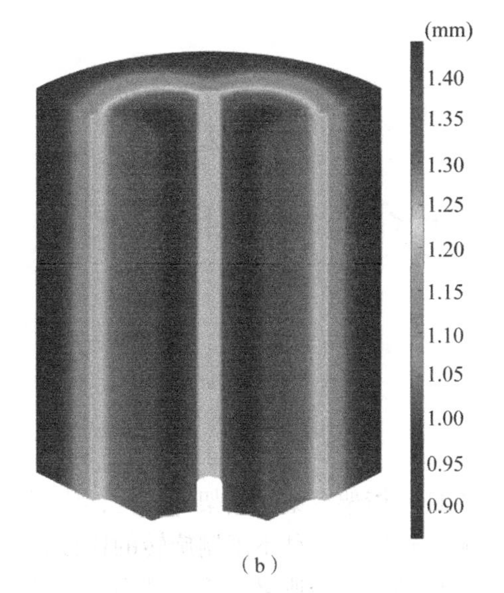

(b)

图 1.14 固体火箭发动机燃烧室（续）（附彩图）

(b) 受内压与温度变化影响的模型径向位移云图

第2章 杆系结构的有限元法

2.1 引　言

杆系结构包括受拉压的直杆、桁架、梁及刚架等结构，广泛应用于工程实际中。桁架中的杆件仅通过销钉连接在一起，销钉是一种不限制旋转的连接，其中的杆件仅承受轴向的拉压和伸缩。欧拉–伯努利梁理论是一种经典梁理论，其不考虑横向剪切变形，梁的挠度是欧拉–伯努利梁模型的唯一自由度，面内转动由梁的横向挠度对梁轴求导而得。铁木辛柯梁理论考虑了横向剪切变形，适用于薄梁和厚梁。刚架由梁通过焊接连接在一起，其中结点处的位移参数不同于桁架结构中的结点位移参数。在桁架和刚架的有限元分析中，单元分析在局部坐标系下进行，而结构整体分析则采用整体坐标系，这两个坐标系之间存在一定的转换关系。由此关系，就可以将局部坐标系下得到的单元刚度矩阵转化为整体坐标系下的刚度矩阵。

本章主要介绍二维平面杆系结构的有限元法，其原理和方法可以推广至三维杆系结构。

2.2 杆单元

考虑图2.1所示的一个双结点杆单元，截面为常数（面积为A），长度为l，弹性模量为E，轴向分布载荷为$p(x)$。单元的两个结点编号为i和j，轴向结点位移为u_i和u_j，轴向结点力为F_i和F_j。杆单元只能承受轴向应力σ_x，而轴向应力σ_x在每个截面上都是均匀的。

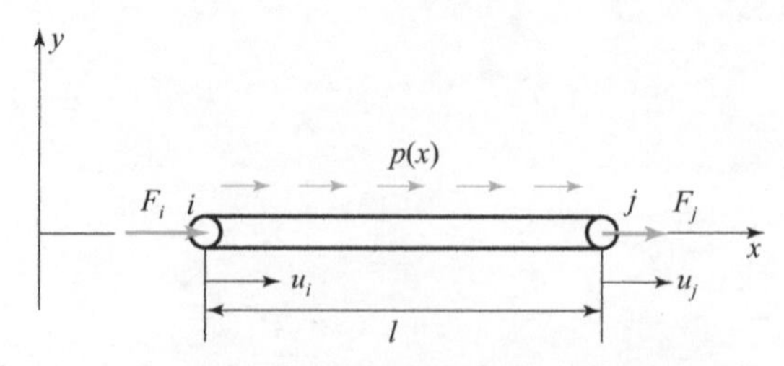

图2.1　杆单元上的分布载荷及总体结点编号 i 和 j

2.2.1　位移模式

对于杆单元中的任意一点x（图2.2），假设其线性位移函数的形式为

$$u(x) = \alpha_1 + \alpha_2 x \tag{2.1}$$

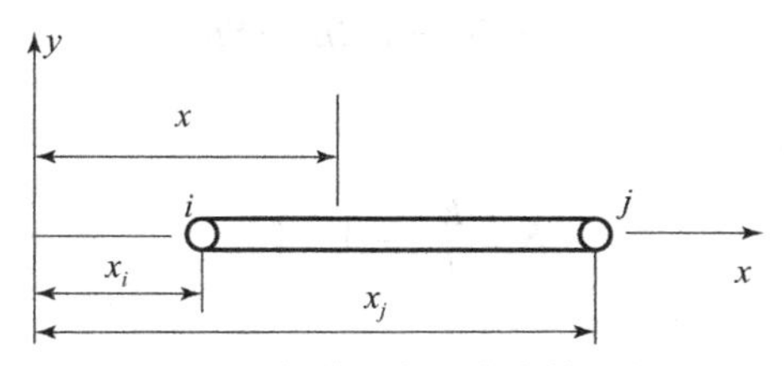

图 2.2　杆单元中任意点的坐标

将结点位移 u_i、u_j 和结点横坐标 x_i、x_j 代入式（2.1），可得

$$u_i = \alpha_1 + \alpha_2 x_i \tag{2.2}$$

$$u_j = \alpha_1 + \alpha_2 x_j \tag{2.3}$$

联立式（2.2）和式（2.3），可以求出系数 α_1 和 α_2，即

$$\alpha_1 = \frac{u_i x_j - u_j x_i}{x_j - x_i},\quad \alpha_2 = \frac{u_j - u_i}{x_j - x_i} \tag{2.4}$$

将式（2.4）代入式（2.1），可得

$$u(x) = \frac{x_j - x}{x_j - x_i} u_i + \frac{x - x_i}{x_j - x_i} u_j \tag{2.5}$$

将式（2.5）写成矩阵形式，即

$$u = \begin{bmatrix} \dfrac{x_j - x}{x_j - x_i} & \dfrac{x - x_i}{x_j - x_i} \end{bmatrix} \begin{bmatrix} u_i \\ u_j \end{bmatrix} \tag{2.6}$$

式（2.6）可简写为

$$u = \underbrace{[N_i \quad N_j]}_{N} \underbrace{\begin{bmatrix} u_i \\ u_j \end{bmatrix}}_{u^e} = \boldsymbol{N}\boldsymbol{u}^e \tag{2.7}$$

式中，N_i, N_j——结点位移 u_i 和 u_j 的系数，称为结点 i 和 j 的形函数；

$\boldsymbol{N}$——单元的形函数矩阵；

$\boldsymbol{u}^e$——单元结点位移矢量。

式（2.7）表示单元中任意一点的位移都可以通过单元的结点位移来表示。

2.2.2　单元应变

由弹性力学中的几何方程和式（2.5），可得拉压杆单元中任意一点的应变为

$$\varepsilon_x = \frac{u_j - u_i}{x_j - x_i} = \frac{1}{x_j - x_i}[-1 \quad 1] \begin{bmatrix} u_i \\ u_j \end{bmatrix} \tag{2.8}$$

式中，$x_j - x_i$ 等于杆单元的长度 l。

因此，可将式（2.8）改写为

$$\varepsilon_x = \underbrace{\frac{1}{l}[-1 \quad 1]}_{B} \underbrace{\begin{bmatrix} u_i \\ u_j \end{bmatrix}}_{u^e} = \boldsymbol{B}\boldsymbol{u}^e \tag{2.9}$$

式中，$\boldsymbol{B}$——几何矩阵或应变－位移矩阵，简称应变矩阵。

2.2.3　单元应力

由弹性材料的本构关系可得拉压杆单元中任意一点的应力为

$$\sigma_x = E\varepsilon_x = \underbrace{E\boldsymbol{B}}_{\boldsymbol{S}}\boldsymbol{u}^e = \boldsymbol{S}\boldsymbol{u}^e \tag{2.10}$$

式中，$\boldsymbol{S}$——应力矩阵，即

$$\boldsymbol{S} = \frac{E}{l}[-1 \quad 1] \tag{2.11}$$

2.2.4 单元应变能

对于拉压杆单元，其应变能表达式为

$$\begin{aligned} U &= \frac{1}{2}\int_0^l \sigma_x \varepsilon_x A \mathrm{d}x = \frac{1}{2}\int_0^l \boldsymbol{u}^{eT}\boldsymbol{S}^{T}\boldsymbol{B}\boldsymbol{u}^e A \mathrm{d}x \\ &= \frac{EA}{2l}[u_i \quad u_j]\begin{bmatrix} 1 & -1 \\ -1 & 1 \end{bmatrix}\begin{bmatrix} u_i \\ u_j \end{bmatrix} \\ &= \frac{1}{2}\boldsymbol{u}^{eT}\boldsymbol{k}^e\boldsymbol{u}^e \end{aligned} \tag{2.12}$$

式中，$\boldsymbol{k}^e$——单元刚度矩阵，即

$$\boldsymbol{k}^e = \frac{EA}{l}\begin{bmatrix} 1 & -1 \\ -1 & 1 \end{bmatrix} \tag{2.13}$$

注意：无论使用哪种坐标系，单元应变能的表达式都是一样的。通常，在研究更复杂的单元之前，一种坐标系相对于另一种坐标系的优势并不会显露出来。

2.2.5 外载荷势能函数

2.2.5.1 结点力势能

对于结点 i 处的恒定力 F_i，在未变形位置的能量为零的前提下，其势能 V_i 等于力和位移乘积的相反数，即

$$V_i = -F_i u_i \tag{2.14}$$

类似地，结点 j 处的力 F_j 的势能为

$$V_j = -F_j u_j \tag{2.15}$$

可以将单元结点的力势能求和，写成矩阵形式：

$$V_{NF} = -\underbrace{[F_i \quad F_j]}_{\boldsymbol{F}_{NF}^{eT}}\underbrace{\begin{bmatrix} u_i \\ u_j \end{bmatrix}}_{\boldsymbol{u}^e} = -\boldsymbol{F}_{NF}^{eT}\boldsymbol{u}^e \tag{2.16}$$

式中，$\boldsymbol{F}_{NF}^e$——单元结点力矢量。

2.2.5.2 分布力势能

假设单位长度上的分布力为 $p(x)$，在一个长度为 $\mathrm{d}x$ 上的作用力为

$$\mathrm{d}F = p(x)\mathrm{d}x \tag{2.17}$$

力 $\mathrm{d}F$ 对应的势能为

$$\mathrm{d}V_p = -p(x)u(x)\mathrm{d}x \tag{2.18}$$

对式（2.18）沿着单元长度进行积分，得到分布载荷的势能为

$$V_p = -\int_{x_i}^{x_j} p(x) \underbrace{\begin{bmatrix} \dfrac{x_j - x}{x_j - x_i} & \dfrac{x - x_i}{x_j - x_i} \end{bmatrix}}_{N} \underbrace{\begin{bmatrix} u_i \\ u_j \end{bmatrix}}_{u^e} \mathrm{d}x$$

$$= -\int_{x_i}^{x_j} p(x) \boldsymbol{N} \mathrm{d}x \boldsymbol{u}^e \tag{2.19}$$

从式（2.19）可以看出，对于施加到每个结点上的载荷，要求其所做的功等价于单元上分布力所做的功。由分布力通过式（2.19）所得到的结点载荷称为等效结点力。

2.2.6　拉压杆单元的总能量

应变能和载荷势能之和表示拉压杆的总能量，即

$$\begin{aligned} \varPi &= U + V_{NF} + V_p \\ &= \frac{1}{2}\boldsymbol{u}^{e\mathrm{T}}\boldsymbol{k}^e\boldsymbol{u}^e - \boldsymbol{F}_{NF}^{e\mathrm{T}}\boldsymbol{u}^e - \int_{x_i}^{x_j} p(x)\boldsymbol{N}\mathrm{d}x\boldsymbol{u}^e \end{aligned} \tag{2.20}$$

2.2.7　最小势能原理的应用

本节的目的是求出单元结点位移使得式（2.20）中的总能量$\varPi$为最小。为此，首先由式（2.20）对结点 i 的位移 u_i求导，可得

$$\frac{\partial \varPi}{\partial u_i} = \frac{1}{2}[1 \quad 0]\boldsymbol{k}^e\begin{bmatrix} u_i \\ u_j \end{bmatrix} + \frac{1}{2}[u_i \quad u_j]\boldsymbol{k}^e\begin{bmatrix} 1 \\ 0 \end{bmatrix} - [F_i \quad F_j]\begin{bmatrix} 1 \\ 0 \end{bmatrix} - \int_{x_i}^{x_j} p(x)[N_1 \quad N_2]\mathrm{d}x\begin{bmatrix} 1 \\ 0 \end{bmatrix} = 0 \tag{2.21}$$

注意：式（2.21）中等号右边的头两项是相等的标量，其原因在于单元刚度矩阵 $\boldsymbol{k}^e$ 是对称的。

接下来对结点 j 的位移 u_j求导，可得

$$\frac{\partial \varPi}{\partial u_j} = \frac{1}{2}[0 \quad 1]\boldsymbol{k}^e\begin{bmatrix} u_i \\ u_j \end{bmatrix} + \frac{1}{2}[u_i \quad u_j]\boldsymbol{k}^e\begin{bmatrix} 0 \\ 1 \end{bmatrix} - [F_i \quad F_j]\begin{bmatrix} 0 \\ 1 \end{bmatrix} - \int_{x_i}^{x_j} p(x)[N_1 \quad N_2]\mathrm{d}x\begin{bmatrix} 0 \\ 1 \end{bmatrix} = 0 \tag{2.22}$$

联立式（2.21）和式（2.22），得到矩阵形式的方程为

$$\boldsymbol{k}^e \underbrace{\begin{bmatrix} u_i \\ u_j \end{bmatrix}}_{u^e} = \underbrace{\begin{bmatrix} F_i \\ F_j \end{bmatrix}}_{F_{NF}^e} + \underbrace{\int_{x_i}^{x_j} p(x)\begin{bmatrix} N_1 \\ N_2 \end{bmatrix}\mathrm{d}x}_{F_p^e} \tag{2.23}$$

式（2.23）可简写为

$$\boldsymbol{k}^e\boldsymbol{u}^e = \boldsymbol{F}_{NF}^e + \boldsymbol{F}_p^e \tag{2.24}$$

式中，$\boldsymbol{k}^e$——单元刚度矩阵；

$\boldsymbol{u}^e$——单元结点位移列阵；

$\boldsymbol{F}_{NF}^e$——直接施加到单元结点上的力矢量；

$\boldsymbol{F}_p^e$——单元上分布力的等效结点载荷矢量，即 $\boldsymbol{F}_p^e = \int_{x_i}^{x_j} p(x)\begin{bmatrix} N_1 \\ N_2 \end{bmatrix}\mathrm{d}x$。

2.2.8 应用有限单元模拟一维连续系统

如图2.3所示，考虑在一维拉压杆内部施加载荷的情况，边界A和E的位移和（或）力暂未定义。接下来，将讨论如何将该杆件离散化，并使用简单的线性单元求解位移。

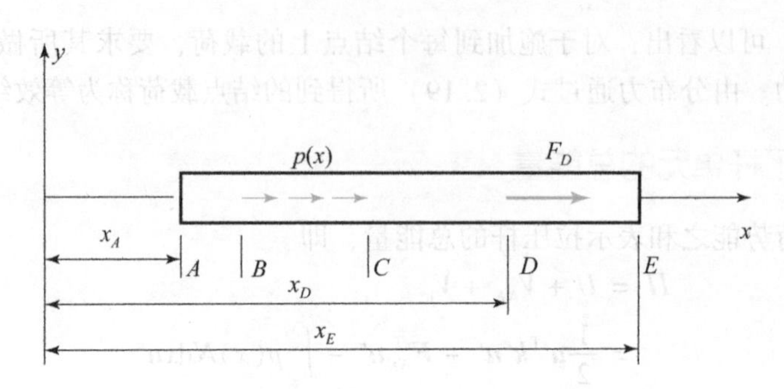

图2.3 承受内部结点力和分布载荷的一维拉压杆件

图2.3所示一维拉压杆件的总能量为

$$\Pi = -F_A u_A - F_E u_E + \int_{x_A}^{x_E} \frac{EA}{2}\left(\frac{\mathrm{d}u}{\mathrm{d}x}\right)^2 \mathrm{d}x - \int_{x_A}^{x_E} p(x)u(x)\,\mathrm{d}x \tag{2.25}$$

式中，等号右边的第一项和第二项是作用在结点A和E处的轴向载荷的势能，第三项是杆件中的应变能，第四项是作用在杆件内部的所有力的势能。

从图2.3中可以看出，在BC段和D处分别有一个分布载荷$p(x)$和一个集中力F_D。对于式（2.25），初看似乎没有哪一项可以说明该区域内集中力的能量，但事实并非如此。集中力实际上是一种在很小的距离内具有极高强度的分布载荷。集中载荷分布形式的数学表达式为

$$p(x) = F_D\delta(x - x_D) \tag{2.26}$$

式中，$\delta(x-x_D)$——狄拉克δ函数，其具有如下性质：

$$\delta(x-x_D) = \begin{cases} 0, & x \neq x_D \\ \infty, & x = x_D \end{cases} \tag{2.27a}$$

$$\int_{-\infty}^{+\infty} \delta(x - x_D)\,\mathrm{d}x = 1 \tag{2.27b}$$

综合上述，在D处的集中力所对应的势能形式如下：

$$V_{F_D} = -\int_{x_A}^{x_E} F_D\delta(x - x_D)u(x)\,\mathrm{d}x = -F_D u(x_D) \tag{2.28}$$

因此，杆件中所有集中力的势能都可以由式（2.25）中的最后一项推导出来，即式（2.28）的形式。

对杆件进行单元划分时，有一些原则可以遵循，主要考虑以下两点：

（1）单元位移函数是线性的，因此在单元结点位移给定的情况下，整个单元中的应变和应力为常数，这就意味着一个单元不能模拟应变（或应力）梯度。

（2）拉压杆件的未知量是位移，集中力可以作用在杆件的任何位置，相应的能量表达式包含集中力作用点处的位移，因此在划分单元时应将该点作为单元的结点。

由图 2.3 可知，点 A 和点 B 之间的力是常数，因此应变（或应力）是常数，这样线性函数能够表示杆件 AB 段的正确解，即杆件 AB 段只用一个线性单元就足够了。相同的情况适用于杆件中的 CD 段和 DE 段。然而，杆件 BC 段中的应变和应力依赖于坐标 x，显然，再用一个单元来模拟这部分杆件就不合适了。通常，有限元解的精度会随着单元数目的增多而得到改进。

2.2.9　单元组装

本节以图 2.3 为例来说明单元组装的原理。基于上节讨论，将杆件离散为 4 个单元（图 2.4），这是最初始的离散。杆件的总能量为

$$\Pi = -F_1u_1 - F_5u_5 + \sum_{e=1}^{4}\frac{1}{2}[u_1^e \quad u_2^e]\boldsymbol{k}^e\begin{bmatrix}u_1^e\\u_2^e\end{bmatrix} - \sum_{\tilde{e}=1}^{2}\int_{x_1^{\tilde{e}}}^{x_2^{\tilde{e}}}p(x)\boldsymbol{N}\mathrm{d}x\begin{bmatrix}u_1^{\tilde{e}}\\u_2^{\tilde{e}}\end{bmatrix} \tag{2.29}$$

式中，e——单元号；

$\tilde{e}$——承受分布载荷的单元号；

$x_i^{\tilde{e}}$——单元 $\tilde{e}$ 的第 i 个结点坐标；

$u_i^e, u_i^{\tilde{e}}$——单元 e 和 $\tilde{e}$ 的第 i 个结点位移。

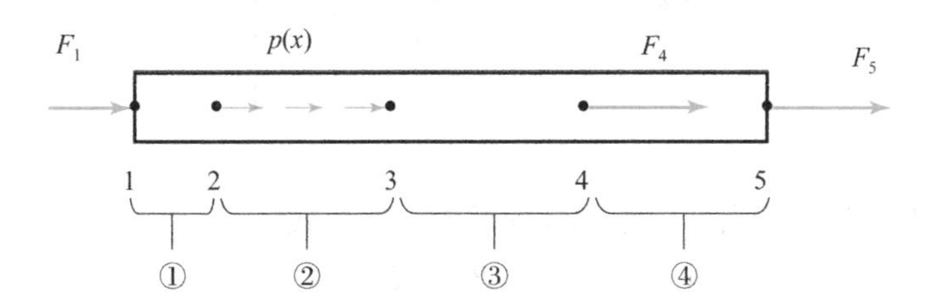

图 2.4　杆件离散化成 5 个结点和 4 个单元

将图 2.4 中的相关值代入式（2.29），可得

$$\Pi = -F_1u_1 - F_5u_5 + \frac{1}{2}[u_1 \quad u_2]\boldsymbol{k}^1\begin{bmatrix}u_1\\u_2\end{bmatrix} + \frac{1}{2}[u_2 \quad u_3]\boldsymbol{k}^2\begin{bmatrix}u_2\\u_3\end{bmatrix} + \frac{1}{2}[u_3 \quad u_4]\boldsymbol{k}^3\begin{bmatrix}u_3\\u_4\end{bmatrix} + \frac{1}{2}[u_4 \quad u_5]\boldsymbol{k}^4\begin{bmatrix}u_4\\u_5\end{bmatrix} - F_4u_4 - \int_{x_2}^{x_3}p(x)\boldsymbol{N}\mathrm{d}x\begin{bmatrix}u_2\\u_3\end{bmatrix} \tag{2.30}$$

将杆件整体的结点位移矢量设为

$$\boldsymbol{u} = [u_1 \quad u_2 \quad u_3 \quad u_4 \quad u_5]^{\mathrm{T}} \tag{2.31}$$

式（2.30）改写为

$$
\Pi = -[F_1 \quad 0 \quad 0 \quad 0 \quad F_5]\boldsymbol{u} + \frac{1}{2}\boldsymbol{u}^{\mathrm{T}}\begin{bmatrix} \frac{E^1A^1}{l^1} & -\frac{E^1A^1}{l^1} & & & \\ -\frac{E^1A^1}{l^1} & \frac{E^1A^1}{l^1}+\frac{E^2A^2}{l^2} & -\frac{E^2A^2}{l^2} & & \\ & -\frac{E^2A^2}{l^2} & \frac{E^2A^2}{l^2}+\frac{E^3A^3}{l^3} & -\frac{E^3A^3}{l^3} & \\ & & -\frac{E^3A^3}{l^3} & \frac{E^3A^3}{l^3}+\frac{E^4A^4}{l^4} & -\frac{E^4A^4}{l^4} \\ & & & -\frac{E^4A^4}{l^4} & \frac{E^4A^4}{l^4} \end{bmatrix}\boldsymbol{u} -
$$

$$
[0 \quad 0 \quad 0 \quad F_4 \quad 0]\boldsymbol{u} - \left[0 \quad \int_{x_2}^{x_3} p(x)N_1^2\mathrm{d}x \quad \int_{x_2}^{x_3} p(x)N_2^2\mathrm{d}x \quad 0 \quad 0\right]\boldsymbol{u} \tag{2.32}
$$

式中，$(\cdot)^e$——与单元 e 相关的量，$e=1,2,3,4$；

l——单元的长度。

类似于 2.2.7 节的最小势能原理的应用，由式（2.32）可得

$$
\boldsymbol{Ku} = \begin{bmatrix} F_1 \\ 0 \\ 0 \\ F_4 \\ F_5 \end{bmatrix} + \begin{bmatrix} 0 \\ \int_{x_2}^{x_3} p(x)N_1^2\mathrm{d}x \\ \int_{x_2}^{x_3} p(x)N_2^2\mathrm{d}x \\ 0 \\ 0 \end{bmatrix} \tag{2.33}
$$

式（2.33）可以写为适用于所有一维弹性问题的一般形式：

$$
\boldsymbol{Ku} = \boldsymbol{R}_{NF} + \boldsymbol{R}_p \tag{2.34}
$$

式中，$\boldsymbol{K}$——杆件的总体刚度矩阵；

$\boldsymbol{u}$——所有结点位移组成的列阵；

$\boldsymbol{R}_{NF}$——所有结点力（包括 0）组成的列阵；

$\boldsymbol{R}_p$——等效结点力列阵。

将边界条件代入式（2.34），并利用线性代数方程组的求解器，可以求出所有结点处的位移，然后得到单元的应变和应力。

2.2.10 例题

例 2.2.1 一个杆件左端固定且承受线性分布的载荷，如图 2.5 所示。材料的弹性模量和杆件的横截面积分别为 $E=30\times10^6\ \mathrm{N/cm^2}$ 和 $A=2\ \mathrm{cm^2}$。试用一个杆单元和两个等长的杆单元分别求解该问题的结点位移和单元应力，并与解析解进行比较。该问题的位移及应力的解析解分别为

$$
u=\frac{2.5}{E}\left(l^2-\frac{x^2}{3}\right)x,\quad \sigma=2.5(l^2-x^2)
$$

解：（1）使用一个杆单元（图2.6）进行求解。

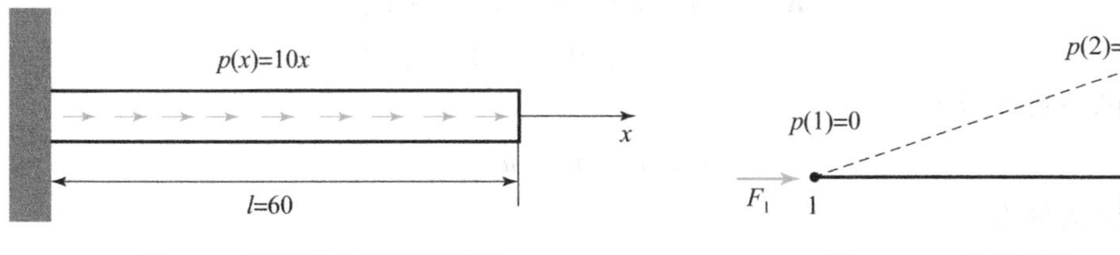

图2.5　承受分布载荷的杆件　　图2.6　一个杆单元

该单元的刚度矩阵（即整体刚度矩阵）为

$$\boldsymbol{K}=\boldsymbol{k}^1=\frac{EA}{l}\begin{bmatrix}1 & -1\\ -1 & 1\end{bmatrix}=10^6\times\begin{bmatrix}1 & -1\\ -1 & 1\end{bmatrix}$$

$$\boldsymbol{u}=[u_1\quad u_2]^{\mathrm{T}}=[0\quad u_2]^{\mathrm{T}}$$

$$\boldsymbol{R}_{NF}=[F_1\quad 0]^{\mathrm{T}}$$

$$\boldsymbol{R}_p=\begin{bmatrix}F_1\\ F_2\end{bmatrix}_p=\frac{l}{6}\begin{bmatrix}2 & 1\\ 1 & 2\end{bmatrix}\begin{bmatrix}p(1)\\ p(2)\end{bmatrix}=\frac{60}{6}\begin{bmatrix}2 & 1\\ 1 & 2\end{bmatrix}\begin{bmatrix}0\\ 600\end{bmatrix}=\begin{bmatrix}6\,000\\ 12\,000\end{bmatrix}$$

将上述各式代入式（2.34），可得

$$10^6\times\begin{bmatrix}1 & -1\\ -1 & 1\end{bmatrix}\begin{bmatrix}0\\ u_2\end{bmatrix}=\begin{bmatrix}F_1\\ 0\end{bmatrix}+\begin{bmatrix}6\,000\\ 12\,000\end{bmatrix}=\begin{bmatrix}F_1+6\,000\\ 12\,000\end{bmatrix}$$

由上式，可得 $u_2=0.012$。由式（2.9）得到的单元应变为

$$\varepsilon_x=\frac{1}{l}[-1\quad 1]\begin{bmatrix}u_1\\ u_2\end{bmatrix}=\frac{1}{60}[-1\quad 1]\begin{bmatrix}0\\ 0.012\end{bmatrix}=2\times10^{-4}$$

由式（2.10）求得应力为

$$\sigma_x=E\varepsilon_x=30\times10^6\times2\times10^{-4}=6\,000(\mathrm{N/cm^2})$$

（2）将杆件离散为两个长度相等的单元，如图2.7所示。

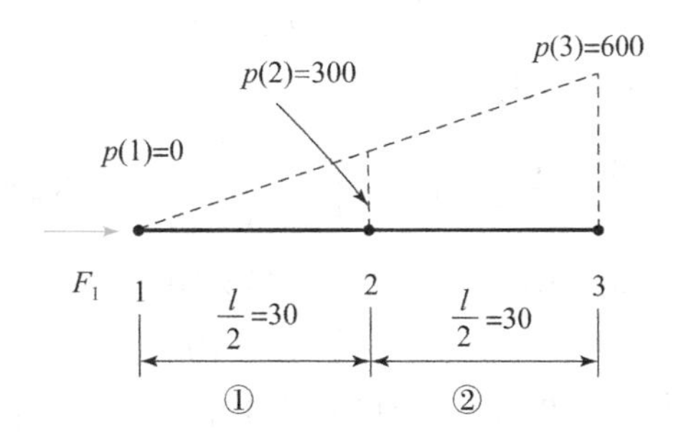

图2.7　两个长度相同的单元

单元刚度矩阵为

$$\boldsymbol{k}^1=\boldsymbol{k}^2=\frac{EA}{l/2}\begin{bmatrix}1 & -1\\ -1 & 1\end{bmatrix}=2\times10^6\times\begin{bmatrix}1 & -1\\ -1 & 1\end{bmatrix}$$

组装后的总刚度矩阵为

$$K=2\times10^{6}\times\begin{bmatrix}1&-1&0\\-1&2&-1\\0&-1&1\end{bmatrix}$$

杆件的位移矢量为

$$\boldsymbol{u}=[u_1\quad u_2\quad u_3]^{\mathrm{T}}$$

结点力矢量为

$$\boldsymbol{R}_{NF}=[F_1\quad 0\quad 0]^{\mathrm{T}}$$

由式（2.24）可以求出每一个单元的等效结点力。

单元 1：

$$\begin{bmatrix}F_1\\F_2\end{bmatrix}=\frac{l/2}{6}\begin{bmatrix}2&1\\1&2\end{bmatrix}\begin{bmatrix}p(1)\\p(2)\end{bmatrix}=\frac{30}{6}\begin{bmatrix}2&1\\1&2\end{bmatrix}\begin{bmatrix}0\\300\end{bmatrix}=\begin{bmatrix}1\,500\\3\,000\end{bmatrix}$$

单元 2：

$$\begin{bmatrix}F_2\\F_3\end{bmatrix}=\frac{l/2}{6}\begin{bmatrix}2&1\\1&2\end{bmatrix}\begin{bmatrix}p(2)\\p(3)\end{bmatrix}=\frac{30}{6}\begin{bmatrix}2&1\\1&2\end{bmatrix}\begin{bmatrix}300\\600\end{bmatrix}=\begin{bmatrix}6\,000\\7\,500\end{bmatrix}$$

将每个单元的等效结点载荷组合，可得

$$\boldsymbol{R}_p=(\boldsymbol{R}_1)_p+(\boldsymbol{R}_2)_p=\begin{bmatrix}1\,500\\3\,000\\0\end{bmatrix}+\begin{bmatrix}0\\6\,000\\7\,500\end{bmatrix}=\begin{bmatrix}1\,500\\9\,000\\7\,500\end{bmatrix}$$

将上述各式代入式（2.34），得到

$$2\times10^{6}\times\begin{bmatrix}1&-1&0\\-1&2&-1\\0&-1&1\end{bmatrix}\begin{bmatrix}u_1\\u_2\\u_3\end{bmatrix}=\begin{bmatrix}F_1+1\,500\\9\,000\\7\,500\end{bmatrix}$$

将边界条件 $u_1=0$ 代入上式，解得

$$\begin{bmatrix}u_2\\u_3\end{bmatrix}=\begin{bmatrix}0.008\,25\\0.012\end{bmatrix}$$

单元应力由式（2.10）求得，即

$$\sigma_{x1}=E\boldsymbol{B}\boldsymbol{u}^{1}=\frac{30\times10^{6}}{30}[-1\quad 1]\begin{bmatrix}0\\8.25\times10^{-3}\end{bmatrix}=8\,250(\mathrm{N/cm^2})$$

$$\sigma_{x2}=E\boldsymbol{B}\boldsymbol{u}^{2}=\frac{30\times10^{6}}{30}[-1\quad 1]\begin{bmatrix}8.25\times10^{-3}\\12\times10^{-3}\end{bmatrix}=3\,750(\mathrm{N/cm^2})$$

（3）将杆件分别离散为 1 个单元、2 个单元和 4 个单元后，求得的结点位移和应力及解析解如图 2.8、图 2.9 所示。注意，4 个单元的有限元解是通过编程得到的，而不再采用手工计算的方法进行求解。

由图 2.8 中可知，无论是 1 个单元、2 个单元还是 4 个单元，它们的结点位移值正好是相应结点位置处的精确解。此外，还可观察到两个重要的特征：①尽管结点处位移值是精确的，但结点之间的位置上的位移结果不够精确；②应变（或应力）是通过位移求导得到的，这意味着要想得到好的有限元解就需要用足够多的结点来模拟位移函数的导数。

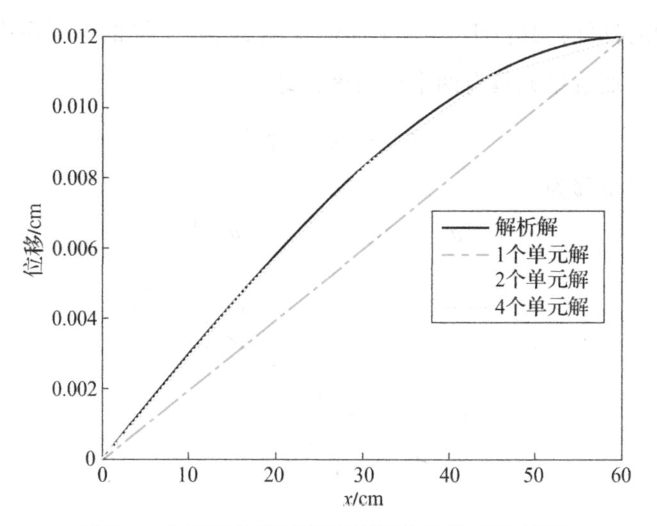

图 2.8　有限元位移解与解析解的比较（附彩图）

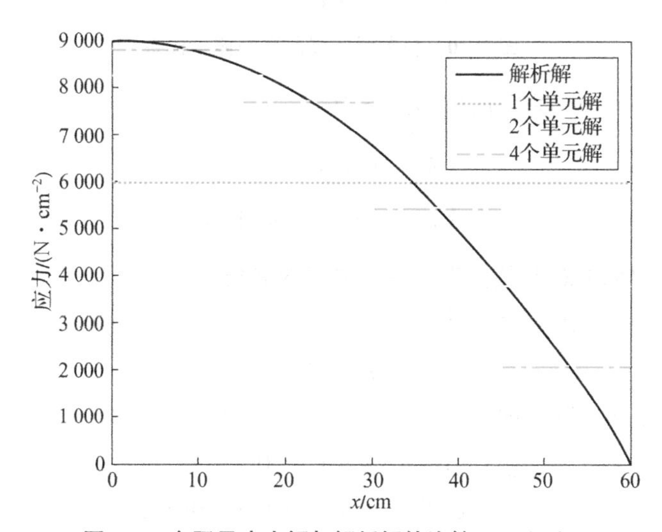

图 2.9　有限元应力解与解析解的比较（附彩图）

由图 2.9 可知：①在每个单元内，应力为常数，这是因为假设单元内的位移函数是线性的；②在每个单元内存在一个最佳应力点，该点处的应力值即精确解；③单元边界处的应力值是不连续的（即单元连接处的平衡条件不满足），但随着单元数增加，通过单元连接处的应力不连续减少，从而改善了平衡近似。

2.3　二维桁架

2.3.1　杆单元的坐标变换

桁架中的每个杆件都可以看作局部坐标系下的拉压杆件，其在整体坐标系中的倾角各异，所有的力都作用在结点上。为了对桁架进行有限元分析，需要将每个杆件在局部坐标系下的刚度矩阵和力矢量转换到整体坐标系中。

考虑一个典型的杆件，其位于 $x-y$ 平面中（图 2.10）。局部坐标系中的结点 1、2 的位移分别为 $\bar{u}_1$ 和 $\bar{u}_2$，而且单元具有两个自由度，即

$$\bar{\boldsymbol{u}}^e = [\bar{u}_1 \quad \bar{u}_2]^{\mathrm{T}} \tag{2.35}$$

整体坐标系中的结点位移为

$$\boldsymbol{u}^e = [u_1 \quad u_2 \quad u_3 \quad u_4]^{\mathrm{T}} \tag{2.36}$$

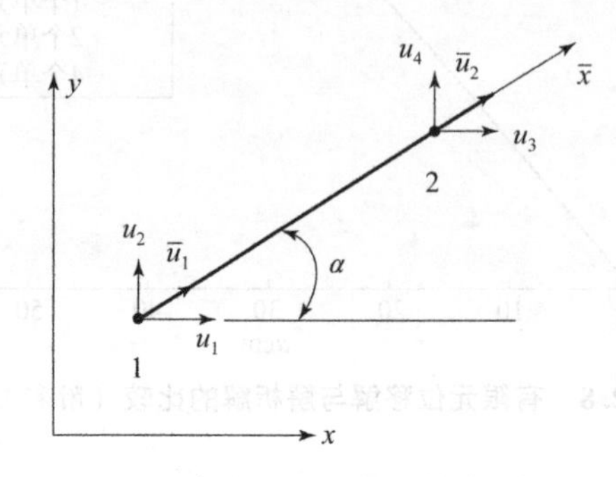

图 2.10　杆单元的局部和整体坐标系

局部坐标系和整体坐标系下的位移关系为

$$\begin{cases} \bar{u}_1 = u_1\cos\alpha + u_2\sin\alpha \\ \bar{u}_2 = u_3\cos\alpha + u_4\sin\alpha \end{cases} \tag{2.37}$$

式中，α——局部坐标轴 $\bar{x}$ 和整体坐标轴 x 之间的夹角。

式（2.37）可以写成矩阵形式为

$$\bar{\boldsymbol{u}}^e = \boldsymbol{T}^e\boldsymbol{u}^e \tag{2.38}$$

式中，$\boldsymbol{T}^e$——坐标变换矩阵，即

$$\boldsymbol{T}^e = \begin{bmatrix} \cos\alpha & \sin\alpha & 0 & 0 \\ 0 & 0 & \cos\alpha & \sin\alpha \end{bmatrix} \tag{2.39}$$

式中，$\cos\alpha$ 和 $\sin\alpha$ 由结点 1、2 的坐标定义为

$$\cos\alpha = \frac{x_2 - x_1}{l^e},\ \sin\alpha = \frac{y_2 - y_1}{l^e} \tag{2.40}$$

式中，l^e——单元长度，即

$$l^e = \sqrt{(x_2 - x_1)^2 + (y_2 - y_1)^2} \tag{2.41}$$

在局部坐标系下，二维杆单元的刚度矩阵为（见式（2.13））

$$\bar{\boldsymbol{k}}^e = \frac{E^eA^e}{l^e}\begin{bmatrix} 1 & -1 \\ -1 & 1 \end{bmatrix} \tag{2.42}$$

在局部坐标系下，二维杆单元的应变能为

$$U^e = \frac{1}{2}\bar{\boldsymbol{u}}^{e\mathrm{T}}\bar{\boldsymbol{k}}^e\bar{\boldsymbol{u}}^e \tag{2.43}$$

考虑到单元的应变能不因坐标系的不同而改变，可以将结点位移进行坐标转换（将式（2.38）代入式（2.43）），得到

$$U^e = \frac{1}{2}\boldsymbol{u}^{eT}[\boldsymbol{T}^{eT}\bar{\boldsymbol{k}}^e\boldsymbol{T}^e]\boldsymbol{u}^e \tag{2.44}$$

由式（2.44），可得杆单元在整体坐标系下的刚度矩阵为

$$\boldsymbol{k}^e = \boldsymbol{T}^{eT}\bar{\boldsymbol{k}}^e\boldsymbol{T}^e \tag{2.45}$$

式中，杆单元在整体坐标系下的刚度矩阵的具体表达形式为

$$\boldsymbol{k}^e = \frac{E^e A^e}{l^e}\begin{bmatrix} \cos^2\alpha & \cos\alpha\sin\alpha & -\cos^2\alpha & -\cos\alpha\sin\alpha \\ \cos\alpha\sin\alpha & \sin^2\alpha & -\cos\alpha\sin\alpha & -\sin^2\alpha \\ -\cos^2\alpha & -\cos\alpha\sin\alpha & \cos^2\alpha & \cos\alpha\sin\alpha \\ -\cos\alpha\sin\alpha & -\sin^2\alpha & \cos\alpha\sin\alpha & \sin^2\alpha \end{bmatrix} \tag{2.46}$$

类似地，整体坐标系下的结点力列阵为

$$\boldsymbol{F}^e = \boldsymbol{T}^{eT}\bar{\boldsymbol{F}}^e \tag{2.47}$$

2.3.2　杆单元的应力计算

在局部坐标系中，应力可由 $\sigma_{\bar{x}} = E\varepsilon_{\bar{x}}$ 计算。考虑到杆单元中应变的定义，由式（2.9）有

$$\sigma_{\bar{x}} = E\frac{\bar{u}_2 - \bar{u}_1}{l^e} = \frac{E}{l^e}[-1 \quad 1]\bar{\boldsymbol{u}}^e \tag{2.48}$$

利用位移转换关系，可以得到杆单元中的应力，其为整体坐标系下位移的函数，即

$$\sigma_{\bar{x}} = \frac{E}{l^e}[-1 \quad 1]\boldsymbol{T}^e\boldsymbol{u}^e = \frac{E}{l^e}[-\cos\alpha \quad -\sin\alpha \quad \cos\alpha \quad \sin\alpha]\boldsymbol{u}^e \tag{2.49}$$

2.3.3　例题

例 2.3.1　图 2.11 所示为一个由两根杆件组成的桁架。两根杆件的材料及几何参数分别为：$E^1 = E^2 = 10\times10^6\ \text{N/cm}^2$，$A^1 = A^2 = 1.5\ \text{cm}^2$。在结点 3 处作用的结点力为：$F_{x3} = 500\ \text{N}$，$F_{y3} = 300\ \text{N}$。求结点位移、支反力和各单元的应力。

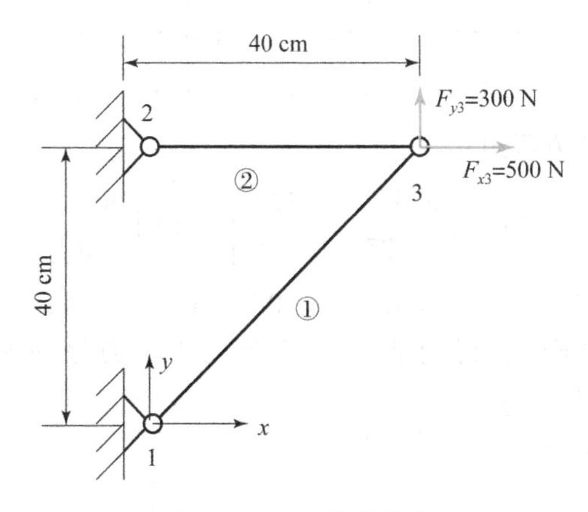

图 2.11　二杆桁架结构

解：各单元和结点编号如图 2.11 所示。

对于杆①，$\alpha = 45°$。由式（2.46）可得杆①的刚度矩阵为

$$
\boldsymbol{k}^1=\begin{bmatrix} 1.325 & 1.325 & -1.325 & -1.325 \\ 1.325 & 1.325 & -1.325 & -1.325 \\ -1.325 & -1.325 & 1.325 & 1.325 \\ -1.325 & -1.325 & 1.325 & 1.325 \end{bmatrix}\times 10^5\,(\mathrm{N/cm}) \quad \begin{matrix} u_1 \\ u_2 \\ u_5 \\ u_6 \end{matrix}
$$

（列依次对应 u_1、u_2、u_5、u_6）

对于杆②，$\alpha=0°$。由式（2.46）可得杆②的刚度矩阵为

$$
\boldsymbol{k}^2=\begin{bmatrix} 3.75 & 0 & -3.75 & 0 \\ 0 & 0 & 0 & 0 \\ -3.75 & 0 & 3.75 & 0 \\ 0 & 0 & 0 & 0 \end{bmatrix}\times 10^5\,(\mathrm{N/cm}) \quad \begin{matrix} u_3 \\ u_4 \\ u_5 \\ u_6 \end{matrix}
$$

（列依次对应 u_3、u_4、u_5、u_6）

组合两个单元的刚度矩阵，得到二杆桁架的总刚度矩阵为

$$
\boldsymbol{K}=\begin{bmatrix} 1.325 & 1.325 & 0 & 0 & -1.325 & -1.325 \\ 1.325 & 1.325 & 0 & 0 & -1.325 & -1.325 \\ 0 & 0 & 3.75 & 0 & -3.75 & 0 \\ 0 & 0 & 0 & 0 & 0 & 0 \\ -1.325 & -1.325 & -3.75 & 0 & 5.075 & 1.325 \\ -1.325 & -1.325 & 0 & 0 & 1.325 & 1.325 \end{bmatrix}\times 10^5\,(\mathrm{N/cm}) \quad \begin{matrix} u_1 \\ u_2 \\ u_3 \\ u_4 \\ u_5 \\ u_6 \end{matrix}
$$

（列依次对应 u_1、u_2、u_3、u_4、u_5、u_6）

将位移边界条件（$u_1=u_2=u_3=u_4=0$）代入，得到该桁架的平衡方程为

$$
10^5\times\begin{bmatrix} 1.325 & 1.325 & 0 & 0 & -1.325 & -1.325 \\ 1.325 & 1.325 & 0 & 0 & -1.325 & -1.325 \\ 0 & 0 & 3.75 & 0 & -3.75 & 0 \\ 0 & 0 & 0 & 0 & 0 & 0 \\ -1.325 & -1.325 & -3.75 & 0 & 5.075 & 1.325 \\ -1.325 & -1.325 & 0 & 0 & 1.325 & 1.325 \end{bmatrix}\begin{bmatrix} 0 \\ 0 \\ 0 \\ 0 \\ u_5 \\ u_6 \end{bmatrix}=\begin{bmatrix} F_{x1} \\ F_{y1} \\ F_{x2} \\ F_{y2} \\ 500 \\ 300 \end{bmatrix} \tag{E1}
$$

式（E1）归结为解下面的方程组：

$$
10^5\times\begin{bmatrix} 5.075 & 1.325 \\ 1.325 & 1.325 \end{bmatrix}\begin{bmatrix} u_5 \\ u_6 \end{bmatrix}=\begin{bmatrix} 500 \\ 300 \end{bmatrix}
$$

求解可得：$u_5=5.333\times 10^{-4}$ cm，$u_6=1.731\times 10^{-3}$ cm。

将结点位移代入式（E1），得到结点 1、2 处的支反力分别为：$F_{x1}=-300$ N，$F_{y1}=-300$ N；$F_{x2}=-200$ N，$F_{y2}=0$。

由式（2.49），得到杆①②的应力分别为

$$
\sigma_{\bar{x}}^1=\frac{E}{l^1}\begin{bmatrix} -\frac{\sqrt{2}}{2} & -\frac{\sqrt{2}}{2} & \frac{\sqrt{2}}{2} & \frac{\sqrt{2}}{2} \end{bmatrix}\begin{bmatrix} u_1 \\ u_2 \\ u_5 \\ u_6 \end{bmatrix}=283\,(\mathrm{N/cm^2})
$$

$$\sigma_{\bar{x}}^{2}=\frac{E}{l^{2}}[-1\quad 0\quad 1\quad 0]\begin{bmatrix}u_3\\u_4\\u_5\\u_6\end{bmatrix}=133(\mathrm{N/cm^2})$$

2.4　梁的有限元分析

2.4.1　欧拉－伯努利梁

梁定义在 $x-z$ 平面内，其横截面积为 A。欧拉－伯努利梁理论适用于细长梁（梁的横截面尺寸远小于梁的长度，是其长度的$\frac{1}{5}\sim\frac{1}{3}$）。该理论关于位移场的假设为：平截面保持平面且垂直于梁的中性层（该层既不伸长也不缩短）；平行于横截面的法向应力为零；在确定截面上某一点的轴向位移时，忽略截面厚度的变化，即规定截面上每一点的 z 方向位移等于同一截面上参考线的 z 方向位移。

2.4.1.1　基本公式

在距离梁中性层 z 处的轴向位移 u 为

$$u=-z\frac{\partial w}{\partial x}\tag{2.50}$$

式中，w——梁的挠度。

式（2.50）表明，梁的运动完全可以用挠度来描述。

梁的弯曲应变定义为

$$\varepsilon_{xx}=\frac{\partial u}{\partial x}=-z\frac{\partial^2 w}{\partial x^2}\tag{2.51}$$

使用单轴应力－应变关系，得到梁的弯曲应力为

$$\sigma_{xx}=E\varepsilon_{xx}=-Ez\frac{\partial^2 w}{\partial x^2}\tag{2.52}$$

式中，E——弹性模量。

梁横截面上的弯矩 M 和剪力 Q 分别为

$$M=-\int_A z\sigma_{xx}\mathrm{d}A=EI\frac{\partial^2 w}{\partial x^2}\tag{2.53}$$

$$Q=\frac{\mathrm{d}M}{\mathrm{d}x}=EI\frac{\partial^3 w}{\partial x^3}\tag{2.54}$$

式中，I——梁截面对中性轴（中性层与横截面的交线）y 的惯性矩，即

$$I=\int_A z^2\mathrm{d}A\tag{2.55}$$

2.4.1.2　单元位移模式

图 2.12 所示为一个等截面梁单元，其长度为 l，弹性模量为 E，横截面的惯性矩为 I。梁单元有结点 1 和结点 2。结点位移包括挠度 w_1、w_2 和转角 $\theta_1=\left(\frac{\partial w}{\partial x}\right)_1$、$\theta_2=\left(\frac{\partial w}{\partial x}\right)_2$，广义

结点力包括剪力 Q_1、Q_2 和弯矩 M_1、M_2，其正方向如图 2.12 所示。结点位移列阵和广义结点力列阵分别为

$$\boldsymbol{u}^e = [w_1 \quad \theta_1 \quad w_2 \quad \theta_2]^{\mathrm{T}} \tag{2.56}$$

$$\boldsymbol{F}^e = [Q_1 \quad M_1 \quad Q_2 \quad M_2]^{\mathrm{T}} \tag{2.57}$$

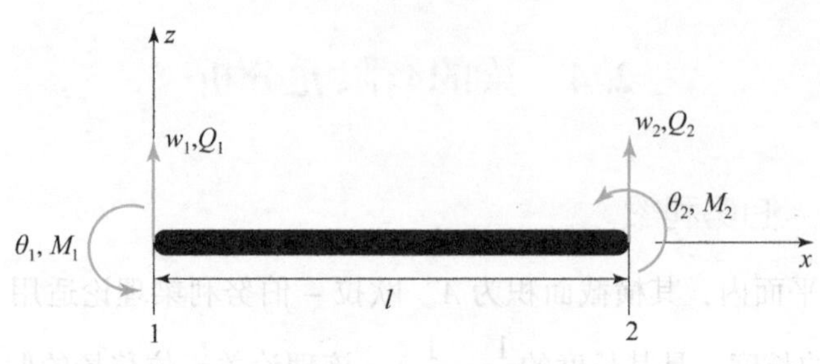

图 2.12　梁单元

由于梁单元有 4 个结点位移，因此可以假设其位移模式为具有 4 个待定系数的函数，即

$$w = \alpha_0 + \alpha_1 x + \alpha_2 x^2 + \alpha_3 x^3 \tag{2.58}$$

由该单元的两个结点处的位移条件，可以解出待定系数 $\alpha_i(i=0,1,2,3)$，即

$$\begin{cases} \alpha_0 = w_1 \\ \alpha_1 = \theta_1 \\ \alpha_2 = \dfrac{1}{l^2}(-3w_1 - 2\theta_1 l + 3w_2 - \theta_2 l) \\ \alpha_3 = \dfrac{1}{l^2}(2w_1 + \theta_1 l - 2w_2 + \theta_2 l) \end{cases} \tag{2.59}$$

将式（2.59）代入式（2.58），可得位移模式的如下形式：

$$\begin{aligned} w(x) &= (1-3\xi^2+2\xi^3)w_1 + l(\xi-2\xi^2+\xi^3)\theta_1 + (3\xi^2-2\xi^3)w_2 + l(\xi^3-\xi^2)\theta_2 \\ &= \boldsymbol{N}\boldsymbol{u}^e \end{aligned} \tag{2.60}$$

式中，$\xi = x/l$；

$\boldsymbol{N}$——梁单元的 4 个形函数（图 2.13）所组成的矩阵，即

$$\boldsymbol{N} = [\underbrace{1-3\xi^2+2\xi^3}_{N_1} \quad \underbrace{l(\xi-2\xi^2+\xi^3)}_{N_2} \quad \underbrace{3\xi^2-2\xi^3}_{N_3} \quad \underbrace{l(\xi^3-\xi^2)}_{N_4}] \tag{2.61}$$

2.4.1.3　单元应变场

由纯弯梁的几何方程（式（2.51））和位移模式（式（2.60）），可得其应变的表达式为

$$\begin{aligned} \varepsilon_{xx} &= \boldsymbol{B}\boldsymbol{u}^e \\ &= -z\left[\frac{1}{l}(12\xi-6) \quad \frac{1}{l}(6\xi-4) \quad -\frac{1}{l^2}(12\xi-6) \quad \frac{1}{l}(6\xi-2)\right]\boldsymbol{u}^e \\ &= [B_1 \quad B_2 \quad B_3 \quad B_4]\boldsymbol{u}^e \end{aligned} \tag{2.62}$$

式中，$\boldsymbol{B}$——单元的应变矩阵。

2.4.1.4　单元应力场

由梁的弯曲应力公式（式（2.52））和应变表达式（式（2.62）），可得其应力的表达式为

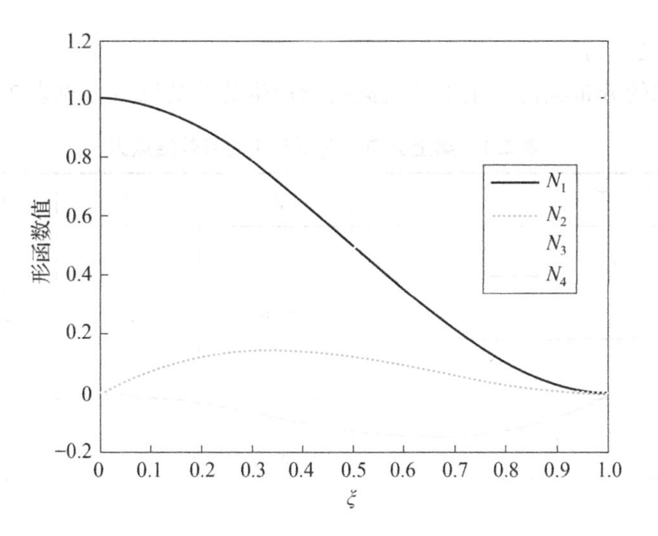

图 2.13　梁单元形函数

$$\sigma_{xx} = E\varepsilon_{xx} = E\boldsymbol{B}\boldsymbol{u}^e = \boldsymbol{S}\boldsymbol{u}^e \tag{2.63}$$

式中，$\boldsymbol{S}$——单元的应力矩阵，即

$$\begin{aligned}\boldsymbol{S} &= -zE\left[\frac{1}{l}(12\xi-6) \quad \frac{1}{l}(6\xi-4) \quad -\frac{1}{l^2}(12\xi-6) \quad \frac{1}{l}(6\xi-2)\right] \\ &= [S_1 \quad S_2 \quad S_3 \quad S_4]\end{aligned} \tag{2.64}$$

2.4.1.5　梁单元势能

梁单元的势能 Π^e 由其应变能 U^e 和外力功 W^e 表示为

$$\Pi^e = U^e - W^e \tag{2.65}$$

式中，应变能为

$$\begin{aligned}U^e &= \frac{1}{2}\int_0^l\int_A \sigma_{xx}\varepsilon_{xx}\mathrm{d}A\mathrm{d}x = \frac{1}{2}\boldsymbol{u}^{e\mathrm{T}}\left[\int_0^l\int_A \boldsymbol{B}^{\mathrm{T}}E\boldsymbol{B}\mathrm{d}A\mathrm{d}x\right]\boldsymbol{u}^e \\ &= \frac{1}{2}\boldsymbol{u}^{e\mathrm{T}}\boldsymbol{k}^e\boldsymbol{u}^e\end{aligned} \tag{2.66}$$

式中，$\boldsymbol{k}^e$——梁单元的刚度矩阵，即

$$\boldsymbol{k}^e = \int_0^l\int_A \boldsymbol{B}^{\mathrm{T}}E\boldsymbol{B}\mathrm{d}A\mathrm{d}x = \frac{EI}{l^3}\begin{bmatrix} 12 & 6l & -12 & 6l \\ 6l & 4l^2 & -6l & 2l^2 \\ -12 & -6l & 12 & -6l \\ 6l & 2l^2 & -6l & 4l^2 \end{bmatrix} \tag{2.67}$$

式（2.65）中的外力功 W^e 为

$$W^e = Q_1w_1 + M_1\theta_1 + Q_2w_2 + M_2\theta_2 = \boldsymbol{F}^{e\mathrm{T}}\boldsymbol{u}^e \tag{2.68}$$

式（2.68）只考虑了单元结点上作用的广义力，即剪力和弯矩。如果梁单元上作用有横向分布载荷 $p(x)$，则需要计算其产生的等效结点载荷，而且要叠加到结点上的广义力中，具体计算公式如下：

$$F_p^e = \int_0^l \boldsymbol{N}^{\mathrm{T}}p(x)\mathrm{d}x \tag{2.69}$$

式中，$\boldsymbol{N}$ 来自式（2.61）。

对于一些特殊的分布载荷，梁上分布载荷所产生的等效结点力见表 2.1。

表 2.1 梁上分布载荷所产生的等效结点力

分布载荷	Q_1	M_1	Q_2	M_2
p 1 2	$\frac{1}{2}pl$	$\frac{1}{12}pl^2$	$\frac{1}{2}pl$	$-\frac{1}{12}pl^2$
p 1 2	$\frac{3}{20}pl$	$\frac{1}{30}pl^2$	$\frac{7}{20}pl$	$-\frac{1}{20}pl^2$
p 1 2	$\frac{7}{20}pl$	$\frac{1}{20}pl^2$	$\frac{3}{20}pl$	$-\frac{1}{30}pl^2$
p 1 2	$\frac{1}{4}pl$	$\frac{5}{96}pl^2$	$\frac{1}{4}pl$	$-\frac{5}{96}pl^2$

2.4.1.6 单元平衡方程

由最小势能原理，将式（2.65）中的 Π^e 对 $\boldsymbol{u}^e$ 求导并令其等于零，得到单元的平衡方程为

$$\boldsymbol{k}^e\boldsymbol{u}^e = \boldsymbol{F}^e \tag{2.70}$$

式中，$\boldsymbol{k}^e$ 和 $\boldsymbol{F}^e$ 的含义参见式（2.67）和式（2.57）。

需要注意的是，结点力矢量 $\boldsymbol{F}^e$ 在有限元公式中表示正的结点剪力 Q 和弯矩 M，而对于材料力学梁理论符号规定来说，通常正的剪力 V 和弯矩 M 与相应有限元公式中的符号表示的对应关系为

$$\begin{bmatrix} -V_1 \\ -M_1 \\ V_2 \\ M_2 \end{bmatrix} \Rightarrow \begin{bmatrix} Q_1 \\ M_1 \\ Q_2 \\ M_2 \end{bmatrix} \tag{2.71}$$

式中，各变量的表示如图 2.14 所示。

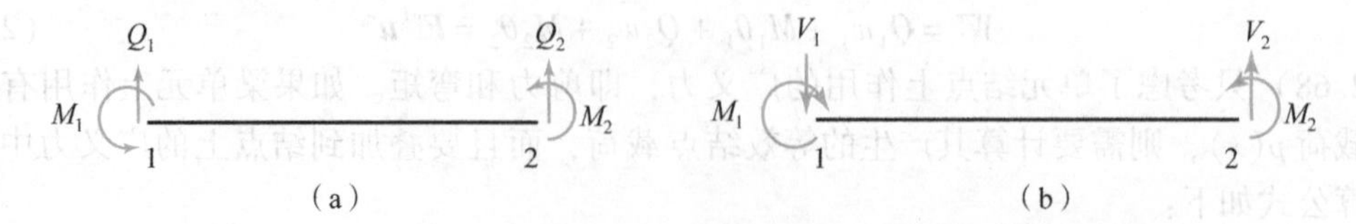

图 2.14 变量的图示

(a) 有限元公式中的正剪力和正弯矩；(b) 材料力学中的正剪力和正弯矩

2.4.1.7　纯弯梁算例

例2.4.1　简支梁受均布横向载荷 p，其长度为 l，惯性矩为 I，如图2.15（a）所示。利用两个等长梁单元和等效结点载荷，求解梁跨中间处挠度的有限元解，并与梁理论给出的解进行比较。

解：将梁划分为2个单元、3个结点，每个单元长度是 $l/2$，如图2.15（b）所示。由式(2.67)，可得2个单元的刚度矩阵为

$$\boldsymbol{k}^1=\boldsymbol{k}^2=\frac{EI}{\left(\dfrac{l}{2}\right)^3}\begin{bmatrix}12 & \dfrac{6l}{2} & -12 & \dfrac{6l}{2}\\ \dfrac{6l}{2} & \dfrac{4l^2}{4} & -\dfrac{6l}{2} & \dfrac{2l^2}{4}\\ -12 & -6l & 12 & -\dfrac{6l}{2}\\ \dfrac{6l}{2} & \dfrac{2l^2}{4} & -\dfrac{6l}{2} & \dfrac{4l^2}{4}\end{bmatrix}=\frac{8EI}{l^3}\begin{bmatrix}12 & 3l & -12 & 3l\\ 3l & l^2 & -3l & \dfrac{l^2}{2}\\ -12 & -3l & 12 & -3l\\ 3l & \dfrac{l^2}{2} & -3l & l^2\end{bmatrix}$$

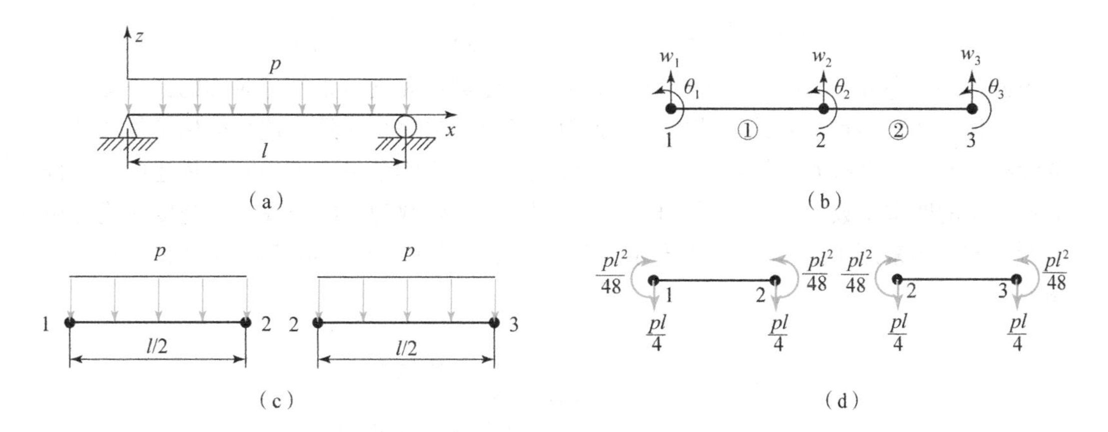

图2.15　例2.4.1图

（a）承受均布载荷的梁；（b）结点、单元、挠度和转角；（c）单元分布载荷；（d）等效结点力

由2个单元刚度矩阵组合成的整体刚度矩阵为

$$\boldsymbol{K}=\frac{8EI}{l^3}\begin{bmatrix}12 & 3l & -12 & 3l & 0 & 0\\ 3l & l^2 & -3l & \dfrac{l^2}{2} & 0 & 0\\ -12 & -3l & 24 & 0 & -12 & 3l\\ 3l & \dfrac{l^2}{2} & 0 & 2l^2 & -3l & \dfrac{l^2}{2}\\ 0 & 0 & -12 & -3l & 12 & -3l\\ 0 & 0 & 3l & \dfrac{l^2}{2} & -3l & l^2\end{bmatrix}$$

作用在梁上两个铰支端点的约束反力为 F_1 和 F_3，作用在单元1和2上的分布载荷（图2.15（c））的等效结点力如图2.15（d）所示。整体载荷列阵为

$$
\boldsymbol{F} = \left[F_1 - \frac{pl}{4} \quad -\frac{pl^2}{48} \quad -\frac{pl}{2} \quad 0 \quad F_3 - \frac{pl}{4} \quad \frac{pl^2}{48} \right]^{\mathrm{T}}
$$

整体平衡方程为

$$
\boldsymbol{Ku} = \boldsymbol{F}
$$

式中，$\boldsymbol{u} = [w_1 \quad \theta_1 \quad w_2 \quad \theta_2 \quad w_3 \quad \theta_3]^{\mathrm{T}}$。

应用约束条件，可得

$$
\frac{8EI}{l^3}\begin{bmatrix} l^2 & -3l & \frac{l^2}{2} & 0 \\ -3l & 24 & 0 & 3l \\ \frac{l^2}{2} & 0 & 2l^2 & \frac{l^2}{2} \\ 0 & 3l & \frac{l^2}{2} & l^2 \end{bmatrix}\begin{bmatrix} \theta_1 \\ w_2 \\ \theta_2 \\ \theta_3 \end{bmatrix} = \begin{bmatrix} -\frac{pl^2}{48} \\ -\frac{pl}{2} \\ 0 \\ \frac{pl^2}{48} \end{bmatrix}
$$

求解上式，得到

$$
\theta_1 = -\frac{pl^3}{24EI},\ \theta_2 = 0,\ w_2 = -\frac{5pl^4}{384EI},\ \theta_3 = \frac{pl^3}{24EI}
$$

正如预期的那样，梁跨中点处的斜率为零。由于载荷和支承条件是对称的，挠度解也是对称的。该算例的结点位移计算结果与材料力学计算结果完全一致。这是应用了等效结点载荷的缘故。然而，有限元解给出的一般挠度形状与材料力学结果并不相同。描述中性面挠度的方程为 x 的四次函数，由于有限元模型中使用的插值函数为三次函数，故挠度曲线与精确解有所不同。当采用 4 个单元离散梁时，所得到的有限元解与解析解吻合得非常好，如图 2.16 所示。

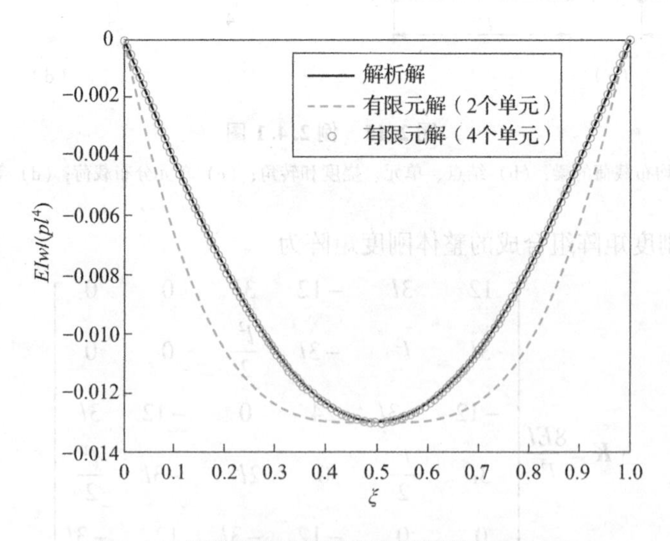

图 2.16　梁挠度的有限元解和解析解（$\xi = x/l$）

2.4.2　铁木辛柯梁

与欧拉－伯努利梁理论不同，铁木辛柯梁理论考虑了横向剪切变形。因此，该理论能够模拟薄的或厚的梁，其基于以下 4 个基本假设：

（1）平截面保持平面，但不一定与梁的中性面垂直，这意味着平截面转角不再与挠度曲线的一阶导数相等。

（2）平行于横截面的法向应力为零。

（3）在确定截面上某一点的轴向位移时，忽略截面厚度的变化，即规定截面上每一点在 z 方向的位移等于同一截面上中性轴在 z 方向的位移。

（4）在指定横截面上剪应力为常数。

2.4.2.1　基本公式

假设梁位于 $x-z$ 平面中，位移场定义为

$$\begin{cases}u(x,z)=-z\theta_y(x)\\ w(x,z)=w(x)\end{cases} \tag{2.72}$$

式中，u——梁的轴向位移；

w,θ_y——铁木辛柯梁的运动学参数为常数的横向位移和横截面绕中性轴 y 的法线转角。

法向应变 ε_{xx} 和横向剪切应变 γ_{xz} 分别定义为

$$\varepsilon_{xx}=\frac{\partial u}{\partial x}=-z\frac{\partial\theta_y}{\partial x} \tag{2.73}$$

$$\gamma_{xz}=\frac{\partial u}{\partial z}+\frac{\partial w}{\partial x}=-\theta_y+\frac{\partial w}{\partial x} \tag{2.74}$$

应变能包括弯曲应力和剪切应力的贡献，即

$$\begin{aligned}U&=\frac{1}{2}\int_\Omega\sigma_{xx}\varepsilon_{xx}\mathrm{d}\Omega+\frac{1}{2}\int_\Omega\tau_{xz}\gamma_{xz}\mathrm{d}\Omega\\&=\frac{1}{2}\int_\Omega E\varepsilon_{xx}^2\mathrm{d}\Omega+\frac{1}{2}\int_\Omega kG\gamma_{xz}^2\mathrm{d}\Omega\end{aligned} \tag{2.75}$$

式中，G——剪切模量，$G=\dfrac{E}{2(1+\nu)}$，E 为弹性模量，ν 为泊松比；

k——剪切修正因子，对于矩形截面，$k=5/6$；对于圆形截面，$k=9/10$。

考虑 $\mathrm{d}\Omega=\mathrm{d}A\mathrm{d}x$ 以及在横截面上积分，式（2.75）所表示的应变能公式可改写为

$$U=\frac{1}{2}\int_0^l EI\left(\frac{\partial\theta_y}{\partial x}\right)^2\mathrm{d}x+\frac{1}{2}\int_0^l kGA\left(\frac{\partial w}{\partial x}-\theta_y\right)^2\mathrm{d}x \tag{2.76}$$

梁单元的每个结点包括一个横向位移 w 和一个转角 θ_y，如图 2.17 所示。这样，该单元的结点位移矢量为

$$\boldsymbol{u}^e=[w_1\quad w_2\quad \theta_{y1}\quad \theta_{y2}]^{\mathrm{T}} \tag{2.77}$$

注意：与伯努利梁理论相反，这里的横向位移 w 和转角 θ_y 都是独立插值的，即

$$w=\boldsymbol{N}\boldsymbol{w}^e \tag{2.78}$$

$$\theta_y=\boldsymbol{N}\boldsymbol{\theta}_y^e \tag{2.79}$$

因此，梁单元中的结点位移矢量变为

$$\boldsymbol{u}^e=[\boldsymbol{w}^{e\mathrm{T}}\quad \boldsymbol{\theta}_y^{e\mathrm{T}}]^{\mathrm{T}} \tag{2.80}$$

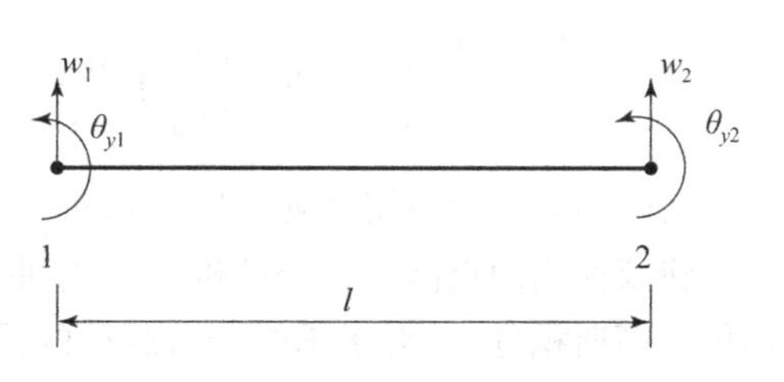

图 2.17　铁木辛柯梁单元

式中，$\boldsymbol{w}^{eT}=[w_1 \quad w_2]$；$\boldsymbol{\theta}_y^{eT}=[\theta_{y1} \quad \theta_{y2}]$。

两个结点形函数所组成的形函数矩阵 $\boldsymbol{N}$ 为

$$\boldsymbol{N}=\begin{bmatrix}\frac{1}{2}(1-\xi) & \frac{1}{2}(1+\xi)\end{bmatrix} \tag{2.81}$$

式中，$\xi\in[-1,1]$。

梁单元的应变能为

$$\begin{aligned}U=&\frac{1}{2}\boldsymbol{\theta}_y^{eT}\int_0^l EI\left(\frac{\mathrm{d}\boldsymbol{N}}{\mathrm{d}x}\right)^{\mathrm{T}}\frac{\mathrm{d}\boldsymbol{N}}{\mathrm{d}x}\mathrm{d}x\boldsymbol{\theta}_y^e+\\&\frac{1}{2}\int_0^l kGA\left(\boldsymbol{w}^e\frac{\mathrm{d}\boldsymbol{N}}{\mathrm{d}x}-\boldsymbol{\theta}_y^e\boldsymbol{N}\right)^{\mathrm{T}}\left(\frac{\mathrm{d}\boldsymbol{N}}{\mathrm{d}x}\boldsymbol{w}^e-\boldsymbol{N}\boldsymbol{\theta}_y^e\right)\mathrm{d}x\end{aligned} \tag{2.82}$$

考虑到空间坐标 x 和自然坐标 ξ 之间的关系式为 $x=0.5(1+\xi)l$，可得 $\mathrm{d}x=0.5l\mathrm{d}\xi$，$\frac{\mathrm{d}\boldsymbol{N}}{\mathrm{d}x}=\frac{2}{l}\frac{\mathrm{d}\boldsymbol{N}}{\mathrm{d}\xi}$，将这两个式子代入式（2.82），可得

$$\begin{aligned}U=&\frac{1}{2}\boldsymbol{\theta}_y^{eT}\int_{-1}^1\frac{4EI}{l^2}\left(\frac{\mathrm{d}\boldsymbol{N}}{\mathrm{d}\xi}\right)^{\mathrm{T}}\frac{\mathrm{d}\boldsymbol{N}}{\mathrm{d}\xi}\frac{l}{2}\mathrm{d}\xi\boldsymbol{\theta}_y^e+\\&\frac{1}{2}\int_{-1}^1 kGA\left(\frac{2}{l}\boldsymbol{w}^e\frac{\mathrm{d}\boldsymbol{N}}{\mathrm{d}\xi}-\boldsymbol{\theta}_y^e\boldsymbol{N}\right)^{\mathrm{T}}\left(\frac{2}{l}\frac{\mathrm{d}\boldsymbol{N}}{\mathrm{d}\xi}\boldsymbol{w}^e-\boldsymbol{N}\boldsymbol{\theta}_y^e\right)\frac{l}{2}\mathrm{d}\xi\end{aligned} \tag{2.83}$$

式（2.83）等号右边的第一项为刚度阵的弯曲部分 U_{b}，第二项为剪切应力引起的应变能 U_{s}，其可以整理为

$$\begin{aligned}U_{\mathrm{s}}&=\frac{1}{2}\int_0^l kGA\,[\boldsymbol{w}^e \quad \boldsymbol{\theta}_y^e]^{\mathrm{T}}\begin{bmatrix}\frac{2}{l}\frac{\mathrm{d}\boldsymbol{N}}{\mathrm{d}\xi}\\-\boldsymbol{N}\end{bmatrix}^{\mathrm{T}}\begin{bmatrix}\frac{2}{l}\frac{\mathrm{d}\boldsymbol{N}}{\mathrm{d}\xi} & -\boldsymbol{N}\end{bmatrix}\begin{bmatrix}\boldsymbol{w}^e\\\boldsymbol{\theta}_y^e\end{bmatrix}\frac{l}{2}\mathrm{d}\xi\\&=\frac{1}{2}\boldsymbol{u}^{\mathrm{T}}\int_{-1}^1 kGA\begin{bmatrix}\frac{4}{l^2}\left(\frac{\mathrm{d}\boldsymbol{N}}{\mathrm{d}\xi}\right)^{\mathrm{T}}\frac{\mathrm{d}\boldsymbol{N}}{\mathrm{d}\xi} & -\frac{2}{l}\left(\frac{\mathrm{d}\boldsymbol{N}}{\mathrm{d}\xi}\right)^{\mathrm{T}}\boldsymbol{N}\\-\frac{2}{l}\boldsymbol{N}^{\mathrm{T}}\frac{\mathrm{d}\boldsymbol{N}}{\mathrm{d}\xi} & \boldsymbol{N}^{\mathrm{T}}\boldsymbol{N}\end{bmatrix}\frac{l}{2}\mathrm{d}\xi\boldsymbol{u}\end{aligned} \tag{2.84}$$

最终，应变能表达式可写为

$$U=\frac{1}{2}\boldsymbol{u}^{\mathrm{T}}\int_{-1}^1\left(\frac{2EI}{l}\begin{bmatrix}\boldsymbol{0} & \boldsymbol{0}\\\boldsymbol{0} & \left(\frac{\mathrm{d}\boldsymbol{N}}{\mathrm{d}\xi}\right)^{\mathrm{T}}\frac{\mathrm{d}\boldsymbol{N}}{\mathrm{d}\xi}\end{bmatrix}+\frac{2kGA}{l}\begin{bmatrix}\left(\frac{\mathrm{d}\boldsymbol{N}}{\mathrm{d}\xi}\right)^{\mathrm{T}}\frac{\mathrm{d}\boldsymbol{N}}{\mathrm{d}\xi} & -\frac{l}{2}\left(\frac{\mathrm{d}\boldsymbol{N}}{\mathrm{d}\xi}\right)^{\mathrm{T}}\boldsymbol{N}\\-\frac{l}{2}\boldsymbol{N}^{\mathrm{T}}\frac{\mathrm{d}\boldsymbol{N}}{\mathrm{d}\xi} & \frac{l^2}{4}\boldsymbol{N}^{\mathrm{T}}\boldsymbol{N}\end{bmatrix}\right)\mathrm{d}\xi\boldsymbol{u} \tag{2.85}$$

由式（2.85），可得铁木辛柯梁单元的刚度矩阵为

$$\boldsymbol{k}^e=\int_{-1}^1\left(\frac{2EI}{l}\begin{bmatrix}\boldsymbol{0} & \boldsymbol{0}\\\boldsymbol{0} & \left(\frac{\mathrm{d}\boldsymbol{N}}{\mathrm{d}\xi}\right)^{\mathrm{T}}\frac{\mathrm{d}\boldsymbol{N}}{\mathrm{d}\xi}\end{bmatrix}+\frac{2kGA}{l}\begin{bmatrix}\left(\frac{\mathrm{d}\boldsymbol{N}}{\mathrm{d}\xi}\right)^{\mathrm{T}}\frac{\mathrm{d}\boldsymbol{N}}{\mathrm{d}\xi} & -\frac{l}{2}\left(\frac{\mathrm{d}\boldsymbol{N}}{\mathrm{d}\xi}\right)^{\mathrm{T}}\boldsymbol{N}\\-\frac{l}{2}\boldsymbol{N}^{\mathrm{T}}\frac{\mathrm{d}\boldsymbol{N}}{\mathrm{d}\xi} & \frac{l^2}{4}\boldsymbol{N}^{\mathrm{T}}\boldsymbol{N}\end{bmatrix}\right)\mathrm{d}\xi \tag{2.86}$$

由于薄梁中的剪切锁死，因此应避免对线性单元刚度矩阵进行精确积分。在数值实施中，建议使用两点高斯积分精确计算弯曲刚度，而剪切部分使用减缩积分进行计算（即采用单点高斯积分）。对于承受分布载荷的梁，其外力功为

$$W^e=\int_0^l pw\mathrm{d}x=\boldsymbol{u}^{eT}\int_{-1}^1\begin{bmatrix}p\boldsymbol{N}^{\mathrm{T}}\\\boldsymbol{0}\end{bmatrix}\frac{l}{2}\mathrm{d}\xi \tag{2.87}$$

由式（2.87），可得梁单元的等效结点力为

$$\boldsymbol{F}^e = \int_{-1}^{1} \begin{bmatrix} p\boldsymbol{N}^{\mathrm{T}} \\ \boldsymbol{0} \end{bmatrix} \frac{l}{2} \mathrm{d}\xi \tag{2.88}$$

针对铁木辛柯梁单元的应变能和外力功所组成的总能量，使用最小势能原理，就可以得到铁木辛柯梁单元的平衡方程为

$$\boldsymbol{k}^e \boldsymbol{u}^e = \boldsymbol{F}^e \tag{2.89}$$

式中，$\boldsymbol{k}^e$、$\boldsymbol{u}^e$和$\boldsymbol{F}^e$的定义见式（2.86）、式（2.77）和式（2.88）。

2.4.2.2　铁木辛柯梁数值例子

例 2.4.2　考虑一个简支铁木辛柯梁，其承受的均布载荷、几何尺寸及材料参数如图 2.18 所示。铁木辛柯梁模型可用于分析薄梁或厚梁。基于一阶剪切变形理论（Wang et al.，2000）得到的简支铁木辛柯梁的解析解为

$$w = \frac{pl^4}{24EI}\left(\frac{x}{l} - 2\frac{x^3}{l^3} + \frac{x^4}{l^4}\right) + \frac{pl^2}{2S}\left(\frac{x}{l} - \frac{x^3}{l^3}\right)$$

式中，$S = kGA$。

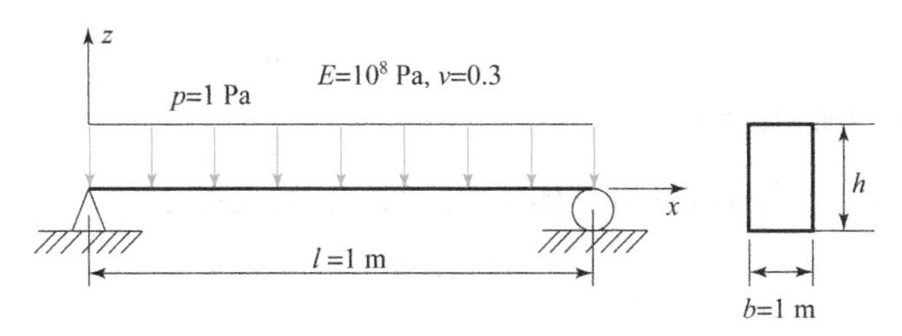

图 2.18　简支铁木辛柯梁

解：使用 20 个单元，通过 MATLAB 铁木辛柯梁有限元程序，对 $h/l = 0.01, 0.1$ 两种情况进行计算，其结果和解析解如图 2.19 所示。从图中可知，无论是对薄梁还是厚梁，基于铁木辛柯梁理论的有限元解和解析解都吻合得很好。

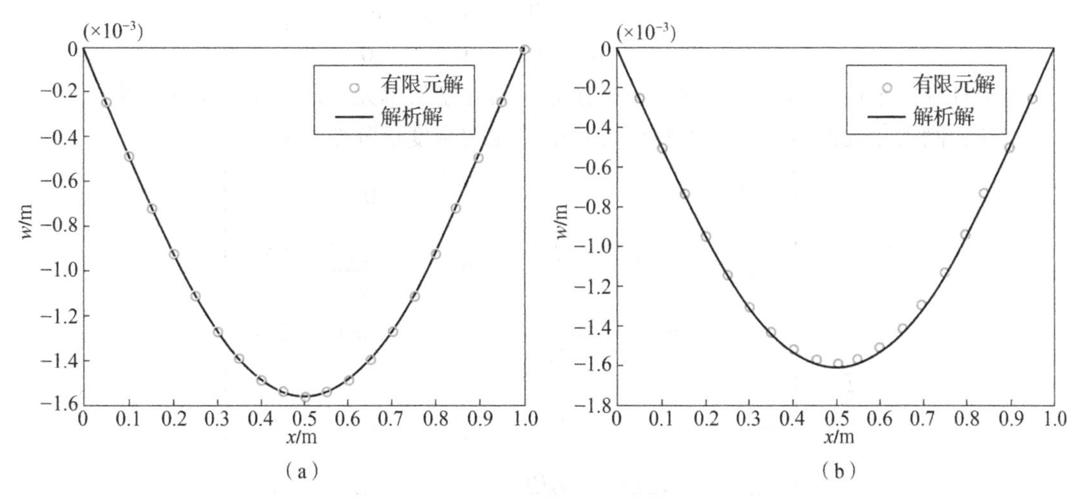

图 2.19　铁木辛柯梁有限元解和解析解

（a）$h/l = 0.01$；（b）$h/l = 0.1$

2.5 刚架有限元分析

2.5.1 基本公式

本节考虑平面刚架结构，其中的杆件之间刚性连接在一起。除了轴向载荷和轴向变形存在之外，这些杆件类似于梁，而且杆件有不同的方向。图 2.20 所示为一个平面刚架单元，每个结点有 3 个自由度，即 2 个位移和 1 个转角。单元的结点位移矢量为

$$\boldsymbol{u}^e = [\, u_1^e \quad w_1^e \quad \theta_1^e \quad u_2^e \quad w_2^e \quad \theta_2^e \,]^{\mathrm{T}} \tag{2.90}$$

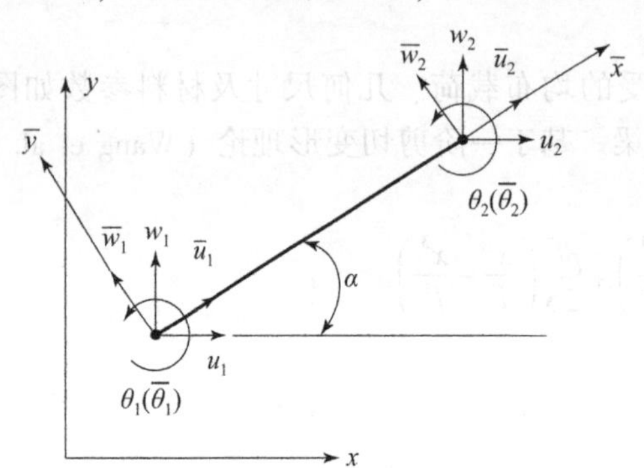

图 2.20 平面刚架单元

图 2.20 中也给出了局部坐标系 $\bar{x}-\bar{y}$，其中 $\bar{x}$ 沿着杆件的轴方向，其方向与 x 轴的夹角为 α。在局部坐标系下的结点位移矢量为

$$\bar{\boldsymbol{u}}^e = [\, \bar{u}_1^e \quad \bar{w}_1^e \quad \bar{\theta}_1^e \quad \bar{u}_2^e \quad \bar{w}_2^e \quad \bar{\theta}_2^e \,]^{\mathrm{T}} \tag{2.91}$$

式中，$\bar{\theta}_1^e = \theta_1^e$，$\bar{\theta}_2^e = \theta_2^e$。局部坐标和整体坐标之间的转换关系为

$$\bar{\boldsymbol{u}}^e = \boldsymbol{L}^e \boldsymbol{u}^e \tag{2.92}$$

式中，

$$\boldsymbol{L}^e = \begin{bmatrix} \cos\alpha & \sin\alpha & 0 & 0 & 0 & 0 \\ -\sin\alpha & \cos\alpha & 0 & 0 & 0 & 0 \\ 0 & 0 & 1 & 0 & 0 & 0 \\ 0 & 0 & 0 & \cos\alpha & \sin\alpha & 0 \\ 0 & 0 & 0 & -\sin\alpha & \cos\alpha & 0 \\ 0 & 0 & 0 & 0 & 0 & 1 \end{bmatrix} \tag{2.93}$$

由于杆件的轴向变形和弯曲变形相互独立，因此刚架单元可以看作杆单元和梁单元的组合。这样，刚架单元刚度矩阵就由杆单元和梁单元的刚度矩阵叠加而成，即

$$\bar{\boldsymbol{k}}^e = \begin{bmatrix} \frac{EA}{l} & 0 & 0 & -\frac{EA}{l} & 0 & 0 \\ 0 & \frac{12EI}{l^3} & \frac{6EI}{l^2} & 0 & -\frac{12EI}{l^3} & \frac{6EI}{l^2} \\ 0 & \frac{6EI}{l^2} & \frac{4EA}{l} & 0 & -\frac{6EI}{l^2} & \frac{2EI}{l} \\ -\frac{EA}{l} & 0 & 0 & \frac{EA}{l} & 0 & 0 \\ 0 & -\frac{12EI}{l^3} & -\frac{6EI}{l^2} & 0 & \frac{12EI}{l^3} & -\frac{6EI}{l^2} \\ 0 & \frac{6EI}{l^2} & \frac{2EI}{l} & 0 & -\frac{6EI}{l^2} & \frac{4EA}{l} \end{bmatrix} \tag{2.94}$$

注意，式（2.94）是基于欧拉－伯努利梁理论得到的，对于铁木辛柯梁理论，该式应修改为

$$\bar{\boldsymbol{k}}^{e}=\begin{bmatrix}\frac{EA}{l} & 0 & 0 & -\frac{EA}{l} & 0 & 0\\ 0 & \frac{12EI}{(1+b)l^{3}} & \frac{6EI}{(1+b)l^{2}} & 0 & -\frac{12EI}{(1+b)l^{3}} & \frac{6EI}{(1+b)l^{2}}\\ 0 & \frac{6EI}{(1+b)l^{2}} & \frac{(4+b)EA}{(1+b)l} & 0 & -\frac{6EI}{(1+b)l^{2}} & \frac{(2-b)EI}{(1+b)l}\\ -\frac{EA}{l} & 0 & 0 & \frac{EA}{l} & 0 & 0\\ 0 & -\frac{12EI}{(1+b)l^{3}} & -\frac{6EI}{(1+b)l^{2}} & 0 & \frac{12EI}{(1+b)l^{3}} & -\frac{6EI}{(1+b)l^{2}}\\ 0 & \frac{6EI}{(1+b)l^{2}} & \frac{(2-b)EI}{(1+b)l} & 0 & -\frac{6EI}{(1+b)l^{2}} & \frac{(4+b)EA}{(1+b)l}\end{bmatrix} \tag{2.95}$$

式中，$b=\frac{12EI}{kGAl^{2}}$。

刚架单元在局部坐标系下的平衡方程为

$$\bar{\boldsymbol{k}}^{e}\bar{\boldsymbol{u}}^{e}=\bar{\boldsymbol{F}}^{e} \tag{2.96}$$

式中，

$$\bar{\boldsymbol{F}}^{e}=[\bar{F}_{x1}^{e}\quad \bar{F}_{y1}^{e}\quad \bar{M}_{1}^{e}\quad \bar{F}_{x2}^{e}\quad \bar{F}_{y2}^{e}\quad \bar{M}_{2}^{e}]^{\mathrm{T}} \tag{2.97}$$

两种坐标系下载荷矢量的转换公式为

$$\bar{\boldsymbol{F}}^{e}=\boldsymbol{L}^{e}\boldsymbol{F}^{e} \tag{2.98}$$

整体坐标系下的单元刚度矩阵为

$$\boldsymbol{k}^{e}=\boldsymbol{L}^{e\mathrm{T}}\bar{\boldsymbol{k}}^{e}\boldsymbol{L}^{e} \tag{2.99}$$

对单元刚度矩阵进行组装，得到整体平衡方程为

$$\boldsymbol{KU}=\boldsymbol{F} \tag{2.100}$$

式中，$\boldsymbol{K}$——整体刚度矩阵；

$\boldsymbol{U},\boldsymbol{F}$——整体结点位移列阵和力列阵。

将边界条件代入，即可求出整体坐标系下的结点位移和约束反力。需要指出的是，杆件单元两端的内力通常是在局部坐标系下求出的。由式（2.92）求出局部坐标系下的位移 $\bar{\boldsymbol{u}}^{e}$，然后通过式（2.96）求出 $\bar{\boldsymbol{F}}^{e}$。注意，$\bar{\boldsymbol{F}}^{e}$ 等于杆件端部内力和非结点载荷产生的单元等效结点载荷之和。

2.5.2 例题

例 2.5.1 图 2.21 所示为一刚架结构，其顶端承受均布力作用，各杆件的材料及几何参数为：$E=3.0\times10^{11}$ Pa，$I=6.5\times10^{-7}$ m^4，$A=6.8\times10^{-4}$ m^2。试用有限元法分析该结构的位移。

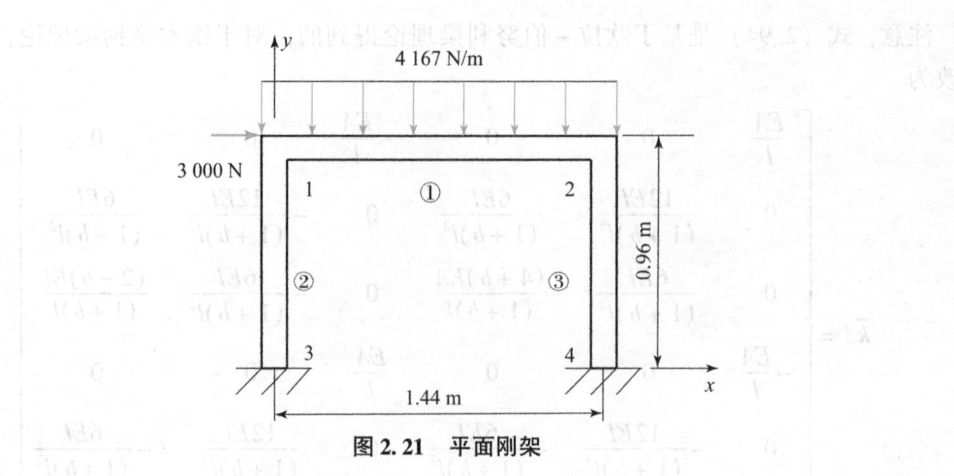

图 2.21　平面刚架

解：(1) 将刚架分成 3 个单元和 4 个结点，单元与结点的连接关系如表 2.2 所示。

表 2.2　单元与结点的连接关系

单元号	结点			
	局部编号		整体编号	
①	1	2	1	2
②	1	2	3	1
③	1	2	4	2

结点位移矢量为

$$\boldsymbol{u}=[u_1\quad w_1\quad \theta_1\quad u_2\quad w_2\quad \theta_2\quad u_3\quad w_3\quad \theta_3\quad u_4\quad w_4\quad \theta_4]^{\mathrm{T}}$$

结点载荷矢量为

$$\boldsymbol{F}=[3\,000\quad -3\,000\quad -720\quad 0\quad -3\,000\quad 720\quad F_{\mathrm{r}x3}\quad F_{\mathrm{r}y3}\quad F_{\mathrm{r}\theta3}\quad F_{\mathrm{r}x4}\quad F_{\mathrm{r}y3}\quad F_{\mathrm{r}\theta4}]^{\mathrm{T}}$$

其中，单元①两个端点的等效结点载荷值如图 2.22 所示，$F_{\mathrm{r}xi}$、$F_{\mathrm{r}yi}$ 和 $F_{\mathrm{r}\theta i}$ 是结点 $i(=3,4)$ 的 x 方向支反力、y 方向支反力和支反力矩，它们均为待求值。

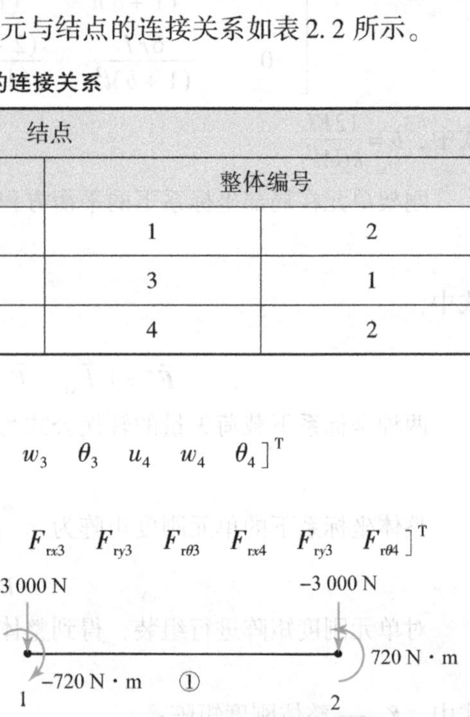

−3 000 N　　−3 000 N　　720 N · m　　−720 N · m　　①　　1　　2

图 2.22　等效结点载荷

(2) 单元刚度矩阵。

单元①的局部坐标系和整体坐标系一致，因此由式 (2.94) 可得

$$\bar{\boldsymbol{k}}^1=10^6\times\begin{bmatrix}141.7 & 0 & 0 & -141.7 & 0 & 0\\ 0 & 0.784 & 0.564 & 0 & -0.784 & 0.564\\ 0 & 0.564 & 0.542 & 0 & -0.564 & 0.271\\ -141.7 & 0 & 0 & 141.7 & 0 & 0\\ 0 & -0.784 & -0.564 & 0 & 0.784 & -0.564\\ 0 & 0.564 & 0.271 & 0 & -0.564 & 0.542\end{bmatrix}\begin{matrix}u_1\\ w_1\\ \theta_1\\ u_2\\ w_2\\ \theta_2\end{matrix}$$

(矩阵各列依次对应 u_1、w_1、θ_1、u_2、w_2、θ_2)

注意：单元①的刚度矩阵中每一行的第 3、6 列和每一列的第 3、6 行的元素单位为 N · m/rad，其余元素单位为 N/m。单元②和③的刚度矩阵元素单位与单元①相同。

单元②和单元③的局部单元刚度矩阵相同，即

$$\bar{\boldsymbol{k}}^{2}=10^{6}\times\begin{bmatrix} 212.5 & 0 & 0 & -212.5 & 0 & 0 \\ 0 & 2.645 & 1.270 & 0 & -2.645 & 1.270 \\ 0 & 1.270 & 0.8125 & 0 & -1.270 & 0.4062 \\ -212.5 & 0 & 0 & 212.5 & 0 & 0 \\ 0 & -2.645 & -1.270 & 0 & 2.645 & -1.270 \\ 0 & 1.270 & 0.4062 & 0 & -1.270 & 0.8125 \end{bmatrix}\begin{matrix}\bar{u}_3\\ \bar{w}_3\\ \bar{\theta}_3\\ \bar{u}_1\\ \bar{w}_1\\ \bar{\theta}_1\end{matrix}$$

（列依次对应 $\bar{u}_3$　$\bar{w}_3$　$\bar{\theta}_3$　$\bar{u}_1$　$\bar{w}_1$　$\bar{\theta}_1$）

注意：对于单元③，上式中相关符号的下标 1 和 3 应分别替换为 2 和 4。

单元②和单元③的局部坐标系和整体坐标系之间的转换关系为

$$\boldsymbol{L}^{2,3}=\begin{bmatrix} 0 & 1 & 0 & 0 & 0 & 0 \\ -1 & 0 & 0 & 0 & 0 & 0 \\ 0 & 0 & 1 & 0 & 0 & 0 \\ 0 & 0 & 0 & 0 & 1 & 0 \\ 0 & 0 & 0 & -1 & 0 & 0 \\ 0 & 0 & 0 & 0 & 0 & 1 \end{bmatrix}$$

单元②和单元③的整体单元刚度矩阵相同，其结果为

$$\boldsymbol{k}^{2}=\begin{bmatrix} 2.645 & 0 & -1.27 & -2.654 & 0 & -1.27 \\ 0 & 212.5 & 0 & 0 & -212.5 & 0 \\ -1.27 & 0 & 0.8125 & 1.27 & 0 & 0.4062 \\ -2.645 & 0 & 1.27 & 2.645 & 0 & 1.27 \\ 0 & -212.5 & 0 & 0 & 212.5 & 0 \\ -1.27 & 0 & 0.4062 & 1.27 & 0 & 0.8125 \end{bmatrix}\begin{matrix}u_3\\ w_3\\ \theta_3\\ u_1\\ w_1\\ \theta_1\end{matrix}$$

（列依次对应 u_3　w_3　θ_3　u_1　w_1　θ_1）

（3）整体平衡方程为

$$\boldsymbol{KU}=\boldsymbol{F}$$

式中，$\boldsymbol{K}=\boldsymbol{k}^{1}+\boldsymbol{k}^{2}+\boldsymbol{k}^{3}$；

$\boldsymbol{F}=\boldsymbol{F}^{1}+\boldsymbol{F}^{2}+\boldsymbol{F}^{3}$。

（4）求解方程。

对整体有限元平衡方程，考虑边界条件（$u_3=w_3=\theta_3=u_4=w_4=\theta_4=0$）后得到的求解方程为

$$10^{6}\times\begin{bmatrix} 144.3 & 0 & 1.270 & -141.7 & 0 & 0 \\ 0 & 213.3 & 0.567 & 0 & -0.784 & 0.564 \\ 1.270 & 0.564 & 1.3545 & 0 & -0.564 & 0.271 \\ -141.7 & 0 & 0 & 144.3 & 0 & 1.270 \\ 0 & -0.784 & -0.564 & 0 & 213.3 & -0.564 \\ 0 & 0.564 & 0.271 & 1.270 & -0.564 & 1.3545 \end{bmatrix}\begin{bmatrix}u_1\\ w_1\\ \theta_1\\ u_2\\ w_2\\ \theta_2\end{bmatrix}=\begin{bmatrix}3000\\ -3000\\ -720\\ 0\\ -3000\\ 720\end{bmatrix}$$

求解上式，得到：$u_1 = 0.92$ mm，$w_1 = -0.0104$ mm，$\theta_1 = -0.00139$ rad，$u_2 = 0.901$ mm，$w_2 = -0.018$ mm，$\theta_2 = 3.88\times10^{-5}$ rad。

习　题

2.1　推导二次函数变截面$\left(A(x)=\left(1-\dfrac{x}{l}\right)^2 A_1+\dfrac{x}{l}A_2\right)$的杆单元的刚度矩阵。

2.2　计算图 P2.2 所示桁架中各杆件的内力，其中每个杆件的材料以及横截面积都相同。$E = 200$ GPa，$A = 1$ cm^2。

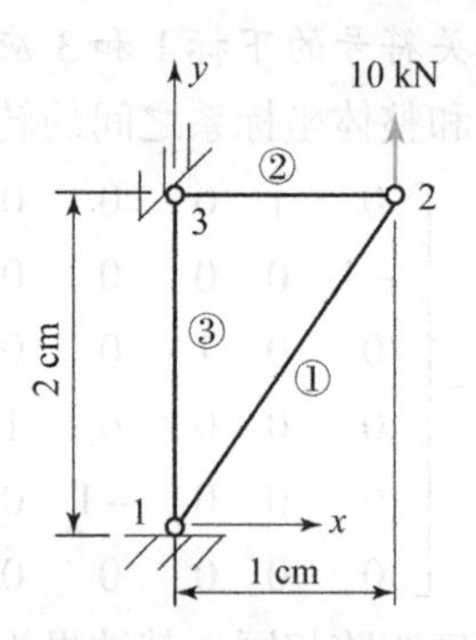

图 P2.2　三杆件桁架

2.3　如图 P2.3 所示的一个六杆件组成的桁架结构，每个杆件的材料以及横截面积都相同，计算该桁架中每个杆件的内力及支反力。$E = 190$ GPa，$A = 8\times10^{-4}$ m^2。

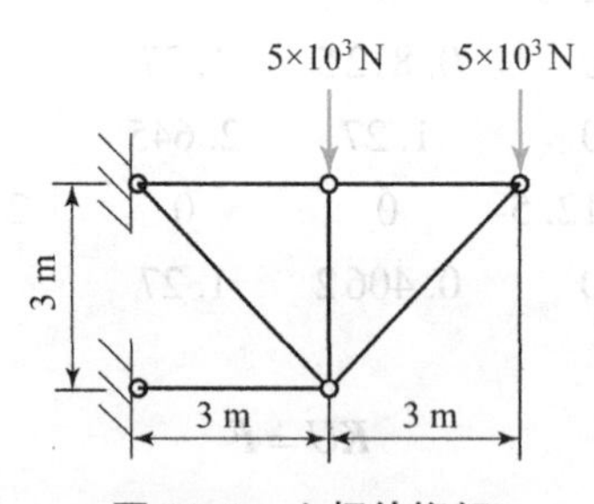

图 P2.3　六杆件桁架

2.4　图 P2.4 所示为一个九杆件组成的桁架结构，每个杆件的材料以及横截面积都相同，计算该桁架中每个杆件的内力及支反力。$E = 210$ GPa，$A = 5\times10^{-3}$ m^2。

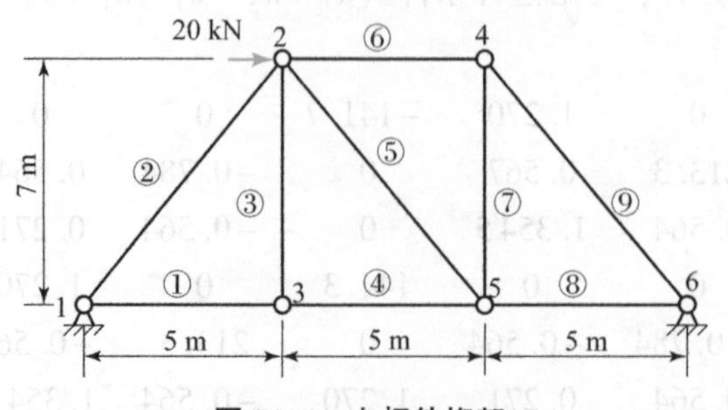

图 P2.4　九杆件桁架

2.5　对于一个梁单元，承受有三角形分布的垂直载荷（图 P2.5），推导该单元的相应结点等效载荷。

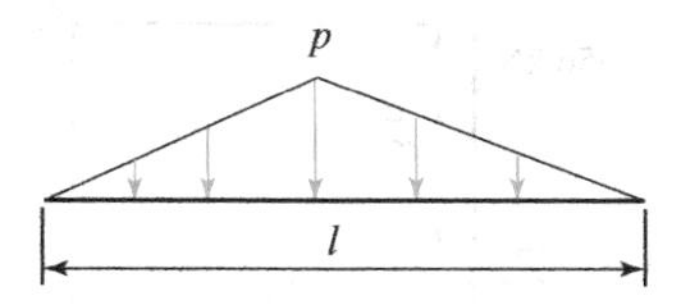

图 P2.5　承受有三角形分布的垂直载荷的梁单元

2.6　如图 P2.6 所示的梁，在其中一段承受着均布载荷，试分析该梁，并求出支反力。$E=3\times10^4$ MPa，$A=9$ cm^2，$I=375$ cm^4。

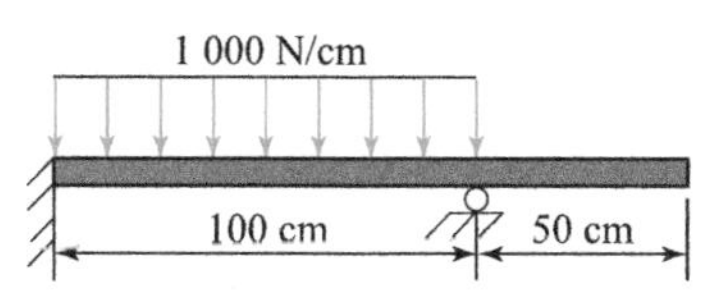

图 P2.6　梁部分段承受均布载荷

2.7　一个刚架结构如图 P2.7 所示，试分析该结构，并求出支反力。$E=3\times10^5$ MPa，$A=1\times10^{-2}$ m^2，$I=32\times10^{-5}$ m^4。

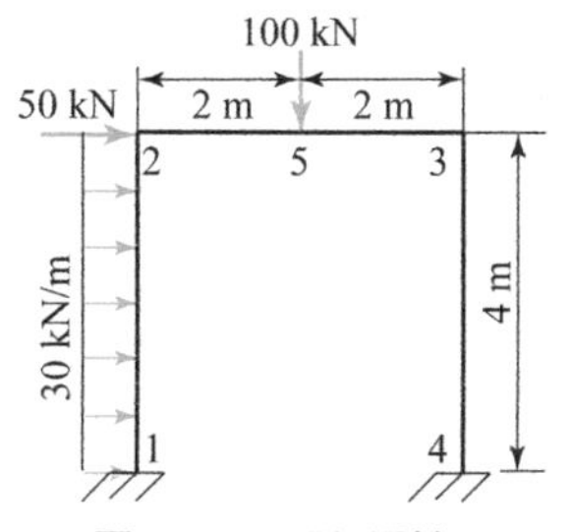

图 P2.7　平面刚架

2.8　如图 P2.8 所示的刚架结构，试分析该结构，并求出支反力。$E=2\times10^5$ MPa，$A=4\times10^{-2}$ m^2，$I=6.75\times10^{-5}$ m^4。

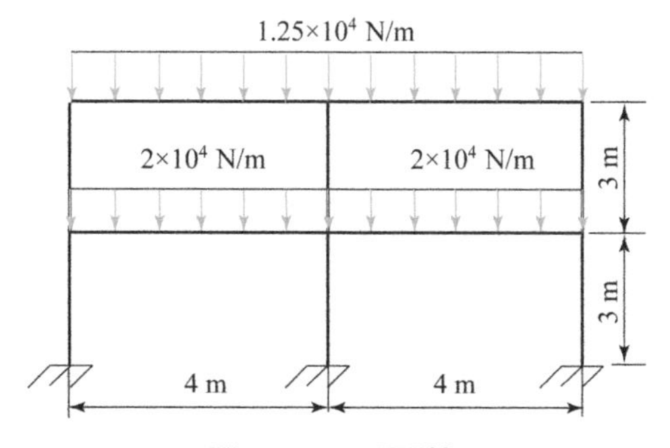

图 P2.8　平面刚架

2.9　如图 P2.9 所示的刚架由具有恒定矩形截面的杆件组成（所有杆件均具有相同的 E、G、截面厚度 d 和宽度 b），并受到图中所示的水平力。对于较细的构件，需要使用欧拉－伯努利梁单元；对于较粗的杆件，需要使用铁木辛柯梁单元。试分析该刚架，并计算支反力。$E=34\,475$ MPa，$G=13\,790$ MPa，$b=d=0.508$ m。

2.5　对于一个梁单元，承受有三角形分布的垂直载荷（图 P2.5），推导该单元的结点等效载荷。

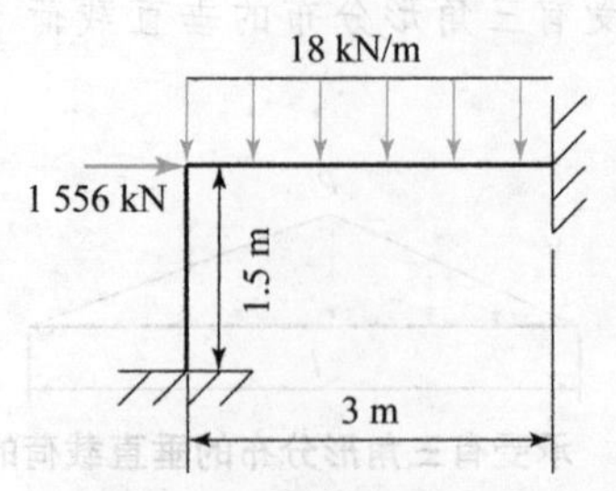

图 P2.5　承受有三角形分布的垂直载荷的梁单元

图 P2.9　两杆件组成的刚架

2.6　如图 P2.6 所示的梁，在其中一段承受着均布载荷，试分析该梁，并求出支反力。$E=3\times10^{4}$ MPa，$A=9$ cm^2，$I=375$ cm^4。

1 000 N/cm

50 cm　100 cm

图 P2.6　梁的分段承受均布载荷

2.7　一个框架结构如图 P2.7 所示，试分析该结构，并求出支反力。$E=4\times10^{4}$ MPa，$A=1\times10^{-2}$ m^2，$I=2\times10^{-5}$ m^4。

10 kN/m

2 m　2 m　50 kN

4 m

图 P2.7　平面刚架

2.8　如图 P2.8 所示的刚架结构，试分析该结构，并求出支反力。$E=2\times10^{5}$ MPa，$A=4\times10^{-2}$ m^2，$I=6.75\times10^{-5}$ m^4。

图 P2.8　平面刚架

2.9　如图 P2.9 所示的刚架由两个相互垂直的杆件组成（两杆件具有相同的 E，G，截面参数 h 和宽度 b），并受到图中所示的水平力。对于较短的杆件，需要使用较一般的梁单元；对于较细长的杆件，需要使用欧拉梁单元，试分析该刚架，并计算支反力。$E=34\ 475$ MPa，$G=13\ 790$ MPa，$h=d=0.508$ m。

第3章
平面问题的常应变单元

3.1 引 言

本章讨论平面弹性力学问题，特别是平面应力问题，其中厚度相对于参考平面 xy 中的其他尺寸来说非常小。在参考平面上施加载荷和边界条件，与 z 坐标相关的应力非常小，在公式中不考虑（$\sigma_{zz}=\sigma_{yz}=\sigma_{zx}=0$，$\varepsilon_{zz}\neq 0$）。当固体被认为是无限长时，其属于平面应变问题，与 z 坐标相关的应变非常小（$\varepsilon_{zz}=\varepsilon_{yz}=\varepsilon_{zx}=0$，$\sigma_{zz}\neq 0$）。这两个问题的唯一区别是本构矩阵。因此，简便起见，本章主要展示平面应力问题。本章将介绍一种三角形单元，这种单元可以用于分析平面应力（或平面应变）问题。这种特殊的三角形单元在整个单元内部具有常应变（或常应力）的特征，因此又称为常应变（或常应力）三角形单元。

3.2 三角形单元

图3.1所示为离散成三角形单元的连续体。在整体坐标系中，三角形单元中的每个结点都有一个不同的整体结点编号。每个三角形单元可以用一个数字来标识，称之为单元号。

图3.2所示为一个典型的三结点三角形单元，其结点的局部编号是按逆时针方向进行的。每个结点以及内部的所有点在单元平面内有两个位移分量，即 x 和 y 方向的位移 u 和 v。

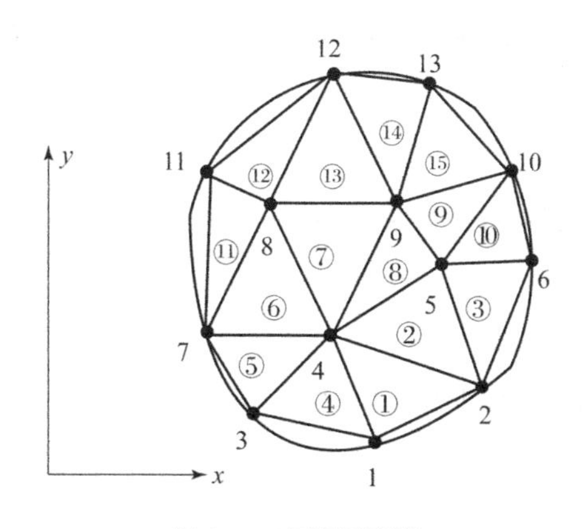

图3.1 有限元离散

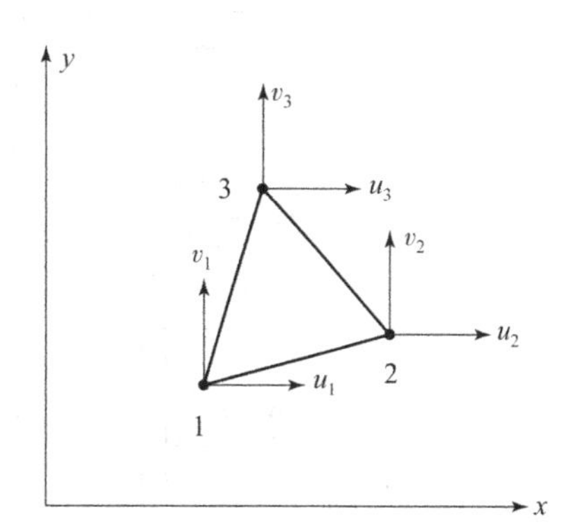

图3.2 局部结点编号

单元内任意一点的位移分量 u 和 v 分别是 x 和 y 的函数。选择线性函数为位移模式，其在整个域内产生分段连续的一阶导数，即

$$u = \alpha_1 + \alpha_2 x + \alpha_3 y \tag{3.1a}$$

$$v = \alpha_4 + \alpha_5 x + \alpha_6 y \tag{3.1b}$$

式中，α_i——待定系数，由单元的结点位移确定，$i=1,2,\cdots,6$。

将每一结点的坐标和 x 方向的位移代入式（3.1a），可得

$$\begin{cases} u_1 = \alpha_1 + \alpha_2 x_1 + \alpha_3 y_1 \\ u_2 = \alpha_1 + \alpha_2 x_2 + \alpha_3 y_2 \\ u_3 = \alpha_1 + \alpha_2 x_3 + \alpha_3 y_3 \end{cases} \tag{3.2}$$

式（3.2）可写成如下矩阵形式：

$$\begin{bmatrix} u_1 \\ u_2 \\ u_3 \end{bmatrix} = \begin{bmatrix} 1 & x_1 & y_1 \\ 1 & x_2 & y_2 \\ 1 & x_3 & y_3 \end{bmatrix} \begin{bmatrix} \alpha_1 \\ \alpha_2 \\ \alpha_3 \end{bmatrix} \tag{3.3}$$

以类似的方式，使用式（3.1b），可得

$$\begin{bmatrix} v_1 \\ v_2 \\ v_3 \end{bmatrix} = \begin{bmatrix} 1 & x_1 & y_1 \\ 1 & x_2 & y_2 \\ 1 & x_3 & y_3 \end{bmatrix} \begin{bmatrix} \alpha_4 \\ \alpha_5 \\ \alpha_6 \end{bmatrix} \tag{3.4}$$

求解式（3.3）和式（3.4），可得广义坐标 $\alpha_i(i=1,2,\cdots,6)$，即

$$\alpha_1 = \frac{1}{2A}\begin{bmatrix} u_1 & x_1 & y_1 \\ u_2 & x_2 & y_2 \\ u_3 & x_3 & y_3 \end{bmatrix} = \frac{1}{2A}(a_1 u_1 + a_2 u_2 + a_3 u_3) \tag{3.5a}$$

$$\alpha_2 = \frac{1}{2A}\begin{bmatrix} 1 & u_1 & y_1 \\ 1 & u_2 & y_2 \\ 1 & u_3 & y_3 \end{bmatrix} = \frac{1}{2A}(b_1 u_1 + b_2 u_2 + b_3 u_3) \tag{3.5b}$$

$$\alpha_3 = \frac{1}{2A}\begin{bmatrix} 1 & x_1 & u_1 \\ 1 & x_2 & u_2 \\ 1 & x_3 & u_3 \end{bmatrix} = \frac{1}{2A}(c_1 u_1 + c_2 u_2 + c_3 u_3) \tag{3.5c}$$

$$\alpha_4 = \frac{1}{2A}\begin{bmatrix} v_1 & x_1 & y_1 \\ v_2 & x_2 & y_2 \\ v_3 & x_3 & y_3 \end{bmatrix} = \frac{1}{2A}(a_1 v_1 + a_2 v_2 + a_3 v_3) \tag{3.6a}$$

$$\alpha_5 = \frac{1}{2A}\begin{bmatrix} 1 & v_1 & y_1 \\ 1 & v_2 & y_2 \\ 1 & v_3 & y_3 \end{bmatrix} = \frac{1}{2A}(b_1 v_1 + b_2 v_2 + b_3 v_3) \tag{3.6b}$$

$$\alpha_6 = \frac{1}{2A}\begin{bmatrix} 1 & x_1 & v_1 \\ 1 & x_2 & v_2 \\ 1 & x_3 & v_3 \end{bmatrix} = \frac{1}{2A}(c_1 v_1 + c_2 v_2 + c_3 v_3) \tag{3.6c}$$

式中，

$$\begin{cases} a_1 = x_2 y_3 - x_3 y_2, a_2 = x_3 y_1 - x_1 y_3, a_3 = x_1 y_2 - x_2 y_1 \\ b_1 = y_2 - y_3, b_2 = y_3 - y_1, b_3 = y_1 - y_2 \\ c_1 = x_3 - x_2, c_2 = x_1 - x_3, c_3 = x_2 - x_1 \\ A = \dfrac{1}{2}(c_2 b_1 - c_1 b_2) \end{cases} \tag{3.7}$$

将式（3.5）和式（3.6）分别代入式（3.1a）和式（3.1b），整理后可得位移模式的表达式：

$$u = [N_1 \quad N_2 \quad N_3] \begin{bmatrix} u_1 \\ u_2 \\ u_3 \end{bmatrix}, \quad v = [N_1 \quad N_2 \quad N_3] \begin{bmatrix} v_1 \\ v_2 \\ v_3 \end{bmatrix} \tag{3.8}$$

式中，

$$N_i = \frac{a_i + b_i x + c_i y}{2A}, \quad i = 1,2,3 \tag{3.9}$$

式（3.8）可写成矩阵形式：

$$\boldsymbol{u} = \begin{bmatrix} u \\ v \end{bmatrix} = \underbrace{\begin{bmatrix} N_1 & 0 & N_2 & 0 & N_3 & 0 \\ 0 & N_1 & 0 & N_2 & 0 & N_3 \end{bmatrix}}_{\boldsymbol{N}} \underbrace{\begin{bmatrix} u_1 \\ v_1 \\ u_2 \\ v_2 \\ u_3 \\ v_3 \end{bmatrix}}_{\boldsymbol{u}^e} = \boldsymbol{N}\boldsymbol{u}^e \tag{3.10}$$

式中，$\boldsymbol{u}^e = [u_1 \quad v_1 \quad u_2 \quad v_2 \quad u_3 \quad v_3]^{\mathrm{T}}$；

$\boldsymbol{N} = \begin{bmatrix} N_1 & 0 & N_2 & 0 & N_3 & 0 \\ 0 & N_1 & 0 & N_2 & 0 & N_3 \end{bmatrix}$。

注意：三角形单元内部任意点处的位移都可以表示为单元结点位移的形式。这些结点位移是待定的未知量。

式（3.9）中的 N_i 是坐标的函数，反映了单元的位移形态，因而称为位移的形态函数，简称形函数。形函数具有如下性质：

（1）在结点上，形函数具有克罗内克（Kronecker）函数的性质，即

$$N_i(x_j, y_j) = \delta_{ij}, \quad i,j = 1,2,3 \tag{3.11}$$

（2）对于单元中的任意一点，3 个形函数之和等于 1，即

$$\sum_{i=1}^{3} N_i = 1 \tag{3.12}$$

（3）对于单元边界 12 上的任意一点，有

$$N_1 = 1 - \frac{x - x_1}{x_2 - x_1}, \quad N_2 = \frac{x - x_1}{x_2 - x_1}, \quad N_3 = 0 \tag{3.13}$$

（4）形函数在三角形单元上的积分和在某一边界上的积分分别为

$$\begin{cases} \int_{A^e} N_i \mathrm{d}x\mathrm{d}y = \dfrac{1}{3}A \\ \int_{\Gamma^e_{mn}} N_m \mathrm{d}\Gamma = \int_{\Gamma^e_{mn}} N_n \mathrm{d}\Gamma = \dfrac{1}{2}l_{mn} \end{cases} \tag{3.14}$$

式中，A^e——单元域；

A——单元面积；

$\boldsymbol{\Gamma}^e_{mn}$——单元的边界 mn，其长度为 l_{mn}，m,n 为边界结点，$m,n=1,2,3$，且 $n=m+1$，当 $m=3$ 时，$n=1$。

3.3 单元应变和应力以及应变能

本节将专注于介绍平面应力状态的单元，该单元在 z 方向上的厚度相对于面内尺寸较小。弹性力学平面应力问题的几何方程为

$$\begin{bmatrix} \varepsilon_{xx} \\ \varepsilon_{xy} \\ \gamma_{xy} \end{bmatrix} = \begin{bmatrix} \dfrac{\partial}{\partial x} & 0 \\ 0 & \dfrac{\partial}{\partial y} \\ \dfrac{\partial}{\partial y} & \dfrac{\partial}{\partial x} \end{bmatrix} \begin{bmatrix} u \\ v \end{bmatrix} \tag{3.15}$$

将式（3.10）代入式（3.15），可得单元中任意一点的应变分量为

$$\begin{bmatrix} \varepsilon_{xx} \\ \varepsilon_{xy} \\ \gamma_{xy} \end{bmatrix} = \begin{bmatrix} \dfrac{\partial}{\partial x} & 0 \\ 0 & \dfrac{\partial}{\partial y} \\ \dfrac{\partial}{\partial y} & \dfrac{\partial}{\partial x} \end{bmatrix} \boldsymbol{N}\boldsymbol{u}^e = \underbrace{\frac{1}{2A}\begin{bmatrix} b_1 & 0 & b_2 & 0 & b_3 & 0 \\ 0 & c_1 & 0 & c_2 & 0 & c_3 \\ c_1 & b_1 & c_2 & b_2 & c_3 & b_3 \end{bmatrix}}_{\boldsymbol{B}} \underbrace{\begin{bmatrix} u_1 \\ v_1 \\ u_2 \\ v_2 \\ u_3 \\ v_3 \end{bmatrix}}_{\boldsymbol{u}^e} \tag{3.16}$$

式中，A——单元面积。

将式（3.16）简写为

$$\boldsymbol{\varepsilon} = \boldsymbol{B}\boldsymbol{u}^e = [\boldsymbol{B}_1 \quad \boldsymbol{B}_2 \quad \boldsymbol{B}_3]\boldsymbol{u}^e \tag{3.17}$$

式中，$\boldsymbol{\varepsilon} = [\varepsilon_{xx} \quad \varepsilon_{xy} \quad \gamma_{xy}]^{\mathrm{T}}$；

$\boldsymbol{B}$——应变矩阵，其子矩阵为

$$\boldsymbol{B}_i = \frac{1}{2A}\begin{bmatrix} b_i & 0 \\ 0 & c_i \\ c_i & b_i \end{bmatrix}, \quad i=1,2,3 \tag{3.18}$$

由于单元面积 A 及几何参数 b 和 c 都是常量，因此由式（3.16）可知，应变矩阵 $\boldsymbol{B}$ 中的各分量都是常量。这就意味着单元中的应变分量都是常量。所以，三角形单元也称为平面问题的常应变单元。

弹性力学平面应力问题的本构方程为

$$\begin{bmatrix} \sigma_{xx} \\ \sigma_{yy} \\ \sigma_{xy} \end{bmatrix} = \frac{E}{1-\nu^2}\begin{bmatrix} 1 & \nu & 0 \\ \nu & 1 & 0 \\ 0 & 0 & \dfrac{1-\nu}{2} \end{bmatrix}\begin{bmatrix} \varepsilon_{xx} \\ \varepsilon_{yy} \\ \varepsilon_{xy} \end{bmatrix} \tag{3.19}$$

式中，E——弹性模量；

ν——泊松比。

式（3.19）简写为

$$\boldsymbol{\sigma}=\boldsymbol{D}\boldsymbol{\varepsilon} \tag{3.20}$$

式中，$\boldsymbol{\sigma}=[\sigma_{xx} \quad \sigma_{yy} \quad \sigma_{xy}]^{\mathrm{T}}$；

$\boldsymbol{D}$——弹性矩阵，即

$$\boldsymbol{D}=\frac{E}{1-\nu^2}\begin{bmatrix}1 & \nu & 0\\ \nu & 1 & 0\\ 0 & 0 & \dfrac{1-\nu}{2}\end{bmatrix} \tag{3.21}$$

注意：将式（3.21）应用于平面应变问题时，需要将 E 和 ν 分别替换为 $\dfrac{E}{1-\nu^2}$ 和 $\dfrac{\nu}{1-\nu}$，这样就有

$$\boldsymbol{D}=\frac{E(1-\nu)}{(1+\nu)(1-2\nu)}\begin{bmatrix}1 & \dfrac{\nu}{1-\nu} & 0\\ \dfrac{\nu}{1-\nu} & 1 & 0\\ 0 & 0 & \dfrac{1-2\nu}{2(1-\nu)}\end{bmatrix} \tag{3.22}$$

此类问题均类似处理，后续章节不再赘述。

将式（3.17）代入式（3.20），得

$$\boldsymbol{\sigma}=\boldsymbol{D}\boldsymbol{B}\boldsymbol{u}^{e}=\boldsymbol{S}\boldsymbol{u}^{e} \tag{3.23}$$

式中，$\boldsymbol{S}$——应力矩阵，即

$$\boldsymbol{S}=\boldsymbol{D}\boldsymbol{B}=\boldsymbol{D}[\boldsymbol{B}_1 \quad \boldsymbol{B}_2 \quad \boldsymbol{B}_3]=[\boldsymbol{S}_1 \quad \boldsymbol{S}_2 \quad \boldsymbol{S}_3] \tag{3.24}$$

式中，应力子矩阵为

$$\boldsymbol{S}_i=\frac{E}{2(1-\nu^2)A}\begin{bmatrix}b_i & \nu c_i\\ \nu b_i & c_i\\ \dfrac{1-\nu}{2}c_i & \dfrac{1-\nu}{2}b_i\end{bmatrix},\quad i=1,2,3 \tag{3.25}$$

由式（3.24）可知，应力矩阵在单元中也是常量矩阵，这意味着相邻单元在一般情况下具有不同的应力状态，也就是说，在单元之间的交界面上应力具有不同的值。但随着单元数的增加，发生在单元交界面上的应力突变现象将逐渐消失，最终有限元解将收敛到精确解。

在平面应力情况下，单元的应变能表示为

$$U=\frac{1}{2}\int_{\Omega^e}\boldsymbol{\varepsilon}^{\mathrm{T}}\boldsymbol{D}\boldsymbol{\varepsilon}\mathrm{d}\Omega \tag{3.26}$$

式中，Ω^e——单元域；

Ω——单元体积；

$\boldsymbol{D}$——弹性矩阵，由式（3.21）确定。

将式（3.17）代入式（3.26），可得

$$U = \frac{1}{2}\int_{\Omega^e} \boldsymbol{u}^{eT}\boldsymbol{B}^{T}\boldsymbol{D}\boldsymbol{B}\boldsymbol{u}^{e}\mathrm{d}\Omega \tag{3.27}$$

注意：式（3.27）中的微分体积 $\mathrm{d}\Omega = h\mathrm{d}A$，其中 h 为单元厚度，$\mathrm{d}A$ 是微分面积。

由于式（3.27）中被积函数各项皆为常数，因此单元应变能的积分变为

$$U = \frac{1}{2}\boldsymbol{u}^{eT}\boldsymbol{B}^{T}\boldsymbol{D}\boldsymbol{B}\boldsymbol{u}^{e}\int_{A^e} h\mathrm{d}A = \frac{1}{2}\boldsymbol{u}^{eT}\boldsymbol{B}^{T}\boldsymbol{D}\boldsymbol{B}\boldsymbol{u}^{e}hA \tag{3.28}$$

式（3.28）可简写为

$$U = \frac{1}{2}\boldsymbol{u}^{eT}\boldsymbol{k}^{e}\boldsymbol{u}^{e} \tag{3.29}$$

式中，$\boldsymbol{k}^e$——单元的刚度矩阵，即

$$\boldsymbol{k}^{e} = \boldsymbol{B}^{T}\boldsymbol{D}\boldsymbol{B}hA \tag{3.30}$$

式（3.30）可以进一步写为

$$\boldsymbol{k}^{e} = \begin{bmatrix} \boldsymbol{k}_{11} & \boldsymbol{k}_{12} & \boldsymbol{k}_{13} \\ \boldsymbol{k}_{21} & \boldsymbol{k}_{22} & \boldsymbol{k}_{23} \\ \boldsymbol{k}_{31} & \boldsymbol{k}_{32} & \boldsymbol{k}_{33} \end{bmatrix} \tag{3.31}$$

式（3.31）中的各个子矩阵为

$$\boldsymbol{k}_{ij} = \boldsymbol{B}_i^{T}\boldsymbol{D}\boldsymbol{B}_j hA$$

$$= \frac{Eh}{4(1-\nu^2)A}\begin{bmatrix} b_ib_j + \frac{1-\nu}{2}c_ic_j & \nu b_ic_j + \frac{1-\nu}{2}c_ib_j \\ \nu c_ib_j + \frac{1-\nu}{2}b_ic_j & c_ic_j + \frac{1-\nu}{2}b_ib_j \end{bmatrix}, \quad i,j = 1,2,3 \tag{3.32}$$

3.4 单元的外力势能

本节考虑三种类型的单元载荷，即施加在单元结点上的集中力、沿着单元边界作用的表面力和单元的体积力。

1. 集中力

对于一个含有分量 F_x 和 F_y 的力 $\boldsymbol{F}$，其势能函数定义为

$$V = -F_x u - F_y v \tag{3.33}$$

对于作用在结点 1 的集中力 $\boldsymbol{F}$，其含有分量 F_{1x} 和 F_{1y}，对应的势能为

$$V_1 = -F_{1x}u_1 - F_{1y}v_1 \tag{3.34}$$

将式（3.34）推广到作用于单元的所有结点上的所有力分量，就可以得到结点力的标量势能函数：

$$V_{NF} = -\boldsymbol{u}^{eT}\boldsymbol{F}_{NF}^{e} \tag{3.35}$$

式中，$\boldsymbol{F}_{NF}^e$——单元结点力矢量，以 3 个结点为例，$\boldsymbol{F}_{NF}^e = [F_{1x} \quad F_{1y} \quad F_{2x} \quad F_{2y} \quad F_{3x} \quad F_{3y}]^T$。

2. 表面力

单元上的表面力被指定为单位长度的力或单位面积的力。在特定点处每单位面积的力被称为面力，用符号 $\boldsymbol{T}$ 表示。作用于单元一侧面积 $\mathrm{d}A$ 上的单位向量 $\boldsymbol{n}$ 所确定方向的面力

（$\boldsymbol{T}=T\boldsymbol{n}$）所产生的力由下式确定：

$$\mathrm{d}\boldsymbol{F}=T\mathrm{d}A\boldsymbol{n} \tag{3.36}$$

式（3.36）对应的势能为

$$\mathrm{d}V_T=-T_x\mathrm{d}Au-T_y\mathrm{d}Av \tag{3.37}$$

式中，T_x,T_y——面力 T 在 x 方向和 y 方向的分量；

u,v——单元边界上任意一点的位移分量。

假设单元厚度为 h，则式（3.37）可改写为

$$V_T=-\int_{\Gamma}[u\quad v]\begin{bmatrix}T_x\\T_y\end{bmatrix}h\mathrm{d}\Gamma \tag{3.38}$$

式中，Γ——单元的边界长度。

将式（3.10）代入式（3.38），得

$$V_T=-\int_{\Gamma}\boldsymbol{u}^{e\mathrm{T}}\boldsymbol{N}^{\mathrm{T}}\begin{bmatrix}T_x\\T_y\end{bmatrix}h\mathrm{d}\Gamma=-h\boldsymbol{u}^{e\mathrm{T}}\int_{\Gamma}\boldsymbol{N}^{\mathrm{T}}\begin{bmatrix}T_x\\T_y\end{bmatrix}\mathrm{d}\Gamma \tag{3.39}$$

3. 体积力

在整个单元中，作用在每个物质点处的力称为体积力。重力是体积力的一个常见例子。载荷单位是每单位体积的力。

定义 B_x 和 B_y 分别是 x 和 y 方向的体积力，我们可以得到这些力的微分势能函数，即

$$\mathrm{d}V_{BF}=-B_x\mathrm{d}\Omega u-B_y\mathrm{d}\Omega v=-[u\quad v]\begin{bmatrix}B_x\\B_y\end{bmatrix}h\mathrm{d}A \tag{3.40}$$

式中，u,v——单元内任意一点处的位移分量。

将式（3.10）代入式（3.40），并在单元上积分，可得

$$V_{BF}=-h\boldsymbol{u}^{e\mathrm{T}}\int_{A^e}\boldsymbol{N}^{\mathrm{T}}\begin{bmatrix}B_x\\B_y\end{bmatrix}\mathrm{d}A \tag{3.41}$$

3.5　单元的总势能

单元的总势能由其应变能和外力势能组成，即

$$\begin{aligned}\Pi&=U+V_{NF}+V_T+V_{BF}\\&=\frac{1}{2}\boldsymbol{u}^{e\mathrm{T}}\boldsymbol{k}^e\boldsymbol{u}^e-\boldsymbol{u}^{e\mathrm{T}}\boldsymbol{F}^e_{NF}-\\&\quad\boldsymbol{u}^{e\mathrm{T}}\underbrace{h\int_{\Gamma}\boldsymbol{N}^{\mathrm{T}}\begin{bmatrix}T_x\\T_y\end{bmatrix}\mathrm{d}\Gamma}_{\boldsymbol{F}^e_T}-\boldsymbol{u}^{e\mathrm{T}}\underbrace{h\int_{A^e}\boldsymbol{N}^{\mathrm{T}}\begin{bmatrix}B_x\\B_y\end{bmatrix}\mathrm{d}A}_{\boldsymbol{F}^e_{BF}}\end{aligned} \tag{3.42}$$

式中，$\boldsymbol{F}^e_T$——单元表面分布载荷的等效结点力矢量，$\boldsymbol{F}^e_T=h\int_{\Gamma}\boldsymbol{N}^{\mathrm{T}}\begin{bmatrix}T_x\\T_y\end{bmatrix}\mathrm{d}\Gamma$；

$\boldsymbol{F}^e_{BF}$——单元体积力的等效结点力矢量，$\boldsymbol{F}^e_{BF}=h\int_{A^e}\boldsymbol{N}^{\mathrm{T}}\begin{bmatrix}B_x\\B_y\end{bmatrix}\mathrm{d}A$。

表 3.1 所示为常用的三结点平面三角形单元的等效结点力。其中，h 为厚度，A 为单元面积，ρ 为材料密度，l 为单元边 12 的长度。

表 3.1　三角形单元的等效结点力

载荷类型	图示	等效结点载荷
表面法向均布侧压	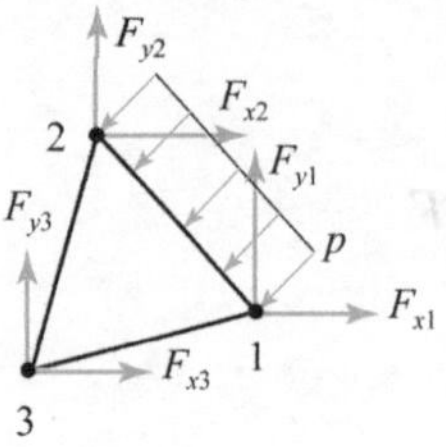	$\boldsymbol{F}^e=\dfrac{phl}{2}\begin{bmatrix}y_1-y_2 & x_2-x_1 & y_1-y_2 & x_2-x_1 & 0 & 0\end{bmatrix}^{\mathrm{T}}$
表面法向线性分布侧压	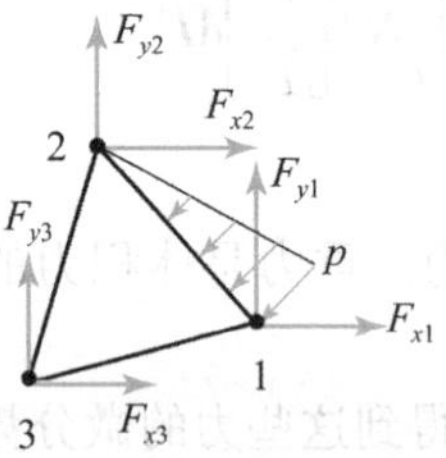	$\boldsymbol{F}^e=\dfrac{phl}{2}\begin{bmatrix}\dfrac{2}{3}p_x & \dfrac{2}{3}p_y & \dfrac{1}{3}p_x & \dfrac{1}{3}p_y & 0 & 0\end{bmatrix}^{\mathrm{T}}$
表面 x 方向均布侧压	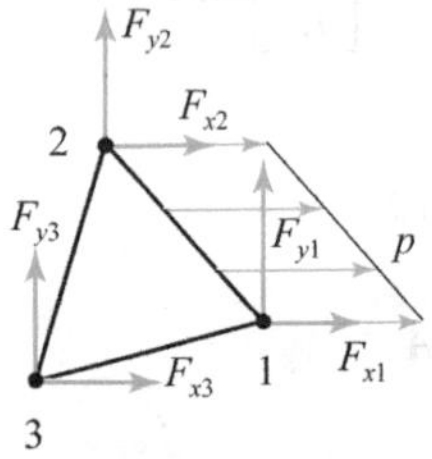	$\boldsymbol{F}^e=\dfrac{1}{2}plh\begin{bmatrix}1 & 0 & 1 & 0 & 0 & 0\end{bmatrix}^{\mathrm{T}}$
表面 x 方向线性分布侧压	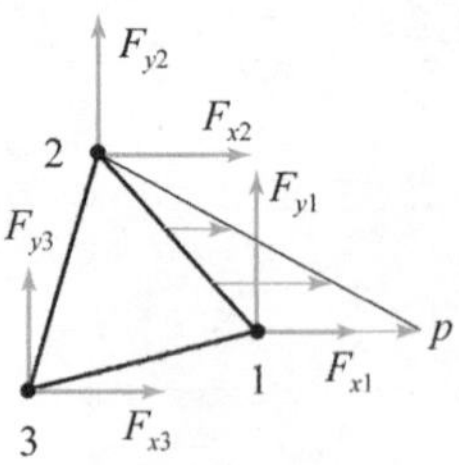	$\boldsymbol{F}^e=\dfrac{1}{2}plh\begin{bmatrix}\dfrac{2}{3} & 0 & \dfrac{1}{3} & 0 & 0 & 0\end{bmatrix}^{\mathrm{T}}$
单元自重	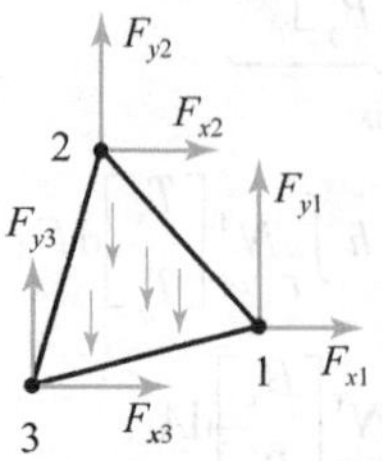	$\boldsymbol{F}^e=-\dfrac{1}{3}\rho Ah\begin{bmatrix}0 & 1 & 0 & 1 & 0 & 1\end{bmatrix}^{\mathrm{T}}$

3.6　单元刚度矩阵

将单元的总势能（式（3.42））对结点位移 $\boldsymbol{u}^e$ 取一阶导数，并令其等于零，可得单元的平衡方程：

$$\boldsymbol{k}^e\boldsymbol{u}^e = \boldsymbol{F}^e \tag{3.43}$$

式中，$\boldsymbol{F}^e = \boldsymbol{F}^e_{NF} + \boldsymbol{F}^e_T + \boldsymbol{F}^e_{BF}$。

至此，就建立了单元结点力与结点位移之间的关系。

3.7　整体平衡方程

连续体中的单元以使整个域的总能量最小化的方式进行组装。整个域的总能量包括总应变能、边界力势能和内力势能。总应变能为各单元应变能之和，边界力势能为所有域边界结点力和分布力的势能之和，内力势能则为所有内部结点力和体积力势能之和。整个域的总能量可以表示为

$$\Pi = \underbrace{\boldsymbol{U}^{\mathrm{T}}\sum_{e=1}^{m}\boldsymbol{k}^e\boldsymbol{U}}_{\text{总应变能}} - \underbrace{\boldsymbol{U}^{\mathrm{T}}\boldsymbol{F}_{NF}}_{\text{结点力势能}} - \underbrace{\boldsymbol{U}^{\mathrm{T}}\boldsymbol{F}_T}_{\text{分布力势能}} - \underbrace{\boldsymbol{U}^{\mathrm{T}}\boldsymbol{F}_{BF}}_{\text{体积力势能}} \tag{3.44}$$

式中，m——整个域中的单元数；

$\boldsymbol{U} = [u_1 \quad v_1 \quad u_2 \quad v_2 \quad \cdots \quad u_n \quad v_n]^{\mathrm{T}}$，$n$ 为总的结点数；

$\boldsymbol{F}_{NF}$——所有结点力（包括零）组成的矢量；

$\boldsymbol{F}_T$——表面分布力产生的等效结点力矢量；

$\boldsymbol{F}_{BF}$——体积力产生的等效结点力矢量。

将最小势能原理应用于式（3.44），得到整个域的平衡方程为

$$\boldsymbol{KU} = \boldsymbol{F} \tag{3.45}$$

式中，$\boldsymbol{K}$——总刚度矩阵，$\boldsymbol{K} = \sum_{e=1}^{m}\boldsymbol{k}^e$，其维数为 $2n\times 2n$；

$\boldsymbol{F}$——整个域上的结点力矢量，$\boldsymbol{F} = \boldsymbol{F}_{NF} + \boldsymbol{F}_T + \boldsymbol{F}_{BF}$，其维数为 $2n\times 1$。

接下来，以两个单元系统（图3.3）为例来说明单元组装的过程。

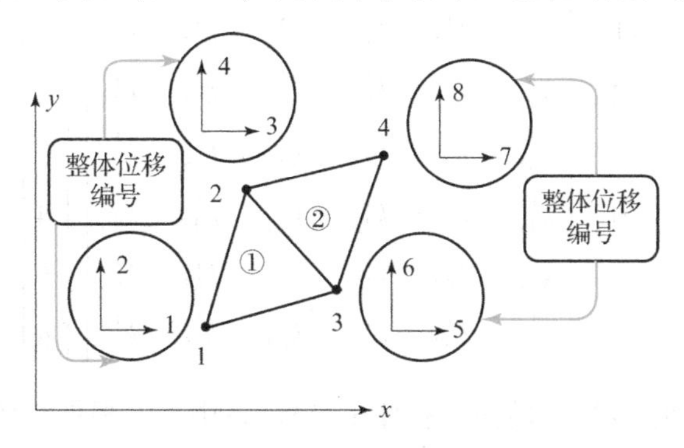

图3.3　两个单元系统

步骤如下：

第 1 步，根据如下方法指定结点的整体位移编号：

x 方向的结点位移编号 = 2 × 整体结点号 − 1

y 方向的结点位移编号 = 2 × 整体结点号

第 2 步，构造局部结点编号和整体结点编号之间的对应关系，如图 3.4、表 3.2 所示。

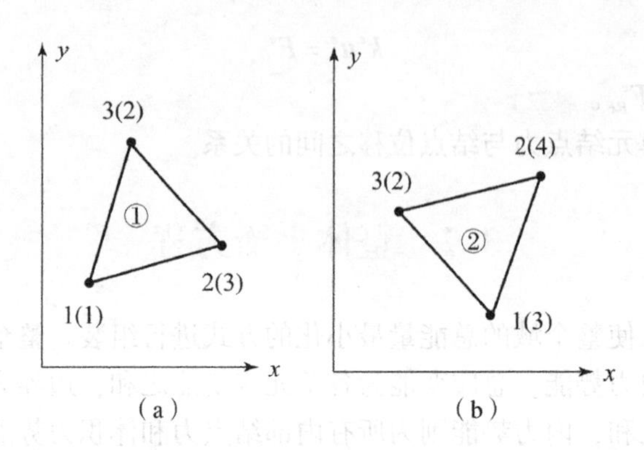

图 3.4　每个单元中的局部结点编号 $i(=1,2,3)$ 和整体结点编号 (I)

(a) $I=1,3,2$；(b) $I=3,4,2$

表 3.2　单元局部结点编号与整体结点编号对应关系

单元号	局部结点的整体结点编号		
	局部结点 1	局部结点 2	局部结点 3
①	1	3	2
②	3	4	2

第 3 步，将单元①刚度矩阵转换到整体 xy 坐标系中，并根据整体位移编号对其项进行处理。

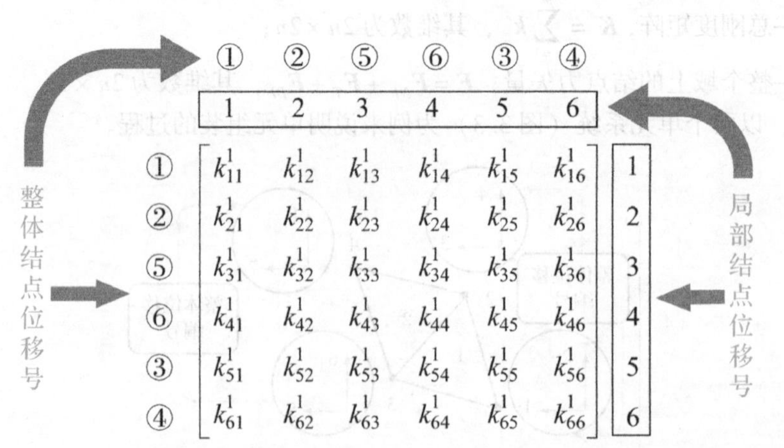

第 4 步，将单元②刚度矩阵转换到整体 xy 坐标系中，并根据整体位移编号对其项进行处理。

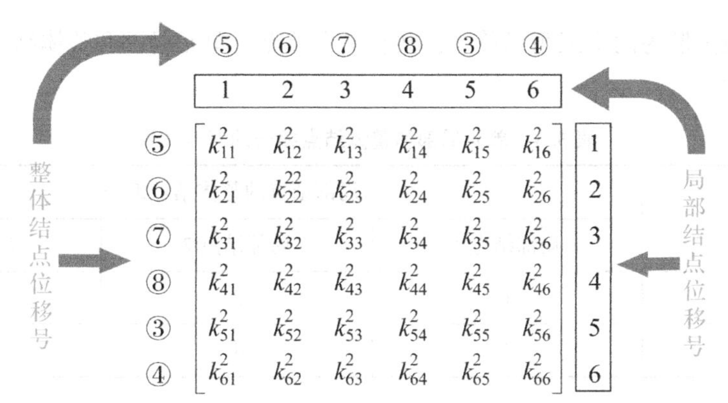

第 5 步，将每个单元刚度矩阵中的各项添加到整体刚度矩阵中。整体刚度矩阵的行和列按整体位移编号的升序进行编号。每个单元矩阵各项的正确位置由该项的行和列的整体位移编号来定义。

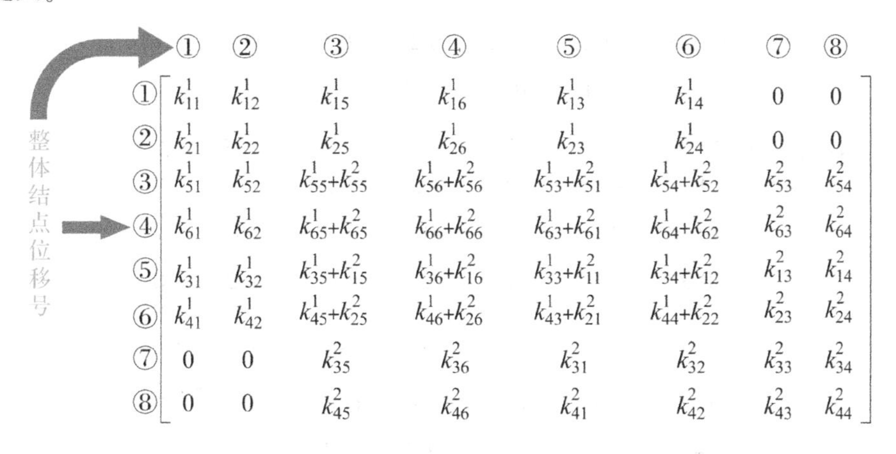

3.8　数值算例

例 3.8.1　二维受载板如图 3.5 所示，其厚度为 0.5。在平面应力条件下，求解结点 1 和结点 2 的位移、单元①和单元②的应力以及支反力，忽略体力影响。$E=3\times10^6\ \mathrm{N/cm^2}$，$\nu=0.25$。

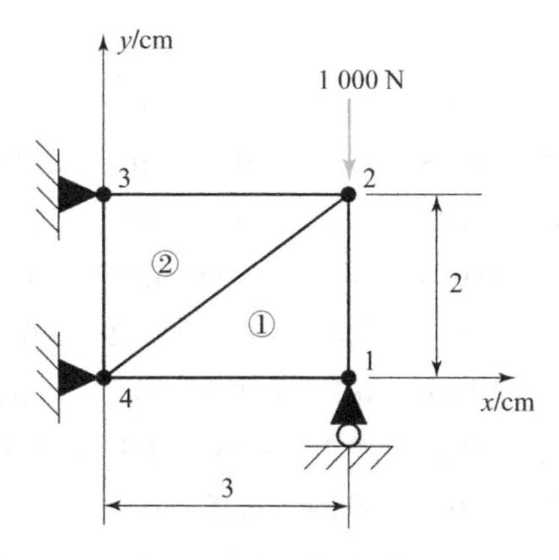

图 3.5　二维平面板

解：平面板离散为两个三角形单元，共有 4 个结点。单元局部和整体结点编号之间的关系如表 3. 3 所示。

表 3. 3　单元局部和整体结点编号的对应关系

单元号	局部结点的整体结点编号		
	局部结点 1	局部结点 2	局部结点 3
①	1	2	4
②	3	4	2

单元刚度矩阵如下：

$$
\begin{array}{cc}
 & \begin{array}{cccccc} ① & ② & ③ & ④ & ⑦ & ⑧ \end{array} \\
\boldsymbol{k}^1 = 10^7 \times & \begin{bmatrix}
0.983 & -0.5 & -0.45 & 0.2 & -0.533 & 0.3 \\
-0.5 & 1.4 & 0.3 & -1.2 & 0.2 & -0.2 \\
-0.45 & 0.3 & 0.45 & 0 & 0 & -0.3 \\
0.2 & -1.2 & 0 & 1.2 & -0.2 & 0 \\
-0.533 & 0.2 & 0 & -0.2 & 0.533 & 0 \\
0.3 & -0.2 & -0.3 & 0 & 0 & 0.2
\end{bmatrix}
\begin{array}{c} ① \\ ② \\ ③ \\ ④ \\ ⑦ \\ ⑧ \end{array}
\end{array}
$$

整体结点位移号

$$
\begin{array}{cc}
 & \begin{array}{cccccc} ⑤ & ⑥ & ⑦ & ⑧ & ③ & ④ \end{array} \\
\boldsymbol{k}^2 = 10^7 \times & \begin{bmatrix}
0.983 & -0.5 & -0.45 & 0.2 & -0.533 & 0.3 \\
-0.5 & 1.4 & 0.3 & -1.2 & 0.2 & -0.2 \\
-0.45 & 0.3 & 0.45 & 0 & 0 & -0.3 \\
0.2 & -1.2 & 0 & 1.2 & -0.2 & 0 \\
-0.533 & 0.2 & 0 & -0.2 & 0.533 & 0 \\
0.3 & -0.2 & -0.3 & 0 & 0 & 0.2
\end{bmatrix}
\begin{array}{c} ⑤ \\ ⑥ \\ ⑦ \\ ⑧ \\ ③ \\ ④ \end{array}
\end{array}
$$

整体结点位移号

整体刚度矩阵为

$$
\begin{array}{cc}
 & \begin{array}{cccccccc} ① & ② & ③ & ④ & ⑤ & ⑥ & ⑦ & ⑧ \end{array} \\
\boldsymbol{K} = 10^7 \times & \begin{bmatrix}
0.983 & -0.5 & -0.45 & 0.2 & 0 & 0 & -0.533 & 0.3 \\
-0.5 & 1.4 & 0.3 & -1.2 & 0 & 0 & 0.2 & -0.2 \\
-0.45 & 0.3 & 0.983 & 0 & -0.533 & 0.2 & 0 & -0.5 \\
0.2 & -1.2 & 0 & 1.4 & 0.3 & -0.2 & -0.5 & 0 \\
0 & 0 & -0.533 & 0.3 & 0.983 & -0.5 & -0.45 & 0.2 \\
0 & 0 & 0.2 & -0.2 & -0.5 & 1.4 & 0.3 & -1.2 \\
-0.533 & 0.2 & 0 & -0.5 & -0.45 & 0.3 & 0.983 & 0 \\
0.3 & -0.2 & -0.5 & 0 & 0.2 & -1.2 & -1.2 & 1.4
\end{bmatrix}
\begin{array}{c} ① \\ ② \\ ③ \\ ④ \\ ⑤ \\ ⑥ \\ ⑦ \\ ⑧ \end{array}
\end{array}
$$

整体结点位移号

整体载荷列阵为

$$\boldsymbol{F}=[0 \quad F_{1y} \quad 0 \quad -1\,000 \quad F_{3x} \quad F_{3y} \quad F_{4x} \quad F_{4y}]^{\mathrm{T}}$$

为了简化方程，在此删除与未知力分量相关的行和与零位移值相关的列，可得

$$10^7 \times \begin{bmatrix} 0.983 & -0.45 & 0.2 \\ -0.45 & 0.983 & 0 \\ 0.2 & 0 & 1.4 \end{bmatrix} \begin{bmatrix} u_1 \\ u_3 \\ u_4 \end{bmatrix} = \begin{bmatrix} 0 \\ 0 \\ -1\,000 \end{bmatrix}$$

求解上式，得到

$$u_1=1.913\times10^{-5}\ \mathrm{cm},\ u_3=0.875\times10^{-5}\ \mathrm{cm},\ u_4=-7.436\times10^{-5}\ \mathrm{cm}$$

对于单元①，其结点位移矢量为

$$\boldsymbol{u}^1=10^{-5}\times[1.913 \quad 0 \quad 0.875 \quad -7.436 \quad 0 \quad 0]\ \mathrm{cm}$$

单元①的应力由式（3.23）求得，即

$$\boldsymbol{\sigma}^1=[-93.3 \quad -1\,138.7 \quad -62.3]^{\mathrm{T}}\ \mathrm{N/cm^2}$$

类似地，可得到单元②的应力为

$$\boldsymbol{\sigma}^2=[93.4 \quad 23.4 \quad -297.4]^{\mathrm{T}}\ \mathrm{N/cm^2}$$

将结点位移代入式（3.45），可得各约束力分量为

$$F_{1y}=822.96\ \mathrm{N},\ F_{3x}=-269.72\ \mathrm{N},\ F_{3y}=166.22\ \mathrm{N},\ F_{4x}=269.84\ \mathrm{N},\ F_{4y}=13.64\ \mathrm{N}$$

显然，例3.8.1所得的应力结果是荒谬的。其原因在于所使用的单元是一个常应变（或常应力）单元。应力在连续介质中连续分布，在单元之间不可能有应变（或应力）的变化。然而，例3.8.1中的连续体，其单元之间存在一个非常显著的应变（或应力）梯度。显而易见的结论是，在分析中必须使用更多的单元，而这将需要借助计算机来进行有限元分析。

习　　题

3.1　如图P3.1所示，三角形单元结点的位移矢量为 $\boldsymbol{u}=10^{-3}\times[0 \quad 0 \quad 1 \quad 2 \quad 0 \quad 1]^{\mathrm{T}}$，求三角形中心的位移。

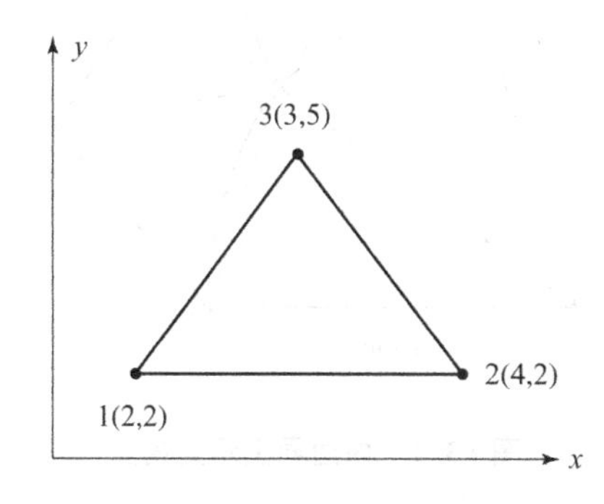

图P3.1　三角形单元的整体坐标

3.2　如图P3.2所示，三角形单元结点的位移矢量为 $\boldsymbol{u}=10^{-3}\times[0 \quad 0 \quad 2 \quad -2 \quad 0 \quad 0]^{\mathrm{T}}$，求三角形单元的应变矢量。

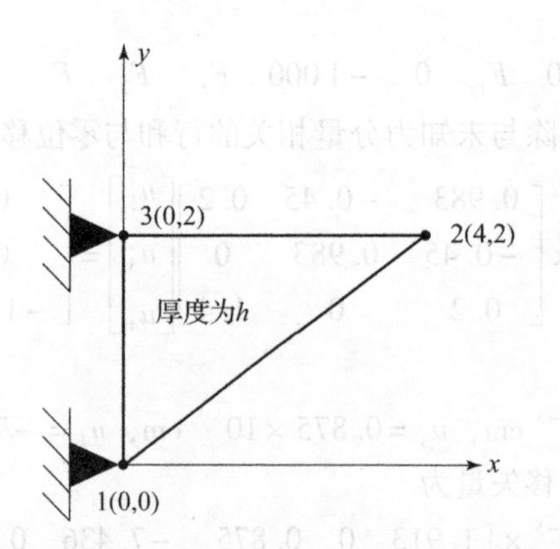

图 P3.2　仅有一个自由结点的三角形单元的整体坐标

3.3　图 P3.3 所示是一个 4 个单元常应变三角形模型，其在 y 方向受到了体力 $f_b = y^2\ \mathrm{N/m^2}$，组装此模型的整体载荷矢量 $\boldsymbol{F}$。

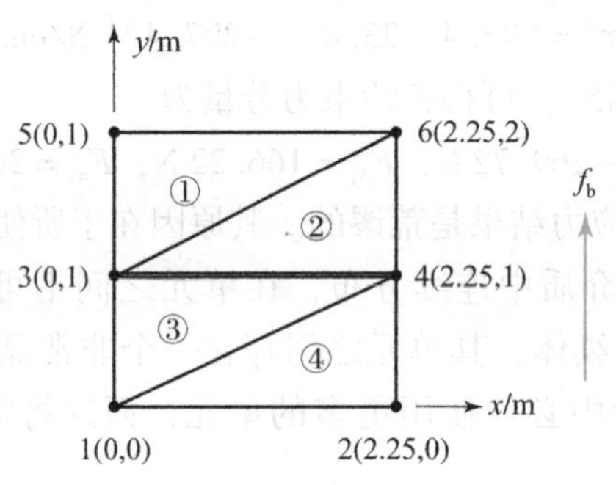

图 P3.3　受体力的三角形单元

3.4　如图 P3.4 所示，在承受内压为 $p = 1.0\ \mathrm{MPa}$ 的圆弧内边界上的 3 个结点处组装载荷向量 $\boldsymbol{F}$。

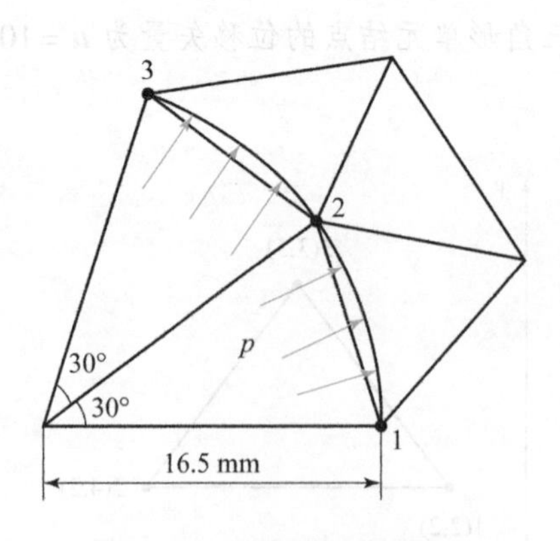

图 P3.4　内边界上承受内压

3.5　4 个单元的组装如图 P3.5 所示，其中的单元和结点随机编号。表 P3.5 显示了单元中局部和整体结点编号之间的关系。根据各个单元的刚度矩阵组装成 10 阶整体刚度矩阵，例如其中的一项为 $K_{12} = k_{34}^{①} + k_{12}^{④}$，求解 K_{17}、K_{56}、K_{66} 和 $K_{6,10}$。

表 P3.5　单元局部和整体结点编号的对应关系

单元号	整体结点编号		
	局部结点 1	局部结点 2	局部结点 3
①	2	1	3
②	2	3	4
③	3	5	4
④	1	5	3

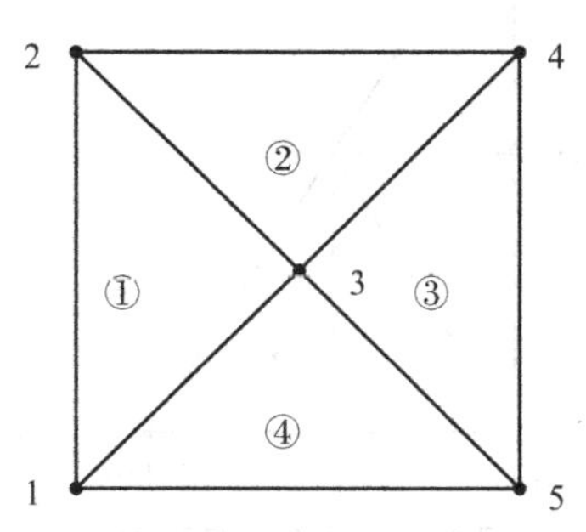

图 P3.5　4 个单元的组装

3.6　5 个单元的组装以及单元和结点的编号如图 P3.6 所示。表 P3.6 显示了单元中局部和整体结点编号之间的关系。根据各个单元的刚度矩阵组装成 14 阶整体刚度矩阵，例如 $K_{11}=k_{11}^{①}$，$K_{12,12}=k_{66}^{④}+k_{44}^{⑤}$，$K_{12,13}=k_{45}^{⑤}$，求解 K_{44}、K_{79} 和 $K_{8,11}$。

表 P3.6　单元局部和整体结点编号的对应关系

单元号	整体结点编号		
	局部结点 1	局部结点 2	局部结点 3
①	1	5	2
②	2	5	4
③	2	4	3
④	4	5	6
⑤	4	6	7

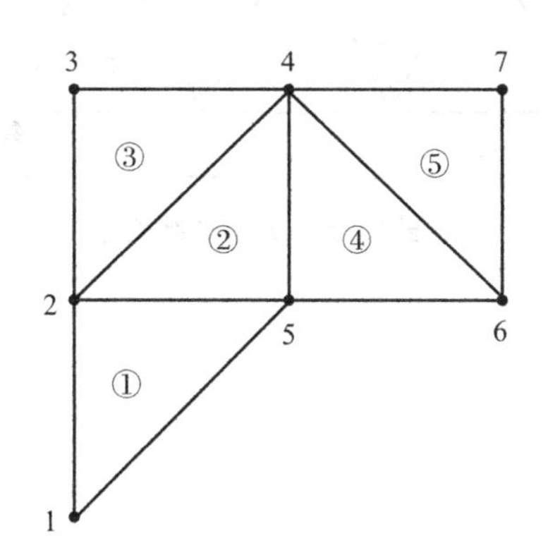

图 P3.6　5 个单元的组装

3.7　对于图 P3.7 所示的常应变三角形单元，确定其重心处的应变和应力。设 $E=20\times10^4$ MPa，$\nu=0.25$，单元厚度 $h=0.635$ cm。结点位移为：$u_1=0$，$v_1=0$，$u_2=0.00254$ cm，$v_2=0.00508$ cm，$u_3=0.00127$ cm，$v_3=0.000508$ cm，$u_4=0.000508$ cm，$v_4=0.000254$ cm，$u_5=0$，$v_5=0.000254$ cm，$u_6=0.00127$ cm，$v_6=0.00254$ cm。

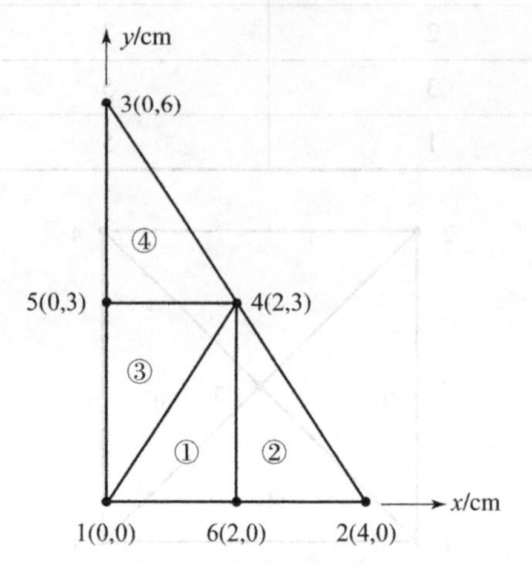

图 P3.7　4 个三角形单元

3.8　图 P3.8 所示为一个厚度为 1 m 的三角形结构，含有 9 个单元和 10 个结点。顶点处作用一个 y 方向的集中力 $P=15$ N/m。弹性模量 $E=2\times10^4$ MPa，泊松比 $\nu=0.25$。求解结点位移和应力。

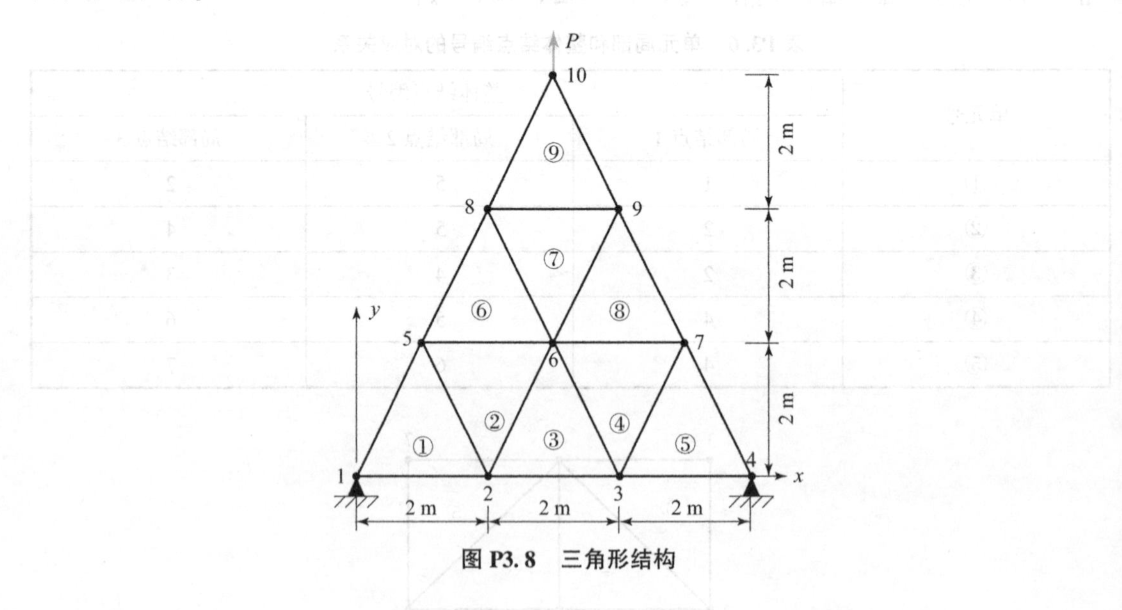

图 P3.8　三角形结构

第 4 章 等参有限单元法

4.1 引 言

第 3 章介绍的三结点三角形单元中的线性位移函数是用整体坐标变量表示的。本章将进一步介绍三结点三角形单元，该单元将涉及自然坐标和插值函数，并使用插值公式来计算单元内部任意点的位移和坐标。单元厚度为 h 的任何平面有限单元的刚度矩阵定义为

$$\boldsymbol{k}^e = h\int_{A^e} \boldsymbol{B}^{\mathrm{T}}\boldsymbol{D}\boldsymbol{B}\mathrm{d}A$$

式中，A^e 为单元域，$\mathrm{d}A$ 为微单元面积，被积函数中的应变矩阵 $\boldsymbol{B}$ 和弹性矩阵 $\boldsymbol{D}$ 皆为常数，因此积分的结果是 $\boldsymbol{k}^e = h\boldsymbol{B}^{\mathrm{T}}\boldsymbol{D}\boldsymbol{B}A$。

本章还将介绍四结点四边形单元，该单元的应变矩阵不是常数，因此需要借助高斯求积公式计算单元的刚度矩阵。此外，还介绍分布载荷等效为结点载荷的计算方法。

4.2 等参三结点三角形单元

4.2.1 自然坐标

我们既可以利用整体坐标，也可以利用自然坐标来构造三角形单元的插值函数。第 3 章已经介绍了利用整体坐标构造三结点三角形单元的插值函数。本节介绍利用自然坐标构造三角形单元的插值函数。

三角形单元（其面积为 A）的自然坐标也称为面积坐标。三角形中任一点 P 与其 3 个角点相连形成 3 个子三角形，如图 4.1 所示，其面积分别为 A_1、A_2、A_3。P 点的位置可由 3 个自然坐标 $L_i(i=1,2,3)$ 表示，即 $P(L_1,L_2,L_3)$，其中，

$$L_1 = \frac{A_1}{A},\ L_2 = \frac{A_2}{A},\ L_3 = \frac{A_3}{A} \tag{4.1}$$

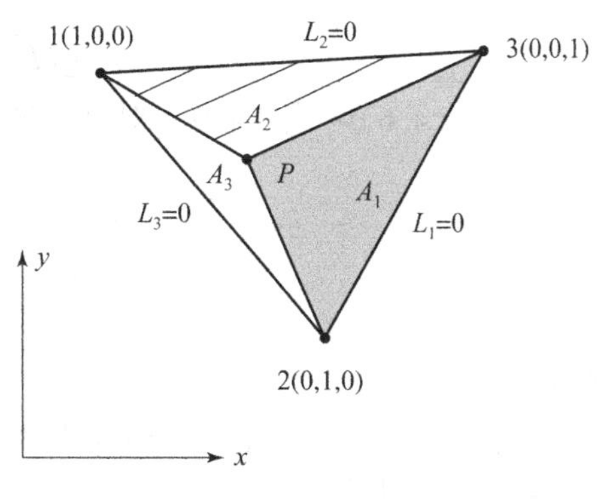

图 4.1　三结点三角形单元

式中，

$$A = A_1 + A_2 + A_3 \tag{4.2}$$

单元中任意一点的位移可以通过自然坐标表示成结点位移的形式，即

$$u = L_1u_1 + L_2u_2 + L_3u_3 \tag{4.3}$$

$$v = L_1 v_1 + L_2 v_2 + L_3 v_3 \tag{4.4}$$

由式（4.1）和式（4.2），可得

$$L_1 + L_2 + L_3 = 1 \tag{4.5}$$

由式（4.5），可得 $L_3 = 1 - L_1 - L_2$，然后将之代入式（4.3）和式（4.4），有

$$u = L_1 u_1 + L_2 u_2 + (1 - L_1 - L_2) u_3 \tag{4.6}$$

$$v = L_1 v_1 + L_2 v_2 + (1 - L_1 - L_2) v_3 \tag{4.7}$$

接下来，可以写出单元中任意一点的平面坐标表达式，其插值形式类似于式（4.6）和式（4.7），即

$$x = L_1 x_1 + L_2 x_2 + (1 - L_1 - L_2) x_3 \tag{4.8}$$

$$y = L_1 y_1 + L_2 y_2 + (1 - L_1 - L_2) y_3 \tag{4.9}$$

等参单元的定义：在平面坐标和位移插值公式中使用相同插值系数的单元称为等参单元。

4.2.2 自然坐标的微分运算

应变要求位移对平面坐标 x 和 y 求导，而假设的位移函数（式（4.6）和式（4.7））是自然坐标的函数，这就要求我们必须采用复合函数的求导法则来得到位移对平面坐标 x 和 y 导数，即

$$\begin{cases} \dfrac{\partial u}{\partial L_1} = \dfrac{\partial u}{\partial x}\dfrac{\partial x}{\partial L_1} + \dfrac{\partial u}{\partial y}\dfrac{\partial y}{\partial L_1} \\ \dfrac{\partial u}{\partial L_2} = \dfrac{\partial u}{\partial x}\dfrac{\partial x}{\partial L_2} + \dfrac{\partial u}{\partial y}\dfrac{\partial y}{\partial L_2} \end{cases} \tag{4.10}$$

将式（4.10）简写为矩阵形式，即

$$\begin{bmatrix} \dfrac{\partial x}{\partial L_1} & \dfrac{\partial y}{\partial L_1} \\ \dfrac{\partial x}{\partial L_2} & \dfrac{\partial y}{\partial L_2} \end{bmatrix} \begin{bmatrix} \dfrac{\partial u}{\partial x} \\ \dfrac{\partial u}{\partial y} \end{bmatrix} = \begin{bmatrix} \dfrac{\partial u}{\partial L_1} \\ \dfrac{\partial u}{\partial L_2} \end{bmatrix} \tag{4.11}$$

将式（4.6）~式（4.9）对自然坐标的导数代入式（4.11），得

$$\begin{bmatrix} c_2 & -b_2 \\ -c_1 & b_1 \end{bmatrix} \begin{bmatrix} \dfrac{\partial u}{\partial x} \\ \dfrac{\partial u}{\partial y} \end{bmatrix} = \begin{bmatrix} u_1 - u_3 \\ u_2 - u_3 \end{bmatrix} \tag{4.12}$$

式中，

$$b_1 = y_2 - y_3,\ b_2 = y_3 - y_1,\ c_1 = x_3 - x_2,\ c_2 = x_1 - x_3 \tag{4.13}$$

求解式（4.12），可得

$$\begin{bmatrix} \dfrac{\partial u}{\partial x} \\ \dfrac{\partial u}{\partial y} \end{bmatrix} = \frac{1}{J} \begin{bmatrix} b_1 & b_2 \\ c_1 & c_2 \end{bmatrix} \begin{bmatrix} u_1 - u_3 \\ u_2 - u_3 \end{bmatrix} \tag{4.14}$$

式中，J——雅可比行列式，即

$$J = c_2 b_1 - c_1 b_2 \tag{4.15}$$

式（4.14）进一步改写为

$$\begin{bmatrix}\dfrac{\partial u}{\partial x}\\ \dfrac{\partial u}{\partial y}\end{bmatrix}=\frac{1}{J}\begin{bmatrix}b_1 & b_2 & b_3\\ c_1 & c_2 & c_3\end{bmatrix}\begin{bmatrix}u_1\\ u_2\\ u_3\end{bmatrix} \tag{4.16}$$

式中，

$$b_3=y_1-y_2,\ c_3=x_2-x_1 \tag{4.17}$$

类似地，也可以求得 v 对整体坐标的导数，即

$$\begin{bmatrix}\dfrac{\partial v}{\partial x}\\ \dfrac{\partial v}{\partial y}\end{bmatrix}=\frac{1}{J}\begin{bmatrix}b_1 & b_2 & b_3\\ c_1 & c_2 & c_3\end{bmatrix}\begin{bmatrix}v_1\\ v_2\\ v_3\end{bmatrix} \tag{4.18}$$

由式（4.16）和式（4.18），有

$$\begin{bmatrix}\varepsilon_{xx}\\ \varepsilon_{xy}\\ \gamma_{xy}\end{bmatrix}=\begin{bmatrix}\dfrac{\partial u}{\partial x}\\ \dfrac{\partial v}{\partial y}\\ \dfrac{\partial u}{\partial y}+\dfrac{\partial v}{\partial x}\end{bmatrix}=\underbrace{\frac{1}{J}\begin{bmatrix}b_1 & 0 & b_2 & 0 & b_3 & 0\\ 0 & c_1 & 0 & c_2 & 0 & c_3\\ c_1 & b_1 & c_2 & b_2 & c_3 & b_3\end{bmatrix}}_{\boldsymbol{B}}\underbrace{\begin{bmatrix}u_1\\ v_1\\ u_2\\ v_2\\ u_3\\ v_3\end{bmatrix}}_{\boldsymbol{u}^e} \tag{4.19}$$

式（4.19）简写为

$$\boldsymbol{\varepsilon}=\boldsymbol{B}\boldsymbol{u}^e \tag{4.20}$$

比较式（4.19）和式（3.16），发现除了分母 J 和 $2A$ 外，其他各项都是相同的。从式（4.15）和式（3.7）可知，$J=2A$。这就意味着式（4.19）中的应变矩阵 $\boldsymbol{B}$ 和式（3.16）中的应变矩阵 $\boldsymbol{B}$ 是完全一样的。一般来说，利用自然坐标推导应变矩阵是简单的，这可以从高阶单元的应变矩阵推导中看出。第 3 章的方法在概念上很简单，但在高阶单元的应变矩阵推导中太烦琐。

依照第 3 章推导单元刚度矩阵的方法，可得基于自然坐标的单元刚度矩阵，即

$$\boldsymbol{k}^e=\boldsymbol{B}^{\mathrm{T}}\boldsymbol{D}\boldsymbol{B}hA \tag{4.21}$$

式（4.21）和基于整体坐标推导的单元刚度矩阵（式（3.30））是完全相同的。需要注意的是，刚度矩阵直接参照整体坐标系，无须进行任何坐标变换。

4.2.3　等效结点载荷

利用最小势能原理，将 3.5 节中的总势能对位移矢量求导，并令其等于零，可以得到等效结点力矢量。

单元结点力矢量：

$$\boldsymbol{F}_{NF}^e=[F_{1x}\quad F_{1y}\quad F_{2x}\quad F_{2y}\quad F_{3x}\quad F_{3y}]^{\mathrm{T}} \tag{4.22}$$

单元表面力矢量：

$$\boldsymbol{F}_T^e=h\int_{\Gamma}\boldsymbol{N}^{\mathrm{T}}\begin{bmatrix}T_x\\ T_y\end{bmatrix}\mathrm{d}\Gamma \tag{4.23}$$

单元体积力矢量：

$$\boldsymbol{F}_{BF}^{e} = h\int_{A^e} \boldsymbol{N}^{\mathrm{T}} \begin{bmatrix} B_x \\ B_y \end{bmatrix} \mathrm{d}A \tag{4.24}$$

式中，T_x, T_y——表面力的 x 和 y 方向分量；

A^e——单元域；

B_x, B_y——体积力的 x 和 y 方向分量；

$\boldsymbol{N}$——2×6 形函数矩阵；

$\mathrm{d}A$——微单元面积；

$\mathrm{d}\Gamma$——微边界长度。

上述等效结点力的计算公式具有一般性，适用于任何三结点的二维单元。这些公式在不同坐标系下的差异体现在形函数矩阵中各项的表达形式上。

将式（4.6）和式（4.7）组合成矩阵形式，即

$$\begin{bmatrix} u \\ v \end{bmatrix} = \underbrace{\begin{bmatrix} L_1 & 0 & L_2 & 0 & 1-L_1-L_2 & 0 \\ 0 & L_1 & 0 & L_2 & 0 & 1-L_1-L_2 \end{bmatrix}}_{\boldsymbol{N}} \underbrace{\begin{bmatrix} u_1 \\ v_1 \\ u_2 \\ v_2 \\ u_3 \\ v_3 \end{bmatrix}}_{\boldsymbol{u}^e} \tag{4.25}$$

式（4.25）简写为

$$\boldsymbol{u} = \boldsymbol{N}\boldsymbol{u}^e \tag{4.26}$$

式中，$\boldsymbol{N}$——形函数矩阵。

将 $\boldsymbol{N}$ 代入式（4.23），得单元表面力的等效结点载荷矢量：

$$\boldsymbol{F}_{T}^{e} = h\int_{\Gamma} \begin{bmatrix} L_1 & 0 \\ 0 & L_1 \\ L_2 & 0 \\ 0 & L_2 \\ 1-L_1-L_2 & 0 \\ 0 & 1-L_1-L_2 \end{bmatrix} \begin{bmatrix} T_x \\ T_y \end{bmatrix} \mathrm{d}\Gamma \tag{4.27}$$

将 $\boldsymbol{N}$ 代入式（4.24），得单元体积力的等效结点载荷矢量：

$$\boldsymbol{F}_{BF}^{e} = h\int_{A} \begin{bmatrix} L_1 & 0 \\ 0 & L_1 \\ L_2 & 0 \\ 0 & L_2 \\ 1-L_1-L_2 & 0 \\ 0 & 1-L_1-L_2 \end{bmatrix} \begin{bmatrix} B_x \\ B_y \end{bmatrix} \mathrm{d}A \tag{4.28}$$

上述的等效结点载荷就如同外加结点载荷一样施加到相关结点上。需要注意的是，这些

计算公式提供了整体坐标下的力分量。

4.2.4　三角形自然坐标的计算公式

以下两个公式在指定区域中对自然坐标进行积分时是有用的。

(1) 对于沿着三角形单元边（例如图 4.1 中的三角形单元边 12）上的积分：

$$\int_{\Gamma} L_1^{\alpha} L_2^{\beta} \mathrm{d}\Gamma = \frac{\alpha!\beta!}{(\alpha+\beta+1)!} l \tag{4.29}$$

式中，l——单元边 12 的长度。

如果 $\alpha=\beta=0$，则式（4.29）积分的结果即单元边 12 的长度 l。进一步考虑下面三个简单的例子，其结果为

$$\int_{\Gamma} L_1 \mathrm{d}\Gamma = \frac{1!}{2!} l = \frac{l}{2},\quad \int_{\Gamma} L_2^2 \mathrm{d}\Gamma = \frac{2!}{3!} l = \frac{l}{3},\quad \int_{\Gamma} L_1 L_2^2 \mathrm{d}\Gamma = \frac{2!}{4!} l = \frac{l}{12}$$

(2) 对于在单元面积上的积分：

$$\int_{A^e} L_1^{\alpha} L_2^{\beta} L_3^{\gamma} \mathrm{d}A = 2\frac{\alpha!\beta!\gamma!}{(\alpha+\beta+\gamma+2)!} A \tag{4.30}$$

式中，A^e——三角形单元域；

A——三角形单元的面积。

当 $\alpha=\beta=\gamma=0$ 时，式（4.30）积分的结果即单元的面积 A。由式（4.30）可推得

$$\int_{A^e} L_i \mathrm{d}A = \frac{1}{3!} 2A = \frac{A}{3},\quad i=1,2,3$$

4.2.5　例题

例 4.2.1　图 4.2 所示为一个厚度为 0.01 m 的三角形单元，其边 23（长度为 $l=13$ m）上承受着分布载荷 $T_x = L_2 T_{2x} + (1-L_2) T_{3x}$，其中，$T_{2x}=0.689\,5$ MPa，$T_{3x}=3.447\,5$ MPa，L_2 是结点 2 的自然坐标，试求该分布载荷的等效结点载荷值。

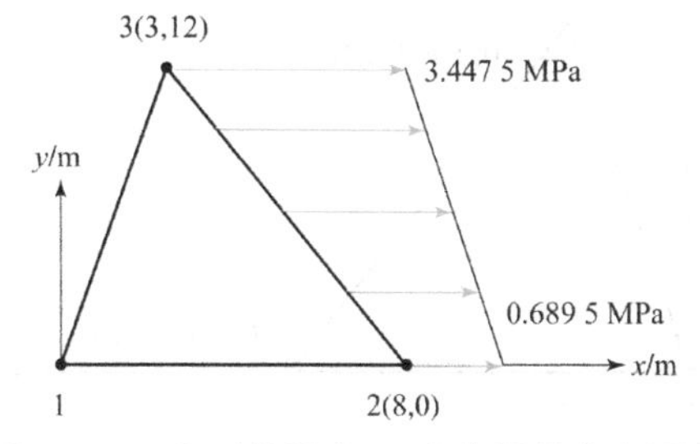

图 4.2　三角形单元边 23 上作用着分布面力

解：由式（4.27），得

$$\boldsymbol{F}_T^e = h\int_{\Gamma} \begin{bmatrix} L_1 & 0 \\ 0 & L_1 \\ L_2 & 0 \\ 0 & L_2 \\ 1-L_1-L_2 & 0 \\ 0 & 1-L_1-L_2 \end{bmatrix} \begin{bmatrix} T_x \\ T_y \end{bmatrix} \mathrm{d}\Gamma$$

$$
= h\int_{\Gamma}\begin{bmatrix} 0 & 0 \\ 0 & 0 \\ L_2 & 0 \\ 0 & L_2 \\ 1-L_2 & 0 \\ 0 & 1-L_2 \end{bmatrix}\begin{bmatrix} L_2 T_{2x} + (1-L_2) T_{3x} \\ 0 \end{bmatrix} \mathrm{d}\Gamma
$$

$$
= h\int_{\Gamma}\begin{bmatrix} 0 \\ 0 \\ L_2^2 T_{2x} + (L_2 - L_2^2) T_{3x} \\ 0 \\ (L_2 - L_2^2) T_{2x} + (1 - 2L_2 + L_2^2) T_{3x} \\ 0 \end{bmatrix} \mathrm{d}\Gamma = \frac{hl}{6}\begin{bmatrix} 0 \\ 0 \\ 2T_{2x} + T_{3x} \\ 0 \\ T_{2x} + 2T_{3x} \\ 0 \end{bmatrix}
$$

$$
= \begin{bmatrix} 0 \\ 0 \\ 0.0105 \\ 0 \\ 0.0164 \\ 0 \end{bmatrix} (\mathrm{MPa})
$$

其中用到了如下积分公式：

$$
\int_{\Gamma} L_2 \mathrm{d}\Gamma = \frac{l}{2},\ \int_{\Gamma} L_2^2 \mathrm{d}\Gamma = \frac{l}{3}
$$

单元边 23 上的分布力等效到结点上的载荷分量如图 4.3 所示。

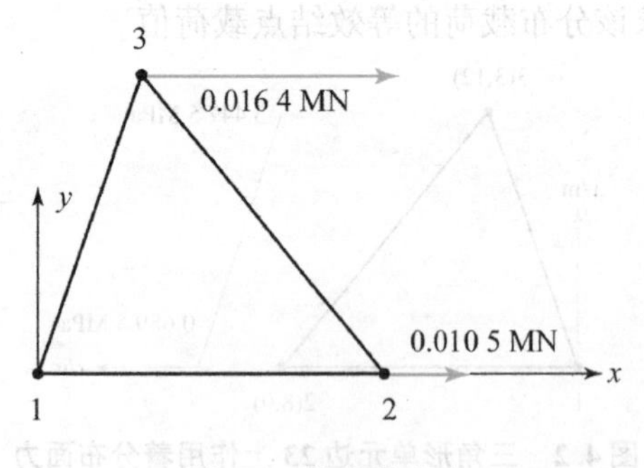

图 4.3 等效结点力

4.3 等参四结点四边形单元

4.3.1 自然坐标

考虑一个任意的四边形单元，如图 4.4 所示。局部结点以逆时针方向进行编号，即 1，2，3 和 4。矢量 $\boldsymbol{u}^e = [u_1 \quad v_1 \quad \cdots \quad u_4 \quad v_4]^{\mathrm{T}}$ 表示单元结点位移矢量。单元内的任意一点 P

(x,y)的位移为$\boldsymbol{u}=[u \quad v]^{\mathrm{T}}$。定义$\xi\eta$是标准四边形单元的局部坐标系，$(\xi_i,\eta_i)(i=1,2,3,4)$是标准单元4个结点处的局部坐标，也称为自然坐标，如图4.5所示。

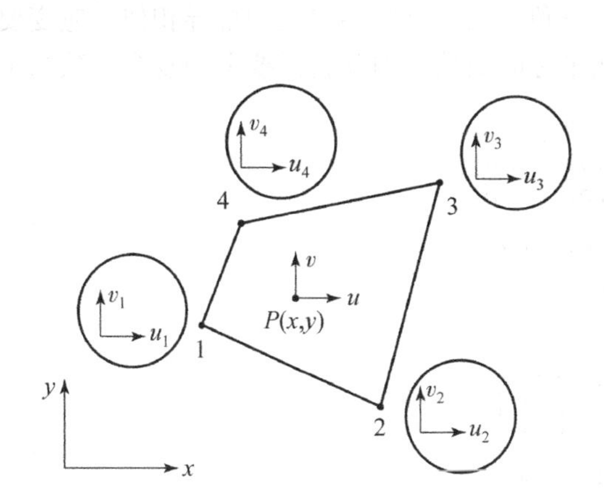

图4.4　四结点四边形单元

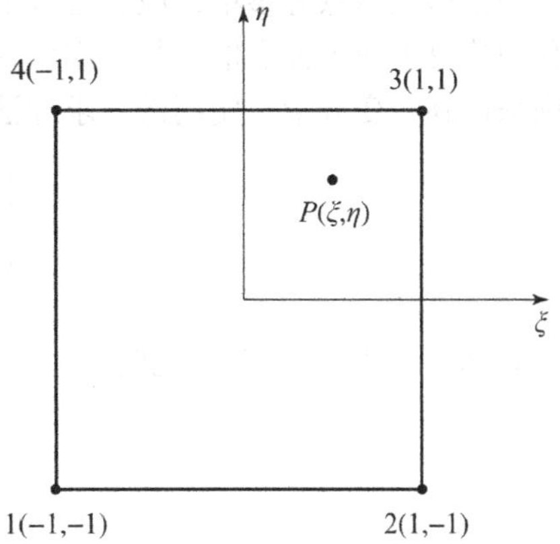

图4.5　四边形标准单元

4.3.2　形函数

我们将单元内位移场表示为结点值的形式，即

$$\begin{cases} u=N_1u_1+N_2u_2+N_3u_3+N_4u_4 \\ v=N_1v_1+N_2v_2+N_3v_3+N_4v_4 \end{cases} \tag{4.31}$$

式（4.31）可以写为矩阵形式，即

$$\boldsymbol{u}=\boldsymbol{N}\boldsymbol{u}^e \tag{4.32}$$

式中，$\boldsymbol{N}$——形函数矩阵，即

$$\boldsymbol{N}=\begin{bmatrix} N_1 & 0 & N_2 & 0 & N_3 & 0 & N_4 & 0 \\ 0 & N_1 & 0 & N_2 & 0 & N_3 & 0 & N_4 \end{bmatrix} \tag{4.33}$$

单元内任意点的坐标为

$$\begin{cases} x=N_1x_1+N_2x_2+N_3x_3+N_4x_4 \\ y=N_1y_1+N_2y_2+N_3y_3+N_4y_4 \end{cases} \tag{4.34}$$

式中，$N_i(i=1,2,3,4)$是单元结点的形函数，即

$$\begin{cases} N_1=\dfrac{1}{4}(1-\xi)(1-\eta) \\ N_2=\dfrac{1}{4}(1+\xi)(1-\eta) \\ N_3=\dfrac{1}{4}(1+\xi)(1+\eta) \\ N_4=\dfrac{1}{4}(1-\xi)(1+\eta) \end{cases} \tag{4.35}$$

由式（4.31）和式（4.34）可知，单元内位移场和单元内任意点坐标的表达式中所用的插值函数完全相同，这种单元称为四边形四结点等参单元。

4.3.3 单元应变矩阵

四边形四结点等参单元应变矩阵的推导与三角形三结点等参单元的推导相似。应变要求位移函数对平面坐标求偏导数，而位移是自然坐标的函数，因此就需要采用复合函数的求导法则来得到应变分量。使用链式求导法则，可得

$$\begin{cases}\dfrac{\partial u}{\partial \xi}=\dfrac{\partial u}{\partial x}\dfrac{\partial x}{\partial \xi}+\dfrac{\partial u}{\partial y}\dfrac{\partial y}{\partial \xi}\\[2ex]\dfrac{\partial u}{\partial \eta}=\dfrac{\partial u}{\partial x}\dfrac{\partial x}{\partial \eta}+\dfrac{\partial u}{\partial y}\dfrac{\partial y}{\partial \eta}\end{cases}\tag{4.36}$$

式（4.36）可以写成矩阵形式，即

$$\boldsymbol{J}\begin{bmatrix}\dfrac{\partial u}{\partial x}\\[2ex]\dfrac{\partial u}{\partial y}\end{bmatrix}=\begin{bmatrix}\dfrac{\partial u}{\partial \xi}\\[2ex]\dfrac{\partial u}{\partial \eta}\end{bmatrix}\tag{4.37}$$

式中，$\boldsymbol{J}$——雅可比矩阵，

$$\boldsymbol{J}=\begin{bmatrix}\dfrac{\partial x}{\partial \xi} & \dfrac{\partial y}{\partial \xi}\\[2ex]\dfrac{\partial x}{\partial \eta} & \dfrac{\partial y}{\partial \eta}\end{bmatrix}=\begin{bmatrix}J_{11} & J_{12}\\ J_{21} & J_{22}\end{bmatrix}\tag{4.38}$$

式中，雅可比矩阵的各项表达式为

$$J_{11}=\frac{1}{4}(-(1-\eta)x_1+(1-\eta)x_2+(1+\eta)x_3-(1+\eta)x_4)\tag{4.39a}$$

$$J_{12}=\frac{1}{4}(-(1-\eta)y_1+(1-\eta)y_2+(1+\eta)y_3-(1+\eta)y_4)\tag{4.39b}$$

$$J_{21}=\frac{1}{4}(-(1-\xi)x_1-(1+\xi)x_2+(1+\xi)x_3+(1-\xi)x_4)\tag{4.39c}$$

$$J_{22}=\frac{1}{4}(-(1-\xi)y_1-(1+\xi)y_2+(1+\xi)y_3+(1-\xi)y_4)\tag{4.39d}$$

对式（4.37）求逆，可得

$$\begin{bmatrix}\dfrac{\partial u}{\partial x}\\[2ex]\dfrac{\partial u}{\partial y}\end{bmatrix}=\boldsymbol{J}^{-1}\begin{bmatrix}\dfrac{\partial u}{\partial \xi}\\[2ex]\dfrac{\partial u}{\partial \eta}\end{bmatrix}\tag{4.40}$$

式中，

$$\boldsymbol{J}^{-1}=\frac{1}{J}\begin{bmatrix}J_{22} & -J_{12}\\ -J_{21} & J_{11}\end{bmatrix}\tag{4.41}$$

式中，J——雅可比行列式，即

$$J=J_{11}J_{22}-J_{12}J_{21}\tag{4.42}$$

类似地，对于位移分量 v，有

$$\begin{bmatrix}\dfrac{\partial v}{\partial x}\\[2ex]\dfrac{\partial v}{\partial y}\end{bmatrix}=\boldsymbol{J}^{-1}\begin{bmatrix}\dfrac{\partial v}{\partial \xi}\\[2ex]\dfrac{\partial v}{\partial \eta}\end{bmatrix}\tag{4.43}$$

应变 – 位移关系式为

$$\boldsymbol{\varepsilon}=\begin{bmatrix}\varepsilon_{xx}\\ \varepsilon_{yy}\\ \gamma_{xy}\end{bmatrix}=\begin{bmatrix}\dfrac{\partial u}{\partial x}\\ \dfrac{\partial v}{\partial y}\\ \dfrac{\partial u}{\partial y}+\dfrac{\partial v}{\partial x}\end{bmatrix}=\boldsymbol{A}\begin{bmatrix}\dfrac{\partial u}{\partial \xi}\\ \dfrac{\partial u}{\partial \eta}\\ \dfrac{\partial v}{\partial \xi}\\ \dfrac{\partial v}{\partial \eta}\end{bmatrix} \tag{4.44}$$

式中，

$$\boldsymbol{A}=\frac{1}{J}\begin{bmatrix}J_{22} & -J_{12} & 0 & 0\\ 0 & 0 & -J_{21} & J_{11}\\ -J_{21} & J_{11} & J_{22} & -J_{12}\end{bmatrix} \tag{4.45}$$

由式（4.31），可得

$$\begin{bmatrix}\dfrac{\partial u}{\partial \xi}\\ \dfrac{\partial u}{\partial \eta}\\ \dfrac{\partial v}{\partial \xi}\\ \dfrac{\partial v}{\partial \eta}\end{bmatrix}=\boldsymbol{H}\boldsymbol{u}^{e} \tag{4.46}$$

式中，

$$\boldsymbol{H}=\frac{1}{4}\begin{bmatrix}\eta-1 & 0 & 1-\eta & 0 & 1+\eta & 0 & -1-\eta & 0\\ \xi-1 & 0 & -1-\xi & 0 & 1+\xi & 0 & 1-\xi & 0\\ 0 & \eta-1 & 0 & 1-\eta & 0 & 1+\eta & 0 & -1-\eta\\ 0 & \xi-1 & 0 & -1-\xi & 0 & 1+\xi & 0 & 1-\xi\end{bmatrix} \tag{4.47}$$

由式（4.44）和式（4.46），可得

$$\boldsymbol{\varepsilon}=\underbrace{\boldsymbol{AH}}_{\boldsymbol{B}}\boldsymbol{u}^{e}=\boldsymbol{B}\boldsymbol{u}^{e} \tag{4.48}$$

式中，应变矩阵 $\boldsymbol{B}$ 的各项为

$$\begin{cases}B_{11}=B_{32}=\dfrac{1}{8J}(Y_{24}+\xi Y_{43}+\eta Y_{32})\\ B_{13}=B_{34}=\dfrac{1}{8J}(Y_{31}+\xi Y_{34}+\eta Y_{14})\\ B_{15}=B_{36}=\dfrac{1}{8J}(Y_{42}+\xi Y_{12}+\eta Y_{41})\\ B_{17}=B_{38}=\dfrac{1}{8J}(Y_{13}+\xi Y_{21}+\eta Y_{23})\\ B_{22}=B_{31}=\dfrac{1}{8J}(X_{42}+\xi X_{34}+\eta X_{23})\end{cases} \tag{4.49}$$

$$
\begin{cases}
B_{24} = B_{33} = \dfrac{1}{8J}(X_{13} + \xi X_{43} + \eta X_{41}) \\
B_{26} = B_{35} = \dfrac{1}{8J}(X_{24} + \xi X_{21} + \eta X_{14}) \\
B_{28} = B_{37} = \dfrac{1}{8J}(X_{31} + \xi X_{12} + \eta X_{32}) \\
B_{1i} = 0, i = 2,4,6,8 \\
B_{2i} = 0, i = 1,3,5,7
\end{cases} \tag{4.49续}
$$

式中，$X_{mn} = x_m - x_n$；$Y_{mn} = y_m - y_n$；$m,n = 1,2,3,4$。

4.3.4 单元刚度矩阵

四边形单元的刚度矩阵可以从单元的应变能推导出来，即

$$
U^e = \frac{1}{2}h\int_{A^e} \boldsymbol{\sigma}^{\mathrm{T}} \boldsymbol{\varepsilon} \mathrm{d}A \tag{4.50}
$$

式中，h——单元厚度；

A^e——单元域；

$\mathrm{d}A$——微单元面积，即

$$
\mathrm{d}A = J\mathrm{d}\xi\mathrm{d}\eta \tag{4.51}
$$

式（4.50）中的应变能变为

$$
U^e = \frac{1}{2}h\int_{A^e} \boldsymbol{\sigma}^{\mathrm{T}} \boldsymbol{\varepsilon} \mathrm{d}A = \frac{1}{2}\boldsymbol{u}^{e\mathrm{T}} \underbrace{\left[h\int_{-1}^{1}\int_{-1}^{1} \boldsymbol{B}^{\mathrm{T}}\boldsymbol{D}\boldsymbol{B}J\mathrm{d}\xi\mathrm{d}\eta\right]}_{\boldsymbol{k}^e} \boldsymbol{u}^e
$$

$$
= \frac{1}{2}\boldsymbol{u}^{e\mathrm{T}}\boldsymbol{k}^e\boldsymbol{u}^e \tag{4.52}
$$

式中，单元刚度矩阵为

$$
\boldsymbol{k}^e = h\int_{-1}^{1}\int_{-1}^{1} \boldsymbol{B}^{\mathrm{T}}\boldsymbol{D}\boldsymbol{B}J\mathrm{d}\xi\mathrm{d}\eta \tag{4.53}
$$

注意：式（4.53）中的 $\boldsymbol{B}$ 和 J 都是 ξ 和 η 的函数，因此需要借助高斯求积公式来完成单元刚度矩阵的计算。

4.3.5 等效结点载荷

4.3.5.1 体积力

体积力 $\boldsymbol{f}$ 是每单位体积上的分布力，其对整体载荷矢量有贡献。该贡献通过考虑势能表达式中的体积力来确定，即

$$
h\int_{A^e} \boldsymbol{u}^{\mathrm{T}}\boldsymbol{f}\mathrm{d}A \tag{4.54}
$$

使用式（4.33）和 $\boldsymbol{f} = [B_x \quad B_y]^{\mathrm{T}}$，式（4.54）变为

$$
h\int_{A^e} \boldsymbol{u}^{\mathrm{T}}\boldsymbol{f}\mathrm{d}A = \boldsymbol{u}^{\mathrm{T}} \underbrace{\left[h\int_{-1}^{1}\int_{-1}^{1} \boldsymbol{N}^{\mathrm{T}} \begin{bmatrix} B_x \\ B_y \end{bmatrix} J\mathrm{d}\xi\mathrm{d}\eta\right]}_{\boldsymbol{F}_{BF}^e} \tag{4.55}
$$

式中，$\boldsymbol{F}_{BF}^e$——由体积力引起的等效结点载荷矢量，即

$$\boldsymbol{F}_{BF}^{e}=h\left[\int_{-1}^{1}\int_{-1}^{1}\boldsymbol{N}^{\mathrm{T}}\boldsymbol{f}J\mathrm{d}\xi\mathrm{d}\eta\right]=h\left[\int_{-1}^{1}\int_{-1}^{1}\boldsymbol{N}^{\mathrm{T}}\begin{bmatrix}B_x\\B_y\end{bmatrix}J\mathrm{d}\xi\mathrm{d}\eta\right]\tag{4.56}$$

如同刚度矩阵一样，由于式（4.56）中被积函数形式复杂，很难得到解析结果，因此需要采用高斯积分进行计算来得到体积力矢量的等效结点载荷。

4.3.5.2　分布面力

如图 4.6 所示，假设分布面力作用在四边形单元的边 23 上，面力以在整体坐标系下的分量形式给出。该面力的等效结点载荷表达式为

$$\begin{aligned}\boldsymbol{F}_{T}^{e}&=h\int_{-1}^{1}\boldsymbol{N}^{\mathrm{T}}\begin{bmatrix}T_x\\T_y\end{bmatrix}\frac{l}{2}\mathrm{d}\eta\\&=h\int_{-1}^{1}\begin{bmatrix}0&0&N_2&0&N_3&0&0&0\\0&0&0&N_2&0&N_3&0&0\end{bmatrix}^{\mathrm{T}}\begin{bmatrix}T_x\\T_y\end{bmatrix}\frac{l}{2}\mathrm{d}\eta\end{aligned}\tag{4.57}$$

式中，l——单元边 23 的长度；

h——单元厚度；

$N_2=\frac{1}{2}(1-\eta)$；

$N_3=\frac{1}{2}(1+\eta)$。

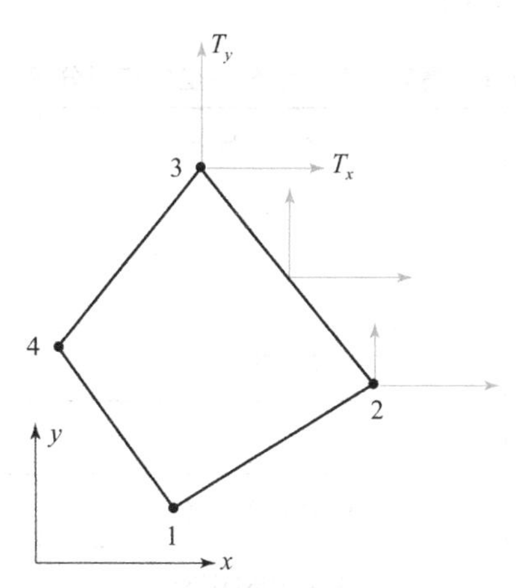

图 4.6　单元边上作用分布力

如果分布面力形式复杂，那么就需要采用高斯积分进行计算。对于简单形式的分布面力，则可以解析地求出等效结点载荷矢量。

4.3.6　数值积分

单元刚度矩阵和等效结点载荷的计算，最终都归结为下列形式的积分：

$$\int_{-1}^{1}f(\xi)\mathrm{d}\xi\tag{4.58}$$

$$\int_{-1}^{1}\int_{-1}^{1}f(\xi,\eta)\mathrm{d}\xi\mathrm{d}\eta\tag{4.59}$$

计算上述积分要求采用高斯积分法，该方法已被证明在有限元领域里是最有用的积分方法，其很容易拓展到三维数值积分。

4.3.6.1 一维积分

对式（4.58），考虑 n 点近似，有

$$\int_{-1}^{1} f(\xi)\,\mathrm{d}\xi = w_1 f(\xi_1) + w_2 f(\xi_2) + \cdots + w_n f(\xi_n) = \sum_{i=1}^{n} w_i f(\xi_i) \tag{4.60}$$

式中，ξ_i, w_i——积分点坐标和积分权系数，$i = 1, 2, \cdots, n$。

积分点坐标 ξ_i 和积分权系数 w_i 由下列公式确定：

$$\int_{-1}^{1} \xi^{i} P(\xi)\,\mathrm{d}\xi = 0,\ i = 0, 1, \cdots, n-1 \tag{4.61}$$

$$w_i = \int_{-1}^{1} l_i^{n-1}\,\mathrm{d}\xi \tag{4.62}$$

式中，$P(\xi)$——勒让德多项式，即

$$P(\xi) = (\xi - \xi_1)(\xi - \xi_2)\cdots(\xi - \xi_n) \tag{4.63}$$

l_i^{n-1}——$n-1$ 阶拉格朗日插值函数，即

$$l_i^{n-1} = \frac{(\xi - \xi_1)(\xi - \xi_2)\cdots(\xi - \xi_{i-1})(\xi - \xi_{i+1})\cdots(\xi - \xi_n)}{(\xi_i - \xi_1)(\xi_i - \xi_2)\cdots(\xi_i - \xi_{i-1})(\xi_i - \xi_{i+1})\cdots(\xi_i - \xi_n)} \tag{4.64}$$

表4.1给出了 $n = 1, 2, \cdots, 6$ 个积分点坐标和积分权系数的值。注意，高斯点相对于原点是对称的，对称放置的点具有相同的权值。

表4.1 高斯积分的积分点坐标和积分权系数

积分点数	积分点坐标 ξ_i	积分权系数 w_i
1	0	2
2	±0.577 350 269 2	1
3	±0.774 596 669 2	0.555 555 555 6
	0	0.888 888 888 9
4	±0.861 136 311 6	0.347 854 845 1
	±0.339 981 043 6	0.652 145 154 9
5	±0.906 179 845 9	0.236 926 885 1
	±0.538 469 310 1	0.478 628 670 5
	0	0.568 888 888 9
6	±0.932 469 514 2	0.171 324 492 4
	±0.661 209 386 5	0.360 761 573 0
	±0.238 619 186 1	0.467 913 934 6

4.3.6.2 二维及三维积分

二维高斯积分公式为

$$\int_{-1}^{1}\int_{-1}^{1}f(\xi,\eta)\mathrm{d}\xi\mathrm{d}\eta = \sum_{i=1}^{n}\sum_{j=1}^{n}w_iw_jf(\xi_i,\eta_j) \tag{4.65}$$

三维高斯积分公式为

$$\int_{-1}^{1}\int_{-1}^{1}\int_{-1}^{1}f(\xi,\eta,\zeta)\mathrm{d}\xi\mathrm{d}\eta\mathrm{d}\zeta = \sum_{i=1}^{n}\sum_{j=1}^{n}\sum_{k=1}^{n}w_iw_jw_kf(\xi_i,\eta_j,\zeta_k) \tag{4.66}$$

注意：在二维和三维数值积分中，可以在ξ、η和ζ方向上采用不同的高斯求积点数。

4.3.7　单元刚度矩阵及单元载荷列阵积分

为了说明式（4.65）的使用，考虑一个四边形单元的单元刚度矩阵，即式（4.53）：

$$\boldsymbol{k}^e = h\int_{-1}^{1}\int_{-1}^{1}\boldsymbol{B}^{\mathrm{T}}\boldsymbol{D}\boldsymbol{B}J\mathrm{d}\xi\mathrm{d}\eta$$

式中，$\boldsymbol{B}$,J均为ξ和η的函数。

式（4.53）被积函数中的每个元素都需要通过式（4.65）来求解。然而，利用单元刚度矩阵的对称性，对角线下面的各个元素则不必计算。

为了便于说明，令被积函数中的第(i,j)个元素为

$$\chi(\xi,\eta) = h\,(\boldsymbol{B}^{\mathrm{T}}\boldsymbol{D}\boldsymbol{B}J)_{ij} \tag{4.67}$$

如果使用2×2高斯积分规则（图4.7），那么就可以得到四点高斯求积的显式形式，即

$$k_{ij}^e = w_I^2\chi(\xi_I,\eta_I) + w_Iw_{II}\chi(\xi_I,\eta_{II}) + w_{II}w_I\chi(\xi_{II},\eta_I) + w_{II}^2\chi(\xi_{II},\eta_{II}) \tag{4.68}$$

式中，$w_I = w_{II} = 1.0$，$\xi_I = \eta_I = -0.577\,3$，$\xi_{II} = \eta_{II} = 0.577\,3$。

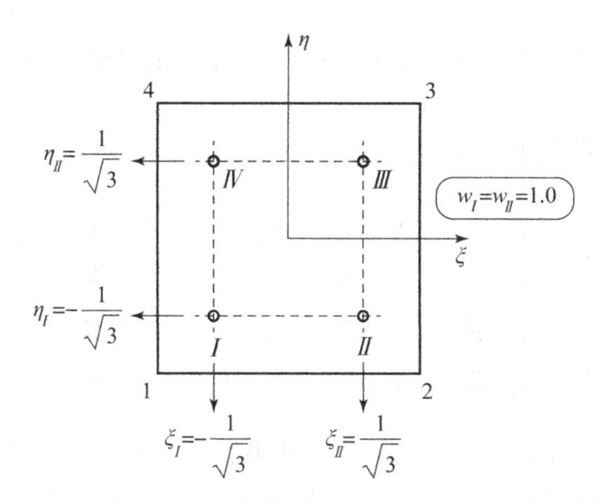

图4.7　二维四点高斯求积

体积力引起的等效结点载荷矢量式，即式（4.56）：

$$\boldsymbol{F}_{BF}^e = h\left[\int_{-1}^{1}\int_{-1}^{1}\boldsymbol{N}^{\mathrm{T}}\boldsymbol{f}J\mathrm{d}\xi\mathrm{d}\eta\right]$$

令上式被积函数中的第(i,j)个元素为

$$\chi_B(\xi,\eta) = h\,(\boldsymbol{N}^{\mathrm{T}}\boldsymbol{f}J)_{ij} \tag{4.69}$$

使用2×2高斯积分规则，即可得到四点高斯求积的显式形式：

$$(\boldsymbol{F}_{BF}^e)_{ij} = w_I^2\chi_B(\xi_I,\eta_I) + w_Iw_{II}\chi_B(\xi_I,\eta_{II}) + w_{II}w_I\chi_B(\xi_{II},\eta_I) + w_{II}^2\chi_B(\xi_{II},\eta_{II}) \tag{4.70}$$

分布面力的等效结点载荷矢量（即式（4.57））为

$$\boldsymbol{F}_T^e = \frac{hl}{2}\int_{-1}^{1}\boldsymbol{N}^{\mathrm{T}}\begin{bmatrix}T_x\\T_y\end{bmatrix}\mathrm{d}\eta$$

使用高斯积分式（即式（4.60）），可将上式写为

$$\boldsymbol{F}_T^e = \frac{hl}{2}\sum_{i=1}^{2} w_i\left(\boldsymbol{N}^{\mathrm{T}}\begin{bmatrix}T_x\\T_y\end{bmatrix}\right)_i \tag{4.71}$$

4.3.8 应力计算

四边形单元中任意一点的应力通过下式计算：

$$\boldsymbol{\sigma} = \boldsymbol{DBu}^e \tag{4.72}$$

该单元中的应力不同于常应变三角形单元，它是自然坐标 ξ 和 η 的函数。在实际中，通常计算高斯点处的应力值，因为这些位置的应力相对于单元中的其他位置是较为精确的。对于 2×2 阶高斯积分，单元将给出4个高斯点（图4.7）处的应力值 σ_I、σ_{II}、σ_{III} 和 σ_{IV}。基于这些高斯点处的应力，通过下面的插值公式可以得到改进后的单元结点处的应力值 $\bar{\sigma}_1$、$\bar{\sigma}_2$、$\bar{\sigma}_3$ 和 $\bar{\sigma}_4$：

$$\begin{bmatrix}\sigma_I\\\sigma_{II}\\\sigma_{III}\\\sigma_{IV}\end{bmatrix}=\begin{bmatrix}N_1(I) & N_2(I) & N_3(I) & N_4(I)\\N_1(II) & N_2(II) & N_3(II) & N_4(II)\\N_1(III) & N_2(III) & N_3(III) & N_4(III)\\N_1(IV) & N_2(IV) & N_3(IV) & N_4(IV)\end{bmatrix}\begin{bmatrix}\bar{\sigma}_1\\\bar{\sigma}_2\\\bar{\sigma}_3\\\bar{\sigma}_4\end{bmatrix} \tag{4.73}$$

式中，$N_i(I), N_i(II), N_i(III), N_i(IV)$——单元结点 i 的插值函数在4个高斯点处的函数值，$i=1,2,3,4$。

由式（4.73）可以得到单元4个结点改进后的应力值，即

$$\begin{bmatrix}\bar{\sigma}_1\\\bar{\sigma}_2\\\bar{\sigma}_3\\\bar{\sigma}_4\end{bmatrix}=\begin{bmatrix}N_1(I) & N_2(I) & N_3(I) & N_4(I)\\N_1(II) & N_2(II) & N_3(II) & N_4(II)\\N_1(III) & N_2(III) & N_3(III) & N_4(III)\\N_1(IV) & N_2(IV) & N_3(IV) & N_4(IV)\end{bmatrix}^{-1}\begin{bmatrix}\sigma_I\\\sigma_{II}\\\sigma_{III}\\\sigma_{IV}\end{bmatrix} \tag{4.74}$$

在得到上述单元结点处的改进应力值后，如果需要，就可以通过插值函数求得单元中任意位置处的应力值。有限元位移解在全域内是连续的，但应变和应力解只是在单元内部连续，而在单元之间一般是不连续的。这样，同一结点处，来自不同单元的应变和应力值是不一样的。人们通常感兴趣的是单元边界和结点上的应力，因此需要对有限元的应力解进行后续处理，以便得到改进的结果。通常改进应力的方法有（王勖成，2003）：单元平均或结点平均；总体应力磨平；单元应力磨平；分片应力磨平。

4.3.9 例题

例4.3.1 考虑图4.8所示的梯形四边形单元。利用等参变换计算：

（1）点 $A(0.5,0.5)$ 的空间坐标；

（2）点 $B(1,2)$ 的自然坐标。

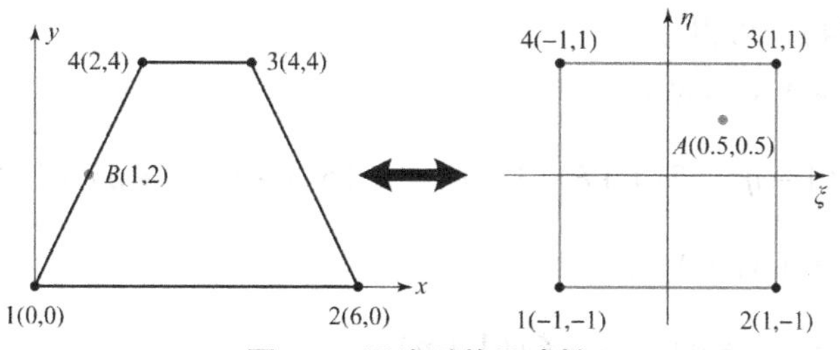

图4.8　四边形单元映射

解：(1) 形函数在点 $A(0.5,0.5)$ 处的值为

$$N_1(0.5,0.5)=\frac{1}{4}(1-0.5)(1-0.5)=\frac{1}{16},N_2(0.5,0.5)=\frac{1}{4}(1+0.5)(1-0.5)=\frac{3}{16}$$

$$N_3(0.5,0.5)=\frac{1}{4}(1+0.5)(1+0.5)=\frac{9}{16},N_4(0.5,0.5)=\frac{1}{4}(1-0.5)(1+0.5)=\frac{3}{16}$$

点 A 处的空间坐标为

$$\begin{aligned}x(0.5,0.5)&=N_1(0.5,0.5)x_1+N_2(0.5,0.5)x_2+N_3(0.5,0.5)x_3+N_4(0.5,0.5)x_4\\&=\frac{1}{16}\times0+\frac{3}{16}\times6+\frac{9}{16}\times4+\frac{3}{16}\times2=\frac{15}{4}\end{aligned}$$

$$\begin{aligned}y(0.5,0.5)&=N_1(0.5,0.5)y_1+N_2(0.5,0.5)y_2+N_3(0.5,0.5)y_3+N_4(0.5,0.5)y_4\\&=\frac{1}{16}\times0+\frac{3}{16}\times0+\frac{9}{16}\times4+\frac{3}{16}\times4=3\end{aligned}$$

(2) 由等参映射关系，可得

$$\begin{aligned}x=1&=N_1x_1+N_2x_2+N_3x_3+N_4x_4\\&=N_1\times0+\frac{1}{4}(1+\xi)(1-\eta)\times6+\frac{1}{4}(1+\xi)(1+\eta)\times4+\frac{1}{4}(1-\xi)(1+\eta)\times2\\&=3+2\xi-\xi\eta\end{aligned}$$

$$\begin{aligned}y=2&=N_1y_1+N_2y_2+N_3y_3+N_4y_4\\&=N_1\times0+N_2\times0+\frac{1}{4}(1+\xi)(1+\eta)\times4+\frac{1}{4}(1-\xi)(1+\eta)\times4\\&=2+2\eta\end{aligned}$$

由上面的两个关系式，可得

$$\xi=-1,\ \eta=0$$

即点 $B(1,2)$ 的自然坐标为 $(-1,0)$。

例4.3.2　图4.9所示为一个四边形单元（单位为mm），其厚度为1 mm，材料弹性模量 $E=206.85\times10^3$ MPa，泊松比 $\nu=0.3$。试计算单元的刚度矩阵。

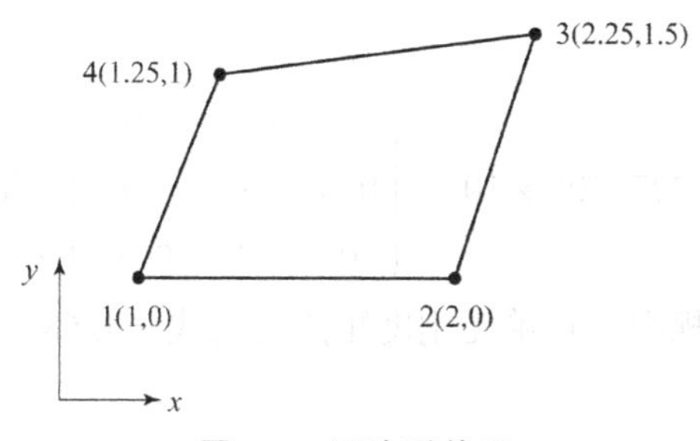

图4.9　四边形单元

解：由式（4.34），可得

$$x=N_1x_1+N_2x_2+N_3x_3+N_2x_4$$
$$=\frac{1}{4}[(1-\xi)(1-\eta)+2(1+\xi)(1-\eta)+2.25(1+\xi)(1+\eta)+1.25(1-\xi)(1+\eta)]$$

$$y=N_1y_1+N_2y_2+N_3y_3+N_2y_4$$
$$=\frac{1}{4}[1.5(1+\xi)(1+\eta)+(1-\xi)(1+\eta)]$$

雅可比矩阵 $\boldsymbol{J}$ 中的各元素由式（4.39）求出，即

$$J_{11}=\frac{\partial x}{\partial \xi}=\frac{1}{2}$$

$$J_{12}=\frac{\partial y}{\partial \xi}=\frac{1}{4}(0.5-0.5\eta)$$

$$J_{21}=\frac{\partial x}{\partial \eta}=\frac{1}{2}$$

$$J_{22}=\frac{\partial y}{\partial \eta}=\frac{1}{4}(2.5-0.5\xi)$$

雅可比矩阵 $\boldsymbol{J}$ 的行列式由式（4.42）可得

$$J=J_{11}J_{22}-J_{12}J_{21}=\frac{1}{16}(4-\xi+\eta)$$

由式（4.45），可得变换矩阵 $\boldsymbol{A}$ 为

$$\boldsymbol{A}=\frac{4}{4-\xi+\eta}\begin{bmatrix}2.5-0.5\xi & 0.5\eta-0.5 & 0 & 0\\ 0 & 0 & -2 & 2\\ -2 & 2 & 2.5-0.5\xi & 0.5\eta-0.5\end{bmatrix}$$

由式（4.47），得

$$\boldsymbol{H}=\frac{1}{4}\begin{bmatrix}\eta-1 & 0 & 1-\eta & 0 & 1+\eta & 0 & -1-\eta & 0\\ \xi-1 & 0 & -1-\xi & 0 & 1+\xi & 0 & 1-\xi & 0\\ 0 & \eta-1 & 0 & 1-\eta & 0 & 1+\eta & 0 & -1-\eta\\ 0 & \xi-1 & 0 & -1-\xi & 0 & 1+\xi & 0 & 1-\xi\end{bmatrix}$$

因此，应变矩阵可由 $\boldsymbol{A}$ 和 $\boldsymbol{H}$ 求出，即

$$\boldsymbol{B}=\boldsymbol{AH}$$

材料的弹性矩阵为

$$\boldsymbol{D}=227.308\times10^3\times\begin{bmatrix}1 & 0.3 & 0\\ 0.3 & 1 & 0\\ 0 & 0 & 0.35\end{bmatrix}(\text{MPa})$$

选取 2×2 阶高斯求积规则，则单元刚度矩阵可由式（4.68）求得，即

$$\boldsymbol{k}^e = h\sum_{i=1}^{2}\sum_{j=1}^{2} w_i w_j \boldsymbol{B}^{\mathrm{T}}(\xi_i,\eta_j)\boldsymbol{D}\boldsymbol{B}(\xi_i,\eta_j)J(\xi_i,\eta_j)$$

$$= 10^3 \times \begin{bmatrix} 403.76 & -308.12 & -108.08 & 12.61 & 139.78 & -26.63 & -37.49 & 75.67 \\ -308.12 & 342.80 & 82.50 & -117.19 & -9.11 & -91.44 & 2.45 & 98.09 \\ -108.08 & 82.50 & 29.08 & -3.33 & -37.49 & 7.18 & 9.98 & 20.32 \\ 12.61 & -117.19 & -3.33 & 107.90 & -93.36 & 110.88 & 25.05 & -42.74 \\ 139.78 & -9.11 & -37.49 & -93.36 & 254.52 & -29.60 & -68.14 & -156.77 \\ -26.63 & -91.44 & 7.18 & 110.88 & -29.60 & 173.94 & 7.88 & -152.22 \\ -37.49 & 2.45 & 9.98 & 25.05 & -68.14 & 7.88 & 18.22 & 42.04 \\ 75.67 & 98.09 & 20.32 & -42.74 & -156.77 & -152.22 & 42.04 & 266.95 \end{bmatrix} (\mathrm{N/mm})$$

例 4.3.3　考虑一个矩形单元，如图 4.10 所示。材料弹性模量 $E = 206.85 \times 10^3$ MPa，泊松比 $\nu = 0.3$。单元结点位移矢量为 $\boldsymbol{u}^e = [0\quad 0\quad 0.002\quad 0.003\quad 0.006\quad 0.0032\quad 0\quad 0]^{\mathrm{T}}$ mm。试计算在 $\xi = 0$ 和 $\eta = 0$ 处的雅可比矩阵 $\boldsymbol{J}$、应变矩阵 $\boldsymbol{B}$ 以及应力矢量 $\boldsymbol{\sigma}$。

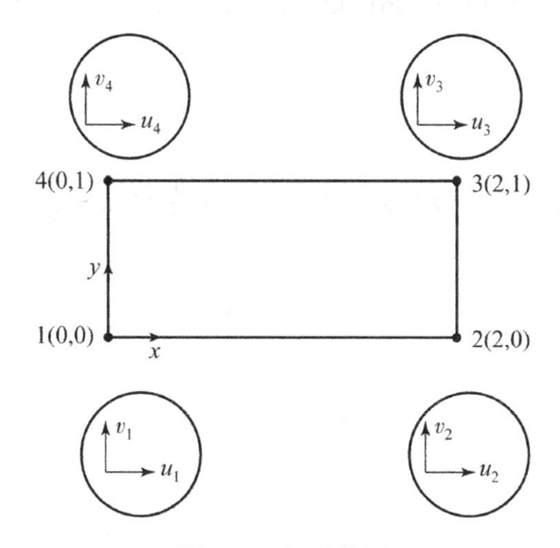

图 4.10　矩形单元

解：雅可比矩阵 $\boldsymbol{J}$ 由式（4.38）求出，即

$$\boldsymbol{J} = \begin{bmatrix} 1 & 0 \\ 0 & \dfrac{1}{2} \end{bmatrix}$$

由式（4.45），可得变换矩阵 $\boldsymbol{A}$ 为

$$\boldsymbol{A} = \begin{bmatrix} 1 & 0 & 0 & 0 \\ 0 & 0 & 0 & 2 \\ 0 & 2 & 1 & 0 \end{bmatrix}$$

在 $\xi = 0$ 和 $\eta = 0$ 处，由式（4.47）可得

$$\boldsymbol{H} = \frac{1}{4}\begin{bmatrix} -1 & 0 & 1 & 0 & 1 & 0 & -1 & 0 \\ -1 & 0 & -1 & 0 & 1 & 0 & 1 & 0 \\ 0 & -1 & 0 & 1 & 0 & 1 & 0 & -1 \\ 0 & -1 & 0 & -1 & 0 & 1 & 0 & 1 \end{bmatrix}$$

应变矩阵可由 $\boldsymbol{A}$ 和 $\boldsymbol{H}$ 求出，即

$$\boldsymbol{B}=\boldsymbol{AH}$$

$$=\begin{bmatrix}-\frac{1}{4} & 0 & \frac{1}{4} & 0 & \frac{1}{4} & 0 & -\frac{1}{4} & 0\\ 0 & -\frac{1}{2} & 0 & -\frac{1}{2} & 0 & \frac{1}{2} & 0 & \frac{1}{2}\\ -\frac{1}{2} & -\frac{1}{4} & -\frac{1}{2} & \frac{1}{4} & \frac{1}{2} & \frac{1}{4} & \frac{1}{2} & -\frac{1}{4}\end{bmatrix}$$

材料的弹性矩阵为

$$\boldsymbol{D}=227.308\times10^{3}\times\begin{bmatrix}1 & 0.3 & 0\\ 0.3 & 1 & 0\\ 0 & 0 & 0.35\end{bmatrix}(\mathrm{MPa})$$

由式（4.72），可得在 $\xi=0$ 和 $\eta=0$ 处的应力矢量为

$$\boldsymbol{\sigma}=\boldsymbol{DBu}^{e}=[461.42\quad 159.14\quad 282.42]^{\mathrm{T}}(\mathrm{MPa})$$

习　题

4.1　求图 P4.1 所示的三角形中自然坐标为 $L_1=\frac{1}{2}$ 和 $L_2=\frac{1}{3}$ 的点的整体坐标 x 和 y。

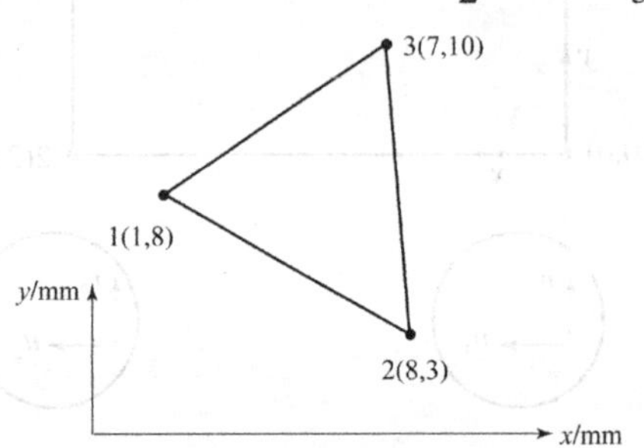

图 P4.1　三角形单元

4.2　求题 4.1 中单元内点$\left(自然坐标为 L_1=\frac{1}{2} 和 L_2=\frac{1}{3}\right)$处的水平位移，给定的单元结点的水平位移为：$u_1=2\times10^{-3}$ mm，$u_2=-2\times10^{-3}$ mm，$u_3=5\times10^{-3}$ mm。

4.3　图 P4.3 所示的直角三角形单元的边 23 承受均布面力 $T_x=0.6895$ MPa，垂直于边 13 上线性分布面力的最大值位于结点 3 处，即 $T_n=1.0343$ MPa。求这两个分布面力的等效结点载荷。假定单元厚度为 $h=5.08$ mm。

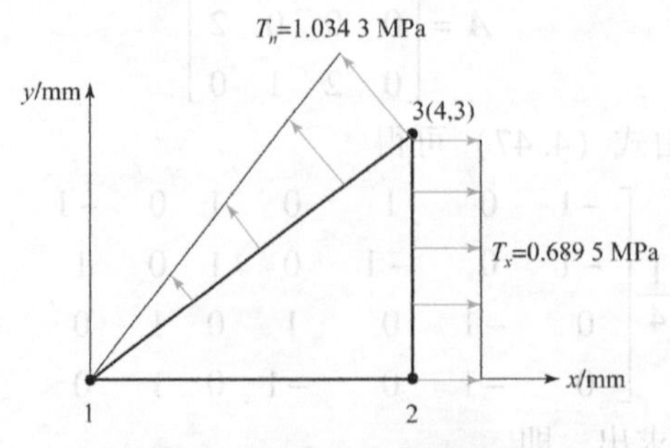

图 P4.3　直角三角形单元

4.4　图 P4.4 所示三角形单元的边 23($L_1=0$)承受分布面力，其变化形式为

$$T_x=100L_3^2(\text{力/面积})$$

求等效结点载荷。假设单元厚度为 h。

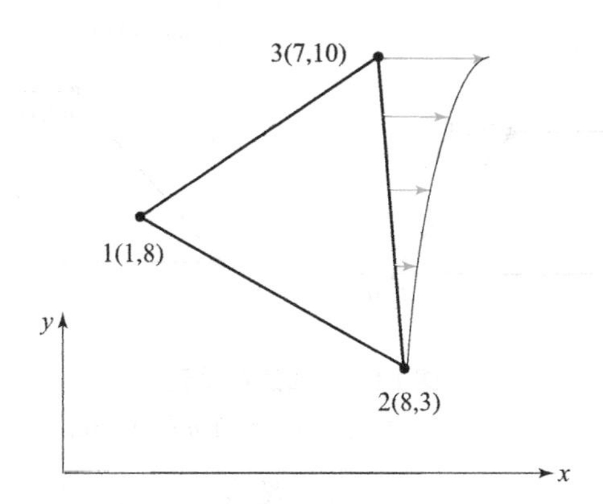

图 P4.4　作用在单元边 23 上的分布面力

4.5　对于图 P4.5 所示的三角形单元，给定的结点位移分量为：$u_1=0.002$，$v_1=0.003$，$u_2=0.0015$，$v_2=0.002$，$u_3=0.001$，$v_3=0.004$。求应变矩阵 $\boldsymbol{B}$ 和应变分量 ε_{xx},ε_{yy} 和 γ_{xy}。

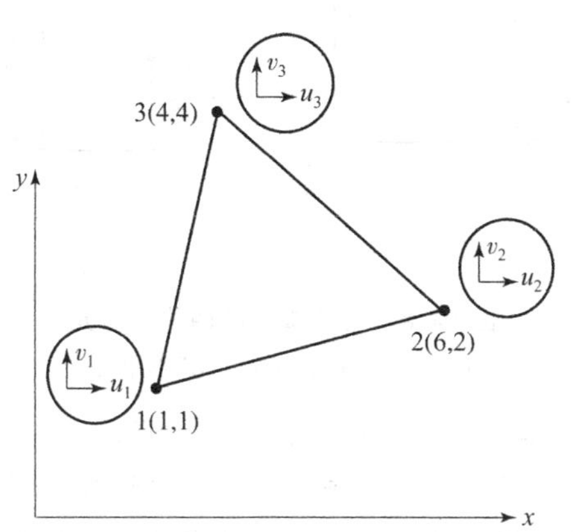

图 P4.5　三角形单元

4.6　求图 P4.6 所示单元的雅可比矩阵 $\boldsymbol{J}$ 和相应的行列式 J，并说明矩形和平行四边形单元的雅可比矩阵的行列式等于 $A/4$，其中 A 为单元的实际面积。

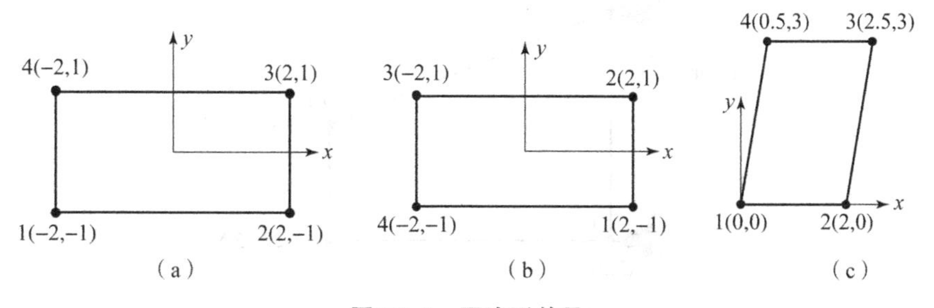

图 P4.6　四边形单元

(a),(b) 矩形；(c) 平行四边形

4.7　对于图 P4.7 所示的四边形单元，通过计算求分布载荷的等效结点力。假设单元厚度为 0.1 mm。

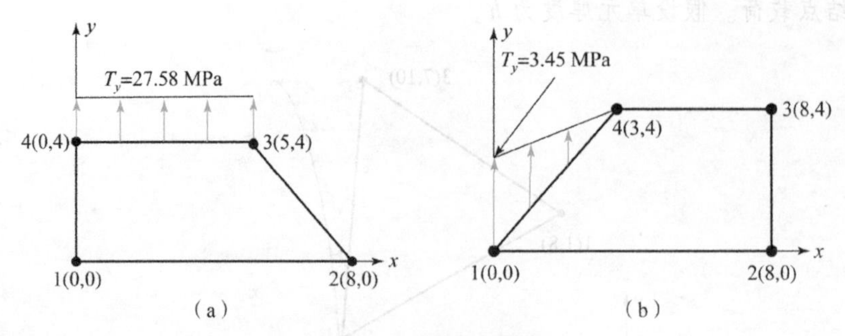

图 P4.7　四边形单元

(a) 均布面力载荷；(b) 线性分布面力载荷

4.8　假设重力作用在 y 的负方向，均匀厚度和密度的矩形单元的体力被平均分配到单元的 4 个结点上，如图 P4.8 (a) 所示。如果四边形单元不是矩形，那么分配到每一结点上的等效载荷将不再相同。求图 P4.8 (b) 所示的四边形单元中结点 1 上的等效结点力。

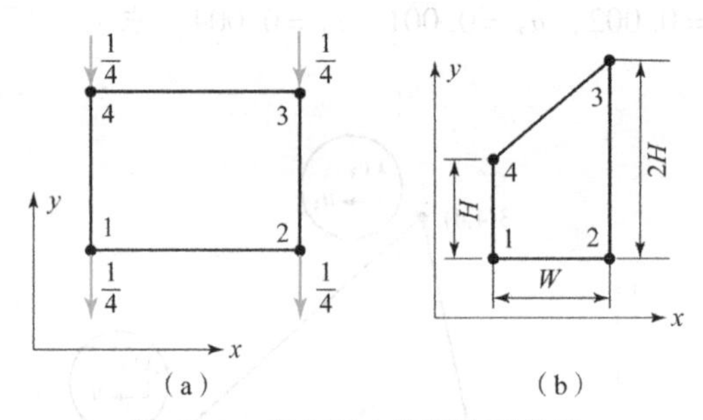

图 P4.8　考虑重力的四边形单元

(a) 矩形单元；(b) 非矩形单元

4.9　编写四结点四边形等参单元程序，计算四边形单元中任意一点的应变矩阵 $\boldsymbol{B}$。

4.10　编写四结点四边形等参单元程序，计算四边形单元刚度矩阵 $\boldsymbol{k}^e$。

4.11　四结点四边形单元如图 P4.11 所示，其中结点 1 和 4 被约束，结点 2 和 3 上作用着水平力。求结点 2 和 3 的位移以及在 $\xi=\eta=0$ 处的应变和应力。$E=206.85\times10^3$ MPa，$\nu=0.3$，单元厚度 $h=0.1$ mm。

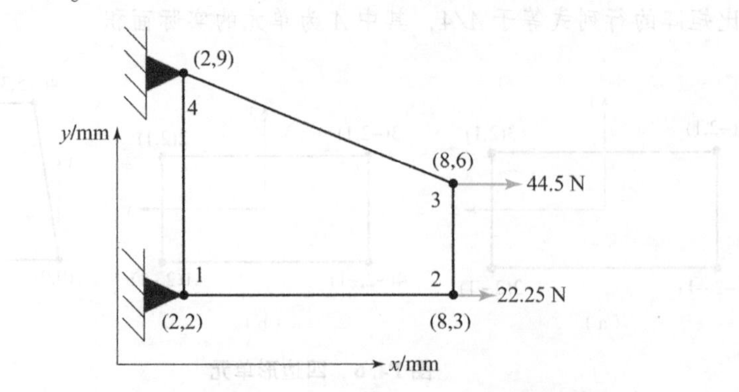

图 P4.11　结点 2 和 3 上作用集中力的四边形单元

4.12　编写四结点四边形等参单元程序，计算图 P4.12 所示的悬臂梁结点 9 处的位移，其被划分成 4 个单元。弹性模型 $E=2\times10^5$ MPa，泊松比 $\nu=0.3$，梁厚度 $h=0.1$ m，沿着 y 负方向的集中力 $P=10$ kN 作用在结点 9 上，忽略梁的自重。

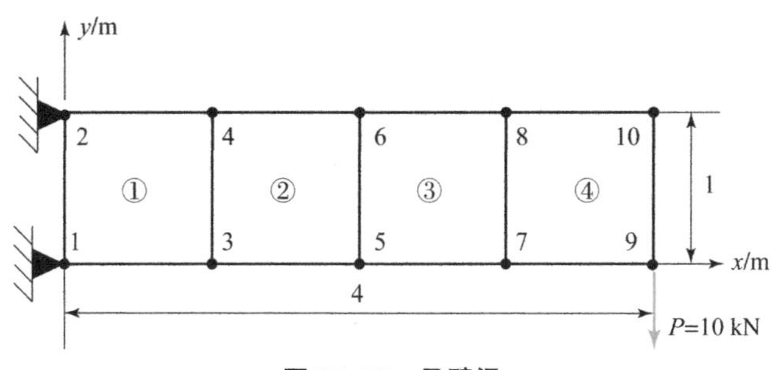

图 P4.12　悬臂梁

4.13　图 P4.13 所示为一中心开孔的刚板（$E=206.85\times10^3$ MPa，$\nu=0.3$），其左右两端作用均布力 $T_x=200$ MPa，上下边无任何面力，板厚度 $h=0.1$ mm。在有限元分析中，我们并不求解整个刚板，而是利用对称性（图 4.13（b））进行简化计算。采用两个四边形等参单元，求解所有结点的位移、作用力、应变和应力。

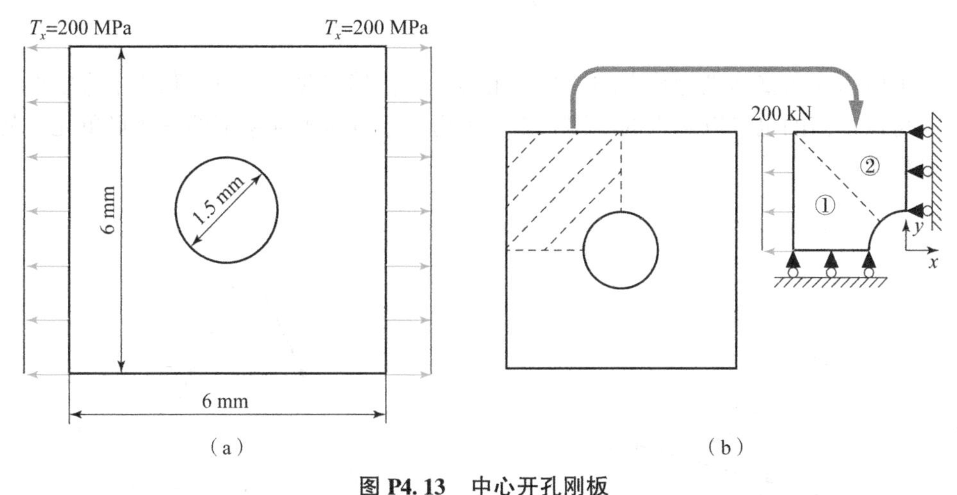

图 P4.13　中心开孔刚板

（a）整体模型；（b）对称模型

第5章

高次等参单元

5.1 引 言

第4章介绍了三结点三角形和四结点四边形等参单元，它们的位移模式都是线性的。但是对于复杂的几何形状，仅用线性位移模式的单元存在弊端，因此需要采用高阶位移模式来提高单元的求解精度，以较好地反映实际结构中的应力变化情况。

5.2 等参六结点三角形单元

图5.1所示为在整体坐标系中的一个三角形单元，其包含3个角点和3个边中点，三角形的边既可以是曲的也可以是直的。图5.2所示为一个自然坐标系下的三角形单元，其各边在自然坐标系中皆直。

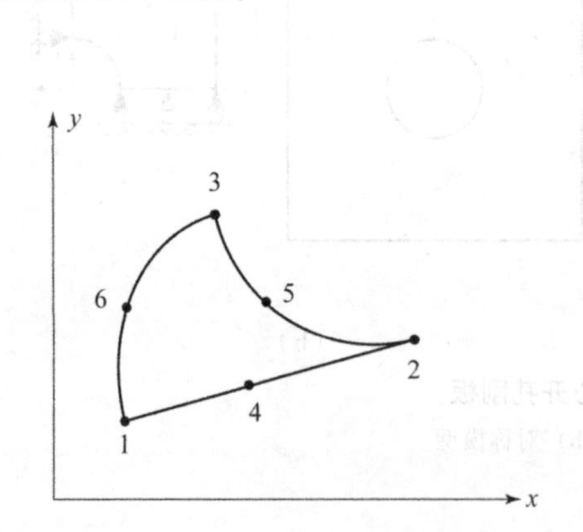

图5.1 整体坐标系下的单元

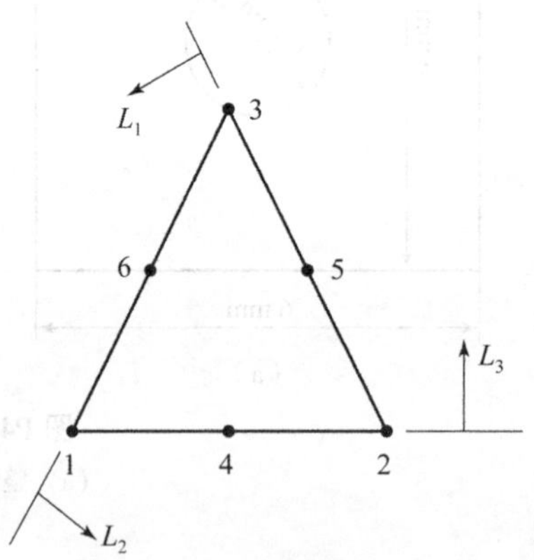

图5.2 自然坐标系下的单元

对于等参单元，位移和平面坐标都采用相同的插值函数（或称为形函数）来表示，即

$$u = \sum_{i=1}^{6} N_i u_i,\ v = \sum_{i=1}^{6} N_i v_i \tag{5.1}$$

$$x = \sum_{i=1}^{6} N_i x_i,\ y = \sum_{i=1}^{6} N_i y_i \tag{5.2}$$

式中，

$$\begin{cases} N_1 = L_1(2L_1 - 1),\ N_2 = L_2(2L_2 - 1),\ N_3 = L_3(2L_3 - 1) \\ N_4 = 4L_1L_2,\ N_5 = 4L_2L_3,\ N_6 = 4L_1L_3 \end{cases} \tag{5.3}$$

需要注意的是，L_1 和 L_2 是独立变量，利用关系 $L_1+L_2+L_3=1$，可得 $L_3=1-L_1-L_2$。考虑到应变要求位移对平面坐标 x 和 y 求导，而式（5.1）中的位移函数是自然坐标的函数，这就要求采用复合函数的求导法则来得到位移对平面坐标 x 和 y 的导数，即

$$\begin{cases}\dfrac{\partial u}{\partial L_1}=\dfrac{\partial u}{\partial x}\dfrac{\partial x}{\partial L_1}+\dfrac{\partial u}{\partial y}\dfrac{\partial y}{\partial L_1}\\[2ex]\dfrac{\partial u}{\partial L_2}=\dfrac{\partial u}{\partial x}\dfrac{\partial x}{\partial L_2}+\dfrac{\partial u}{\partial y}\dfrac{\partial y}{\partial L_2}\end{cases}\tag{5.4}$$

将式（5.4）简写为矩阵形式，即

$$\begin{bmatrix}\dfrac{\partial x}{\partial L_1} & \dfrac{\partial y}{\partial L_1}\\[2ex]\dfrac{\partial x}{\partial L_2} & \dfrac{\partial y}{\partial L_2}\end{bmatrix}\begin{bmatrix}\dfrac{\partial u}{\partial x}\\[2ex]\dfrac{\partial u}{\partial y}\end{bmatrix}=\begin{bmatrix}\dfrac{\partial u}{\partial L_1}\\[2ex]\dfrac{\partial u}{\partial L_2}\end{bmatrix}\tag{5.5}$$

由式（5.5）可得

$$\begin{bmatrix}\dfrac{\partial u}{\partial x}\\[2ex]\dfrac{\partial u}{\partial y}\end{bmatrix}=\frac{1}{J}\begin{bmatrix}\dfrac{\partial y}{\partial L_2} & -\dfrac{\partial y}{\partial L_1}\\[2ex]-\dfrac{\partial x}{\partial L_2} & \dfrac{\partial x}{\partial L_1}\end{bmatrix}\begin{bmatrix}\dfrac{\partial u}{\partial L_1}\\[2ex]\dfrac{\partial u}{\partial L_2}\end{bmatrix}\tag{5.6}$$

式中，雅可比行列式 J 为

$$J=\frac{\partial x}{\partial L_1}\frac{\partial y}{\partial L_2}-\frac{\partial x}{\partial L_2}\frac{\partial y}{\partial L_1}\tag{5.7}$$

同理，可得

$$\begin{bmatrix}\dfrac{\partial v}{\partial x}\\[2ex]\dfrac{\partial v}{\partial y}\end{bmatrix}=\frac{1}{J}\begin{bmatrix}\dfrac{\partial y}{\partial L_2} & -\dfrac{\partial y}{\partial L_1}\\[2ex]-\dfrac{\partial x}{\partial L_2} & \dfrac{\partial x}{\partial L_1}\end{bmatrix}\begin{bmatrix}\dfrac{\partial v}{\partial L_1}\\[2ex]\dfrac{\partial v}{\partial L_2}\end{bmatrix}\tag{5.8}$$

因此，利用几何关系、式（5.6）和式（5.8），可得

$$\varepsilon_{xx}=\frac{\partial u}{\partial x}=\frac{1}{J}\left[\frac{\partial y}{\partial L_2}\frac{\partial u}{\partial L_1}-\frac{\partial y}{\partial L_1}\frac{\partial u}{\partial L_2}\right]\tag{5.9a}$$

$$\varepsilon_{yy}=\frac{\partial v}{\partial y}=-\frac{1}{J}\left[\frac{\partial x}{\partial L_2}\frac{\partial v}{\partial L_1}-\frac{\partial x}{\partial L_1}\frac{\partial v}{\partial L_2}\right]\tag{5.9b}$$

$$\gamma_{xy}=\frac{\partial u}{\partial y}+\frac{\partial v}{\partial x}=-\frac{1}{J}\left[\frac{\partial x}{\partial L_2}\frac{\partial u}{\partial L_1}-\frac{\partial x}{\partial L_1}\frac{\partial u}{\partial L_2}+\frac{\partial y}{\partial L_2}\frac{\partial v}{\partial L_1}-\frac{\partial y}{\partial L_1}\frac{\partial v}{\partial L_2}\right]\tag{5.9c}$$

利用式（5.1）和式（5.2），可将式（5.9）中的应变分量表示为矩阵形式，即

$$\varepsilon_{xx}=\frac{1}{J}[y_1\quad y_2\quad\cdots\quad y_6]\boldsymbol{b}\begin{bmatrix}u_1\\u_2\\\vdots\\u_6\end{bmatrix}\tag{5.10}$$

式中，系数矩阵 $\boldsymbol{b}$ 中的元素 b_{ij} 为

$$b_{ij}=\frac{\partial N_i}{\partial L_2}\frac{\partial N_j}{\partial L_1}-\frac{\partial N_i}{\partial L_1}\frac{\partial N_j}{\partial L_2},\quad i,j=1,2,\cdots,6\tag{5.11}$$

类似地，可得

$$\varepsilon_{yy} = -\frac{1}{J}\begin{bmatrix} x_1 & x_2 & \cdots & x_6 \end{bmatrix}\boldsymbol{b}\begin{bmatrix} v_1 \\ v_2 \\ \vdots \\ v_6 \end{bmatrix} \tag{5.12}$$

$$\gamma_{xy} = -\frac{1}{J}\begin{bmatrix} x_1 & x_2 & \cdots & x_6 \end{bmatrix}\boldsymbol{b}\begin{bmatrix} u_1 \\ u_2 \\ \vdots \\ u_6 \end{bmatrix} + \frac{1}{J}\begin{bmatrix} y_1 & y_2 & \cdots & y_6 \end{bmatrix}\boldsymbol{b}\begin{bmatrix} v_1 \\ v_2 \\ \vdots \\ v_6 \end{bmatrix} \tag{5.13}$$

式（5.10）、式（5.12）和式（5.13）可以写为矩阵形式，即

$$\begin{bmatrix} \varepsilon_{xx} \\ \varepsilon_{yy} \\ \gamma_{xy} \end{bmatrix} = \boldsymbol{B}\begin{bmatrix} u_1 \\ v_1 \\ \vdots \\ u_6 \\ v_6 \end{bmatrix} = \boldsymbol{B}\boldsymbol{u}^e = \begin{bmatrix} \boldsymbol{B}_1 & \boldsymbol{B}_2 & \boldsymbol{B}_3 & \boldsymbol{B}_4 & \boldsymbol{B}_5 & \boldsymbol{B}_6 \end{bmatrix}\boldsymbol{u}^e \tag{5.14}$$

式中，

$$\boldsymbol{B}_i = \begin{bmatrix} B_{1,(2i-1)} & 0 \\ 0 & B_{2,(2i)} \\ B_{2,(2i)} & B_{1,(2i-1)} \end{bmatrix}, \ i = 1, 2, \cdots, 6 \tag{5.15}$$

$$B_{1,(2i-1)} = \frac{1}{J}\sum_{j=1}^{6} y_j b_{ji}, \ B_{2,(2i)} = -\frac{1}{J}\sum_{j=1}^{6} x_j b_{ji}$$

利用材料的本构关系（即应力－应变关系），将单元的应力用结点位移表示为

$$\begin{aligned} \boldsymbol{\sigma} &= \begin{bmatrix} \sigma_{xx} \\ \sigma_{yy} \\ \sigma_{xy} \end{bmatrix} = \boldsymbol{D}\boldsymbol{\varepsilon} = \boldsymbol{D}\boldsymbol{B}\boldsymbol{u}^e \\ &= \boldsymbol{D}\begin{bmatrix} \boldsymbol{B}_1 & \boldsymbol{B}_2 & \boldsymbol{B}_3 & \boldsymbol{B}_4 & \boldsymbol{B}_5 & \boldsymbol{B}_6 \end{bmatrix}\boldsymbol{u}^e \\ &= \begin{bmatrix} \boldsymbol{S}_1 & \boldsymbol{S}_2 & \boldsymbol{S}_3 & \boldsymbol{S}_4 & \boldsymbol{S}_5 & \boldsymbol{S}_6 \end{bmatrix}\boldsymbol{u}^e = \boldsymbol{S}\boldsymbol{u}^e \end{aligned} \tag{5.16}$$

式中，应力矩阵 $\boldsymbol{S} = \boldsymbol{D}\boldsymbol{B}$，该矩阵中的子矩阵 $\boldsymbol{S}_i = \boldsymbol{D}\boldsymbol{B}_i$，$i = 1, 2, \cdots, 6$。

对于平面应力问题，弹性矩阵为

$$\boldsymbol{D} = \frac{E}{1-\nu^2}\begin{bmatrix} 1 & \nu & 0 \\ \nu & 1 & 0 \\ 0 & 0 & \frac{1-\nu}{2} \end{bmatrix} \tag{5.17}$$

式中，E——弹性模量；

ν——泊松比。

注意：应力矩阵中的各元素都是面积坐标的一次式，也即整体坐标的一次式，因此单元中任意一点的应力沿任何方向都是线性变化的。

如同四边形单元，等参六结点三角形单元的刚度矩阵需要采用高斯求积公式计算。单元刚度矩阵定义为

$$\boldsymbol{k}^e = h\int_0^1\int_0^{1-L_1}\boldsymbol{B}^{\mathrm{T}}\boldsymbol{DB}J\mathrm{d}L_2\mathrm{d}L_1 \tag{5.18}$$

式中，h——单元厚度。

利用三角形域上的高斯求积公式①求解式（5.18）中的积分，取样点及相应权值如表 5.1 所示。对于六结点三角形单元，采用 3 个高斯点就可以得到好的结果，即

$$\boldsymbol{k}^e = h\sum_{i=1}^{3}w_i\boldsymbol{B}(L_{1i},L_{2i})^{\mathrm{T}}\boldsymbol{DB}(L_{1i},L_{2i})J(L_{1i},L_{2i}) \tag{5.19}$$

表 5.1　取样点及相应权值

积分点数	图	取样点和坐标	权值
1	1, a, 2, 3	$a\left(\frac{1}{3},\frac{1}{3},\frac{1}{3}\right)$	$\frac{1}{2}$
3	1, a, c, 2, b, 3	$a\left(\frac{1}{2},\frac{1}{2},0\right)$	$\frac{1}{6}$
		$b\left(0,\frac{1}{2},\frac{1}{2}\right)$	$\frac{1}{6}$
		$c\left(\frac{1}{2},0,\frac{1}{2}\right)$	$\frac{1}{6}$
4	1, b, a, c, d, 2, 3	$a\left(\frac{1}{3},\frac{1}{3},\frac{1}{3}\right)$	$-\frac{27}{96}$
		$b\left(\frac{3}{5},\frac{1}{5},\frac{1}{5}\right)$	$\frac{25}{96}$
		$c\left(\frac{1}{5},\frac{3}{5},\frac{1}{5}\right)$	$\frac{25}{96}$
		$d\left(\frac{1}{5},\frac{1}{5},\frac{3}{5}\right)$	$\frac{25}{96}$

① 三角形的高斯求积公式：$\int_0^1\int_0^{1-L_1}f(L_1,L_2,L_3)\mathrm{d}L_2\mathrm{d}L_1\approx\sum_{i=1}^{n}w_if(L_{1i},L_{2i},L_{3i})$，$L_3=1-L_1-L_2$。式中，$(L_{1i},L_{2i},L_{3i})$是取样点 i 的面积坐标，w_i 是取样点的权值。

5.3 等参八结点四边形单元

图 5.3 所示为在整体坐标系和自然坐标系下具有局部结点编号的四边形单元。

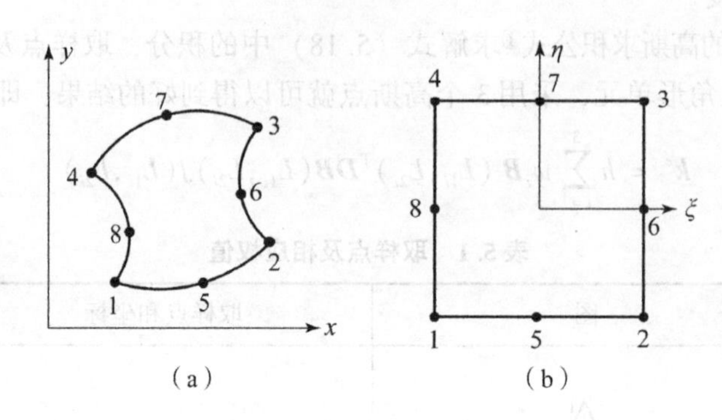

图 5.3 等参四边形单元

(a) 整体坐标；(b) 自然坐标

位移和坐标的插值模式为

$$u = \sum_{i=1}^{8} N_i u_i ,\quad v = \sum_{i=1}^{8} N_i v_i \tag{5.20}$$

$$x = \sum_{i=1}^{8} N_i x_i ,\quad y = \sum_{i=1}^{8} N_i y_i \tag{5.21}$$

式中，N_i——定义在自然坐标系下的形函数，它的表达式为

$$N_i = \begin{cases} \dfrac{1}{4}(1+\xi_i\xi)(1+\eta_i\eta)(\xi_i\xi+\eta_i\eta-1), & i=1,2,3,4 \\ \dfrac{1}{2}(1-\xi^2)(1-\eta), & i=5 \\ \dfrac{1}{2}(1-\eta^2)(1+\xi), & i=6 \\ \dfrac{1}{2}(1-\xi^2)(1+\eta), & i=7 \\ \dfrac{1}{2}(1-\eta^2)(1-\xi), & i=8 \end{cases} \tag{5.22}$$

式（5.20）可以写成矩阵的形式，即

$$\boldsymbol{u} = \begin{bmatrix} u \\ v \end{bmatrix} = \begin{bmatrix} \underbrace{\begin{matrix} N_1 & 0 \\ 0 & N_1 \end{matrix}}_{\boldsymbol{N}_1} & \underbrace{\begin{matrix} N_2 & 0 \\ 0 & N_2 \end{matrix}}_{\boldsymbol{N}_2} & \cdots & \underbrace{\begin{matrix} N_8 & 0 \\ 0 & N_8 \end{matrix}}_{\boldsymbol{N}_8} \end{bmatrix} \underbrace{\begin{bmatrix} u_1 \\ v_1 \\ u_2 \\ v_2 \\ \vdots \\ u_8 \\ v_8 \end{bmatrix}}_{\boldsymbol{u}^e}$$

$$= [\boldsymbol{N}_1 \quad \boldsymbol{N}_2 \quad \cdots \quad \boldsymbol{N}_8] \boldsymbol{u}^e = \boldsymbol{N}\boldsymbol{u}^e \tag{5.23}$$

单元应变－位移关系式为

$$\boldsymbol{\varepsilon} = [\boldsymbol{B}_1 \quad \boldsymbol{B}_2 \quad \cdots \quad \boldsymbol{B}_8] \boldsymbol{u}^e = \boldsymbol{B}\boldsymbol{u}^e \tag{5.24}$$

式中，应变矩阵 $\boldsymbol{B}$ 中的子矩阵 $\boldsymbol{B}_i$ 为

$$\boldsymbol{B}_i = \begin{bmatrix} \dfrac{\partial N_i}{\partial x} & 0 \\ 0 & \dfrac{\partial N_i}{\partial y} \\ \dfrac{\partial N_i}{\partial y} & \dfrac{\partial N_i}{\partial x} \end{bmatrix}, \ i = 1, 2, \cdots, 8 \tag{5.25}$$

式（5.25）中的形函数对平面坐标的导数由下式求得：

$$\begin{bmatrix} \dfrac{\partial N_i}{\partial x} \\ \dfrac{\partial N_i}{\partial y} \end{bmatrix} = \boldsymbol{J}^{-1} \begin{bmatrix} \dfrac{\partial N_i}{\partial \xi} \\ \dfrac{\partial N_i}{\partial \eta} \end{bmatrix} \tag{5.26}$$

式中，$\boldsymbol{J}$——雅可比矩阵，即

$$\boldsymbol{J} = \begin{bmatrix} \dfrac{\partial x}{\partial \xi} & \dfrac{\partial y}{\partial \xi} \\ \dfrac{\partial x}{\partial \eta} & \dfrac{\partial y}{\partial \eta} \end{bmatrix} = \begin{bmatrix} \sum\limits_{i=1}^{8} \dfrac{\partial N_i}{\partial \xi} x_i & \sum\limits_{i=1}^{8} \dfrac{\partial N_i}{\partial \xi} y_i \\ \sum\limits_{i=1}^{8} \dfrac{\partial N_i}{\partial \eta} x_i & \sum\limits_{i=1}^{8} \dfrac{\partial N_i}{\partial \eta} y_i \end{bmatrix} \tag{5.27}$$

单元应力为

$$\boldsymbol{\sigma} = [\boldsymbol{S}_1 \quad \boldsymbol{S}_2 \quad \cdots \quad \boldsymbol{S}_8] \boldsymbol{u}^e = \boldsymbol{S}\boldsymbol{u}^e \tag{5.28}$$

式中，应力矩阵 $\boldsymbol{S}$ 中的子矩阵 $\boldsymbol{S}_i$ 为

$$\boldsymbol{S}_i = \boldsymbol{D}\boldsymbol{B}_i = \frac{E}{1-\nu^2} \begin{bmatrix} \dfrac{\partial N_i}{\partial x} & \nu \dfrac{\partial N_i}{\partial y} \\ \nu \dfrac{\partial N_i}{\partial x} & \dfrac{\partial N_i}{\partial y} \\ \dfrac{1-\nu}{2} \cdot \dfrac{\partial N_i}{\partial y} & \dfrac{1-\nu}{2} \cdot \dfrac{\partial N_i}{\partial x} \end{bmatrix}, \ i = 1, 2, \cdots, 8 \tag{5.29}$$

单元刚度矩阵为

$$\boldsymbol{k}^e = h \int_{-1}^{1} \int_{-1}^{1} \boldsymbol{B}^{\mathrm{T}} \boldsymbol{D} \boldsymbol{B} J \mathrm{d}\xi \mathrm{d}\eta \tag{5.30}$$

式中，h——单元厚度。

八结点四边形单元的刚度矩阵可以在每一自然坐标方向上采用两点或三点高斯积分公式来计算，即

$$\boldsymbol{k}^e = h \sum_{i=1}^{n} \sum_{j=1}^{m} w_i w_j \boldsymbol{B}(\xi_i, \eta_j)^{\mathrm{T}} \boldsymbol{D} \boldsymbol{B}(\xi_i, \eta_j) J(\xi_i, \eta_j) \tag{5.31}$$

式中，n, m——沿 ξ 和 η 方向的积分点数，其分别可以取为 2 或 3；

$\xi_i(\eta_j), w_i(w_j)$——$\xi(\eta)$ 方向上的高斯点坐标和相应的权值（见表4.1）。

5.4 等效结点载荷

5.4.1 面力引起的等效结点载荷

假设面力 $\boldsymbol{T}$ 作用在 $\xi = \pm 1$ 的边界上，有

$$\begin{aligned}\boldsymbol{F}_T^e &= h\int_\Gamma \boldsymbol{N}^{\mathrm{T}}\boldsymbol{T}\mathrm{d}\Gamma = h\int_{-1}^{1}\boldsymbol{N}^{\mathrm{T}}\boldsymbol{T}J_\eta \mathrm{d}\eta \\ &= h\sum_{j=1}^{m} w_j \boldsymbol{N}(\eta_j)^{\mathrm{T}}\boldsymbol{T}(\eta_j)J_\eta(\eta_j)\end{aligned} \tag{5.32}$$

式中，$J_\eta = \sqrt{\left(\dfrac{\partial x}{\partial \eta}\right)^2 + \left(\dfrac{\partial y}{\partial \eta}\right)^2}$；

m——积分点数；

η_j, w_j——η 方向上的高斯点坐标和相应的权值。

假设面力 $\boldsymbol{T}$ 作用在 $\eta = \pm 1$ 的边界上，则有

$$\begin{aligned}\boldsymbol{F}_T^e &= h\int_\Gamma \boldsymbol{N}^{\mathrm{T}}\boldsymbol{T}\mathrm{d}\Gamma = h\int_{-1}^{1}\boldsymbol{N}^{\mathrm{T}}\boldsymbol{T}J_\xi \mathrm{d}\xi \\ &= h\sum_{i=1}^{n} w_i \boldsymbol{N}(\xi_i)^{\mathrm{T}}\boldsymbol{T}(\xi_i)J_\xi(\xi_i)\end{aligned} \tag{5.33}$$

式中，$J_\xi = \sqrt{\left(\dfrac{\partial x}{\partial \xi}\right)^2 + \left(\dfrac{\partial y}{\partial \xi}\right)^2}$；

n——积分点数；

ξ_i, w_i——ξ 方向上的高斯点坐标和相应的权值。

式（5.32）和式（5.33）都是对事先指定的单元边（如 $\xi = \pm 1$ 或 $\eta = \pm 1$）进行高斯求积。下面介绍一种规避此限制的求解方法（徐荣桥，2006）。

如图 5.4 所示，假设单元某条边（其上的三个结点为 i，j 和 k）上作用表面力矢量分量为 σ 和 τ。切向力 τ 的正方向定义为从 i 指向 j，而法向力 σ 的正方向则为切向力顺时针旋转 90°。该单元结点 i，j 和 k 对应的自然单元上的结点坐标 ξ 分别为 -1,1 和 0，其中任意一点的坐标可以通过单元的三个结点平面坐标(x_i, y_i)、(x_j, y_j)和(x_k, y_k)来表示，即

$$\begin{cases} x = N_i x_i + N_j x_j + N_k x_k \\ y = N_i y_i + N_j y_j + N_k y_k \end{cases} \tag{5.34}$$

式中，

$$N_i = \frac{1}{2}\xi(\xi - 1),\ N_j = \frac{1}{2}\xi(\xi + 1),\ N_k = 1 - \xi^2 \tag{5.35}$$

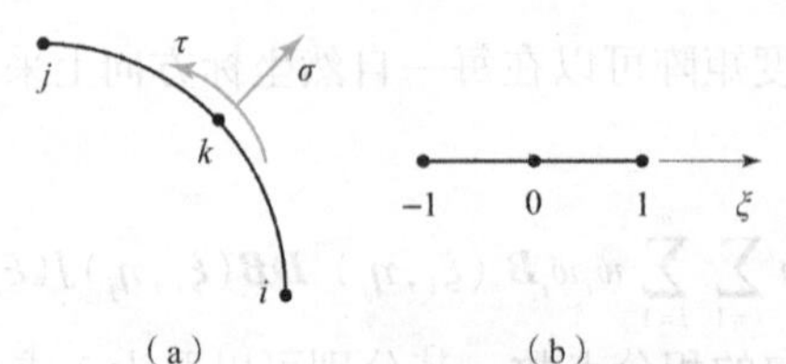

图 5.4 单元承受表面载荷的边

(a) 实际单元边；(b) 自然坐标

等效结点载荷为

$$\boldsymbol{F}_T^e = h\int_{-1}^{1}\begin{bmatrix} N_i & 0 \\ 0 & N_i \\ N_j & 0 \\ 0 & N_j \\ N_k & 0 \\ 0 & N_k \end{bmatrix}\begin{bmatrix} \tau x_{,\xi} + \sigma y_{,\xi} \\ \tau y_{,\xi} - \sigma x_{,\xi} \end{bmatrix}\mathrm{d}\xi \tag{5.36}$$

式中，

$$\begin{cases} \sigma = N_i\sigma_i + N_j\sigma_j + N_k\sigma_k \\ \tau = N_i\tau_i + N_j\tau_j + N_k\tau_k \\ x_{,\xi} = \dfrac{\mathrm{d}x}{\mathrm{d}\xi} \\ y_{,\xi} = \dfrac{\mathrm{d}y}{\mathrm{d}\xi} \end{cases} \tag{5.37}$$

式中，$\sigma_i,\sigma_j,\sigma_k,\tau_i,\tau_j,\tau_k$——法向力 σ 和切向力 τ 在结点 i、j 和 k 处的分布力大小。

式（5.36）的最终积分结果为

$$\boldsymbol{F}_T^e = \frac{h}{30}\begin{bmatrix} X_1 & X_2 & X_3 & Y_1 & Y_2 & Y_3 \\ Y_1 & Y_2 & Y_3 & -X_1 & -X_2 & -X_3 \\ X_2 & X_4 & X_5 & Y_2 & Y_4 & Y_5 \\ Y_2 & Y_4 & Y_5 & -X_2 & -X_4 & -X_5 \\ X_3 & X_5 & X_6 & Y_3 & Y_5 & Y_6 \\ Y_3 & Y_5 & Y_6 & -X_3 & -X_5 & -X_6 \end{bmatrix}\begin{bmatrix} \tau_i \\ \tau_j \\ \tau_k \\ \sigma_i \\ \sigma_j \\ \sigma_k \end{bmatrix} \tag{5.38}$$

式中，

$$\begin{cases} X_1 = -10x_i - 2x_j + 12x_k, & X_2 = x_i - x_j, & X_3 = -6x_i - 2x_j + 8x_k \\ Y_1 = -10y_i - 2y_j + 12y_k, & Y_2 = y_i - y_j, & Y_3 = -6y_i - 2y_j + 8y_k \\ X_4 = 2x_i + 10x_j - 12x_k, & X_5 = 2x_i + 6x_j - 8x_k, & X_6 = -16x_i + 16x_j \\ Y_4 = 2y_i + 10y_j - 12y_k, & Y_5 = 2y_i + 6y_j - 8y_k, & Y_6 = -16y_i + 16y_j \end{cases} \tag{5.39}$$

5.4.2 体力引起的等效结点载荷

由体力 $\boldsymbol{f}$ 引起的等效结点载荷可以通过下式确定：

$$\begin{aligned} \boldsymbol{F}_{BF}^e &= h\int_{A^e}\boldsymbol{N}^{\mathrm{T}}\boldsymbol{f}\mathrm{d}A = h\int_{-1}^{1}\int_{-1}^{1}\boldsymbol{N}^{\mathrm{T}}\boldsymbol{f}J\mathrm{d}\xi\mathrm{d}\eta \\ &= h\sum_{i=1}^{n}\sum_{j=1}^{m}w_iw_j\boldsymbol{N}(\xi_i,\eta_j)^{\mathrm{T}}\boldsymbol{f}(\xi_i,\eta_j)J(\xi_i,\eta_j) \end{aligned} \tag{5.40}$$

式中，A^e——单元域；

n,m——沿 ξ 和 η 方向的积分点数，其分别可以取为2或3。

高斯积分点坐标 $\xi_i(\eta_j)$ 和积分权系数 $w_i(w_j)$ 如表4.1所示。

5.5 等参有限元的求解及应用

5.5.1 等参有限元方程的求解

无论采用何种单元，基本的力 - 位移方程皆为

$$\boldsymbol{K}\boldsymbol{U}=\boldsymbol{F}_{NF}+\boldsymbol{F}_T+\boldsymbol{F}_{BF} \tag{5.41}$$

式中，$\boldsymbol{K}$——整体刚度矩阵；

$\boldsymbol{U}$——整体结点位移列阵；

$\boldsymbol{F}_{NF},\boldsymbol{F}_T,\boldsymbol{F}_{BF}$——集中力列阵、边界面力和体积力等效结点载荷列阵。

组装单元刚度矩阵和结点载荷列阵的方法不再赘述。在引入边界条件后，求解式(5.41) 可以得到整体结点位移列阵 $\boldsymbol{U}$。如果需要，还可以进一步求得各单元的应变和应力，以及结点约束反力等。

5.5.2 等参有限元应用算例

例 5.5.1　如图 5.3 (b) 所示，考虑沿着边 $\xi=1$ 上的一个二次面力分布，即

$$T_x=T_6+\frac{T_3-T_2}{2}\eta+\frac{T_3-2T_6+T_2}{2}\eta^2$$

其中，T_2,T_3,T_6——面力在结点 2、3 和 6 处的面力值，计算其等效结点载荷。

解：将 T_x 代入式 (5.32)，可得

$$\boldsymbol{F}_T^e=h\int_{-1}^{1}\boldsymbol{N}^{\mathrm{T}}\boldsymbol{T}J_\eta\mathrm{d}\eta=h\int_{-1}^{1}\boldsymbol{N}^{\mathrm{T}}\begin{bmatrix}T_x\\0\end{bmatrix}\frac{l}{2}\mathrm{d}\boldsymbol{\eta}$$

式中，h——单元的厚度；

l——单元边 23 的边长。

积分上式后，可得

$$\boldsymbol{F}_T^e=\frac{hl}{30}\begin{bmatrix}0\\4T_2+2T_6-T_3\\-T_2+2T_6+4T_3\\0\\0\\2T_2+16T_6+2T_3\\0\\0\end{bmatrix}$$

将上式转换成一种更方便的形式，并考虑单元任意面在 x 方向和 y 方向的面力，可得到与六结点三角形单元相同的形式，即等效结点力载荷为

$$\begin{bmatrix}F_2\\F_6\\F_3\end{bmatrix}=\frac{hl}{30}\begin{bmatrix}4&2&-1\\2&16&2\\-1&2&4\end{bmatrix}\begin{bmatrix}T_2\\T_6\\T_3\end{bmatrix}$$

例 5.5.2　图5.5所示为一个承受集中力的悬臂梁，弹性模量 $E=10^7$ MPa，泊松比 $\nu=0.3$，板厚 $h=0.1$ mm。使用八结点四边形等参单元计算在 $x=1$ mm 处横截面上的应力分布。

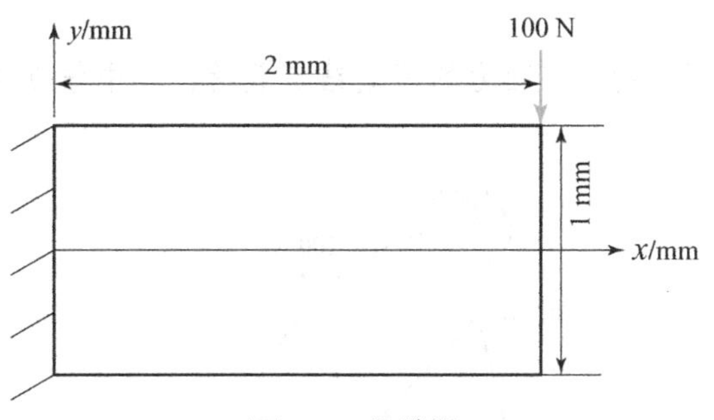

图5.5　悬臂梁

解：采用3个等参八结点四边形单元计算模型分析该悬臂梁，所用的3个模型分别是2个单元、4个单元和8个单元，如图5.6所示。

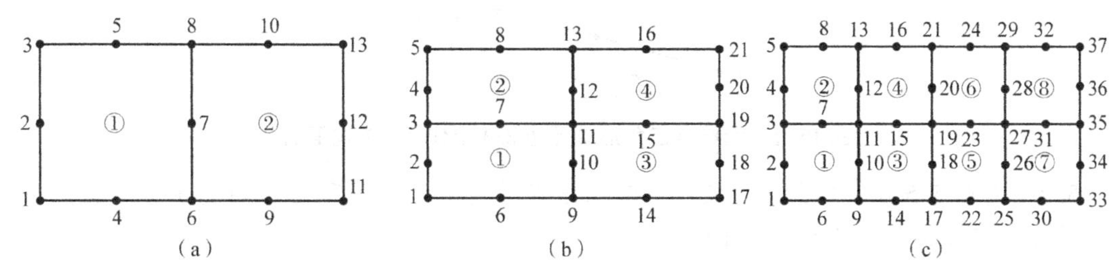

图5.6　计算模型

(a) 2个单元；(b) 4个单元；(c) 8个单元

使用MATLAB有限元程序完成该问题的数值解。从图5.7可以看出，随着单元数增加，有限元解逐渐趋近于解析解。注意，距中性轴的距离为 y 的横截面上点的正应力和剪应力的理论解分别为：$\sigma_{xx}=\dfrac{My}{I}$，$\tau_{xy}=\dfrac{Q}{2I}\left(\dfrac{H^2}{4}-y^2\right)$。其中，$M$ 和 Q 分别为所求横截面处的弯矩和剪力；I 为横截面对中性轴 z 的惯性矩，$I=\dfrac{hH^3}{12}$，h 和 H 分别为横截面的宽度和高度。

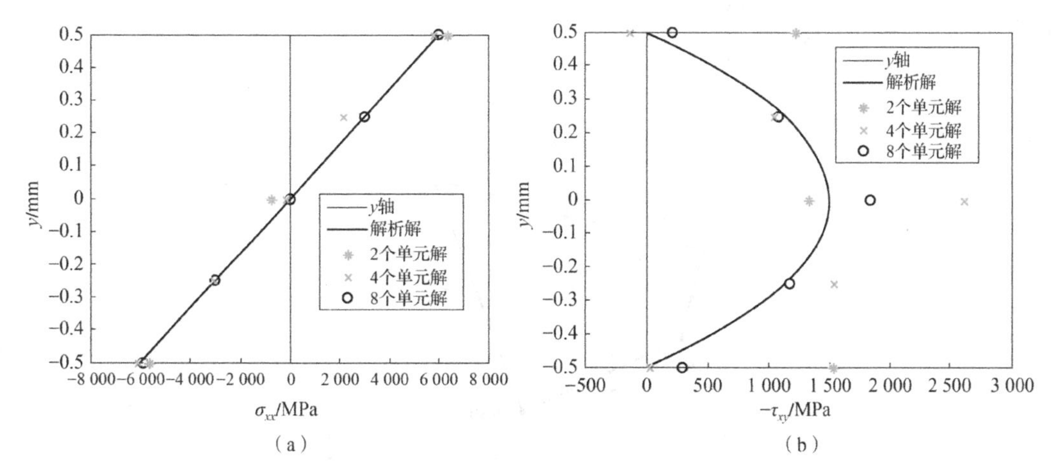

图5.7　在 $x=1$ mm 处截面上有限元解与解析解的比较

习题

5.1 确定图 P5.1 所示的分布面力的等效结点载荷，其中结点 4、5 和 6 位于它们所处相应单元边的中点。

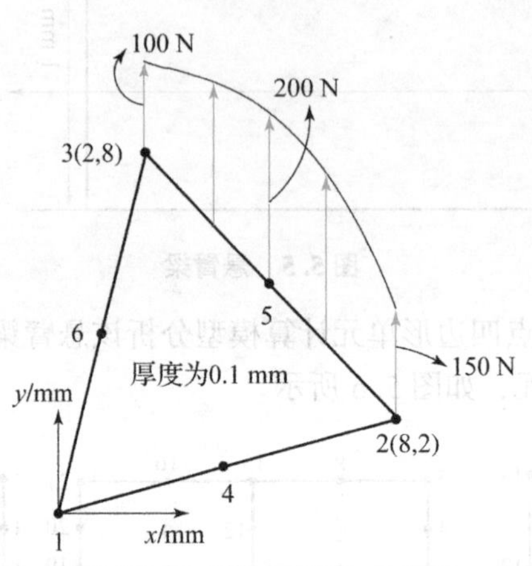

图 P5.1 六结点三角形单元边 253 上作用 y 方向面力

5.2 对图 5.5 所示的悬臂梁使用等参三结点三角形单元计算在 $x=1$ mm 处横截面上的应力分布。建议的计算模型如图 P5.2 所示。

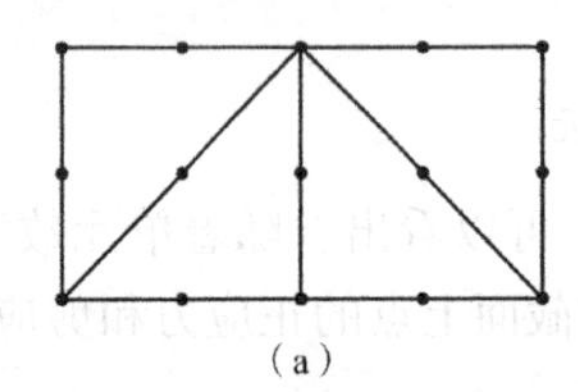
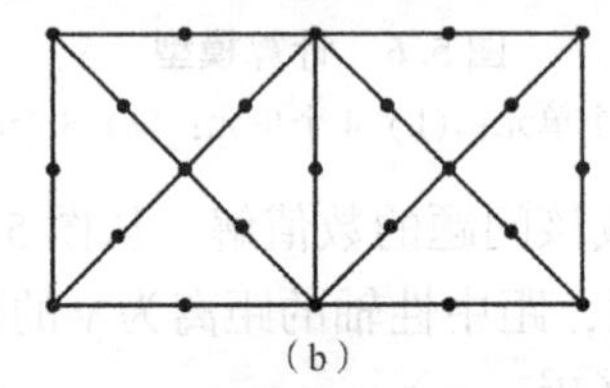
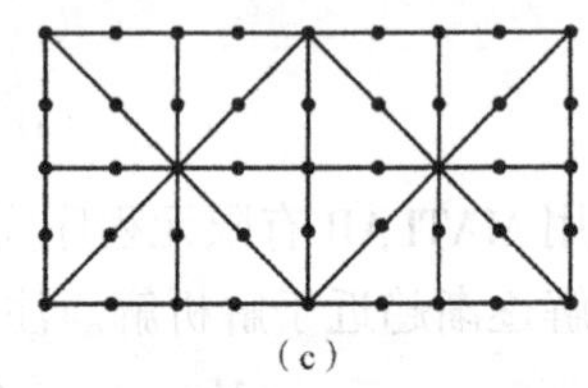

（a）　　（b）　　（c）

图 P5.2 六结点三角形单元模型

(a) 4 个单元；(b) 8 个单元；(c) 16 个单元

5.3 图 P5.3 所示为一个八结点四边形单元，其 4 条边皆为直线，计算在自然坐标为 (0.5,0.5) 的点处的$\dfrac{\partial N_1}{\partial x}$和$\dfrac{\partial N_1}{\partial y}$。

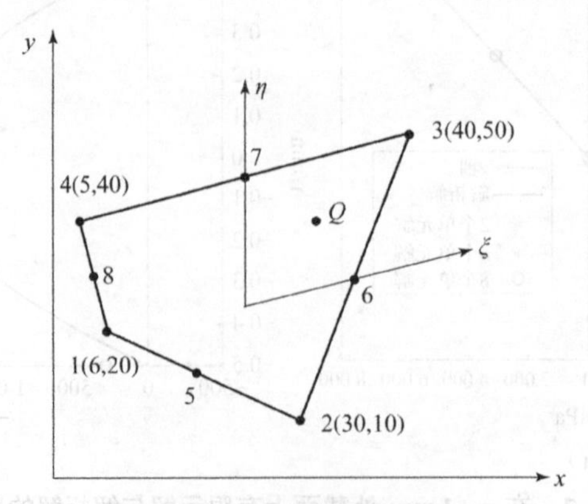

图 P5.3 八结点四边形单元

5.4 一个八结点四边形单元如图 P5.4(a) 所示，对应的标准单元如图 P5.4(b) 所示。标准单元被分成 $3\times3=9$ 个小块的网格，用虚线表示。试确定所有 12 个空心结点对应的 x、y 坐标。

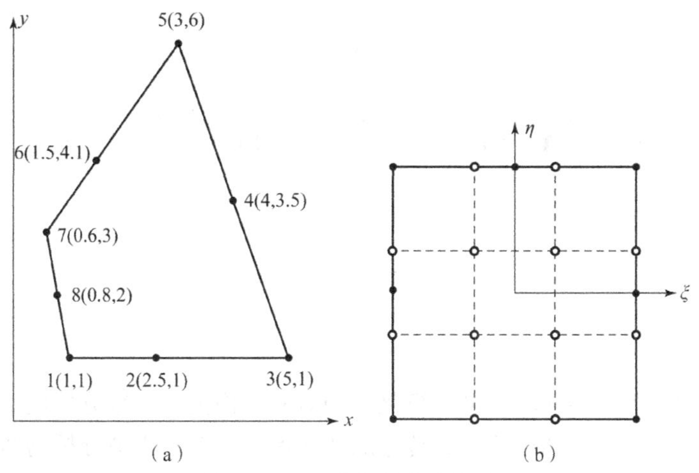

图 P5.4 八结点四边形单元

(a) 实际单元；(b) 标准单元

5.5 图 P5.5 所示的悬臂梁被划分成 3 个八结点四边形单元。弹性模量 $E=2\times10^5$ MPa，泊松比 $\nu=0.3$，梁厚度 $h=0.1$ m，沿着 y 负方向的集中力 $P=10$ kN 作用在结点 18 处，忽略梁的自重。试计算 $x=1.5$ m 处截面上正应力 σ_{xx} 和剪应力 τ_{xy} 的值以及沿中心线的变形，并将结果与梁理论进行比较。

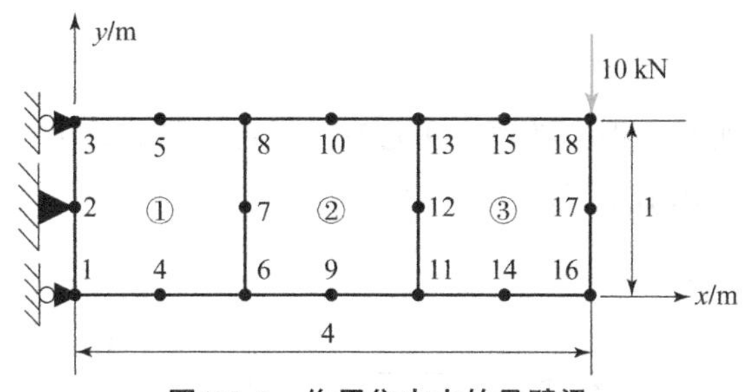

图 P5.5 作用集中力的悬臂梁

5.6 如图 P5.6 所示，厚壁圆筒的内部压力 $p=6.895$ MPa，弹性模量为 0.73 MPa，泊松比为 0.2。假设平面应变条件，使用等参八结点四边形单元计算结点位移、单元应力分量、主应力和等效应力。建议使用对称边界条件求解 1/4 模型。

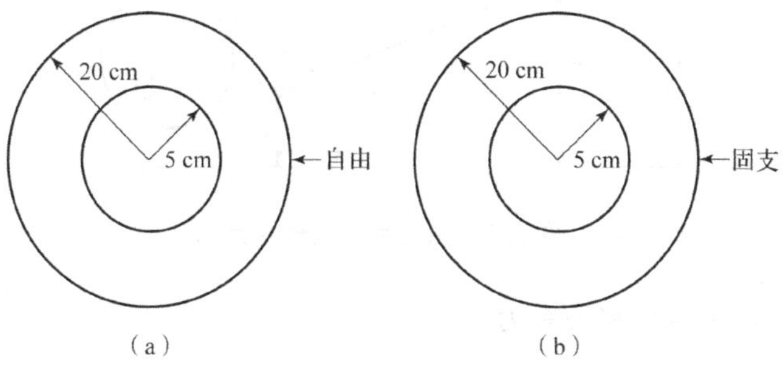

图 P5.6 厚壁圆筒

(a) 外壁自由；(b) 外壁固支

第 6 章

轴对称和空间问题的有限元法

6.1 引 言

具有对称轴的三维弹性问题，可以简化为轴对称平面上的二维分析模型。它们的特点是旋转固体，而且其材料性质和载荷沿旋转体的环向保持不变。当被分析物体关于某一轴存在几何对称、约束条件对称和载荷对称时，轴对称单元是非常有用的。例如，在压力容器、固体锻造零件和竖井中，经常遇到轴对称问题。在实际工程中，通常结构形状复杂，难以简化成平面或轴对称问题，这就需要使用三维有限元法来进行计算。

6.2 轴对称问题的有限元分析

6.2.1 轴对称弹性方程

对于轴对称问题，所有方程都必须与 θ 无关，所有位移都处在 $r-z$ 平面中。图 6.1 显示了在柱坐标系下三角形单元结点的位移和坐标。

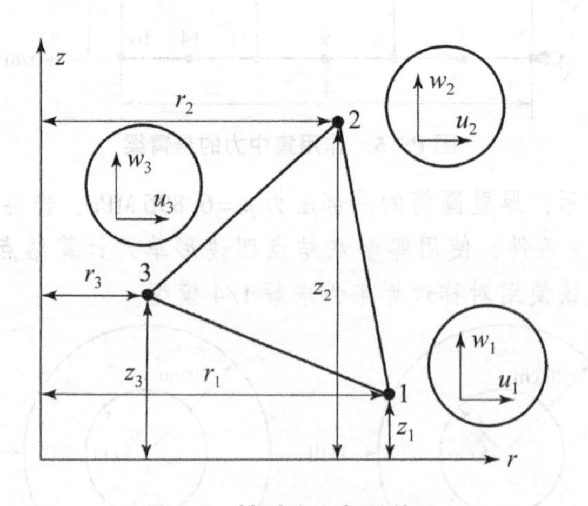

图 6.1 轴对称三角形单元

在柱坐标系下的应变－位移关系为

$$\begin{cases} \varepsilon_r = \dfrac{\partial u}{\partial r} \\ \varepsilon_z = \dfrac{\partial w}{\partial z} \\ \varepsilon_\theta = \dfrac{u}{r} \\ \gamma_{rz} = \dfrac{\partial u}{\partial z} + \dfrac{\partial w}{\partial r} \end{cases} \tag{6.1}$$

注意：虽然应变与θ无关，但环向应变ε_θ是存在的。在轴对称情况下，任意一点有4个应力分量，即径向应力σ_r、轴向应力σ_z、环向应力σ_θ和剪应力σ_{rz}。这些应力与应变的关系可以写为

$$\begin{bmatrix} \sigma_r \\ \sigma_z \\ \sigma_\theta \\ \sigma_{rz} \end{bmatrix} = \frac{E}{(1+\nu)(1-2\nu)} \begin{bmatrix} 1-\nu & \nu & \nu & 0 \\ \nu & 1-\nu & \nu & 0 \\ \nu & \nu & 1-\nu & 0 \\ 0 & 0 & 0 & \dfrac{1-2\nu}{2} \end{bmatrix} \begin{bmatrix} \varepsilon_r \\ \varepsilon_z \\ \varepsilon_\theta \\ \gamma_{rz} \end{bmatrix} \tag{6.2}$$

式中，E——弹性模量；

ν——泊松比。

6.2.2　单元位移模式

对于图6.1所示的轴对称三角形单元，其中任意一点的位移（u,w）和坐标（r,z）可以通过三角形单元的自然坐标L_i以及结点的位移(u_i,w_i)和坐标(r_i,z_i)来表示($i=1,2,3$)：

$$\begin{cases} u = L_1 u_1 + L_2 u_2 + L_3 u_3 \\ w = L_1 w_1 + L_2 w_2 + L_3 w_3 \end{cases} \tag{6.3}$$

$$\begin{cases} r = L_1 r_1 + L_2 r_2 + L_3 r_3 \\ z = L_1 z_1 + L_2 z_2 + L_3 z_3 \end{cases} \tag{6.4}$$

式中，

$$L_1 + L_2 + L_3 = 1 \tag{6.5}$$

由式（6.4）和式（6.5），可得

$$\begin{bmatrix} 1 \\ r \\ z \end{bmatrix} = \begin{bmatrix} 1 & 1 & 1 \\ r_1 & r_2 & r_3 \\ z_1 & z_2 & z_3 \end{bmatrix} \begin{bmatrix} L_1 \\ L_2 \\ L_3 \end{bmatrix} \tag{6.6}$$

求解式（6.6），可得

$$\begin{bmatrix} L_1 \\ L_2 \\ L_3 \end{bmatrix} = \frac{1}{2A} \begin{bmatrix} a_1 & b_1 & c_1 \\ a_2 & b_2 & c_2 \\ a_3 & b_3 & c_3 \end{bmatrix} \begin{bmatrix} 1 \\ r \\ z \end{bmatrix} \tag{6.7}$$

式中，$a_i,b_i,c_i(i=1,2,3)$及三角形单元面积A的表达式如下：

$$\begin{cases} a_1 = r_2 z_3 - r_3 z_2, & a_2 = r_3 z_1 - r_1 z_3, & a_3 = r_1 z_2 - r_2 z_1 \\ b_1 = z_2 - z_3, & b_2 = z_3 - z_1, & b_3 = z_1 - z_2 \\ c_1 = r_3 - r_2, & c_2 = r_1 - r_3, & c_3 = r_2 - r_1 \end{cases} \tag{6.8}$$

$$A=\frac{1}{2}\begin{vmatrix}1 & r_1 & z_1\\ 1 & r_2 & z_2\\ 1 & r_3 & z_3\end{vmatrix} \tag{6.9}$$

式（6.3）可以写成矩阵形式，即

$$\boldsymbol{u}=\begin{bmatrix}u\\ w\end{bmatrix}=\underbrace{\begin{bmatrix}L_1 & 0 & L_2 & 0 & L_3 & 0\\ 0 & L_1 & 0 & L_2 & 0 & L_3\end{bmatrix}}_{\boldsymbol{N}}\underbrace{\begin{bmatrix}u_1\\ w_1\\ u_2\\ w_2\\ u_3\\ w_3\end{bmatrix}}_{\boldsymbol{u}^e}=\boldsymbol{N}\boldsymbol{u}^e \tag{6.10}$$

6.2.3 单元应变

将式（6.10）代入式（6.1），可得应变－位移关系式为

$$\boldsymbol{\varepsilon}=\begin{bmatrix}\varepsilon_r\\ \varepsilon_z\\ \varepsilon_\theta\\ \gamma_{rz}\end{bmatrix}=\boldsymbol{B}\boldsymbol{u}^e=[\boldsymbol{B}_1 \quad \boldsymbol{B}_2 \quad \boldsymbol{B}_3]\boldsymbol{u}^e \tag{6.11}$$

式中，应变子矩阵 $\boldsymbol{B}_i$ 为

$$\boldsymbol{B}_i=\frac{1}{2A}\begin{bmatrix}b_i & 0\\ 0 & c_i\\ f_i & 0\\ c_i & b_i\end{bmatrix},\quad i=1,2,3 \tag{6.12}$$

式中，

$$f_i=\frac{a_i}{r}+b_i+\frac{c_i}{r}z,\quad i=1,2,3 \tag{6.13}$$

由式（6.11）~式（6.13）可知，应变矩阵中的环向应变 ε_θ 含有变量 r 和 z，而其他应变分量都是常量，因此应变矩阵不再是常数矩阵，这意味着轴对称三角形单元不再是常应变单元。

6.2.4 单元应力

由本构方程（式（6.2）），可将单元中的应力表示为

$$\boldsymbol{\sigma}=\boldsymbol{D}\boldsymbol{\varepsilon}=\underbrace{\boldsymbol{D}\boldsymbol{B}}_{\boldsymbol{S}}\boldsymbol{u}^e=\boldsymbol{S}\boldsymbol{u}^e \tag{6.14}$$

式中，应力矩阵 $\boldsymbol{S}$ 为

$$\boldsymbol{S}=[\boldsymbol{S}_1 \quad \boldsymbol{S}_2 \quad \boldsymbol{S}_3] \tag{6.15}$$

式中，应力子矩阵 $\boldsymbol{S}_i$ 为

$$S_i = \frac{E(1-\nu)}{2(1+\nu)(1-2\nu)A}\begin{bmatrix} b_i + \frac{\nu}{1-\nu}f_i & \frac{\nu}{1-\nu}c_i \\ \frac{\nu}{1-\nu}(b_i + f_i) & c_i \\ \frac{\nu}{1-\nu}b_i + f_i & \frac{\nu}{1-\nu}c_i \\ \frac{1-2\nu}{2(1-\nu)}c_i & \frac{1-2\nu}{2(1-\nu)}b_i \end{bmatrix},\quad i=1,2,3 \tag{6.16}$$

6.2.5　单元刚度矩阵

单元刚度矩阵定义为

$$\boldsymbol{k}^e = 2\pi\int_{A^e} \boldsymbol{B}^{\mathrm{T}}\boldsymbol{D}\boldsymbol{B}r\mathrm{d}r\mathrm{d}z \tag{6.17}$$

式中，A^e——单元域。

不像平面问题分析时的三结点三角形单元，对于轴对称三结点三角形单元，应变矩阵不是常数，因为其中的第三行元素 f_i 含有变量 r 和 z。解析计算这个积分时，涉及被积函数中每一项的显式积分，实施过程比较烦琐。对于非常精细的网格划分，一个简单的近似方法也能产生很好的结果，该方法就是计算三角形中心处的应变矩阵，即

$$\bar{\boldsymbol{B}} = \boldsymbol{B}(\bar{r}, \bar{z}) \tag{6.18}$$

式中，

$$\bar{r} = \frac{r_1 + r_2 + r_3}{3},\quad \bar{z} = \frac{z_1 + z_2 + z_3}{3} \tag{6.19}$$

通过这种近似处理方法，应变矩阵可以看作一个常数矩阵，所以可将单元刚度矩阵写成

$$\boldsymbol{k}^e = 2\pi\bar{r}A\bar{\boldsymbol{B}}^{\mathrm{T}}\boldsymbol{D}\bar{\boldsymbol{B}} \tag{6.20}$$

式中，$2\pi\bar{r}A$——如图 6.1 所示的环形单元体积。

6.2.6　结点载荷矢量

6.2.6.1　结点力矢量

结点力矢量可简单写为

$$\boldsymbol{F}_{NF} = [F_{1r}\quad F_{1z}\quad F_{2r}\quad F_{2z}\quad F_{3r}\quad F_{3z}]^{\mathrm{T}} \tag{6.21}$$

6.2.6.2　面力等效结点载荷矢量

作用在单元边 $\boldsymbol{\Gamma}$ 上的面力矢量分量为 $[T_r\quad T_z]^{\mathrm{T}}$ 的等效结点载荷矢量的表达式为

$$\boldsymbol{F}_T = 2\pi\int_{\Gamma}\boldsymbol{N}^{\mathrm{T}}\begin{bmatrix} T_r \\ T_z \end{bmatrix} r\mathrm{d}\Gamma = 2\pi\int_{\Gamma}\begin{bmatrix} rL_1 & 0 \\ 0 & rL_1 \\ rL_2 & 0 \\ 0 & rL_2 \\ rL_3 & 0 \\ 0 & rL_3 \end{bmatrix}\begin{bmatrix} T_r \\ T_z \end{bmatrix}\mathrm{d}\Gamma \tag{6.22}$$

式中，r——单元边 Γ 上任意一点的坐标，可以写成自然坐标的形式，即式（6.4）中的第一式。然后将其代入式（6.22），使用式（4.29）即可求得面力在单元边 Γ 上的等效结点载荷。

对于在单元边 Γ（如图 6.1 中的边 23，其长度为 l_{23}）上作用均匀分布的面力分量为 $[T_r \quad T_z]^{\mathrm{T}}$，其等效结点载荷矢量为

$$\boldsymbol{F}_{BF}=\frac{\pi l_{23}}{3}\begin{bmatrix}0\\0\\(2r_2+r_3)T_r\\(2r_2+r_3)T_z\\(r_2+2r_3)T_r\\(r_2+2r_3)T_z\end{bmatrix} \tag{6.23}$$

6.2.6.3 体力等效结点载荷矢量

体力矢量分量为 $[B_r \quad B_z]^{\mathrm{T}}$ 的等效结点载荷矢量的表达式为

$$\boldsymbol{F}_{BF}=2\pi\int_{A^e}\boldsymbol{N}^{\mathrm{T}}\begin{bmatrix}B_r\\B_z\end{bmatrix}r\mathrm{d}A=2\pi\int_{A^e}\begin{bmatrix}rL_1&0\\0&rL_1\\rL_2&0\\0&rL_2\\rL_3&0\\0&rL_3\end{bmatrix}\begin{bmatrix}B_r\\B_z\end{bmatrix}\mathrm{d}A \tag{6.24}$$

类似于式（6.22）的计算，式（6.24）可以使用式（4.30）来计算，这样就可以得到体力的等效结点载荷矢量。对于均匀体力情况，可以得到

$$\boldsymbol{F}_{BF}=\frac{\pi A}{6}\begin{bmatrix}(2r_1+r_2+r_3)B_r\\(2r_1+r_2+r_3)B_z\\(r_1+2r_2+r_3)B_r\\(r_1+2r_2+r_3)B_z\\(r_1+r_2+2r_3)B_r\\(r_1+r_2+2r_3)B_z\end{bmatrix} \tag{6.25}$$

6.3 空间问题的有限元分析

6.3.1 弹性力学方程

对于连续介质体中的任意一点，其在整体坐标系下有三个位移分量 u、v 和 w，该点的应变-位移关系为

$$\boldsymbol{\varepsilon}=\left[\frac{\partial u}{\partial x}\quad\frac{\partial v}{\partial y}\quad\frac{\partial w}{\partial z}\quad\frac{\partial u}{\partial y}+\frac{\partial v}{\partial x}\quad\frac{\partial v}{\partial z}+\frac{\partial w}{\partial y}\quad\frac{\partial w}{\partial x}+\frac{\partial u}{\partial z}\right]^{\mathrm{T}} \tag{6.26}$$

式中，

$$\boldsymbol{\varepsilon}=[\varepsilon_x\quad\varepsilon_y\quad\varepsilon_z\quad\gamma_{xy}\quad\gamma_{yz}\quad\gamma_{zx}]^{\mathrm{T}} \tag{6.27}$$

对于各向同性材料，其本构关系为

$$\boldsymbol{\sigma}=\boldsymbol{D}\boldsymbol{\varepsilon} \tag{6.28}$$

式中，

$$\boldsymbol{\sigma}=[\sigma_x \quad \sigma_y \quad \sigma_z \quad \sigma_{xy} \quad \sigma_{yz} \quad \sigma_{zx}]^{\mathrm{T}} \tag{6.29}$$

$$\boldsymbol{D}=\frac{E}{(1+\nu)(1-2\nu)}\begin{bmatrix} 1-\nu & \nu & \nu & 0 & 0 & 0 \\ \nu & 1-\nu & \nu & 0 & 0 & 0 \\ \nu & \nu & 1-\nu & 0 & 0 & 0 \\ 0 & 0 & 0 & \dfrac{1-2\nu}{2} & 0 & 0 \\ 0 & 0 & 0 & 0 & \dfrac{1-2\nu}{2} & 0 \\ 0 & 0 & 0 & 0 & 0 & \dfrac{1-2\nu}{2} \end{bmatrix} \tag{6.30}$$

6.3.2　四结点四面体单元

6.3.2.1　体积坐标

四结点四面体单元类似于平面问题中的三结点三角形单元，其位移函数是线性的，整个单元上的应变和应力是常数。该单元的自然坐标以类似于三角形单元的面积坐标来定义，即体积的比率。图6.2所示为一个四面体单元，其局部结点编号必须依照一定的顺序，即在右手坐标系中，当按照1→2→3→1的方向转动时，右手螺旋应指向结点4的方向。对于单元内的一个点p，可以画出4个新的内部四面体$243p$，$341p$，$142p$和$123p$，其体积与单元整个体积之比定义为4个结点的体积坐标（也称为自然坐标），即

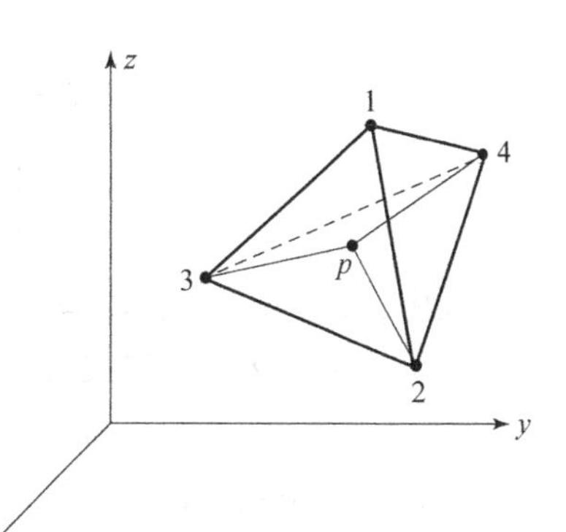

图6.2　常应变四面体单元

$$L_1=\frac{V_{243p}}{V_{1234}},L_2=\frac{V_{341p}}{V_{1234}},L_3=\frac{V_{142p}}{V_{1234}},L_4=\frac{V_{123p}}{V_{1234}} \tag{6.31}$$

式中，

$$L_1+L_2+L_3+L_4=1 \tag{6.32}$$

6.3.2.2　位移模式

类似于三角形单元，自然坐标$L_i(i=1,2,3,4)$是四面体单元内任意一点的位移函数和整体坐标的插值系数，即

$$\boldsymbol{u}=\boldsymbol{N}\boldsymbol{u}^e \tag{6.33}$$

$$\boldsymbol{x}=\boldsymbol{N}\boldsymbol{x}^e \tag{6.34}$$

式中，$\boldsymbol{u}$——位移矢量，$\boldsymbol{u}=[u \quad v \quad w]^{\mathrm{T}}$；

$\boldsymbol{x}$——坐标矢量，$\boldsymbol{x}=[x \quad y \quad z]^{\mathrm{T}}$；

$\boldsymbol{u}^e$——单元结点位移列阵，$\boldsymbol{u}^e=[u_1 \quad v_1 \quad w_1 \quad \cdots \quad u_4 \quad v_4 \quad w_4]^{\mathrm{T}}$；

$\boldsymbol{x}_e$——单元结点坐标列阵，$\boldsymbol{x}^e=[x_1 \quad y_1 \quad z_1 \quad \cdots \quad x_4 \quad y_4 \quad z_4]^{\mathrm{T}}$；

$\boldsymbol{N}$——形函数矩阵，

$$N=\begin{bmatrix} L_1 & 0 & 0 & L_2 & 0 & 0 & L_3 & 0 & 0 & L_4 & 0 & 0 \\ 0 & L_1 & 0 & 0 & L_2 & 0 & 0 & L_3 & 0 & 0 & L_4 & 0 \\ 0 & 0 & L_1 & 0 & 0 & L_2 & 0 & 0 & L_3 & 0 & 0 & L_4 \end{bmatrix} \tag{6.35}$$

6.3.2.3 单元应变

对位移分量 u 使用偏导数的链式法则，有

$$\begin{bmatrix} \dfrac{\partial u}{\partial L_1} \\ \dfrac{\partial u}{\partial L_2} \\ \dfrac{\partial u}{\partial L_3} \end{bmatrix} = \boldsymbol{J} \begin{bmatrix} \dfrac{\partial u}{\partial x} \\ \dfrac{\partial u}{\partial y} \\ \dfrac{\partial u}{\partial z} \end{bmatrix} \tag{6.36}$$

式中，$\boldsymbol{J}$——雅可比矩阵，

$$\boldsymbol{J}=\begin{bmatrix} \dfrac{\partial x}{\partial L_1} & \dfrac{\partial y}{\partial L_1} & \dfrac{\partial z}{\partial L_1} \\ \dfrac{\partial x}{\partial L_2} & \dfrac{\partial y}{\partial L_2} & \dfrac{\partial z}{\partial L_2} \\ \dfrac{\partial x}{\partial L_3} & \dfrac{\partial y}{\partial L_3} & \dfrac{\partial z}{\partial L_3} \end{bmatrix} = \begin{bmatrix} x_{14} & y_{14} & z_{14} \\ x_{24} & y_{24} & z_{24} \\ x_{34} & y_{34} & z_{34} \end{bmatrix} \tag{6.37}$$

式中，$x_{i4}=x_i-x_4$，$y_{i4}=y_i-y_4$，$z_{i4}=z_i-z_4$，$i=1,2,3$。

雅可比矩阵 $\boldsymbol{J}$ 的行列式为

$$J=x_{14}(y_{24}z_{34}-y_{34}z_{24})+y_{14}(z_{24}x_{34}-z_{34}x_{24})+z_{14}(x_{24}y_{34}-x_{34}y_{24}) \tag{6.38}$$

由式（6.36），可得

$$\begin{bmatrix} \dfrac{\partial u}{\partial x} \\ \dfrac{\partial u}{\partial y} \\ \dfrac{\partial u}{\partial z} \end{bmatrix} = \boldsymbol{J}^{-1} \begin{bmatrix} \dfrac{\partial u}{\partial L_1} \\ \dfrac{\partial u}{\partial L_2} \\ \dfrac{\partial u}{\partial L_3} \end{bmatrix} \tag{6.39}$$

式中，$\boldsymbol{J}^{-1}$——雅可比矩阵的逆矩阵，

$$\boldsymbol{J}^{-1}=\frac{1}{J}\begin{bmatrix} a_1 & a_2 & a_3 \\ b_1 & b_2 & b_3 \\ c_1 & c_2 & c_3 \end{bmatrix} \tag{6.40}$$

式中，

$$\begin{cases} a_1=y_{24}z_{34}-y_{34}z_{24}, & a_2=y_{34}z_{14}-y_{14}z_{34}, & a_3=y_{14}z_{24}-y_{24}z_{14} \\ b_1=z_{24}x_{34}-z_{34}x_{24}, & b_2=z_{34}x_{14}-z_{14}x_{34}, & b_3=z_{14}x_{24}-z_{24}x_{14} \\ c_1=x_{24}y_{34}-x_{34}y_{24}, & c_2=x_{34}y_{14}-x_{14}y_{34}, & c_3=x_{14}y_{24}-x_{24}y_{14} \end{cases} \tag{6.41}$$

对位移分量 v 和 w 的偏导数采取和位移分量 u 同样的步骤，然后把结果联合，就可以用结点位移向量 $\boldsymbol{u}^e$ 和应变矩阵 $\boldsymbol{B}$ 表示应变－位移关系 $\boldsymbol{\varepsilon}$，即

$$\boldsymbol{\varepsilon} = \boldsymbol{B}\boldsymbol{u}^e \tag{6.42}$$

式中，$\boldsymbol{B}$——应变矩阵，

$$\boldsymbol{B} = \frac{1}{J}\begin{bmatrix} a_1 & 0 & 0 & a_2 & 0 & 0 & a_3 & 0 & 0 & a_4 & 0 & 0 \\ 0 & b_1 & 0 & 0 & b_2 & 0 & 0 & b_3 & 0 & 0 & b_4 & 0 \\ 0 & 0 & c_1 & 0 & 0 & c_2 & 0 & 0 & c_3 & 0 & 0 & c_4 \\ b_1 & a_1 & 0 & b_2 & a_2 & 0 & b_3 & a_3 & 0 & b_4 & a_4 & 0 \\ 0 & c_1 & b_1 & 0 & c_2 & b_2 & 0 & c_3 & b_3 & 0 & c_4 & b_4 \\ c_1 & 0 & a_1 & c_2 & 0 & a_2 & c_3 & 0 & a_3 & c_4 & 0 & a_4 \end{bmatrix} \tag{6.43}$$

式中，

$$\begin{cases} a_4 = -(a_1 + a_2 + a_3) \\ b_4 = -(b_1 + b_2 + b_3) \\ c_4 = -(c_1 + c_2 + c_3) \end{cases} \tag{6.44}$$

由式（6.43）可以看出，应变矩阵 $\boldsymbol{B}$ 中的所有项都是常数。因此在求出结点位移之后，由式（6.42）计算出的应变为常应变。

6.3.2.4　单元刚度矩阵

单元刚度矩阵为

$$\boldsymbol{k}^e = \int_{\Omega^e} \boldsymbol{B}^{\mathrm{T}}\boldsymbol{D}\boldsymbol{B}\,\mathrm{d}\Omega \tag{6.45}$$

式中，Ω^e——单元域。

式中的被积函数矩阵是常数矩阵，因此可以将它们移出积分号外，这样式（6.45）就变为

$$\boldsymbol{k}^e = \boldsymbol{B}^{\mathrm{T}}\boldsymbol{D}\boldsymbol{B}\Omega = \frac{J}{6}\boldsymbol{B}^{\mathrm{T}}\boldsymbol{D}\boldsymbol{B} \tag{6.46}$$

式中，Ω——单元的体积，即

$$\Omega = \int_0^1 \int_0^{1-L_1} \int_0^{1-L_1-L_2} J\mathrm{d}L_3\mathrm{d}L_2\mathrm{d}L_1 \tag{6.47}$$

考虑到 J 为常数，因此式（6.47）可写为

$$\Omega = J\int_0^1 \int_0^{1-L_1} \int_0^{1-L_1-L_2} \mathrm{d}L_3\mathrm{d}L_2\mathrm{d}L_1 \tag{6.48}$$

利用体积坐标积分公式：

$$\int_0^1 \int_0^{1-L_1} \int_0^{1-L_1-L_2} L_1^m L_2^n L_3^p (1 - L_1 - L_2 - L_3)^q \mathrm{d}L_3\mathrm{d}L_2\mathrm{d}L_1 = \frac{m!n!p!q!}{(m+n+p+q+3)!} \tag{6.49}$$

可得式（6.48）的解析表达式为

$$\Omega = \frac{J}{6} \tag{6.50}$$

体积坐标积分公式是一种简单的方法，可用于解析地计算相关的矩阵积分，该公式消除了在有限元计算时对矩阵元素进行数值积分的需要。

6.3.2.5　等效结点载荷

由于形函数矩阵包含体积坐标项，因此需要用式（6.49）计算体积力的等效结点载荷向量。

1. 体积力

设单元体积力 $\boldsymbol{f}=[B_x \quad B_y \quad B_z]^{\mathrm{T}}$，其等效结点载荷为

$$\boldsymbol{F}_{BF}^{e}=\int_{\Omega^e}\boldsymbol{N}^{\mathrm{T}}\begin{bmatrix}B_x\\B_y\\B_z\end{bmatrix}\mathrm{d}\Omega=\int_0^1\int_0^{1-L_1}\int_0^{1-L_1-L_2}\boldsymbol{N}^{\mathrm{T}}\begin{bmatrix}B_x\\B_y\\B_z\end{bmatrix}\mathrm{d}L_3\mathrm{d}L_2\mathrm{d}L_1 \tag{6.51}$$

若体积力各分量为常数，则由式（6.51）和式（6.49）可得

$$\boldsymbol{F}_{BF}^{e}=\frac{J}{24}[\underbrace{B_{1x} \quad B_{1y} \quad B_{1z}}_{\text{结点1}} \quad \cdots \quad \underbrace{B_{4x} \quad B_{4y} \quad B_{4z}}_{\text{结点4}}]^{\mathrm{T}} \tag{6.52}$$

2. 表面力

不失一般性，假设在单元面234（图6.2）上作用表面力，则其等效结点载荷为

$$\boldsymbol{F}_{T}^{e}=\int_{A^e}\boldsymbol{N}^{\mathrm{T}}\begin{bmatrix}T_x\\T_y\\T_z\end{bmatrix}\mathrm{d}A \tag{6.53}$$

式中，A^e——单元面234。

表面上的体积坐标积分公式为

$$\int_{A^e}L_i^m L_j^n L_k^p \mathrm{d}A=2A^e\frac{m!n!p!}{(m+n+p+2)!} \tag{6.54}$$

式中，下标 i、j 和 k 是表面力作用面上的局部结点编号。如果表面力的各分量皆为常数，则由式（6.53）和式（6.54）可得表面力的等效结点载荷，即

$$\boldsymbol{F}_{T}^{e}=\frac{A^e}{3}[0 \quad 0 \quad 0 \quad T_x \quad T_y \quad T_z \quad T_x \quad T_y \quad T_z \quad T_x \quad T_y \quad T_z] \tag{6.55}$$

6.3.2.6 求解方程

将单元刚度矩阵和单元等效结点载荷矢量进行组装，即可建立整体刚度矩阵和整体结点力矢量，最终的有限元求解方程为

$$\boldsymbol{KU}=\boldsymbol{F} \tag{6.56}$$

式中，$\boldsymbol{K}$——整体刚度矩阵；

$\boldsymbol{U}$——整体结点位移矢量；

$\boldsymbol{F}$——整体结点力矢量。

引入位移边界条件，利用线性方程组的求解器，即可获得问题的有限元解。

6.3.3 八结点六面体单元

第4章中已经介绍了平面问题中的等参四结点四边形单元，该单元允许应变在整个单元内变化。相对于三结点三角形单元，该单元求解精度高。类似地，本节介绍等参八结点六面体单元。

图6.3(a) 所示为一个八结点六面体单元。我们将此单元映射到边长为2的标准单元中，并将该标准单元对称放置于自然坐标系 ξ、η 和 ζ 中，如图6.3(b) 所示。

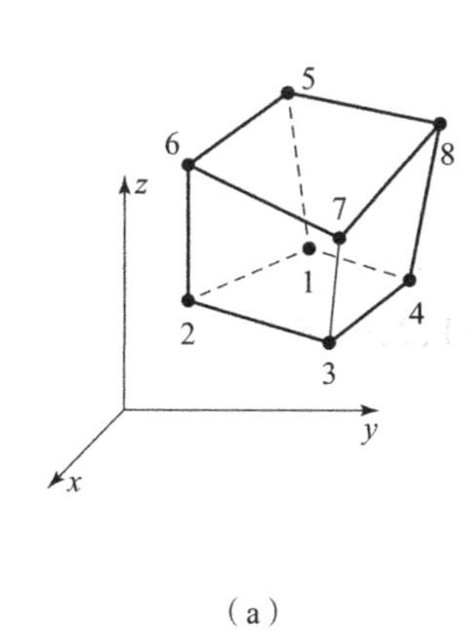

（a）

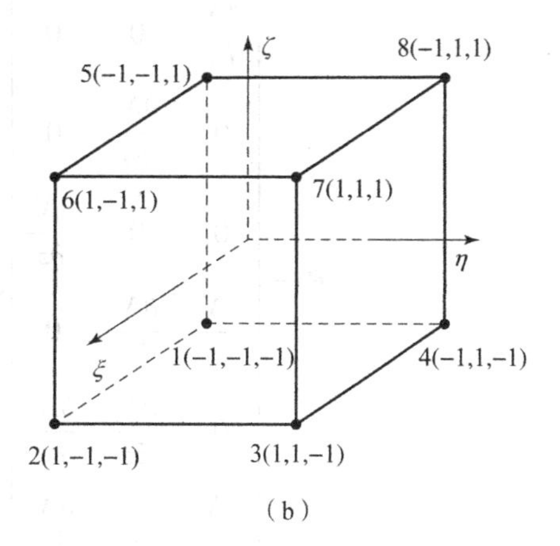

（b）

图 6.3　六面体单元

（a）实际单元；（b）标准单元

在标准单元上，拉格朗日形函数可以写为

$$N_i = \frac{1}{8}(1+\xi_i\xi)(1+\eta_i\eta)(1+\zeta_i\zeta),\ i=1,2,\cdots,8 \tag{6.57}$$

式中，ξ_i,η_i,ζ_i——在自然坐标系下单元结点 i 的坐标。

单元结点位移矢量为

$$\boldsymbol{u}^e = [\underbrace{u_1 \quad v_1 \quad w_1}_{\text{结点1}} \quad \cdots \quad \underbrace{u_8 \quad v_8 \quad w_8}_{\text{结点8}}]^{\mathrm{T}} \tag{6.58}$$

使用形函数和结点值定义单元内任意点的位移和坐标，即

$$\begin{cases} u = \sum_{i=1}^{8} N_i u_i \\ v = \sum_{i=1}^{8} N_i v_i \\ w = \sum_{i=1}^{8} N_i w_i \end{cases} \tag{6.59}$$

$$\begin{cases} x = \sum_{i=1}^{8} N_i x_i \\ y = \sum_{i=1}^{8} N_i y_i \\ z = \sum_{i=1}^{8} N_i z_i \end{cases} \tag{6.60}$$

根据几何方程，可得单元中的应变为

$$\boldsymbol{\varepsilon} = \boldsymbol{B}\boldsymbol{u}^e = [\boldsymbol{B}_1 \quad \boldsymbol{B}_2 \quad \cdots \quad \boldsymbol{B}_8]\boldsymbol{u}^e \tag{6.61}$$

式中，

$$\boldsymbol{B}_i = \begin{bmatrix} \frac{\partial N_i}{\partial x} & 0 & 0 \\ 0 & \frac{\partial N_i}{\partial y} & 0 \\ 0 & 0 & \frac{\partial N_i}{\partial z} \\ \frac{\partial N_i}{\partial y} & \frac{\partial N_i}{\partial x} & 0 \\ 0 & \frac{\partial N_i}{\partial z} & \frac{\partial N_i}{\partial y} \\ \frac{\partial N_i}{\partial z} & 0 & \frac{\partial N_i}{\partial x} \end{bmatrix}, \quad i = 1, 2, \cdots, 8 \tag{6.62}$$

根据复合函数的求导法则，可得

$$\begin{bmatrix} \frac{\partial N_i}{\partial x} \\ \frac{\partial N_i}{\partial y} \\ \frac{\partial N_i}{\partial z} \end{bmatrix} = \boldsymbol{J}^{-1} \begin{bmatrix} \frac{\partial N_i}{\partial \xi} \\ \frac{\partial N_i}{\partial \eta} \\ \frac{\partial N_i}{\partial \zeta} \end{bmatrix} \tag{6.63}$$

式中，雅可比矩阵 $\boldsymbol{J}$ 和它的逆矩阵 $\boldsymbol{J}^{-1}$ 分别为

$$\boldsymbol{J} = \begin{bmatrix} \frac{\partial x}{\partial \xi} & \frac{\partial y}{\partial \xi} & \frac{\partial z}{\partial \xi} \\ \frac{\partial x}{\partial \eta} & \frac{\partial y}{\partial \eta} & \frac{\partial z}{\partial \eta} \\ \frac{\partial x}{\partial \zeta} & \frac{\partial y}{\partial \zeta} & \frac{\partial z}{\partial \zeta} \end{bmatrix} = \begin{bmatrix} \sum_{i=1}^{8} \frac{\partial N_i}{\partial \xi} x_i & \sum_{i=1}^{8} \frac{\partial N_i}{\partial \xi} y_i & \sum_{i=1}^{8} \frac{\partial N_i}{\partial \xi} z_i \\ \sum_{i=1}^{8} \frac{\partial N_i}{\partial \eta} x_i & \sum_{i=1}^{8} \frac{\partial N_i}{\partial \eta} y_i & \sum_{i=1}^{8} \frac{\partial N_i}{\partial \eta} z_i \\ \sum_{i=1}^{8} \frac{\partial N_i}{\partial \zeta} x_i & \sum_{i=1}^{8} \frac{\partial N_i}{\partial \zeta} y_i & \sum_{i=1}^{8} \frac{\partial N_i}{\partial \zeta} z_i \end{bmatrix} \tag{6.64}$$

$$\boldsymbol{J}^{-1} = \frac{1}{J} \begin{bmatrix} a_1 & a_2 & a_3 \\ a_4 & a_5 & a_6 \\ a_7 & a_8 & a_9 \end{bmatrix} \tag{6.65}$$

式中，J——雅可比行列式；

a_i 的表达式为

$$\begin{cases} a_1 = \frac{\partial y}{\partial \eta} \frac{\partial z}{\partial \zeta} - \frac{\partial z}{\partial \eta} \frac{\partial y}{\partial \zeta}, \quad a_2 = \frac{\partial z}{\partial \eta} \frac{\partial x}{\partial \zeta} - \frac{\partial x}{\partial \eta} \frac{\partial z}{\partial \zeta}, \quad a_3 = \frac{\partial x}{\partial \eta} \frac{\partial y}{\partial \zeta} - \frac{\partial y}{\partial \eta} \frac{\partial x}{\partial \zeta} \\ a_4 = \frac{\partial z}{\partial \xi} \frac{\partial y}{\partial \zeta} - \frac{\partial y}{\partial \xi} \frac{\partial z}{\partial \zeta}, \quad a_5 = \frac{\partial x}{\partial \xi} \frac{\partial z}{\partial \zeta} - \frac{\partial z}{\partial \xi} \frac{\partial x}{\partial \zeta}, \quad a_6 = \frac{\partial y}{\partial \xi} \frac{\partial x}{\partial \zeta} - \frac{\partial x}{\partial \xi} \frac{\partial y}{\partial \zeta} \\ a_7 = \frac{\partial y}{\partial \xi} \frac{\partial z}{\partial \eta} - \frac{\partial z}{\partial \xi} \frac{\partial y}{\partial \eta}, \quad a_8 = \frac{\partial z}{\partial \xi} \frac{\partial x}{\partial \eta} - \frac{\partial x}{\partial \xi} \frac{\partial z}{\partial \eta}, \quad a_9 = \frac{\partial x}{\partial \xi} \frac{\partial y}{\partial \eta} - \frac{\partial y}{\partial \xi} \frac{\partial x}{\partial \eta} \end{cases} \tag{6.66}$$

由本构关系，可得单元中的应力

$$\boldsymbol{\sigma} = \boldsymbol{D\varepsilon} = \underbrace{\boldsymbol{DB}}_{\boldsymbol{S}} \boldsymbol{u}^e = \boldsymbol{S}\boldsymbol{u}^e \tag{6.67}$$

单元刚度阵由下式给出：

$$\boldsymbol{k}^e = \int_{-1}^{1}\int_{-1}^{1}\int_{-1}^{1}\boldsymbol{B}^{\mathrm{T}}\boldsymbol{D}\boldsymbol{B}J\mathrm{d}\xi\mathrm{d}\eta\mathrm{d}\zeta \tag{6.68}$$

式中，使用了 $\mathrm{d}\Omega = J\mathrm{d}\xi\mathrm{d}\eta\mathrm{d}\zeta$。

式（6.68）中的积分通过高斯求积法则来计算，即

$$\boldsymbol{k}^e = \sum_{i=1}^{n_1}\sum_{j=1}^{n_2}\sum_{k=1}^{n_3} w_i w_j w_k \boldsymbol{B}(\xi_i,\eta_j,\zeta_k)^{\mathrm{T}}\boldsymbol{D}\boldsymbol{B}(\xi_i,\eta_j,\zeta_k)J(\xi_i,\eta_j,\zeta_k) \tag{6.69}$$

式中，n_1, n_2, n_3——ξ、η 和 ζ 方向上的高斯积分点数，其可分别取为 2 或 3；

$\xi_i, \xi_j, \xi_k, w_i, w_j, w_k$——一维高斯积分的点坐标和权系数，如表 4.1 所示。

对于等效结点力矢量，采用和计算单元刚度矩阵类似的方法，即用高斯求积法则近似积分。对于体积力，假设单位体积力 $\boldsymbol{f} = [B_x \quad B_y \quad B_z]^{\mathrm{T}}$，则其相应的等效结点载荷为

$$\boldsymbol{F}_{BF_i} = [F_{BF_{xi}} \quad F_{BF_{yi}} \quad F_{BF_{zi}}]^{\mathrm{T}} = \int_{-1}^{1}\int_{-1}^{1}\int_{-1}^{1} N_i \begin{bmatrix} B_x \\ B_y \\ B_z \end{bmatrix} J\mathrm{d}\xi\mathrm{d}\eta\mathrm{d}\zeta \tag{6.70}$$

对于单元某边界面 Γ 上作用的面力，如 $\boldsymbol{T} = [T_x \quad T_y \quad T_z]^{\mathrm{T}}$，其相应的等效结点载荷为

$$\boldsymbol{F}_{T_i} = [F_{T_{xi}} \quad F_{T_{yi}} \quad F_{T_{zi}}]^{\mathrm{T}} = \int_{\Gamma} N_i \begin{bmatrix} T_x \\ T_y \\ T_z \end{bmatrix} \mathrm{d}\Gamma \tag{6.71}$$

假如边界面 Γ 对应的标准单元面为 $\xi = \pm 1$，则整体坐标系下的曲面微元与自然坐标系下的微元面积之间的关系为

$$\mathrm{d}\Gamma = J_{\xi=\pm 1}\mathrm{d}\eta\mathrm{d}\zeta \tag{6.72}$$

式中，

$$J_{\xi=\pm 1} = \sqrt{\left(\frac{\partial y}{\partial \eta}\frac{\partial z}{\partial \zeta} - \frac{\partial y}{\partial \zeta}\frac{\partial z}{\partial \eta}\right)^2 + \left(\frac{\partial z}{\partial \eta}\frac{\partial x}{\partial \zeta} - \frac{\partial z}{\partial \zeta}\frac{\partial x}{\partial \eta}\right)^2 + \left(\frac{\partial x}{\partial \eta}\frac{\partial y}{\partial \zeta} - \frac{\partial x}{\partial \zeta}\frac{\partial y}{\partial \eta}\right)^2} \tag{6.73}$$

于是，式（6.71）改写为

$$\boldsymbol{F}_{T_i} = \int_{-1}^{1}\int_{-1}^{1} N_i \begin{bmatrix} T_x \\ T_y \\ T_z \end{bmatrix} J_{\xi=\pm 1}\mathrm{d}\eta\mathrm{d}\zeta \tag{6.74}$$

对于其他边界面（如 $\eta = \pm 1$ 和 $\zeta = \pm 1$）上的面力，其等效结点载荷的计算可以采用类似的方法处理。

6.3.4 20 结点六面体单元

当需要增加收敛阶次或需要描述曲面单元的边和面时，高阶六面体等参单元也可以用于三维分析。由高阶一维多项式近似的张量积得到的高阶六面体单元称为拉格朗日单元，其中包含单元内部的结点。实际上，人们更青睐使用更高效的三维 Serendipity 单元，这类单元内部不包括结点。二次六面体拉格朗日单元有 27 个结点，二次 Serendipity 六面体单元有 20 个结点，如图 6.4 所示。

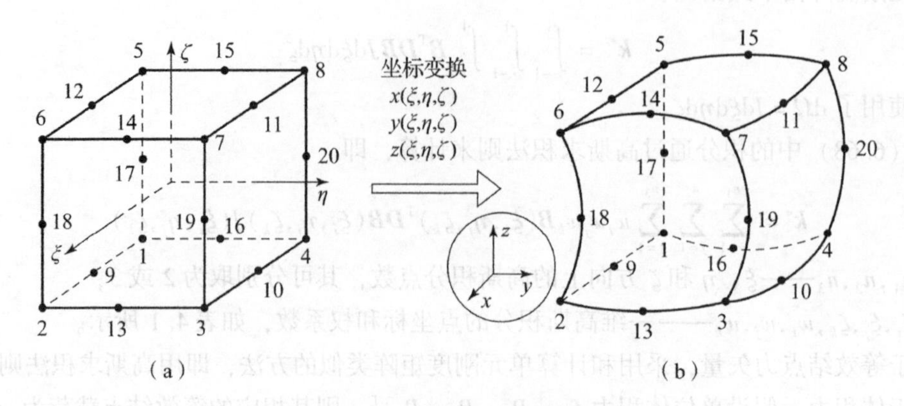

图 6.4　二次六面体 Serendipity 单元

(a) 自然单元；(b) 实际单元

三维 Serendipity 单元的形函数为

$$
N_i=\begin{cases}(1+\xi_i\xi)(1+\eta_i\eta)(1+\zeta_i\zeta)(\xi_i\xi+\eta_i\eta+\zeta_i\zeta-2)/8, & i=1,2,\cdots,8\\ (1-\xi^2)(1+\eta_i\eta)(1+\zeta_i\zeta)/4, & i=9,10,11,12\\ (1-\eta^2)(1+\xi_i\xi)(1+\zeta_i\zeta)/4, & i=13,14,15,16\\ (1-\zeta^2)(1+\xi_i\xi)(1+\eta_i\eta)/4, & i=17,18,19,20\end{cases} \tag{6.75}
$$

基于 6.3.3 节中八结点六面体单元的相关公式推导方法，可以得到三维 Serendipity 单元的刚度矩阵及等效结点力矢量。注意：该单元中的结点数为 20。

习　　题

6.1　图 P6.1 所示为一个轴对称三结点三角形单元，其边 23 上作用均布力 $T_r=0.06895$ MPa。试求该均布力的等效结点载荷。

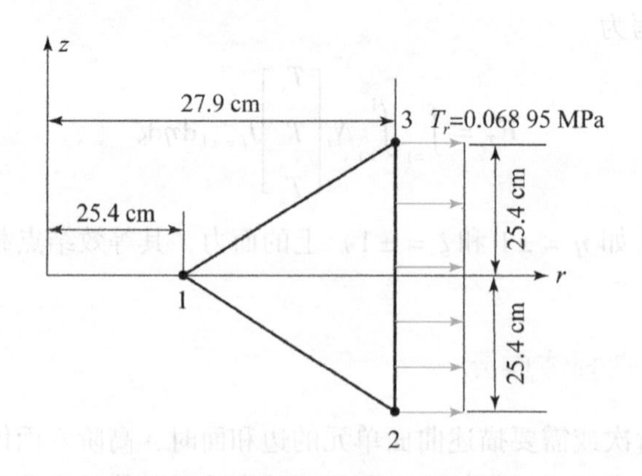

图 P6.1　轴对称三结点三角形单元

6.2　如图 P6.2 所示，在轴对称三结点三角形单元的边 23 上沿着 r 方向施加线性分布力，试推导其等效结点载荷矢量的表达式。

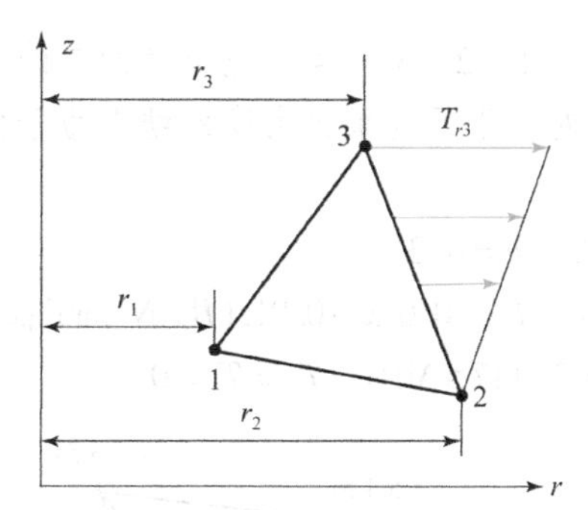

图 P6.2　线性分布力作用在边 23 上

6.3　对于图 P6.3 所示的轴对称三结点三角形单元边上线性变化的分布载荷，证明其等效结点载荷矢量由下式给出：

$$\boldsymbol{F}_T = [\, aT_{r1} + bT_{r2} \quad aT_{z1} + bT_{z2} \quad bT_{r1} + cT_{r2} \quad bT_{z1} + cT_{z2} \,]^{\mathrm{T}}$$

式中，$a = \dfrac{2\pi L}{12}(3r_1 + r_2)$，　$b = \dfrac{2\pi L}{12}(r_1 + r_2)$，　$c = \dfrac{2\pi L}{12}(r_1 + 3r_2)$。

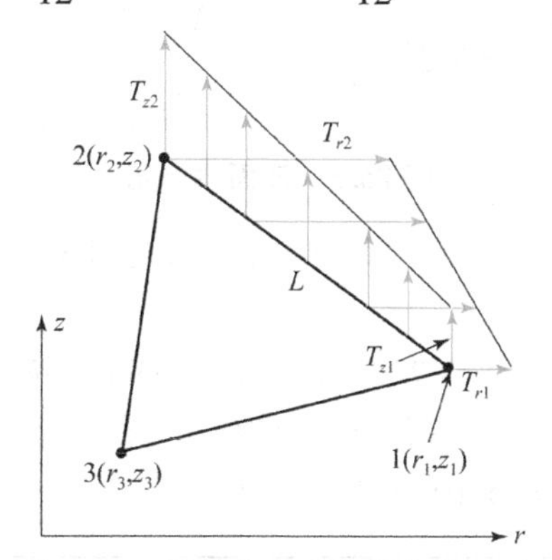

图 P6.3　线性分布力作用在边 12 上

6.4　对于图 P6.4 所示的单元，假设结点位移如下：

$$\begin{array}{lll} u_1 = 0 & v_1 = 0 & w_1 = 0 \\ u_2 = 0.01\ \text{mm} & v_2 = 0.02\ \text{mm} & w_2 = 0.01\ \text{mm} \\ u_3 = 0.02\ \text{mm} & v_3 = 0.01\ \text{mm} & w_3 = 0.005\ \text{mm} \\ u_4 = 0 & v_4 = 0.01\ \text{mm} & w_4 = 0.01\ \text{mm} \end{array}$$

试计算各单元的应变，然后确定各单元的应力。假设 $E = 100$ GPa，$\nu = 0.3$。

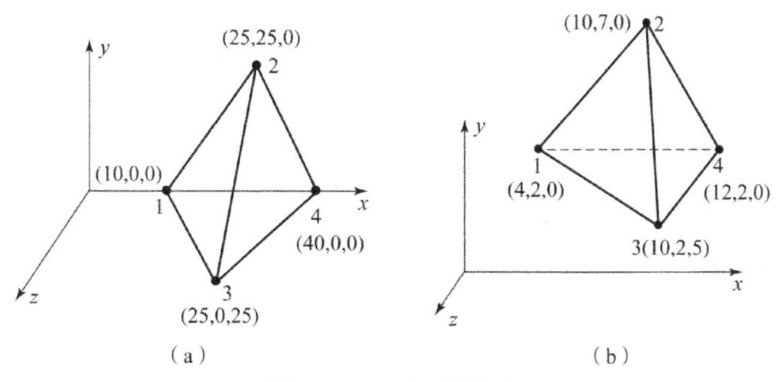

图 P6.4　四面体单元

6.5　图 P6.5 中的单元结点 1、2、3 和 4 是完全受约束的。对该单元，计算对应于无约束自由度的刚度子矩阵；计算对应于无约束自由度的结点力子向量；求结点位移；计算参数坐标 $\xi=\eta=\zeta=0$ 处的应变向量。

材料性质：$E=2\times10^5$ MPa，$\nu=0.3$。

体积力：$B_x=0.0135\ \mathrm{N/mm^3}$，$B_y=0.02x-0.01z(B_y:\mathrm{N/mm^3};x,z:\mathrm{mm})$，$B_z=0.0027\ \mathrm{N/mm^3}$。

表面 2376 上的面力：$T_x=3.4475$ MPa，$T_y=T_z=0$。

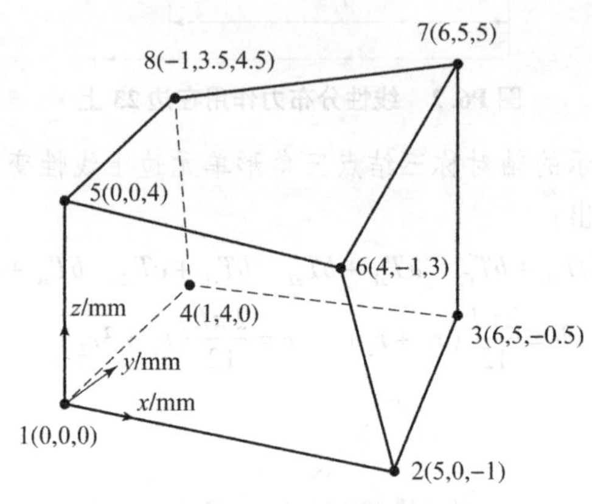

图 P6.5　四面体单元

6.6　使用由四结点四面体单元组成的网格，计算图 P6.5 中由结点和载荷组成的网格的结点位移。

6.7　图 P6.7 所示为几何尺寸为 $7\times1(\mathrm{cm})\times1(\mathrm{cm})$ 的等截面受拉梁，一端固支，另一端受均布拉力 $p=400\ \mathrm{kg/cm^2}$。试用四结点四面体单元和八结点六面体单元分别对该问题进行有限元分析。材料性质：$E=2\times10^6$ MPa，$\nu=0.3$。

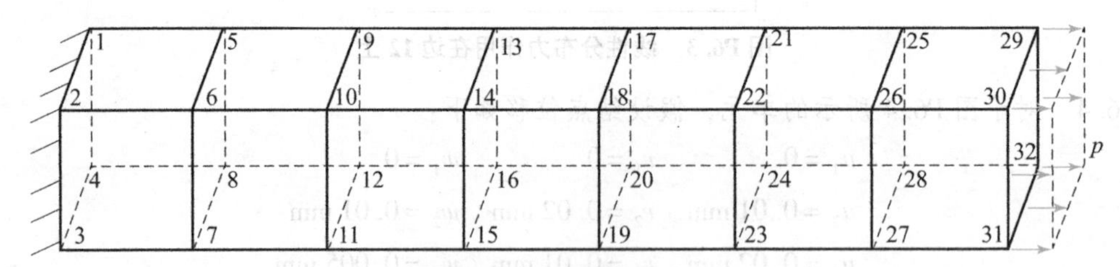

图 P6.7　等截面受拉梁

第 7 章

板弯曲问题的有限元法

7.1 引　言

板结构在几何上的厚度比其他两个方向的尺寸要小得多。基于这一特点，人们在分析板弯曲问题时通常会引入一些假设，使之成为二维问题。这种简化不仅能大大减少计算时间，还能避免使用三维单元模拟薄板弯曲问题时所遇到的剪切锁死等问题。

板单元是较为重要的结构单元之一，常用于对航天器舱段结构、压力容器、固体火箭发动机燃烧室壳体、烟囱、平板电脑和汽车零部件等结构进行建模和分析。本章将介绍最常见的 Kirchhoff 板和 Mindlin 板弯曲的有限单元法。

7.2　Kirchhoff 板

7.2.1　基本方程

Kirchhoff 板理论类似于欧拉－伯努利梁理论，它的基本假设如下：

（1）薄板厚度的变化可以忽略，即法线长度保持不变。这意味着法向应变 $\varepsilon_z=0$。

（2）薄板中面法线在其弯曲后仍然是薄板弹性曲面的法线。这意味着横向剪应变为零，即 $\gamma_{zx}=\gamma_{zy}=0$。

（3）在应力－应变方程中，正应力 σ_z 对面内应变 ε_x 和 ε_y 没有影响，可以忽略。

（4）薄板中面内的各个点没有平行于中面的位移。

基于上述假设，板中的全部应力分量和应变分量都可以用板的挠度 w 来表示。选取板的中面为 xy 平面，z 轴垂直于中面，如图 7.1 所示。

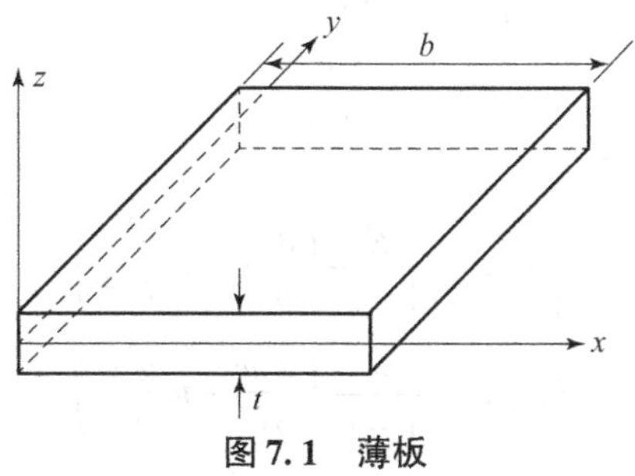

图 7.1　薄板

由假设（1）可知，挠度 w 只是 x 和 y 的函数，即

$$w = w(x,y) \tag{7.1}$$

式（7.1）表示板中面法线上任意一点的挠度 w 都是相同的。

由假设（2）可推得下式：

$$u = -z\frac{\partial w}{\partial x},\ v = -z\frac{\partial w}{\partial y} \tag{7.2}$$

由式（7.2）可得薄板内任意一点的3个不为零的应变分量为

$$\boldsymbol{\varepsilon} = \begin{bmatrix} \varepsilon_x \\ \varepsilon_y \\ \gamma_{xy} \end{bmatrix} = \begin{bmatrix} \dfrac{\partial u}{\partial x} \\ \dfrac{\partial v}{\partial y} \\ \dfrac{\partial u}{\partial y} + \dfrac{\partial v}{\partial x} \end{bmatrix} = -z\begin{bmatrix} \dfrac{\partial^2 w}{\partial x^2} \\ \dfrac{\partial^2 w}{\partial y^2} \\ 2\dfrac{\partial^2 w}{\partial x \partial y} \end{bmatrix} \tag{7.3}$$

对于小变形情况，$-\dfrac{\partial^2 w}{\partial x^2}$和$-\dfrac{\partial^2 w}{\partial y^2}$分别表示薄板弹性曲面在 x 和 y 方向上的曲率，而 $-\dfrac{\partial^2 w}{\partial x \partial y}$表示它的扭率。这3个分量定义为形变分量，即

$$\boldsymbol{\chi} = -\left[\dfrac{\partial^2 w}{\partial x^2} \quad \dfrac{\partial^2 w}{\partial y^2} \quad 2\dfrac{\partial^2 w}{\partial x \partial y}\right]^{\mathrm{T}} \tag{7.4}$$

由式（7.3）和式（7.4），薄板内各点的应变 $\boldsymbol{\varepsilon}$ 可用形变 $\boldsymbol{\chi}$ 表示为

$$\boldsymbol{\varepsilon} = z\boldsymbol{\chi} \tag{7.5}$$

由假设（3），可以写出各向同性材料板中各点的应变与应力的关系式，即

$$\begin{cases} \varepsilon_x = \dfrac{1}{E}(\sigma_x - \nu\sigma_y) \\ \varepsilon_y = \dfrac{1}{E}(\sigma_y - \nu\sigma_x) \\ \gamma_{xy} = \dfrac{2(1+\nu)}{E}\sigma_{xy} \end{cases} \tag{7.6}$$

式（7.6）与平面应力问题的应变与应力关系式相同。该式可以改写为用应变表示应力的形式，即

$$\begin{cases} \sigma_x = \dfrac{E}{1-\nu^2}(\varepsilon_x + \nu\varepsilon_y) \\ \sigma_y = \dfrac{E}{1-\nu^2}(\varepsilon_y + \nu\varepsilon_x) \\ \sigma_{xy} = \dfrac{E}{2(1+\nu)}\gamma_{xy} \end{cases} \tag{7.7}$$

将式（7.5）代入式（7.7），得

$$\begin{cases} \sigma_x = -\dfrac{Ez}{1-\nu^2}\left(\dfrac{\partial^2 w}{\partial x^2} + \nu\dfrac{\partial^2 w}{\partial y^2}\right) \\ \sigma_y = -\dfrac{Ez}{1-\nu^2}\left(\dfrac{\partial^2 w}{\partial y^2} + \nu\dfrac{\partial^2 w}{\partial x^2}\right) \\ \sigma_{xy} = -\dfrac{Ez}{(1+\nu)}\dfrac{\partial^2 w}{\partial x \partial y} \end{cases} \tag{7.8}$$

图7.2（a）显示了作用于板边的平面内正应力和剪应力。从板的中面开始，应力沿z方向呈线性变化。在忽略横向剪切变形的情况下，板中仍然存在横向剪应力σ_{yz}和σ_{xz}，这些横向剪应力与σ_x、σ_y和σ_{xy}相比通常很小。对于均匀材料，其沿板厚呈抛物线变化，在$z=0$处达到最大值。

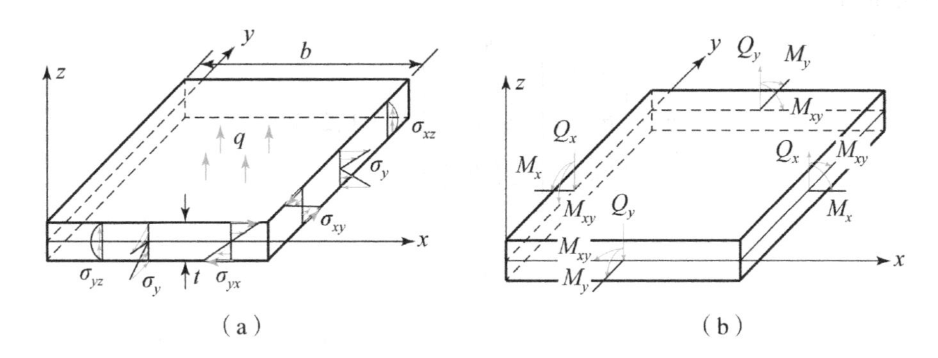

图7.2　平板微单元

（a）板边的平面内正应力和剪应力；（b）弯矩和剪应力

如图7.2（b）所示，式（7.7）的应力可与作用于板边的弯矩M_x、M_y和扭矩M_{xy}相关，它们之间的关系为

$$\boldsymbol{M}=\begin{bmatrix}M_x\\M_y\\M_{xy}\end{bmatrix}=\int_{-\frac{t}{2}}^{\frac{t}{2}}z\boldsymbol{\sigma}\mathrm{d}z$$

$$=-D_0\begin{bmatrix}\dfrac{\partial^2 w}{\partial x^2}+\nu\dfrac{\partial^2 w}{\partial y^2}\\\dfrac{\partial^2 w}{\partial y^2}+\nu\dfrac{\partial^2 w}{\partial x^2}\\2(1-\nu)\dfrac{\partial^2 w}{\partial x\partial y}\end{bmatrix}=\boldsymbol{D\chi}\tag{7.9}$$

式中，D_0——薄板的弯曲刚度，$D_0=\dfrac{Et^3}{12(1-\nu^2)}$；

D——薄板的弹性矩阵，即

$$\boldsymbol{D}=D_0\begin{bmatrix}1&\nu&0\\\nu&1&0\\0&0&\dfrac{1-\nu}{2}\end{bmatrix}\tag{7.10}$$

由式（7.8）和式（7.9），可得薄板应力与内力矩之间的关系为

$$\boldsymbol{\sigma}=\begin{bmatrix}\sigma_x\\\sigma_y\\\sigma_{xy}\end{bmatrix}=\frac{12z}{t^3}\begin{bmatrix}M_x\\M_y\\M_{xy}\end{bmatrix}=\frac{12z}{t^3}\boldsymbol{M}\tag{7.11}$$

7.2.2 矩形薄板单元

板弯曲时，任意一点的位移分量是挠度 w 及绕 x 和 y 轴的转角。挠度以沿 z 轴正向为正，转角按右手螺旋法则确定的矢量沿坐标轴正向为正，如图 7.3 所示的方向皆为正。结点 i 的位移矢量为

$$\boldsymbol{u}_i = \begin{bmatrix} w_i \\ \theta_{xi} \\ \theta_{yi} \end{bmatrix} = \begin{bmatrix} w_i \\ \left(\dfrac{\partial w}{\partial y}\right)_i \\ -\left(\dfrac{\partial w}{\partial x}\right)_i \end{bmatrix},\ i=1,2,3,4 \tag{7.12}$$

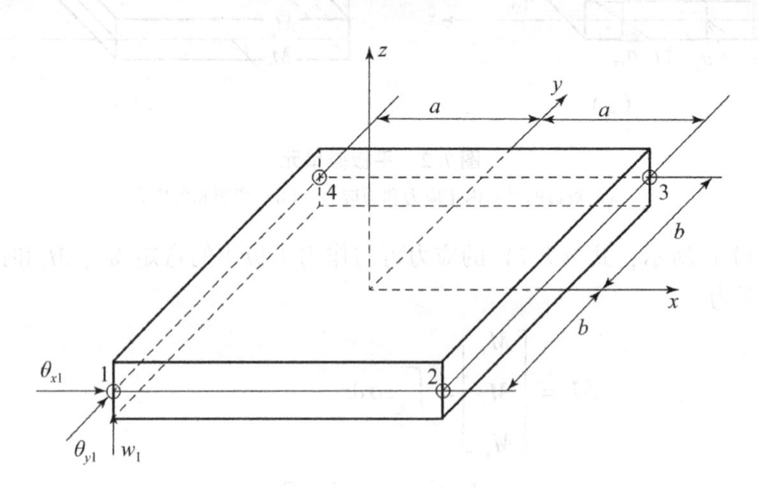

图 7.3　矩形板单元

单元的结点位移矢量为

$$\boldsymbol{u}^e = [\boldsymbol{u}_1^{\mathrm{T}} \quad \boldsymbol{u}_2^{\mathrm{T}} \quad \boldsymbol{u}_3^{\mathrm{T}} \quad \boldsymbol{u}_4^{\mathrm{T}}]^{\mathrm{T}} \tag{7.13}$$

相应的单元结点力矢量为

$$\boldsymbol{F}^e = [\boldsymbol{F}_1^{\mathrm{T}} \quad \boldsymbol{F}_2^{\mathrm{T}} \quad \boldsymbol{F}_3^{\mathrm{T}} \quad \boldsymbol{F}_4^{\mathrm{T}}]^{\mathrm{T}} \tag{7.14}$$

式中，

$$\boldsymbol{F}_i^{\mathrm{T}} = [F_{xi} \quad M_{xi} \quad M_{yi}],\ i=1,2,3,4 \tag{7.15}$$

7.2.2.1 位移函数

一个矩形薄板单元有 4 个结点、12 个位移分量。如前所述，薄板的形变和内力完全取决于薄板的中面位移 w，其表达式应该包含 12 个待定参数。由于完全四次多项式含有 15 项，因此必须略去其中 3 项才能保持 12 项的待定系数。考虑到对于 x 和 y 的对称性，我们可以选取如下挠度函数 w：

$$w = \alpha_1 + \alpha_2 x + \alpha_3 y + \alpha_4 x^2 + \alpha_5 xy + \alpha_6 y^2 + \alpha_7 x^3 + \alpha_8 x^2 y + \alpha_9 xy^2 + \alpha_{10} y^3 + \alpha_{11} x^3 y + \alpha_{12} xy^3 \tag{7.16}$$

挠度函数 w 在三阶（10 项）之前是完整的，保留 x^3y 和 xy^3 两项能够确保在单元之间界面上位移的连续性。x^4 和 y^4 两项会导致沿单元之间界面上的位移不连续，因此必须予以舍

弃。x^2y^2 是单独项，不能与任何其他项配对，因此也应该舍弃。需要说明的是，式（7.16）中的 α_1 表示薄板在 z 方向的刚体位移，$-\alpha_2$ 和 α_3 分别代表薄板单元绕 y 轴和 x 轴的刚体转动，这3个系数完全反映了薄板单元的刚体位移；$\alpha_4x^2+\alpha_5xy+\alpha_6y^2$ 代表了薄板的常曲率项 $\left(\frac{\partial^2 w}{\partial x^2}=2\alpha_4,\frac{\partial^2 w}{\partial y^2}=2\alpha_6\right)$和常扭率项$\left(\frac{\partial^2 w}{\partial x\partial y}=2\alpha_5\right)$。由于薄板单元能够反映刚体位移和常应变（常曲率和常扭率），因此可以确定薄板挠度 w 满足完备性要求，即薄板单元满足有限元收敛性的必要条件。另外，需要注意的是，在薄板单元之间的界面上，w 的法向导数的连续性要求一般是不满足的，即这种单元是不协调的。对于不协调单元，需要通过分片试验来确定有限元解是否收敛。如果矩形薄板单元能够通过分片试验，就意味着当单元尺寸不断变小时，有限元解能够收敛到精确解。

为了确定式（7.16）中的待定系数 $\alpha_j(j=1,2,\cdots,12)$，可以将图7.3所示的结点坐标和结点位移代入式（7.16）及 w 导数的表达式中，可得

$$\begin{cases} w_i=\alpha_1+\alpha_2x_i+\alpha_3y_i+\alpha_4x_i^2+\alpha_5x_iy_i+\alpha_6y_i^2+\alpha_7x_i^3+ \\ \qquad \alpha_8x_i^2y_i+\alpha_9x_iy_i^2+\alpha_{10}y_i^3+\alpha_{11}x_i^3y_i+\alpha_{12}x_iy_i^3 \\ \left(\frac{\partial w}{\partial y}\right)_i=\theta_{xi}=\alpha_3+\alpha_5x_i+2\alpha_6y_i+\alpha_8x_i^2+2\alpha_9x_iy_i+ \\ \qquad 3\alpha_{10}y_i^2+\alpha_{11}x_i^3+3\alpha_{12}x_iy_i^2 \\ -\left(\frac{\partial w}{\partial x}\right)_i=\theta_{yi}=-\alpha_2-2\alpha_4x_i-\alpha_5y-3\alpha_7x_i^2-2\alpha_8x_iy_i- \\ \qquad \alpha_9y_i^2-3\alpha_{11}x_i^2y-\alpha_{12}y_i^3 \end{cases} \tag{7.17}$$

式中，$i=1,2,3,4$。

式（7.17）可以写为矩阵形式：

$$\boldsymbol{C\alpha}=\boldsymbol{u}^e \tag{7.18}$$

式中，$\boldsymbol{\alpha}=[\alpha_1 \quad \alpha_2 \quad \cdots \quad \alpha_{12}]^{\mathrm{T}}$；

$\boldsymbol{C}$——一个由单元结点坐标确定的系数矩阵，通过求其逆矩阵，可得

$$\boldsymbol{\alpha}=\boldsymbol{C}^{-1}\boldsymbol{u}^e \tag{7.19}$$

将式（7.19）代入式（7.16），得到挠度函数 w 的插值形式，即

$$w=\underbrace{[\boldsymbol{N}_1 \quad \boldsymbol{N}_2 \quad \boldsymbol{N}_3 \quad \boldsymbol{N}_4]}_{\boldsymbol{N}}\boldsymbol{u}^e=\boldsymbol{N}\boldsymbol{u}^e \tag{7.20}$$

式中，插值函数矩阵 $\boldsymbol{N}$ 的子矩阵 $\boldsymbol{N}_i(i=1,2,3,4)$ 为

$$\boldsymbol{N}_i=[N_i \quad N_{xi} \quad N_{yi}] \tag{7.21}$$

式中，

$$\begin{cases} N_i=\frac{1}{8}(1+\xi_i\xi)(1+\eta_i\eta)(2+\xi_i\xi+\eta_i\eta-\xi^2-\eta^2) \\ N_{xi}=\frac{1}{8}b\eta_i(1+\xi_i\xi)(1+\eta_i\eta)^2(\eta_i\eta-1) \\ N_{yi}=\frac{1}{8}a\xi_i(1+\xi_i\xi)^2(1+\eta_i\eta)(1-\xi_i\xi) \end{cases} \tag{7.22}$$

式中，

$$\begin{cases} \xi = \dfrac{x-x_c}{a}, \eta = \dfrac{y-y_c}{b} \\ \xi_i = \dfrac{x_i-x_c}{a}, \ \eta_i = \dfrac{y_i-y_c}{b} \end{cases} \tag{7.23}$$

式中，x_c, y_c——矩阵板单元中心坐标；

ξ_i, η_i——单元结点 i 的自然坐标，$i=1,2,3,4$。

7.2.2.2 单元应变

将式（7.20）代入式（7.3），可得板单元的应变：

$$\boldsymbol{\varepsilon} = \boldsymbol{B}\boldsymbol{u}^e = \underbrace{[\boldsymbol{B}_1 \quad \boldsymbol{B}_2 \quad \boldsymbol{B}_3 \quad \boldsymbol{B}_4]}_{\boldsymbol{B}}\boldsymbol{u}^e \tag{7.24}$$

式中，

$$\boldsymbol{B} = [\boldsymbol{B}_1 \quad \boldsymbol{B}_2 \quad \boldsymbol{B}_3 \quad \boldsymbol{B}_4] \tag{7.25a}$$

$$\boldsymbol{B}_i = -z\begin{bmatrix} \dfrac{\partial^2 N_i}{\partial x^2} \\ \dfrac{\partial^2 N_i}{\partial y^2} \\ 2\dfrac{\partial^2 N_i}{\partial x \partial y} \end{bmatrix} = -z\begin{bmatrix} \dfrac{1}{a^2}\dfrac{\partial^2 N_i}{\partial \xi^2} \\ \dfrac{1}{b^2}\dfrac{\partial^2 N_i}{\partial \eta^2} \\ \dfrac{2}{ab}\dfrac{\partial^2 N_i}{\partial \xi \partial \eta} \end{bmatrix}, \ i=1,2,3,4 \tag{7.25b}$$

将式（7.22）代入式（7.25b），得

$$\boldsymbol{B}_i = \frac{z}{4ab}\begin{bmatrix} \dfrac{3b}{a}\xi_i\xi(1+\eta_i\eta) & 0 & b\xi_i(1+3\xi_i\xi)(1+\eta_i\eta) \\ \dfrac{3a}{b}\eta_i\eta(1+\xi_i\xi) & -a\eta_i(1+\xi_i\xi)(1+3\eta_i\eta) & 0 \\ \xi_i\eta_i(3\xi^2+3\eta^2-4) & -b\xi_i(3\eta^2+2\eta_i\eta-1) & a\eta_i(3\xi^2+2\xi_i\xi-1) \end{bmatrix} \tag{7.26}$$

由式（7.5），可得板单元的形变矢量为

$$\boldsymbol{\chi} = \bar{\boldsymbol{B}}\boldsymbol{u}^e = \underbrace{[\bar{\boldsymbol{B}}_1 \quad \bar{\boldsymbol{B}}_2 \quad \bar{\boldsymbol{B}}_3 \quad \bar{\boldsymbol{B}}]}_{\bar{\boldsymbol{B}}}\boldsymbol{u}^e \tag{7.27}$$

由式（7.25）和式（7.27），有

$$\boldsymbol{B} = [\boldsymbol{B}_1 \quad \boldsymbol{B}_2 \quad \boldsymbol{B}_3 \quad \boldsymbol{B}_4] = z\bar{\boldsymbol{B}} = z[\bar{\boldsymbol{B}}_1 \quad \bar{\boldsymbol{B}}_2 \quad \bar{\boldsymbol{B}}_3 \quad \bar{\boldsymbol{B}}_4] \tag{7.28}$$

式中，

$$\bar{\boldsymbol{B}}_i = \frac{1}{4ab}\begin{bmatrix} \dfrac{3b}{a}\xi_i\xi(1+\eta_i\eta) & 0 & b\xi_i(1+3\xi_i\xi)(1+\eta_i\eta) \\ \dfrac{3a}{b}\eta_i\eta(1+\xi_i\xi) & -a\eta_i(1+\xi_i\xi)(1+3\eta_i\eta) & 0 \\ \xi_i\eta_i(3\xi^2+3\eta^2-4) & -b\xi_i(3\eta^2+2\eta_i\eta-1) & a\eta_i(3\xi^2+2\xi_i\xi-1) \end{bmatrix} \tag{7.29}$$

7.2.2.3 单元内力矩

由式（7.9），可得

$$\boldsymbol{M}=\begin{bmatrix} M_x \\ M_y \\ M_{xy} \end{bmatrix}=\boldsymbol{D\chi}=\underbrace{\boldsymbol{D\bar{B}}}_{\boldsymbol{S}}\boldsymbol{u}^e=\boldsymbol{Su}^e$$

$$=[\boldsymbol{S}_1 \quad \boldsymbol{S}_2 \quad \boldsymbol{S}_3 \quad \boldsymbol{S}_4]\boldsymbol{u}^e \tag{7.30}$$

式中，$\boldsymbol{S}$——薄板单元的内力矩阵，其子矩阵的形式为

$$\boldsymbol{S}_i=\frac{Et^3}{96(1-\nu^2)ab}\begin{bmatrix} s_{11} & s_{12} & s_{13} \\ s_{21} & s_{22} & s_{23} \\ s_{31} & s_{32} & s_{33} \end{bmatrix}, \quad i=1,2,3,4 \tag{7.31}$$

式中，

$$\begin{cases} s_{11}=6\dfrac{b}{a}\xi_i\xi(1+\eta_i\eta)+6\nu\dfrac{a}{b}\eta_i\eta(1+\xi_i\xi), & s_{12}=-2\nu a\eta_i(1+\xi_i\xi)(1+3\eta_i\eta) \\ s_{13}=2b\xi_i(1+3\xi_i\xi)(1+\eta_i\eta), & s_{21}=6\nu\dfrac{b}{a}\xi_i\xi(1+\eta_i\eta)+6\dfrac{a}{b}\eta_i\eta(1+\xi_i\xi) \\ s_{22}=-2a\eta_i(1+\xi_i\xi)(1+3\eta_i\eta), & s_{23}=2\nu b\xi_i(1+3\xi_i\xi)(1+\eta_i\eta) \\ s_{31}=(1-\nu)\xi_i\eta_i(3\xi^2+3\eta^2-4), & s_{32}=-(1-\nu)b\xi_i(3\eta^2+2\eta_i\eta-1) \\ s_{33}=(1-\nu)a\eta_i(3\xi^2+2\xi_i\xi-1) \end{cases} \tag{7.32}$$

7.2.2.4 单元刚度矩阵

由式（7.27）和式（7.30），可得单元刚度矩阵为

$$\boldsymbol{k}^e=\iint_{\Omega^e}\boldsymbol{\bar{B}}^{\mathrm{T}}\boldsymbol{D\bar{B}}\,\mathrm{d}x\mathrm{d}y \tag{7.33}$$

式中，Ω^e——单元域，其面积为 $\Omega=4ab$。

式（7.33）可以进行显式积分，结果为

$$\begin{matrix} & 1 & 2 & 3 & 4 & \\ & \Downarrow & \Downarrow & \Downarrow & \Downarrow & \\ \boldsymbol{k}^e= & \left[\begin{matrix} \boldsymbol{k}_{11} \\ \boldsymbol{k}_{21} \\ \boldsymbol{k}_{31} \\ \boldsymbol{k}_{41} \end{matrix}\right. & \begin{matrix} \boldsymbol{k}_{12} \\ \boldsymbol{k}_{22} \\ \boldsymbol{k}_{32} \\ \boldsymbol{k}_{42} \end{matrix} & \begin{matrix} \boldsymbol{k}_{13} \\ \boldsymbol{k}_{23} \\ \boldsymbol{k}_{33} \\ \boldsymbol{k}_{43} \end{matrix} & \left.\begin{matrix} \boldsymbol{k}_{14} \\ \boldsymbol{k}_{24} \\ \boldsymbol{k}_{34} \\ \boldsymbol{k}_{44} \end{matrix}\right] & \begin{matrix} \Leftarrow 1 \\ \Leftarrow 2 \\ \Leftarrow 3 \\ \Leftarrow 4 \end{matrix} \end{matrix} \tag{7.34}$$

式中，子矩阵的形式为

$$\boldsymbol{k}_{ij}=\begin{bmatrix} a_{11} & a_{12} & a_{13} \\ a_{21} & a_{22} & a_{23} \\ a_{31} & a_{32} & a_{33} \end{bmatrix}, \quad i,j=1,2,3,4 \tag{7.35}$$

式中，各元素为

$$
\begin{cases}
a_{11} = \dfrac{D_0}{20ab}\left[15\left(\dfrac{b^2}{a^2}\xi_i\xi_j + \dfrac{a^2}{b^2}\eta_i\eta_j\right) + \left(14 - 4\nu + 5\dfrac{b^2}{a^2} + 5\dfrac{a^2}{b^2}\right)\xi_i\xi_j\eta_i\eta_j\right] \\
a_{12} = -\dfrac{D_0}{20a}\left[\left(2 + 3\nu + 5\dfrac{a^2}{b^2}\right)\xi_i\xi_j\eta_i + 15\dfrac{a^2}{b^2}\eta_i + 5\nu\xi_i\xi_j\eta_j\right] \\
a_{13} = \dfrac{D_0}{20b}\left[\left(2 + 3\nu + 5\dfrac{b^2}{a^2}\right)\xi_i\eta_i\eta_j + 15\dfrac{b^2}{a^2}\xi_i + 5\nu\xi_j\eta_i\eta_j\right] \\
a_{21} = -\dfrac{D_0}{20a}\left[\left(2 + 3\nu + 5\dfrac{a^2}{b^2}\right)\xi_i\xi_j\eta_j + 15\dfrac{a^2}{b^2}\eta_j + 5\nu\xi_i\xi_j\eta_i\right] \\
a_{22} = \dfrac{D_0 b}{60a}\left[2(1-\nu)\xi_i\xi_j(3 + 5\eta_i\eta_j) + 5\dfrac{a^2}{b^2}(3 + \xi_i\xi_j)(3 + \eta_i\eta_j)\right] \\
a_{23} = -\dfrac{\nu D_0}{4}(\xi_i + \xi_j)(\eta_i + \eta_j) \\
a_{31} = \dfrac{D_0}{20b}\left[\left(2 + 3\nu + 5\dfrac{b^2}{a^2}\right)\xi_j\eta_i\eta_j + 15\dfrac{b^2}{a^2}\xi_j + 5\nu\xi_i\eta_i\eta_j\right] \\
a_{32} = -\dfrac{\nu D_0}{4}(\xi_i + \xi_j)(\eta_i + \eta_j) \\
a_{33} = \dfrac{D_0 a}{60b}\left[2(1-\nu)\eta_i\eta_j(3 + 5\xi_i\xi_j) + 5\dfrac{b^2}{a^2}(3 + \xi_i\xi_j)(3 + \eta_i\eta_j)\right]
\end{cases}
\tag{7.36}
$$

7.2.2.5 等效结点载荷

单元的等效结点载荷列阵可表示为

$$
\boldsymbol{F}^e = [F_{z1} \quad M_{x1} \quad M_{y1} \quad \cdots \quad F_{z4} \quad M_{x4} \quad M_{y4}]^{\mathrm{T}} \tag{7.37}
$$

如果薄板表面承受法向分布载荷 p，则等效结点载荷可按下式计算：

$$
\boldsymbol{F}^e = \iint_{A^e} \boldsymbol{N}^{\mathrm{T}} p\,\mathrm{d}x\mathrm{d}y \tag{7.38}
$$

式中，A^e——单元域。

当分布载荷 p 为常数时，由式（7.38）可得

$$
\boldsymbol{F}^e = 4pab\Big[\underbrace{\tfrac{1}{4} \quad \tfrac{b}{12} \quad -\tfrac{a}{12}}_{\text{结点1}} \quad \underbrace{\tfrac{1}{4} \quad \tfrac{b}{12} \quad \tfrac{a}{12}}_{\text{结点2}} \quad \underbrace{\tfrac{1}{4} \quad -\tfrac{b}{12} \quad \tfrac{a}{12}}_{\text{结点3}} \quad \underbrace{\tfrac{1}{4} \quad -\tfrac{b}{12} \quad -\tfrac{a}{12}}_{\text{结点4}}\Big] \tag{7.39}
$$

式（7.39）表明，其中的1、4、7和10分量为作用于4个结点 z 方向的集中力，分别等于总载荷 $4pab$ 的1/4，其余分量则为作用于结点处的集中力矩。当单元变得较小时，这些集中力矩对位移和内力的影响远小于法向载荷的影响。因此，在实际计算时，可以将它们舍弃。由此，式（7.39）就变为

$$
\boldsymbol{F}^e = 4pab\Big[\underbrace{\tfrac{1}{4} \quad 0 \quad 0}_{\text{结点1}} \quad \underbrace{\tfrac{1}{4} \quad 0 \quad 0}_{\text{结点2}} \quad \underbrace{\tfrac{1}{4} \quad 0 \quad 0}_{\text{结点3}} \quad \underbrace{\tfrac{1}{4} \quad 0 \quad 0}_{\text{结点4}}\Big] \tag{7.40}
$$

在建立单元刚度矩阵和等效结点载荷向量的基础上，对它们分别进行组装，可以得到整体刚度矩阵和整体结点载荷，这样就可以得到有限元的求解方程。然后，基于边界条件，求解该有限元方程，得到结点的位移（挠度和转角），继而可以得到应变和内力。

7.2.2.6 例题

例 7.2.1 图7.4所示为一个悬臂板单元，其边长为 $2a$。板受两个沿着 z 负方向的集

中力$F/2$，其分别作用在单元的右边结点 2 和 3 处。给定材料的弹性模量 E 和泊松比 ν。使用一个板单元，计算结点处的未知量。

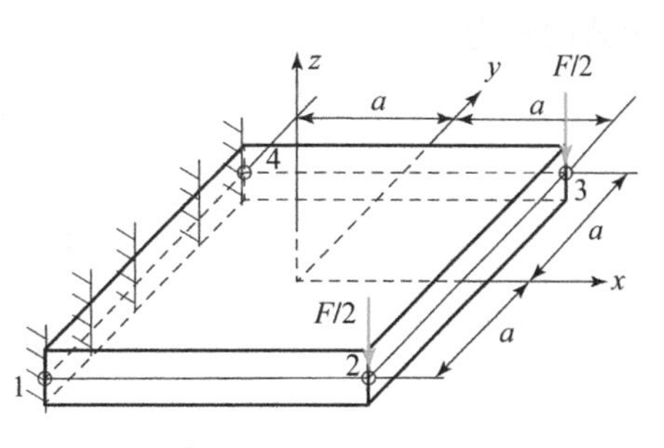

图 7.4　悬臂板单元

解：单元的 4 个结点坐标分别为：结点 1$(-a,-a)$，结点2$(a,-a)$，结点 3(a,a)，结点4$(-a,a)$。

由式（7.23）计算坐标（x,y）相对于自然坐标（ξ,η）的偏导数，即

$$\frac{\partial x}{\partial \xi}=a \quad \frac{\partial y}{\partial \xi}=0$$

$$\frac{\partial x}{\partial \eta}=0 \quad \frac{\partial y}{\partial \eta}=a$$

计算自然坐标（ξ,η）相对于笛卡儿坐标（x,y）的偏导数：

$$\frac{\partial \xi}{\partial x}=\frac{1}{a} \quad \frac{\partial \xi}{\partial y}=0$$

$$\frac{\partial \eta}{\partial x}=0 \quad \frac{\partial \eta}{\partial y}=\frac{1}{a}$$

二阶导数为

$$\frac{\partial^2 \xi}{\partial x^2}=0 \quad \frac{\partial^2 \xi}{\partial y^2}=0 \quad \frac{\partial^2 \xi}{\partial x \partial y}=0$$

$$\frac{\partial^2 \xi}{\partial x^2}=0 \quad \frac{\partial^2 \eta}{\partial y^2}=0 \quad \frac{\partial^2 \eta}{\partial x \partial y}=0$$

形变矩阵 $\bar{\boldsymbol{B}}$ 为

$$\bar{\boldsymbol{B}}=\begin{bmatrix} \dfrac{3\xi(1-\eta)}{4a^2} & 0 & \cdots & \dfrac{(1-3\xi)(1+\eta)}{4a} \\ \dfrac{3\eta(1-\xi)}{4a^2} & -\dfrac{b(1-\xi)(1-3\eta)}{4a^2} & \cdots & 0 \\ -\dfrac{3\xi^2+3\eta^2-4}{4a^2} & \dfrac{b(1-\eta)(1-3\eta)}{4a^2} & \cdots & \dfrac{(1-\xi)(1+3\xi)}{4a} \end{bmatrix}$$

计算单元的刚度矩阵，并引进边界条件，即 $w_1=w_4=0$，$\theta_{x1}=\theta_{y1}=\theta_{x4}=\theta_{y4}=0$，最终得到的求解方程为

$$\begin{bmatrix} \dfrac{27-2\nu}{10a^2} & \dfrac{11+4\nu}{10a} & \dfrac{11+4\nu}{10a} & \dfrac{-6+\nu}{5a^2} & \dfrac{11-\nu}{10a} & \dfrac{2(1-\nu)}{5a} \\ \dfrac{11+4\nu}{10a} & \dfrac{4(6-\nu)}{15} & \nu & \dfrac{-11+\nu}{10a} & \dfrac{9+\nu}{15} & 0 \\ \dfrac{11+4\nu}{10a} & \nu & \dfrac{-24+4\nu}{15} & \dfrac{2(1-\nu)}{5a} & 0 & \dfrac{6+4\nu}{15} \\ \dfrac{-6+\nu}{5a^2} & \dfrac{-11+\nu}{10a} & \dfrac{2(1-\nu)}{5a} & \dfrac{27-2\nu}{10a^2} & -\dfrac{11+4\nu}{10a} & \dfrac{11+4\nu}{10a} \\ \dfrac{11-\nu}{10a} & \dfrac{9+\nu}{15} & 0 & -\dfrac{11+4\nu}{10a} & \dfrac{4(6-\nu)}{15} & -\nu \\ \dfrac{2(1-\nu)}{5a} & 0 & \dfrac{6+4\nu}{15} & \dfrac{11+4\nu}{10a} & -\nu & \dfrac{24-4\nu}{15} \end{bmatrix} \begin{bmatrix} w_2 \\ \theta_{x2} \\ \theta_{y2} \\ w_3 \\ \theta_{x3} \\ \theta_{y3} \end{bmatrix} = \begin{bmatrix} -\dfrac{F}{2} \\ 0 \\ 0 \\ -\dfrac{F}{2} \\ 0 \\ 0 \end{bmatrix}$$

上式的解为

$$w_2 = w_3 = -\frac{2(3\nu^2 + 2\nu - 6)a^2F}{3D_0(3 + 2\nu)(-1 + \nu)}$$

$$\theta_{x2} = -\theta_{x3} = \frac{\nu aF}{D_0(2\nu^2 + \nu - 3)}$$

$$\theta_{y2} = \theta_{y3} = \frac{(\nu^2 + \nu - 3)aF}{D_0(3 + 2\nu)(-1 + \nu)}$$

7.2.3 三角形薄板单元

三角形薄板单元能够较好地处理复杂的边界形状，因而在工程实际中得到广泛的应用。常用的三结点三角形薄板单元如图 7.5 所示。

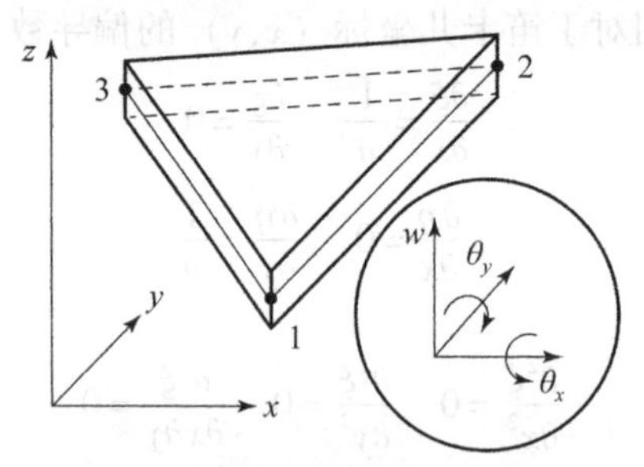

图 7.5　三结点三角形薄板单元

7.2.3.1 位移函数

三结点三角形薄板单元的结点参数为挠度 w、绕 x 轴的转角 θ_x 和绕 y 轴的转角 θ_y。三结点共有 9 个参数，因此选取的位移函数中也应含有 9 项。一个完整的三次多项式共有 10 项，即

$$\alpha_1 + \alpha_2 x + \alpha_3 y + \alpha_4 x^2 + \alpha_5 xy + \alpha_6 y^2 + \alpha_7 x^3 + \alpha_8 x^2 y + \alpha_9 xy^2 + \alpha_{10} y^3$$

式中的前 6 项反映了刚体位移和常应变，它们是有限元收敛的必要条件。因此，需删除的一项只能在三次项中选取。如果任意删除一项，则位移函数不满足对 x 和 y 的对等性。Clough 和 Tocher 建议将 x^2y 和 xy^2 合并，使位移函数只包含 9 个待定参数（Clough et al.，1966）。但在某些情况下，这些待定参数是无法确定的。例如，当等腰直角三角形的两边平行于 x 和 y 轴时，求解 9 个待定参数的系数矩阵是奇异的，因此这种方法是不可取的。一个可行的解决方法是采用面积坐标。

面积坐标的一次式、二次式及三次式分别有以下各项：

一次式（3 项）：　L_1, L_2, L_3　(7.41)

二次式（6 项）：　$L_1^2, L_2^2, L_3^2, L_1L_2, L_2L_3, L_3L_1$　(7.42)

三次式（10 项）：$L_1^3, L_2^3, L_3^3, L_1^2L_2, L_2^2L_3, L_3^2L_1, L_1L_2^2, L_2L_3^2, L_3L_1^2, L_1L_2L_3$　(7.43)

由式（4.8）和式（4.9）可知，x 和 y 的一次完整多项式可以用式（7.41）中的 3 项面积坐标的线性组合表示为

$$\alpha_1 L_1 + \alpha_2 L_2 + \alpha_3 L_3 \tag{7.44}$$

x 和 y 的二次完整多项式中至少应包含式（7.41）及式（7.42）中任取的 6 项，例如，这 6 项的线性组合可表示为

$$\alpha_1 L_1 + \alpha_2 L_2 + \alpha_3 L_3 + \alpha_4 L_1 L_2 + \alpha_5 L_2 L_3 + \alpha_6 L_3 L_1 \tag{7.45}$$

x 和 y 的三次完整多项式中至少应包含式（7.43）中的 4 项及式（7.41）~ 式（7.43）中任取的 6 项，例如，这 10 项的线性组合可表示为

$$\alpha_1 L_1 + \alpha_2 L_2 + \alpha_3 L_3 + \alpha_4 L_1^2 L_2 + \alpha_5 L_2^2 L_3 + \alpha_6 L_3^2 L_1 + \alpha_7 L_1 L_2^2 + \alpha_8 L_2 L_3^2 + \alpha_9 L_3 L_1^2 + \alpha_{10} L_1 L_2 L_3 \tag{7.46}$$

由于三角形薄板单元结点位移只有 9 项，因此应设法在上式中删除一项。式（7.46）中的最后一项 $L_1 L_2 L_3$ 在单元的 3 个结点处，其函数值及偏导数都等于零，即

$$L_1 L_2 L_3 = \frac{\partial(L_1 L_2 L_3)}{\partial x} = \frac{\partial(L_1 L_2 L_3)}{\partial y} = 0$$

函数 $L_1 L_2 L_3$ 的上述性质决定了在构造单元插值函数时不能单独使用该函数，但将其归并到其他所有三次项中可以增加函数的一般性。需要注意的是，如果在位移函数中舍弃函数 $L_1 L_2 L_3$，则该位移函数将不再包含各种可能的 x 和 y 的二次式，即收敛性不能得到保证。因此，三角形板单元的位移函数可以选取为

$$\begin{aligned} w = {} & \alpha_1 L_1 + \alpha_2 L_2 + \alpha_3 L_3 + \alpha_4 (L_1^2 L_2 + cL_1 L_2 L_3) + \alpha_5 (L_2^2 L_3 + cL_1 L_2 L_3) + \\ & \alpha_6 (L_3^2 L_1 + cL_1 L_2 L_3) + \alpha_7 (L_1 L_2^2 + cL_1 L_2 L_3) + \alpha_8 (L_2 L_3^2 + cL_1 L_2 L_3) + \alpha_9 (L_3 L_1^2 + cL_1 L_2 L_3) \end{aligned} \tag{7.47}$$

上面仅含 9 项的公式不能表示一个完整的三次多项式，即不能保证挠度 w 在一般情况下满足常应变条件。但通过调整参数 c 使其等于 1/2，正好使得挠度函数 w 能够满足常应变（常曲率和常扭率）的要求。由此，可将式（7.47）改写为

$$\begin{aligned} w = {} & \alpha_1 L_1 + \alpha_2 L_2 + \alpha_3 L_3 + \alpha_4 \left(L_1^2 L_2 + \frac{1}{2} L_1 L_2 L_3\right) + \alpha_5 \left(L_2^2 L_3 + \frac{1}{2} L_1 L_2 L_3\right) + \alpha_6 \left(L_3^2 L_1 + \frac{1}{2} L_1 L_2 L_3\right) + \\ & \alpha_7 \left(L_1 L_2^2 + \frac{1}{2} L_1 L_2 L_3\right) + \alpha_8 \left(L_2 L_3^2 + \frac{1}{2} L_1 L_2 L_3\right) + \alpha_9 \left(L_3 L_1^2 + \frac{1}{2} L_1 L_2 L_3\right) \end{aligned} \tag{7.48}$$

在式（7.48）中代入各个结点的位移参数：

$$w_i, \theta_{xi} = \left(\frac{\partial w}{\partial y}\right)_i, \quad \theta_{yi} = -\left(\frac{\partial w}{\partial x}\right)_i, \quad i = 1, 2, 3$$

可以求出式（7.48）中的 9 个系数 $\alpha_1, \alpha_2, \cdots, \alpha_9$，再将其代入式（7.48），最终得到的位移函数为

$$w = \underbrace{[\boldsymbol{N}_1 \quad \boldsymbol{N}_2 \quad \boldsymbol{N}_3]}_{\boldsymbol{N}} \underbrace{\begin{bmatrix} \boldsymbol{u}_1 \\ \boldsymbol{u}_2 \\ \boldsymbol{u}_3 \end{bmatrix}}_{\boldsymbol{u}^e} = \boldsymbol{N}\boldsymbol{u}^e \tag{7.49}$$

式中，

$$\boldsymbol{N}_i = [N_i \quad N_{xi} \quad N_{yi}], \ \boldsymbol{u}_i^{\mathrm{T}} = [w_i \quad \theta_{xi} \quad \theta_{yi}], \ i = 1, 2, 3$$

其中，形函数的表达式为

$$N_i = L_i + L_i^2 L_j + L_i^2 L_m - L_i L_j^2 - L_i L_m^2 \tag{7.50a}$$

$$N_{xi} = b_j L_i^2 L_m - b_m L_i^2 L_j + \frac{1}{2}(b_j - b_m) L_i L_j L_m \tag{7.50b}$$

$$N_{yi} = c_j L_i^2 L_m - c_m L_i^2 L_j + \frac{1}{2}(c_j - c_m) L_i L_j L_m \tag{7.50c}$$

式中，b_j和c_j的定义见式（4.13）和式（4.17）；下标 i、j 和 m 可通过轮换得到，如图 7.6 所示。

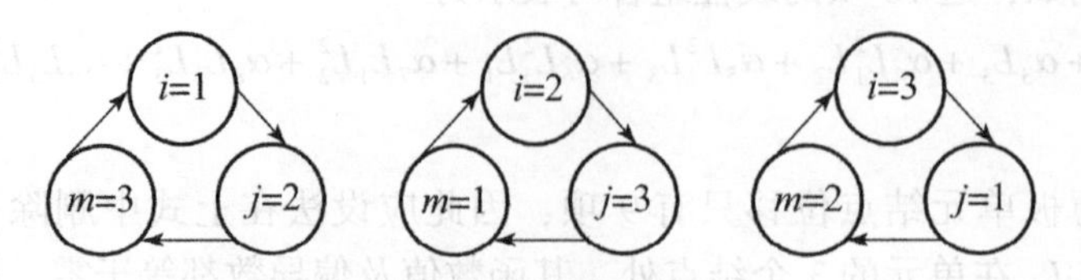

图 7.6 i、j 和 m 轮换图

将式（7.50）代入式（7.49），整理后得到

$$w = w_1 L_1 + w_2 L_2 + w_3 L_3 + (b_3 \theta_{x2} + c_3 \theta_{y2}) L_1 L_2 + (b_2 \theta_{x1} + c_2 \theta_{y1}) L_1 L_3 + (b_1 \theta_{x3} + c_1 \theta_{y3}) L_2 L_3 + \cdots$$

上式中的前 6 项正好是二次完全多项式，因此该挠度函数 w 能够满足板单元的刚体位移和常应变要求。在单元的边界上，挠度 w 是边长 s 的三次函数，可以由该边上两端结点处的 w 和 $\frac{\partial w}{\partial s}$ 唯一确定，因此可以保证两个相邻单元交界面上的位移是相同的。在单元边界上，法向导数$\frac{\partial w}{\partial n}$仍然是边长 s 的三次函数，但在边界两端结点上法向导数$\frac{\partial w}{\partial n}$仅有两个值，因此无法唯一确定单元边界上任意一点的$\frac{\partial w}{\partial n}$。这意味着相邻单元的交界面处的法向导数是不连续的，因此这种三角形单元是不协调的，也称为不协调三角形单元。

需要注意的是，用最小势能原理得到的有限元近似解通常使结构显得过于刚硬，在实际工程结构分析中，不协调单元往往比协调单元能得到更好的结果。然而，不协调单元并不完全满足最小势能原理的协调性要求，且在单元交界面上的适应性较强，使得结构趋于柔软，这刚好能部分抵消有限元解使结构过于刚硬所引起的误差。

7.2.3.2 单元刚度矩阵与等效结点载荷

将式（7.49）代入式（7.4），可得

$$\boldsymbol{\chi} = \bar{\boldsymbol{B}} \boldsymbol{u}^e \tag{7.51}$$

式中，形变矩阵 $\bar{\boldsymbol{B}}$ 为

$$\bar{\boldsymbol{B}} = -\begin{bmatrix} \frac{\partial^2 N_1}{\partial x^2} & \frac{\partial^2 N_{x1}}{\partial x^2} & \frac{\partial^2 N_{y1}}{\partial x^2} & \cdots & \frac{\partial^2 N_{y3}}{\partial x^2} \\ \frac{\partial^2 N_1}{\partial y^2} & \frac{\partial^2 N_{x1}}{\partial y^2} & \frac{\partial^2 N_{y1}}{\partial y^2} & \cdots & \frac{\partial^2 N_{y3}}{\partial y^2} \\ 2\frac{\partial^2 N_1}{\partial x \partial y} & 2\frac{\partial^2 N_{x1}}{\partial x \partial y} & 2\frac{\partial^2 N_{y1}}{\partial x \partial y} & \cdots & 2\frac{\partial^2 N_{y3}}{\partial x \partial y} \end{bmatrix} \tag{7.52}$$

其中，形函数是关于整体坐标系的二次偏导数，而形函数是用面积坐标表示的，这样就需要两个坐标系下的导数关系。若取 L_1 和 L_2 为独立坐标，则 $L_3 = 1 - L_1 - L_2$ 是 L_1 和 L_2 的函数，由此可得

$$\begin{bmatrix} \frac{\partial}{\partial x} \\ \frac{\partial}{\partial y} \end{bmatrix} = \frac{1}{2A} \begin{bmatrix} b_1 & b_2 \\ c_1 & c_2 \end{bmatrix} \begin{bmatrix} \frac{\partial}{\partial L_1} \\ \frac{\partial}{\partial L_2} \end{bmatrix} \tag{7.53}$$

式中，A——三角形单元面积。

$$\begin{bmatrix} \frac{\partial^2}{\partial x^2} \\ \frac{\partial^2}{\partial y^2} \\ 2\frac{\partial^2}{\partial x \partial y} \end{bmatrix} = \frac{1}{4A^2} \begin{bmatrix} b_1^2 & b_2^2 & 2b_1 b_2 \\ c_1^2 & c_2^2 & 2c_1 c_2 \\ 2b_1 c_1 & 2b_2 c_2 & 2(b_1 c_2 + b_2 c_1) \end{bmatrix} \begin{bmatrix} \frac{\partial^2}{\partial L_1^2} \\ \frac{\partial^2}{\partial L_2^2} \\ \frac{\partial^2}{\partial L_1 \partial L_2} \end{bmatrix} = \boldsymbol{T} \begin{bmatrix} \frac{\partial^2}{\partial L_1^2} \\ \frac{\partial^2}{\partial L_2^2} \\ \frac{\partial^2}{\partial L_1 \partial L_2} \end{bmatrix} \tag{7.54}$$

式中，

$$\boldsymbol{T} = \frac{1}{4A^2} \begin{bmatrix} b_1^2 & b_2^2 & 2b_1 b_2 \\ c_1^2 & c_2^2 & 2c_1 c_2 \\ 2b_1 c_1 & 2b_2 c_2 & 2(b_1 c_2 + b_2 c_1) \end{bmatrix} \tag{7.55}$$

将式（7.49）代入式（7.5），得

$$\boldsymbol{\varepsilon} = \boldsymbol{B}\boldsymbol{u}^e = z \underbrace{[\bar{\boldsymbol{B}}_1 \quad \bar{\boldsymbol{B}}_2 \quad \bar{\boldsymbol{B}}_3]}_{\bar{\boldsymbol{B}}} \underbrace{\begin{bmatrix} \boldsymbol{u}_1 \\ \boldsymbol{u}_2 \\ \boldsymbol{u}_3 \end{bmatrix}}_{\boldsymbol{u}^e} \tag{7.56}$$

式中，

$$\bar{\boldsymbol{B}}_i = -\begin{bmatrix} \boldsymbol{N}_{i'xx} \\ \boldsymbol{N}_{i'yy} \\ \boldsymbol{N}_{i'xy} \end{bmatrix} = -\frac{1}{4A^2}\boldsymbol{T} \begin{bmatrix} \boldsymbol{N}_{i'11} \\ \boldsymbol{N}_{i'22} \\ \boldsymbol{N}_{i'12} \end{bmatrix}, \quad i = 1,2,3 \tag{7.57}$$

式中，$\boldsymbol{N}_{i'xx} = \frac{\partial^2 \boldsymbol{N}_i}{\partial x^2}$，$\boldsymbol{N}_{i'yy} = \frac{\partial^2 \boldsymbol{N}_i}{\partial y^2}$，$\boldsymbol{N}_{i'xy} = \frac{\partial^2 \boldsymbol{N}_i}{\partial x \partial y}$；

$\boldsymbol{N}_{i'11} = \frac{\partial^2 \boldsymbol{N}_i}{\partial L_1^2}$，$\boldsymbol{N}_{i'22} = \frac{\partial^2 \boldsymbol{N}_i}{\partial L_2^2}$，$\boldsymbol{N}_{i'12} = \frac{\partial^2 \boldsymbol{N}_i}{\partial L_1 \partial L_2}$。

单元刚度矩阵的子矩阵为

$$\boldsymbol{k}_{ij}^e = \int_{A^e} \bar{\boldsymbol{B}}_i^{\mathrm{T}} \boldsymbol{D} \bar{\boldsymbol{B}}_j \mathrm{d}x\mathrm{d}y = 2A \int_0^1 \int_0^{1-L_1} \bar{\boldsymbol{B}}_i^{\mathrm{T}} \boldsymbol{D} \bar{\boldsymbol{B}}_j \mathrm{d}L_2 \mathrm{d}L_1, \quad i,j = 1,2,3 \tag{7.58}$$

式中，A^e——单元域。

式（7.58）可以通过面积坐标的数值求积公式（参见表5.1）求出。

由式（7.38）可以容易地求出分布载荷的等效结点载荷。当单元受法向分布载荷 p 作用时，其等效结点载荷的计算公式为

$$\boldsymbol{F}_{pi}^e = \iint_{A^e} \boldsymbol{N}_i^{\mathrm{T}} p \mathrm{d}x\mathrm{d}y, \quad i = 1,2,3 \tag{7.59}$$

如果分布载荷 p 在单元内是线性变化的，即

$$p = L_1 p_1 + L_2 p_2 + L_3 p_3 \tag{7.60}$$

式中，p_1, p_2, p_3——结点1、2和3处的分布载荷值。

将式（7.60）代入式（7.59），并利用面积坐标的积分公式，即式（6.54），可得

$$\boldsymbol{F}_{pi}^{e}=\frac{A}{360}\begin{bmatrix}64p_i+28(p_j+p_m)\\7(b_j-b_m)p_i+(3b_j-5b_m)p_j+(5b_j-3b_m)p_m\\7(c_j-c_m)p_i+(3c_j-5c_m)p_j+(5c_j-3c_m)p_m\end{bmatrix},\ i,j,m=1,2,3 \tag{7.61}$$

式中，下标 i、j 和 m 可通过图7.6所示的轮换图得到。

如果 p 为常数，则有

$$\boldsymbol{F}_{pi}^{e}=\begin{bmatrix}F_{zi}\\M_{\theta xi}\\M_{\theta yi}\end{bmatrix}=\frac{Ap}{24}\begin{bmatrix}8\\b_j-b_m\\c_j-c_m\end{bmatrix},\ i,j,m=1,2,3 \tag{7.62}$$

7.3 Mindlin板

7.2节所述的Kirchhoff矩形板单元和三角形板单元都忽略了剪切变形的影响。Kirchhoff板理论要求挠度的导数具有连续性，这使得构造协调单元十分困难。避免这一困难的一种方法是采用考虑剪切变形的Mindlin板理论。该理论假设：原来垂直于板中面的一段直线保持恒定长度，但板变形后该线段不再垂直于变形后的中面（图7.7）。由此，就需要通过板的挠度和上述直线段在两个方向上的转角来确定板的变形。

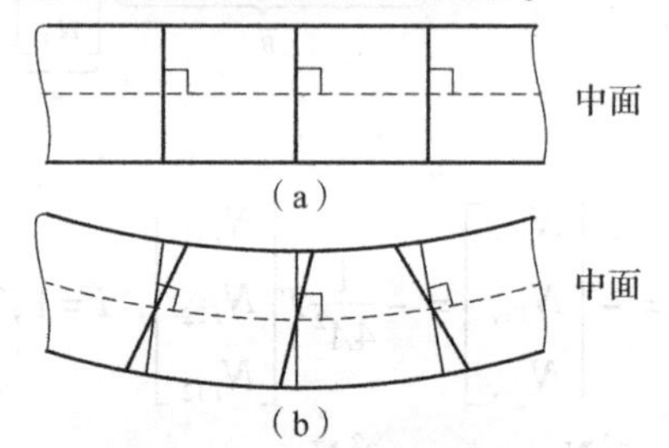

图7.7 Mindlin板理论假设

(a) 变形前；(c) 变形后

7.3.1 基本公式

以板中面为 xy 平面，z 轴与 xy 平面垂直，板内任意一点的位移为

$$\begin{cases}u(x,y,z)=-z\phi_x\\v(x,y,z)=-z\phi_y\\w(x,y,z)=w(x,y)\end{cases} \tag{7.63}$$

式中，w——挠度；

u, v——x 和 y 方向的位移；

ϕ_x——平面 xz 内垂直于中面的法线转角；

ϕ_y——平面 yz 内垂直于中面的法线转角。

ϕ_x、ϕ_y 以及板面斜率 $\dfrac{\partial w}{\partial x}$ 和 $\dfrac{\partial w}{\partial y}$ 的正向如图7.8所示。

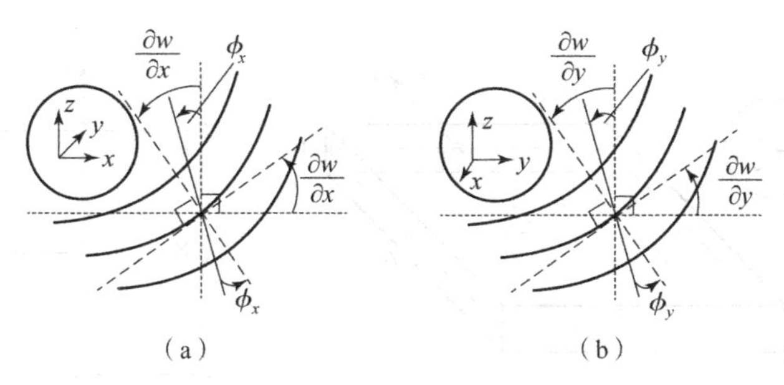

图 7.8　Mindlin 板理论参考面的斜率和横向法线转动

(a) xz 截面；(b) yz 截面

类似于式（7.9）中 Kirchhoff 板理论中弯矩与曲率的关系，将式（7.63）代入式（7.3），然后依据式（7.7）并沿 z 方向积分，可得 Mindlin 板理论弯矩与曲率的关系：

$$\boldsymbol{M} = \boldsymbol{D}\boldsymbol{k} \tag{7.64}$$

式中，$\boldsymbol{k}$——曲率，

$$\boldsymbol{k} = \begin{bmatrix} k_x \\ k_y \\ 2k_{xy} \end{bmatrix} = \begin{bmatrix} -\dfrac{\partial \phi_x}{\partial x} \\ -\dfrac{\partial \phi_y}{\partial y} \\ -\left(\dfrac{\partial \phi_x}{\partial y} + \dfrac{\partial \phi_y}{\partial x}\right) \end{bmatrix} \tag{7.65}$$

由于在 Mindlin 板理论中不再需要直法线假设，因此出现了 γ_{zx} 和 γ_{zy} 两个剪切应变，即

$$\begin{cases} \gamma_{zx} = \dfrac{\partial w}{\partial x} - \phi_x \\ \gamma_{zy} = \dfrac{\partial w}{\partial y} - \phi_y \end{cases} \tag{7.66}$$

7.3.2　四边形单元

7.3.2.1　位移函数

设有一个 Mindlin 板八结点四边形单元，如图 7.9 所示。板内任意一点的位移由挠度 w、两个转角 ϕ_x 和 ϕ_y 完全确定。为了与有限元结点位移一致，采用的板单元位移矢量为

$$\boldsymbol{u} = \begin{bmatrix} w \\ \theta_x \\ \theta_y \end{bmatrix} = \begin{bmatrix} w \\ \phi_y \\ -\phi_x \end{bmatrix} \tag{7.67}$$

式中，θ_x, θ_y——与挠度无关的独立转角位移，其正方向如图 7.9（a）所示。

单元的结点位移列阵为

$$\boldsymbol{u}_i = \begin{bmatrix} w_i \\ \theta_{xi} \\ \theta_{yi} \end{bmatrix},\ i = 1, 2, \cdots, 8 \tag{7.68}$$

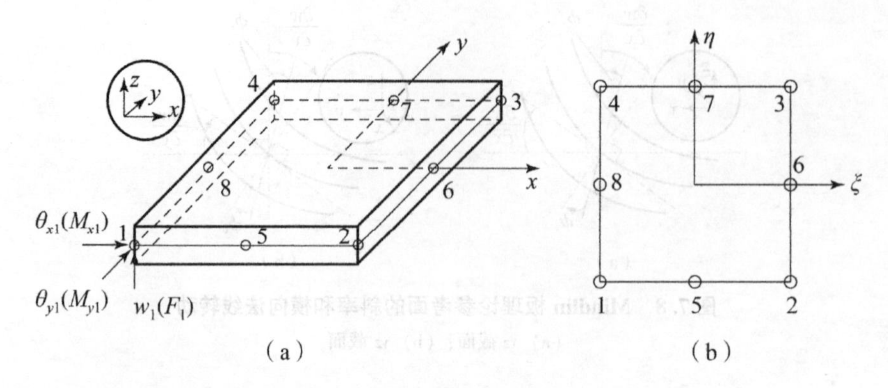

图 7.9 四边形板单元

(a) 实际单元；(b) 标准单元

引入等参变换，即

$$x = \sum_{i=1}^{8} N_i x_i ,\ y = \sum_{i=1}^{8} N_i y_i \tag{7.69}$$

式中，形函数的表达式为

$$N_i = \begin{cases} \dfrac{1}{4}(1+\xi_i\xi)(1+\eta_i\eta)(\xi_i\xi+\eta_i\eta-1), & i=1,2,3,4 \\ \dfrac{1}{2}(1-\xi^2)(1+\eta_i\eta), & i=5,7 \\ \dfrac{1}{2}(1+\xi_i\xi)(1-\eta^2), & i=6,8 \end{cases} \tag{7.70}$$

单元位移采用相同的插值形式，即

$$w = \sum_{i=1}^{8} N_i w_i ,\ \theta_x = \sum_{i=1}^{8} N_i \theta_{xi} ,\ \theta_y = \sum_{i=1}^{8} N_i \theta_{yi} \tag{7.71}$$

式（7.71）可写为矩阵的形式

$$\boldsymbol{u} = \underbrace{[\boldsymbol{N}_1 \quad \boldsymbol{N}_2 \quad \cdots \quad \boldsymbol{N}_8]}_{\boldsymbol{N}} \underbrace{\begin{bmatrix} \boldsymbol{u}_1 \\ \boldsymbol{u}_2 \\ \vdots \\ \boldsymbol{u}_8 \end{bmatrix}}_{\boldsymbol{u}^e} = \boldsymbol{N}\boldsymbol{u}^e \tag{7.72}$$

式中，

$$\begin{cases} \boldsymbol{N} = [\boldsymbol{N}_1 \quad \boldsymbol{N}_2 \quad \cdots \quad \boldsymbol{N}_8],\ \boldsymbol{N}_i = N_i \boldsymbol{I},\ \boldsymbol{I} = \begin{bmatrix} 1 & 0 & 0 \\ 0 & 1 & 0 \\ 0 & 0 & 1 \end{bmatrix} \\ \boldsymbol{u}^e = [\boldsymbol{u}_1^{\mathrm{T}} \quad \boldsymbol{u}_2^{\mathrm{T}} \quad \cdots \quad \boldsymbol{u}_8^{\mathrm{T}}]^{\mathrm{T}},\boldsymbol{u}_i^{\mathrm{T}} = [w_i \quad \theta_{xi} \quad \theta_{yi}],i=1,2,\cdots,8 \end{cases} \tag{7.73}$$

7.3.2.2 单元刚度矩阵

Mindlin 板单元中任意一点有 5 个应变分量，即

$$\boldsymbol{\varepsilon}=\begin{bmatrix}\varepsilon_x\\ \varepsilon_y\\ \gamma_{xy}\\ \gamma_{yz}\\ \gamma_{xz}\end{bmatrix}=\begin{bmatrix}z\dfrac{\partial\theta_y}{\partial x}\\ -z\dfrac{\partial\theta_x}{\partial y}\\ z\left(\dfrac{\partial\theta_y}{\partial y}-\dfrac{\partial\theta_x}{\partial x}\right)\\ \dfrac{\partial w}{\partial y}-\theta_x\\ \dfrac{\partial w}{\partial x}+\theta_y\end{bmatrix} \tag{7.74}$$

将式（7.71）代入式（7.74），可得

$$\boldsymbol{\varepsilon}=\begin{bmatrix}z\boldsymbol{B}_{\mathrm{b}}\\ \boldsymbol{B}_{\mathrm{s}}\end{bmatrix}\boldsymbol{u}^{e} \tag{7.75}$$

式中，$\boldsymbol{B}_{\mathrm{b}}$——弯曲应变矩阵，即

$$\boldsymbol{B}_{\mathrm{b}}=[\boldsymbol{B}_{\mathrm{b1}}\quad \boldsymbol{B}_{\mathrm{b2}}\quad \cdots\quad \boldsymbol{B}_{\mathrm{b8}}] \tag{7.76}$$

$$\boldsymbol{B}_{\mathrm{b}i}=\begin{bmatrix}0 & 0 & \dfrac{\partial N_i}{\partial x}\\ 0 & -\dfrac{\partial N_i}{\partial y} & 0\\ 0 & -\dfrac{\partial N_i}{\partial x} & \dfrac{\partial N_i}{\partial y}\end{bmatrix},\quad i=1,2,\cdots,8 \tag{7.77}$$

$\boldsymbol{B}_{\mathrm{s}}$——剪切应变矩阵，即

$$\boldsymbol{B}_{\mathrm{s}}=[\boldsymbol{B}_{\mathrm{s1}}\quad \boldsymbol{B}_{\mathrm{s2}}\quad \cdots\quad \boldsymbol{B}_{\mathrm{s8}}] \tag{7.78}$$

$$\boldsymbol{B}_{\mathrm{s}i}=\begin{bmatrix}\dfrac{\partial N_i}{\partial y} & -N_i & 0\\ \dfrac{\partial N_i}{\partial x} & 0 & N_i\end{bmatrix},\quad i=1,2,\cdots,8 \tag{7.79}$$

由应力与应变之间的关系，可得

$$\boldsymbol{\sigma}=\begin{bmatrix}\sigma_x\\ \sigma_y\\ \sigma_{xy}\\ \sigma_{yz}\\ \sigma_{xz}\end{bmatrix}=\begin{bmatrix}\boldsymbol{D}_{\mathrm{b}} & \boldsymbol{0}\\ \boldsymbol{0} & \boldsymbol{D}_{\mathrm{s}}\end{bmatrix}\begin{bmatrix}\varepsilon_x\\ \varepsilon_y\\ \gamma_{xy}\\ \gamma_{yz}\\ \gamma_{xz}\end{bmatrix} \tag{7.80}$$

式中，$\boldsymbol{D}_{\mathrm{b}}$——弯曲弹性矩阵，即

$$\boldsymbol{D}_{\mathrm{b}}=\frac{E}{1-\nu^2}\begin{bmatrix}1 & \nu & 0\\ \nu & 1 & 0\\ 0 & 0 & \dfrac{1-\nu}{2}\end{bmatrix} \tag{7.81}$$

$\boldsymbol{D}_{\mathrm{s}}$——剪切弹性矩阵，即

$$\boldsymbol{D}_{\mathrm{s}}=\begin{bmatrix} kG & 0 \\ 0 & kG \end{bmatrix} \tag{7.82}$$

式中，k——剪切修正系数，若材料沿板厚均匀分布，则 $k=5/6$；

G——剪切模量。

将式（7.75）代入式（7.80），得应力与结点位移之间的关系为

$$\boldsymbol{\sigma}=\begin{bmatrix} \boldsymbol{D}_{\mathrm{b}} & \boldsymbol{0} \\ \boldsymbol{0} & \boldsymbol{D}_{\mathrm{s}} \end{bmatrix}\begin{bmatrix} z\boldsymbol{B}_{\mathrm{b}} \\ \boldsymbol{B}_{\mathrm{s}} \end{bmatrix}\boldsymbol{u}^{e} \tag{7.83}$$

最终得到的单元刚度矩阵为

$$\begin{aligned} \boldsymbol{k}^{e} &= \int_{-t/2}^{t/2}\int_{A^{e}}\left[z\boldsymbol{B}_{\mathrm{b}}^{\mathrm{T}} \quad \boldsymbol{B}_{\mathrm{s}}^{\mathrm{T}} \right]\begin{bmatrix} \boldsymbol{D}_{\mathrm{b}} & \boldsymbol{0} \\ \boldsymbol{0} & \boldsymbol{D}_{\mathrm{s}} \end{bmatrix}\begin{bmatrix} z\boldsymbol{B}_{\mathrm{b}} \\ \boldsymbol{B}_{\mathrm{s}} \end{bmatrix}\mathrm{d}x\mathrm{d}y\mathrm{d}z \\ &= \frac{t^{3}}{12}\int_{A^{e}}\boldsymbol{B}_{\mathrm{b}}^{\mathrm{T}}\boldsymbol{D}_{\mathrm{b}}\boldsymbol{B}_{\mathrm{b}}\mathrm{d}x\mathrm{d}y + t\int_{A^{e}}\boldsymbol{B}_{\mathrm{s}}^{\mathrm{T}}\boldsymbol{D}_{\mathrm{s}}\boldsymbol{B}_{\mathrm{s}}\mathrm{d}x\mathrm{d}y \end{aligned} \tag{7.84}$$

通常情况下，式（7.84）应采用高斯求积方法进行求解。需要注意的是，Mindlin 板单元在分析薄板时会出现剪切锁死现象。为克服此缺陷，我们可以使用减缩积分方法使该单元适用于各种厚度的板。具体实施：式（7.84）中的第 1 个积分采用 3×3 积分，第 2 个积分采用 2×2 积分。减缩积分之所以在研究板弯曲问题时能获得较高精度的解，其原因是：在位移函数中，单元精度一般取决于完整多项式的阶数，不完整的高阶项通常不能提高单元精度，但减缩积分可以消除这些高阶项的影响。另外，在数值实施时，需要避免减缩积分可能引起的零能模式，该模式是指不同于刚体运动的位移模式所导致的应变能为零的情况。

7.3.2.3 等效结点载荷

如果板单元上有法向分布载荷 p，则其结点 i 处的等效结点力为

$$F_{i} = \int_{-1}^{1}\int_{-1}^{1}N_{i}pJ\mathrm{d}\xi\boldsymbol{\eta},\quad i = 1,2,\cdots,8 \tag{7.85}$$

由于挠度和转角独立插值，因此法向分布载荷只引起挠度方向的等效结点力，而不会产生转角方向的弯矩力。内力矩和剪力的计算公式分别为

$$[M_{x} \quad M_{y} \quad M_{xy}]^{\mathrm{T}} = \frac{t^{3}}{12}\sum_{i=1}^{8}\boldsymbol{D}_{\mathrm{b}}\boldsymbol{B}_{\mathrm{b}i}\boldsymbol{u}_{i} \tag{7.86}$$

$$[Q_{x} \quad Q_{y}]^{\mathrm{T}} = t\sum_{i=1}^{8}\boldsymbol{D}_{\mathrm{s}}\boldsymbol{B}_{\mathrm{s}i}\boldsymbol{u}_{i} \tag{7.87}$$

如果在边界 Γ 上作用分布扭矩 M_{n} 和分布弯矩 M_{t}，则其在结点 i 处的等效结点弯矩为

$$\begin{bmatrix} M_{xi} \\ M_{yi} \end{bmatrix} = \int_{\Gamma}N_{i}\begin{bmatrix} M_{\mathrm{n}}n_{1} - M_{\mathrm{t}}n_{2} \\ M_{\mathrm{t}}n_{1} + M_{\mathrm{n}}n_{2} \end{bmatrix}\mathrm{d}\Gamma,\quad i = 1,2,\cdots,8 \tag{7.88}$$

式中，

$$n_{1} = \frac{\mathrm{d}y}{\mathrm{d}\Gamma},\quad n_{2} = -\frac{\mathrm{d}x}{\mathrm{d}\Gamma},\quad \mathrm{d}\Gamma = \sqrt{(\mathrm{d}x)^{2} + (\mathrm{d}y)^{2}} \tag{7.89}$$

如果板单元边界上有分布剪力 q，则其等效结点力为

$$F_{qi} = \int_{\Gamma}N_{i}q\mathrm{d}\Gamma,\quad i = 1,2,\cdots,8 \tag{7.90}$$

式（7.88）和式（7.90）都可以采用高斯求积公式进行计算。式（7.85）和式（7.90）相加得到单元等效结点载荷列阵中的等效结点力 F_{i}，式（7.88）则得到等效结点弯

矩 M_{xi}和 M_{yi}。

习　　题

7.1　如果三角形薄板单元的位移函数是

$$\alpha_1+\alpha_2x+\alpha_3y+\alpha_4x^2+\alpha_5xy+\alpha_6y^2+\alpha_7x^3+\alpha_8(x^2y+xy^2)+\alpha_9y^3$$

验证当单元的两边分别平行于坐标轴且长度相等时，确定参数的代数方程组的系数矩阵是奇异的。

7.2　四边固定的方形板，如图 P7.2 所示。边长为 l，厚度为 t，弹性模量为 E，泊松比 $\nu=1/6$。板上作用均布载荷 p。试利用对称性条件，只取一个1/4板单元进行有限元分析，求方形板中心点1的挠度。

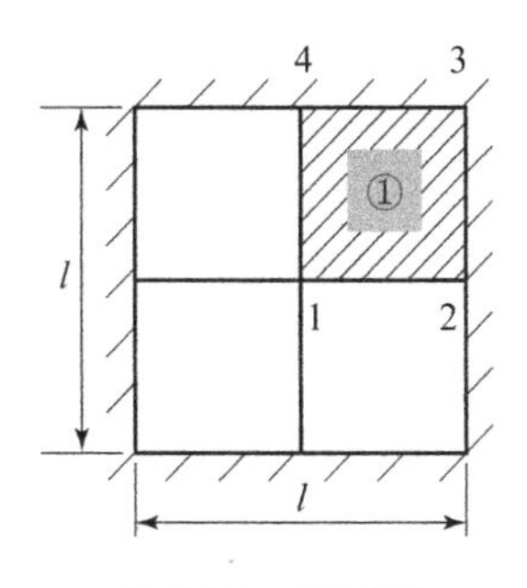

图 P7.2　方形板

7.3　如果将题7.2改为方形板中心作用一个沿负 z 方向的集中力 F，试计算方形板中心点1的挠度。

7.4　对于图 P7.2 所示的方形板，使用4个板单元$\left(每个单元边长为\dfrac{l}{2}\times\dfrac{l}{2}\right)$对问题进行建模，试计算板中心点的挠度。

7.5　如果将题7.2改为四边简支约束，试计算方形板上作用均布载荷 p 时，该板中心点1的挠度。

7.6　试编写矩形或三角形薄板单元的有限元程序，分析题7.2中不同网格下的有限元解，并比较采用不同薄板单元时的有限元解。

7.7　方形板四角处于点支承状态，如图 P7.7 所示。边长为1，厚度为0.01，弹性模量 $E=1$，泊松比 $\nu=0.3$，板上作用均布载荷 $p=1$。试用有限元法求方形板中心点的挠度。

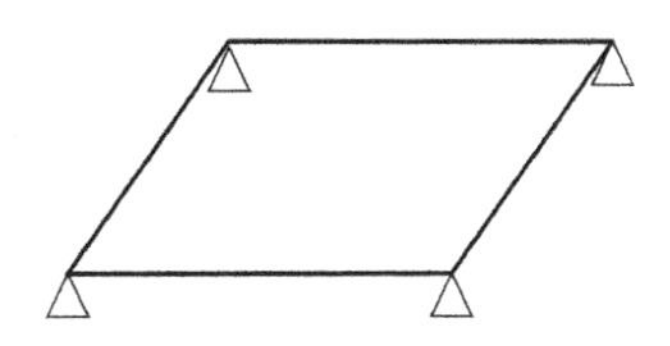

图 P7.7　方形板四角点支承

7.8　矩形板的两对边简支，另两边分别为固支和自由，如图 P7.8 所示。边长 $2a=16$、$b=8$，厚度为1，弹性模量 $E=2\times10^6$，泊松比 $\nu=0.3$，板上作用均布载荷 $p=100$。试用有限元法求矩形板自由边中心点的挠度和弯矩。

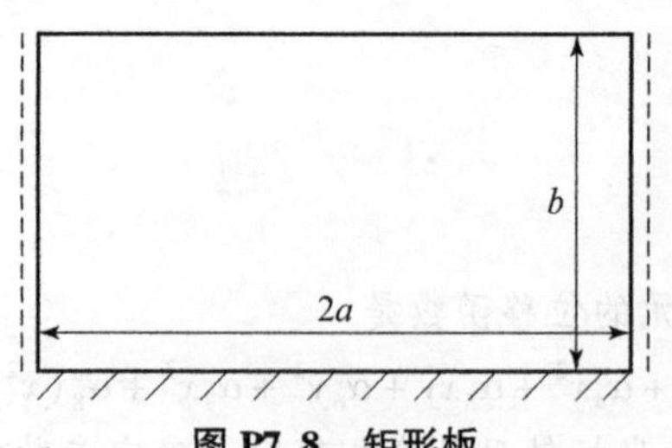

图 P7.8　矩形板

7.9　对于一个八结点 Mindlin 板单元，位移函数假设为 $w=c(3\xi^2\eta^2-\eta^2)$，$\theta_x=\theta_y=0$，其中 c 为常数，$\xi=x/a$，$\eta=y/b$，证明采用 2×2 积分法则的高斯点处应变为零。

第 8 章
弹性动力学问题

8.1 引 言

在许多实际情况下，结构上的载荷是随时间变化的，即动载荷，其引起的位移、应变和应力也随时间变化。例如，地震时建筑结构的响应；受波浪载荷的海洋石油平台；高速运行的车辆和飞行器；高速旋转的汽轮机；等等。在这些问题的有限元分析中，应考虑动载荷的影响。

动力学问题可分为三类——自由振动、强迫振动和波传播。结构的自由振动由结构的固有频率和振型来表征。这些固有频率和振型表征了结构的动力特性，在动力分析中具有重要的应用价值。一些强迫振动分析技术利用系统的固有模态和频率来计算系统的强迫响应。强迫振动问题可以进一步分为冲击加载问题和周期加载问题。当短时间内突然施加强载荷时，如在冲击问题中，冲击后短时间内的初始响应是很重要的。然而，当结构受到周期性变化载荷时，我们关注的是结构的稳态响应，即在瞬态效应因阻尼而消散后的稳态周期响应。为了提高计算效率，需要对这两种情况进行不同的分析。

在许多不同的动力问题中，我们重点关注结构的整体动力响应，而不是相对局部的响应，如冲击波问题。也就是说，我们感兴趣的是惯性问题，在这些问题中，诸如反射和衍射等波效应并不重要。本章将讨论结构的固有振型和强迫响应的计算。在所有的振动问题中，阻尼是一个重要因素，因此本章还将介绍在结构的动力分析中包括阻尼的方法。

8.2 弹性结构的动力学方程

8.2.1 达朗贝尔原理和动力学方程

动力学问题中的作用力和位移都是时间的函数，依据达朗贝尔原理，只要引入相应的惯性力就可以将动力学问题转化为相应的静力学问题。如果考虑由单元质量引起的惯性力和单元阻尼引起的阻尼力，则单元的体力可表示为

$$\boldsymbol{F}_{BF}=\boldsymbol{F}_B-\rho\frac{\partial^2\boldsymbol{u}}{\partial t^2}-\mu\frac{\partial\boldsymbol{u}}{\partial t} \tag{8.1}$$

式中，$\boldsymbol{F}_B$——单元体积力；

$\boldsymbol{u}$——单元位移；

ρ——质量密度；

μ——阻尼系数。

在动力学问题分析中，仍然采用与静力学问题相同的位移函数，即

$$\boldsymbol{u}=\boldsymbol{N}\boldsymbol{u}^{e} \tag{8.2}$$

式中，$\boldsymbol{N}$——与时间无关的单元形函数矩阵；

$\boldsymbol{u}^{e}$——单元结点位移列阵，而且是时间的函数。

将式（8.2）代入式（8.1），可得

$$\boldsymbol{F}_{BF}=\boldsymbol{F}_{B}-\rho\boldsymbol{N}\ddot{\boldsymbol{u}}^{e}-\mu\boldsymbol{N}\dot{\boldsymbol{u}}^{e} \tag{8.3}$$

式中，

$$\ddot{\boldsymbol{u}}^{e}=\frac{\partial^{2}\boldsymbol{u}^{e}}{\partial t^{2}},\quad \dot{\boldsymbol{u}}^{e}=\frac{\partial\boldsymbol{u}^{e}}{\partial t} \tag{8.4}$$

单元的等效结点载荷为

$$\boldsymbol{F}^{e}=\int_{\Omega^{e}}\boldsymbol{N}^{\mathrm{T}}\boldsymbol{F}_{BF}\mathrm{d}\Omega+\int_{\Gamma^{e}}\boldsymbol{N}^{\mathrm{T}}\boldsymbol{T}\mathrm{d}\Gamma \tag{8.5}$$

式中，Ω^{e}——单元域；

$\boldsymbol{T}$——作用在单元边界 Γ^{e} 上的面力。

将式（8.3）代入式（8.5），可得

$$\boldsymbol{F}^{e}=\boldsymbol{F}_{BF}^{e}+\boldsymbol{F}_{T}^{e}-\boldsymbol{m}\ddot{\boldsymbol{u}}^{e}-\boldsymbol{c}\dot{\boldsymbol{u}}^{e} \tag{8.6}$$

式中，$\boldsymbol{F}_{BF}^{e}$——由单元体积力引起的等效结点力列阵；

$\boldsymbol{F}_{T}^{e}$——由单元边界面力引起的等效结点力列阵；

$\boldsymbol{m},\boldsymbol{c}$——单元的质量矩阵和阻尼矩阵，其表达式为

$$\boldsymbol{m}=\int_{\Omega^{e}}\boldsymbol{N}^{\mathrm{T}}\rho\boldsymbol{N}\mathrm{d}\Omega \tag{8.7a}$$

$$\boldsymbol{c}=\int_{\Omega^{e}}\boldsymbol{N}^{\mathrm{T}}\mu\boldsymbol{N}\mathrm{d}\Omega \tag{8.7b}$$

将式（8.6）代入如下单元静力结点平衡方程：

$$\boldsymbol{k}^{e}\boldsymbol{u}^{e}=\boldsymbol{F}^{e} \tag{8.8}$$

得到

$$\boldsymbol{m}\ddot{\boldsymbol{u}}^{e}+\boldsymbol{c}\dot{\boldsymbol{u}}^{e}+\boldsymbol{k}^{e}\boldsymbol{u}^{e}=\boldsymbol{F}^{e} \tag{8.9}$$

式（8.9）称为单元的动力学平衡方程。

注意：式（8.9）中的右端项 $\boldsymbol{F}^{e}=\boldsymbol{F}_{BF}^{e}+\boldsymbol{F}_{T}^{e}$，其不同于式（8.8）中的 $\boldsymbol{F}^{e}$。

对每个结点都可以列出类似的方程，这样就可以得到结构的整体平衡方程，即

$$\boldsymbol{M}\ddot{\boldsymbol{U}}+\boldsymbol{C}\dot{\boldsymbol{U}}+\boldsymbol{K}\boldsymbol{U}=\boldsymbol{F} \tag{8.10}$$

式中，$\boldsymbol{K}$——整体刚度矩阵；

$\boldsymbol{M}$——整体质量矩阵；

$\boldsymbol{C}$——整体阻尼矩阵；

$\boldsymbol{U}$——整体结点位移列阵；

$\dot{\boldsymbol{U}}$——整体结点速度列阵；

$\ddot{\boldsymbol{U}}$——整体结点加速度列阵。

式（8.10）称为结构的动力平衡方程。

8.2.2　哈密顿原理和动力学方程

定义一个拉格朗日函数，即

$$L = T - \Pi \tag{8.11}$$

式中，T——结构的动能，即

$$T = \frac{1}{2}\int_{\Omega}\rho\dot{u}_i\dot{u}_i\mathrm{d}\Omega \tag{8.12}$$

式中，Ω——结构域；

Π——结构的总势能，即

$$\begin{aligned}\Pi &= \frac{1}{2}\int_{\Omega}\sigma_{ij}\varepsilon_{ij}\mathrm{d}\Omega - \int_{\Omega}F_{BFi}u_i\mathrm{d}\Omega - \int_{\Gamma_\sigma}T_iu_i\mathrm{d}\Gamma \\ &= \frac{1}{2}\int_{\Omega}D_{ijkl}\varepsilon_{ij}\varepsilon_{kl}\mathrm{d}\Omega - \int_{\Omega}F_{BFi}u_i\mathrm{d}\Omega - \int_{\Gamma_\sigma}T_iu_i\mathrm{d}\Gamma\end{aligned} \tag{8.13}$$

式中，σ_{ij}——应力张量分量；

ε_{ij}——应变张量分量；

D_{ijkl}——材料的弹性张量分量；

F_{BFi}——体积力分量；

T_i——已知边界面力的分量；

Γ_σ——给定面力的边界。

式（8.13）的重复下标遵循爱因斯坦符号的求和约定。

假设结构中存在与相对速度成正比的耗散力，则耗散函数定义为

$$R = \frac{1}{2}\int_{\Omega}\mu\dot{u}_i\dot{u}_i\mathrm{d}\Omega \tag{8.14}$$

由哈密顿原理导出的拉格朗日方程为

$$\frac{\partial}{\partial t}\left(\frac{\partial L}{\partial\dot{u}_i}\right) - \frac{\partial L}{\partial\dot{u}_i} + \frac{\partial R}{\partial\dot{u}_i} = 0 \tag{8.15}$$

由式（8.2）、式（8.11）、式（8.14）和式（8.15），可得与式（8.10）相同的结构动力学方程。值得注意的是，达朗贝尔原理没有涉及材料的本构方程（即应力－应变关系），所以该原理不仅适用于线弹性问题，还可以用于非线性弹性及弹塑性等非线性问题。哈密顿原理涉及材料的本构关系，因此仅适用于线弹性问题。与静力学比较，达朗贝尔原理对应于虚功原理，而哈密顿原理对应于最小势能原理。

8.3　质量矩阵

单元质量矩阵有两种计算方法——一致质量矩阵、集中质量矩阵。一致质量矩阵又称协调质量矩阵，由式（8.7a）计算得到。集中质量矩阵是根据静力等效方法将单元质量聚集到每个结点上形成的对角质量矩阵，其计算简单、所需内存量少，但只适用于低阶单元。一致质量矩阵是一个对称矩阵，它反映了单元的惯性特性，其计算较为复杂，但适用于各类单元。下面介绍几种典型的单元质量矩阵的计算方法。

8.3.1　一维杆单元

如图 8.1 所示的杆单元，其长度为 l，截面积为 A，材料密度为 ρ。杆单元的结点位移列

阵和形函数矩阵分别为

$$\boldsymbol{u}^{e\mathrm{T}} = [u_1 \quad u_2] \tag{8.16a}$$

$$\boldsymbol{N} = [N_1 \quad N_2] \tag{8.16b}$$

式中，

$$N_1 = 1 - \xi,\ N_2 = \xi,\ \xi = \frac{x}{l} \tag{8.17}$$

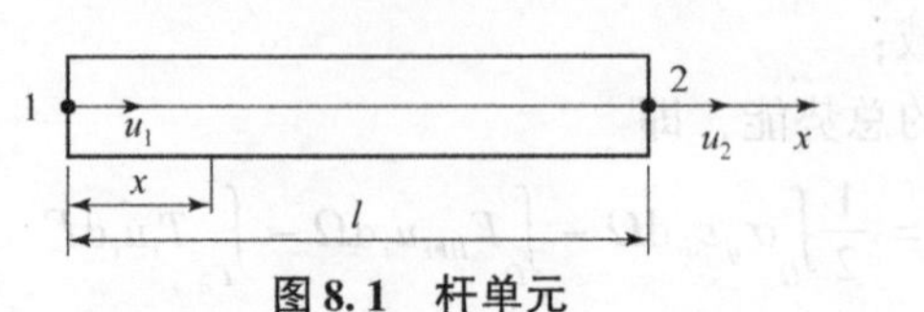

图 8.1　杆单元

由式（8.7a），可得杆单元的一致质量矩阵，即

$$\boldsymbol{m}^e = \rho \int_0^l \boldsymbol{N}^\mathrm{T}\boldsymbol{N}A\mathrm{d}x = \frac{\rho Al}{2}\int_{-1}^{1}\boldsymbol{N}^\mathrm{T}\boldsymbol{N}\mathrm{d}\xi = \frac{\rho Al}{6}\begin{bmatrix} 2 & 1 \\ 1 & 2 \end{bmatrix} \tag{8.18}$$

按静力等效方法将杆单元质量平均分配到单元结点 1 和 2 上，则可得杆单元的集中质量矩阵，即

$$\boldsymbol{m}^e = \frac{\rho Al}{2}\begin{bmatrix} 1 & 0 \\ 0 & 1 \end{bmatrix} \tag{8.19}$$

8.3.2　桁架单元

如图 8.2 所示的桁架单元，其长度为 l，截面积为 A，材料密度为 ρ。桁架单元的结点位移列阵和形函数矩阵分别为

$$\boldsymbol{u}^{e\mathrm{T}} = [u_1 \quad v_1 \quad u_2 \quad v_2] \tag{8.20a}$$

$$\boldsymbol{N} = \begin{bmatrix} N_1 & 0 & N_2 & 0 \\ 0 & N_1 & 0 & N_2 \end{bmatrix} \tag{8.20b}$$

式中，

$$N_1 = \frac{1-\xi}{2},\ N_2 = \frac{1+\xi}{2},\quad -1 \leqslant \xi \leqslant 1 \tag{8.21}$$

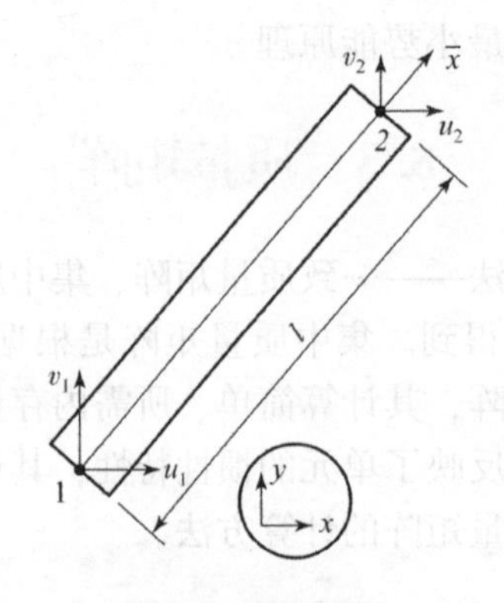

图 8.2　桁架单元

由式（8.7a），可得桁架单元的一致质量矩阵，即

$$m^e = \frac{\rho Al}{2}\int_{-1}^{1} N^{\mathrm{T}} N \mathrm{d}\xi = \frac{\rho Al}{6}\begin{bmatrix} 2 & 0 & 1 & 0 \\ 0 & 2 & 0 & 1 \\ 1 & 0 & 2 & 0 \\ 0 & 1 & 0 & 2 \end{bmatrix} \tag{8.22}$$

按静力等效方法将桁架单元质量平均分配到单元结点 1 和 2 上，则可得桁架单元的集中质量矩阵，即

$$m^e = \frac{\rho Al}{2}\begin{bmatrix} 1 & 0 & 0 & 0 \\ 0 & 1 & 0 & 0 \\ 0 & 0 & 1 & 0 \\ 0 & 0 & 0 & 1 \end{bmatrix} \tag{8.23}$$

8.3.3　梁单元

如图 8.3 所示的梁单元，其长度为 l，截面积为 A，材料密度为 ρ。梁单元的形函数为

$$N = [N_1 \quad N_2 \quad N_3 \quad N_4] \tag{8.24}$$

式中，

$$\begin{cases} N_1 = 1 - 3\xi^2 + 2\xi^3, & N_2 = l(\xi - 2\xi^2 + \xi^3) \\ N_3 = 3\xi^2 - 2\xi^3, & N_4 = l(\xi^3 - \xi^2) \end{cases} \tag{8.25}$$

式中，$\xi = x/l$。

梁单元的一致质量矩阵为

$$m^e = \frac{\rho Al}{2}\int_{-1}^{1} N^{\mathrm{T}} N \mathrm{d}\xi = \frac{\rho Al}{420}\begin{bmatrix} 156 & 22l & 54 & -13l \\ 22l & 4l^2 & 13l & -3l^2 \\ 54 & 13l & 156 & -22l \\ -13l & -3l^2 & -22l & 4l^2 \end{bmatrix} \tag{8.26}$$

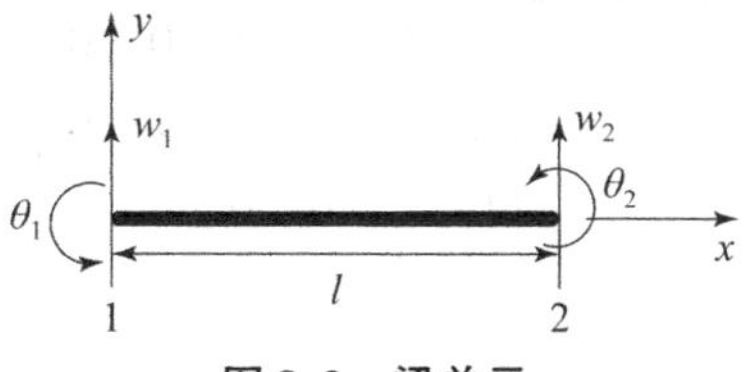

图 8.3　梁单元

按静力等效方法将梁单元质量平均分配到单元结点 1 和 2 上，并且忽略转动项，则可得梁单元的集中质量矩阵，即

$$m^e = \frac{\rho Al}{2}\begin{bmatrix} 1 & 0 & 0 & 0 \\ 0 & 0 & 0 & 0 \\ 0 & 0 & 1 & 0 \\ 0 & 0 & 0 & 0 \end{bmatrix} \tag{8.27}$$

8.3.4　刚架单元

如图 8.4 所示的刚架单元，其长度为 l，截面积为 A，材料密度为 ρ。在局部坐标系 $\bar{x}\bar{y}$ 下，刚架单元的质量矩阵可以看作杆单元和梁单元质量矩阵的组合，即

$$
\boldsymbol{m}^{\bar{e}} = \begin{bmatrix} 2a & 0 & 0 & a & 0 & 0 \\ 0 & 156b & 22l^2 b & 0 & 54b & -13lb \\ 0 & 22l^2 b & 4l^2 b & 0 & 13lb & -3l^2 b \\ a & 0 & 0 & 2a & 0 & 0 \\ 0 & 54b & 13lb & 0 & 156b & -22lb \\ 0 & -13lb & -3l^2 b & 0 & -22lb & 4l^2 b \end{bmatrix} \tag{8.28}
$$

式中，

$$
a = \frac{\rho Al}{6}, \quad b = \frac{\rho Al}{420} \tag{8.29}
$$

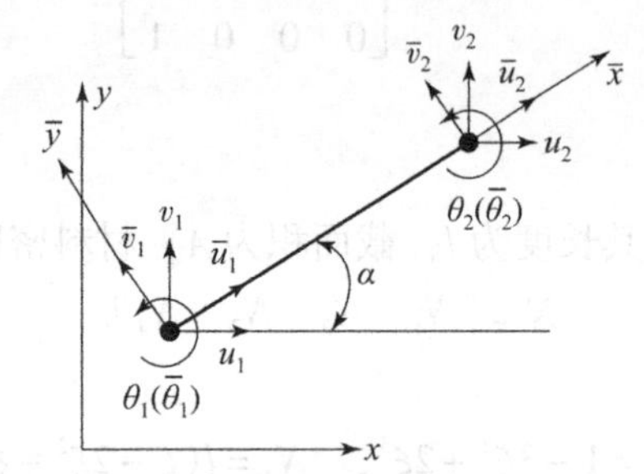

图 8.4　刚架单元

使用式（2.93）所述的转换矩阵，可得整体坐标系下刚架单元的一致质量矩阵，即

$$
\boldsymbol{m}^{e} = \boldsymbol{L}^{e\mathrm{T}} \boldsymbol{m}^{\bar{e}} \boldsymbol{L}^{e} \tag{8.30}
$$

按静力等效方法将刚架单元质量平均分配到单元结点 1 和 2 上，并且忽略转动项，则可得刚架单元的集中质量矩阵，即

$$
\boldsymbol{m}^{e} = \frac{\rho Al}{2} \begin{bmatrix} 1 & 0 & 0 & 0 & 0 & 0 \\ 0 & 1 & 0 & 0 & 0 & 0 \\ 0 & 0 & 0 & 0 & 0 & 0 \\ 0 & 0 & 0 & 1 & 0 & 0 \\ 0 & 0 & 0 & 0 & 1 & 0 \\ 0 & 0 & 0 & 0 & 0 & 0 \end{bmatrix} \tag{8.31}
$$

8.3.5　三结点三角形单元

如图 8.5 所示的三角形单元，其形函数矩阵为

$$
\boldsymbol{N} = \begin{bmatrix} N_1 & 0 & N_2 & 0 & N_3 & 0 \\ 0 & N_1 & 0 & N_2 & 0 & N_3 \end{bmatrix} \tag{8.32}
$$

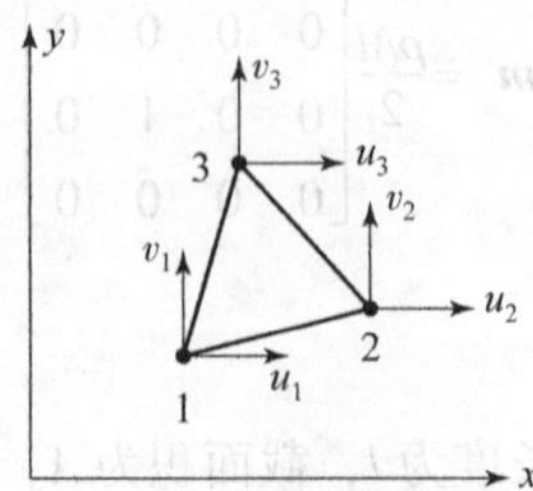

图 8.5　三角形单元

单元一致质量矩阵为

$$m^e = \rho h \int_{A^e} N^T N dA \tag{8.33}$$

式中，ρ——材料密度；

h——单元厚度；

A^e——单元域。

利用面积坐标的积分公式，如 $\int_{A^e} N_1^2 dA = A/6$，$\int_{A^e} N_1 N_2 dA = A/12$ 等，A 为单元面积，可得

$$m^e = \frac{\rho h A}{12}\begin{bmatrix} 2 & 0 & 1 & 0 & 1 & 0 \\ 0 & 2 & 0 & 1 & 0 & 1 \\ 1 & 0 & 2 & 0 & 1 & 0 \\ 0 & 1 & 0 & 2 & 0 & 1 \\ 1 & 0 & 1 & 0 & 2 & 0 \\ 0 & 1 & 0 & 1 & 0 & 2 \end{bmatrix} \tag{8.34}$$

将质量均匀分配给单元的 3 个结点，可得集中质量矩阵，即

$$m^e = \frac{\rho h A}{3}\begin{bmatrix} 1 & 0 & 0 & 0 & 0 & 0 \\ 0 & 1 & 0 & 0 & 0 & 0 \\ 0 & 0 & 1 & 0 & 0 & 0 \\ 0 & 0 & 0 & 1 & 0 & 0 \\ 0 & 0 & 0 & 0 & 1 & 0 \\ 0 & 0 & 0 & 0 & 0 & 1 \end{bmatrix} \tag{8.35}$$

8.3.6　四面体单元

如图 8.6 所示的四面体单元，其形函数矩阵为

$$N = \begin{bmatrix} L_1 & 0 & 0 & L_2 & 0 & 0 & L_3 & 0 & 0 & L_4 & 0 & 0 \\ 0 & L_1 & 0 & 0 & L_2 & 0 & 0 & L_3 & 0 & 0 & L_4 & 0 \\ 0 & 0 & L_1 & 0 & 0 & L_2 & 0 & 0 & L_3 & 0 & 0 & L_4 \end{bmatrix} \tag{8.36}$$

式中，L_i——单元结点的体积坐标，$i=1,2,3,4$。

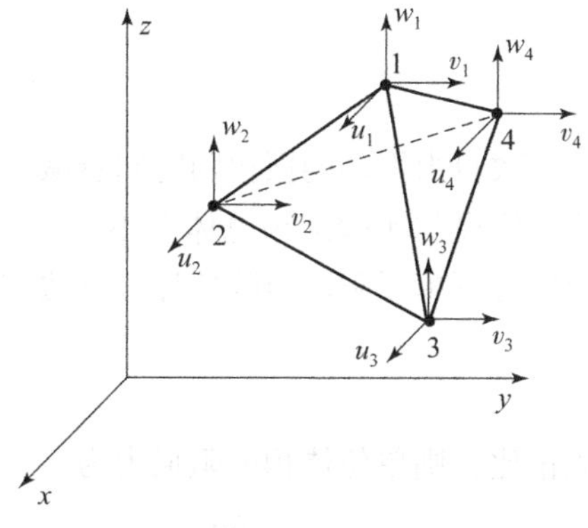

图 8.6　四面体单元

单元的一致质量矩阵为

$$
\boldsymbol{m}^e=\frac{\rho\Omega}{20}\begin{bmatrix}
2&0&0&1&0&0&1&0&0&1&0&0\\
0&2&0&0&1&0&0&1&0&0&1&0\\
0&0&2&0&0&1&0&0&1&0&0&1\\
1&0&0&2&0&0&1&0&0&1&0&0\\
0&1&0&0&2&0&0&1&0&0&1&0\\
0&0&1&0&0&2&0&0&1&0&0&1\\
1&0&0&1&0&0&2&0&0&1&0&0\\
0&1&0&0&1&0&0&2&0&0&1&0\\
0&0&1&0&0&1&0&0&2&0&0&1\\
1&0&0&1&0&0&1&0&0&2&0&0\\
0&1&0&0&1&0&0&1&0&0&2&0\\
0&0&1&0&0&1&0&0&1&0&0&2
\end{bmatrix} \tag{8.37}
$$

式中，ρ——质量密度；

Ω——单元的体积。

将质量均匀分配给单元的4个结点，可得集中质量矩阵，即

$$
\boldsymbol{m}^e=\frac{\rho\Omega}{4}\begin{bmatrix}
1&0&0&0&0&0&0&0&0&0&0&0\\
0&1&0&0&0&0&0&0&0&0&0&0\\
0&0&1&0&0&0&0&0&0&0&0&0\\
0&0&0&1&0&0&0&0&0&0&0&0\\
0&0&0&0&1&0&0&0&0&0&0&0\\
0&0&0&0&0&1&0&0&0&0&0&0\\
0&0&0&0&0&0&1&0&0&0&0&0\\
0&0&0&0&0&0&0&1&0&0&0&0\\
0&0&0&0&0&0&0&0&1&0&0&0\\
0&0&0&0&0&0&0&0&0&1&0&0\\
0&0&0&0&0&0&0&0&0&0&1&0\\
0&0&0&0&0&0&0&0&0&0&0&1
\end{bmatrix} \tag{8.38}
$$

8.4 阻尼矩阵

阻尼耗散结构的能量，并导致自由振动的振幅随时间衰减。在有限元分析中，通常假设阻尼力与速度成正比。虽然这一假设与实验结果总体上不一致，但由于其简单的数学处理，仍被广泛采用。下面考虑三种情况下单元阻尼矩阵的计算方法。

8.4.1 阻尼力与质点速度成正比

假设阻尼力与质点速度成正比，则单位体积的阻尼力为

$$
\boldsymbol{F}_r=-\mu\frac{\partial \boldsymbol{u}}{\partial t} \tag{8.39}
$$

使用位移函数 $\boldsymbol{u}=\boldsymbol{N}\boldsymbol{u}^e$，并将之代入式（8.39），可得单元的等效结点载荷为

$$F_r^e = \int_{\Omega^e} \boldsymbol{N}^{\mathrm{T}} \boldsymbol{F}_r \mathrm{d}\Omega = -\boldsymbol{c}^e \dot{\boldsymbol{u}}^e \tag{8.40}$$

式中，Ω^e——单元域；

$\boldsymbol{c}^e$——单元的阻尼矩阵，其正比于单元质量矩阵，

$$\boldsymbol{c}^e = \int_{\Omega^e} \boldsymbol{N}^{\mathrm{T}} \mu \boldsymbol{N} \mathrm{d}\Omega \tag{8.41}$$

若令 $\mu = \alpha\rho$，其中 α 为比例系数，则由式（8.41）可得

$$\boldsymbol{c}^e = \alpha \boldsymbol{m}^e \tag{8.42}$$

8.4.2　阻尼应力与应变速度成正比

假设阻尼应力与应变速度成正比，则阻尼应力可表示为

$$\boldsymbol{\sigma}_r = \beta \boldsymbol{D} \frac{\partial \boldsymbol{\varepsilon}}{\partial t} \tag{8.43}$$

式中，β——应变阻尼系数；

$\boldsymbol{D}$——弹性矩阵。

单元应变与结点位移之间的关系式为

$$\boldsymbol{\varepsilon} = \boldsymbol{B} \boldsymbol{u}^e \tag{8.44}$$

由虚功原理，可得阻尼应力引起的等效结点力为

$$\boldsymbol{F}_\sigma^e = \int_{\Omega^e} \boldsymbol{B}^{\mathrm{T}} \boldsymbol{\sigma}_r \mathrm{d}\Omega \tag{8.45}$$

将式（8.43）代入式（8.45），可得

$$\boldsymbol{F}_\sigma^e = \beta \int_{\Omega^e} \boldsymbol{B}^{\mathrm{T}} \boldsymbol{D} \boldsymbol{B} \mathrm{d}\Omega \boldsymbol{u}^e = \boldsymbol{c}^e \boldsymbol{u}^e \tag{8.46}$$

式中，

$$\boldsymbol{c}^e = \beta \int_{\Omega^e} \boldsymbol{B}^{\mathrm{T}} \boldsymbol{D} \boldsymbol{B} \mathrm{d}\Omega = \beta \boldsymbol{k}^e \tag{8.47}$$

式（8.47）表示单元阻尼矩阵与单元刚度矩阵成正比。

8.4.3　一般情况

在动力学有限元分析中，通常将单元阻尼矩阵表示为质量矩阵和刚度矩阵的线性组合，即

$$\boldsymbol{c}^e = \alpha \boldsymbol{m}^e + \beta \boldsymbol{k}^e \tag{8.48}$$

这种阻尼称为比例阻尼，其中的比例系数 α、β 可以通过下述方法确定。

给定任意两个固有频率 ω_1 和 ω_2，确定其对应振型的阻尼比 ξ_1 和 ξ_2（实际阻尼和该振型的临界阻尼之比），则由阻尼阵关于振型的正交性可知，α 和 β 满足下式：

$$\alpha + \beta\omega_i^2 = 2\omega_i\xi_i,\ i = 1, 2 \tag{8.49}$$

由式（8.49）可得

$$\alpha = \frac{2(\xi_1\omega_2 - \xi_2\omega_1)}{\omega_2^2 - \omega_1^2}\omega_1\omega_2,\ \beta = \frac{2(\xi_2\omega_2 - \xi_1\omega_1)}{\omega_2^2 - \omega_1^2} \tag{8.50}$$

如果阻尼比 ξ_1 和 ξ_2 相同，即 $\xi_1 = \xi_2 = \xi$，则式（8.50）简化为

$$\alpha = \frac{2\omega_1\omega_2}{\omega_1 + \omega_2}\xi,\ \beta = \frac{2}{\omega_1 + \omega_2}\xi \tag{8.51}$$

注意：c^e 中的 αm^e 部分对低阶振型有较大影响，而 βk^e 部分对高阶振型影响较大。

结构整体阻尼矩阵 C 可由单元阻尼矩阵（式（8.48））组合得到，即

$$C = \alpha M + \beta K \tag{8.52}$$

式中，M——整体质量矩阵；

K——整体刚度矩阵。

8.5 结构的自由振动特性

8.5.1 固有频率和固有振型

8.2 节中已经展示了结构动力学的有限元方程，即式（8.10）。如果该式右端项为零矢量（即无外载荷作用），则在非零初始条件下，方程也会有非零解。这些非零解反映了结构的重要动力特性，即固有频率和固有振型。为了了解结构的动力特性，在研究结构的自由振动时，通常忽略阻尼的影响。由此，得到结构的自由振动方程为

$$M\ddot{U} + KU = 0 \tag{8.53}$$

假设结构做简谐振动，各结点的位移可以表示为

$$U = \phi\sin(\omega t + \theta) \tag{8.54}$$

式中，ϕ——与时间无关的位移向量；

ω——固有频率；

θ——初始相位角。

将式（8.54）代入式（8.53），可得

$$(K - \omega^2 M)\phi = 0 \tag{8.55}$$

将式（8.55）改写为

$$(K - \lambda M)\phi = 0 \tag{8.56}$$

式中，$\lambda = \omega^2$。

满足式（8.56）的解 λ 及其相应的位移向量 ϕ 分别称为特征值和特征向量，由此得到的 $\omega = \sqrt{\lambda}$ 和 ϕ 则称为结构的固有频率和固有振型。当结构做自由振动时，每个结点的振幅不全为零，因此式（8.56）的系数行列式必须为零，即

$$\det(K - \lambda M) = 0 \tag{8.57}$$

式（8.57）称为广义特征方程。通常，固有频率的数目等于结构自由度数。因此，理论上结构存在 n 个固有频率和固有振型，即 $(\omega_1, \phi^1), (\omega_2, \phi^2), \cdots, (\omega_n, \phi^n)$。

对于每一个 ω_i，由式（8.55）可以求出相应的 ϕ^i。然而，由于式（8.57），式（8.55）存在无数个解。例如，若 ϕ^i 是式（8.55）的解，则对任意一个参数 α，$\alpha\phi^i$ 也是该式的解。在这些解中，满足某一条件的 ϕ^i 称为特征向量。一般来说，我们选择的条件是 $\|\phi^i\| = 1$。该条件称为特征向量的正则化。在自由振动分析中，特征向量通常使用质量矩阵进行正则化，即 $\phi^{iT} M \phi^i = 1$。这种选择没有任何物理意义，仅为了便于计算。

例 8.5.1　求解图 8.7（a）所示的一维杆件的固有频率和特征矢量。

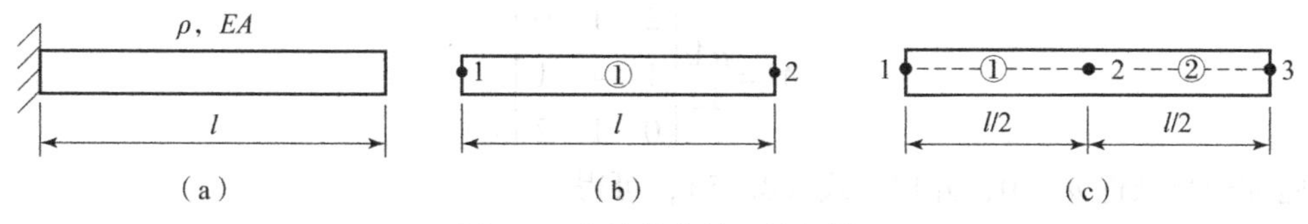

图 8.7　左端约束的一维杆件

（a）实际图；（b）一个单元；（c）两个单元

解：（1）一个单元及结点分布如图 8.7（b）所示。

单元刚度矩阵为

$$\boldsymbol{k}=\frac{EA}{l}\begin{bmatrix}1 & -1\\ -1 & 1\end{bmatrix}$$

单元质量矩阵为

$$\boldsymbol{m}=\frac{\rho Al}{6}\begin{bmatrix}2 & 1\\ 1 & 2\end{bmatrix}$$

施加边界条件 $u_1=0$，并代入式（8.55），可得

$$\left[\frac{EA}{l}\times 1-\omega^2\frac{\rho Al}{6}\times 2\right]\phi_2=0$$

上式的解为

$$\omega_1=1.732\left(\frac{E}{\rho l^2}\right)^{1/2}$$

将 ω_1 代入式（8.55），可得对应的特征向量，即 $\boldsymbol{\phi}^1=[0\quad \phi_2]^{\mathrm{T}}$。使用质量矩阵对该特征向量进行正则化，可得

$$[0\quad \phi_2]\frac{\rho Al}{6}\begin{bmatrix}2 & 1\\ 1 & 2\end{bmatrix}\begin{bmatrix}0\\ \phi_2\end{bmatrix}=1$$

由上式解得

$$\phi_2=\sqrt{\frac{3}{\rho Al}}$$

这样，可得对应于特征频率 ω_1 的正则化特征向量：$\boldsymbol{\phi}^1=\left[0,\sqrt{\dfrac{3}{\rho Al}}\right]^{\mathrm{T}}$。

（2）两个单元及结点分布如图 8.7（c）所示。

单元刚度矩阵为

$$\boldsymbol{k}^1=\boldsymbol{k}^2=\frac{2EA}{l}\begin{bmatrix}1 & -1\\ -1 & 1\end{bmatrix}$$

单元质量矩阵为

$$\boldsymbol{m}^1=\boldsymbol{m}^2=\frac{\rho Al}{12}\begin{bmatrix}2 & 1\\ 1 & 2\end{bmatrix}$$

整体刚度矩阵为

$$\boldsymbol{K}=\frac{2EA}{l}\begin{bmatrix}1 & -1 & 0\\ -1 & 2 & -1\\ 0 & -1 & 1\end{bmatrix}$$

整体质量矩阵为

$$M=\frac{\rho Al}{12}\begin{bmatrix}2&1&0\\1&4&1\\0&1&2\end{bmatrix}$$

施加边界条件 $u_1=0$，并代入式（8.55），可得

$$\left(\frac{2EA}{l}\begin{bmatrix}2&-1\\-1&1\end{bmatrix}-\omega^2\frac{\rho Al}{12}\begin{bmatrix}4&1\\2&2\end{bmatrix}\right)\begin{bmatrix}\phi_2\\\phi_3\end{bmatrix}=\begin{bmatrix}0\\0\end{bmatrix}$$

令 $\lambda=\dfrac{\omega^2\rho l^2}{24E}$，则上式简化为

$$\left(\begin{bmatrix}2&-1\\-1&1\end{bmatrix}-\lambda\begin{bmatrix}4&1\\2&2\end{bmatrix}\right)\begin{bmatrix}\phi_2\\\phi_3\end{bmatrix}=\begin{bmatrix}0\\0\end{bmatrix}$$

上式有非零解的条件是其系数行列式的值为零，即

$$\begin{vmatrix}2-4\lambda&-1-\lambda\\-1-\lambda&1-2\lambda\end{vmatrix}=0$$

展开上式后，可得

$$7\lambda^2-10\lambda+1=0$$

上式的解为

$$\lambda_1=0.108,\quad \lambda_2=1.320$$

杆件的固有频率为

$$\omega_1=1.610\left(\frac{E}{\rho l^2}\right)^{\frac{1}{2}},\quad \omega_2=5.628\left(\frac{E}{\rho l^2}\right)^{\frac{1}{2}}$$

将 ω_1 和 ω_2 分别代入式（8.55），可得

$$\phi_2^1=0.707\phi_3^1,\quad \phi_2^2=-0.707\phi_3^2$$

由此得到的杆件自由振动的振型为

$$\begin{bmatrix}\phi_1\\\phi_2\\\phi_3\end{bmatrix}^1=\begin{bmatrix}0\\0.707\\1\end{bmatrix}\phi_3^1,\quad \begin{bmatrix}\phi_1\\\phi_2\\\phi_3\end{bmatrix}^2=\begin{bmatrix}0\\-0.707\\1\end{bmatrix}\phi_3^2$$

使用质量矩阵对上述两个振型进行正则化，可得

$$\phi_3^1=\frac{1.597}{\sqrt{\rho Al}},\quad \phi_3^2=\frac{2.154}{\sqrt{\rho Al}}$$

这样，最终得到的正则化自由振动振型为

$$\begin{bmatrix}\phi_1\\\phi_2\\\phi_3\end{bmatrix}^1=\frac{1}{\sqrt{\rho Al}}\begin{bmatrix}0\\1.129\\1.597\end{bmatrix},\quad \begin{bmatrix}\phi_1\\\phi_2\\\phi_3\end{bmatrix}^2=\frac{1}{\sqrt{\rho Al}}\begin{bmatrix}0\\-1.523\\2.154\end{bmatrix}$$

8.5.2 特征值问题的一些性质

8.5.2.1 实对称矩阵的特征值和特征矢量

在式（8.57）中，刚度矩阵和质量矩阵都是实对称矩阵。在有限元分析时，必须排除

刚体位移，因此刚度矩阵必为正定的。一致质量矩阵自然为正定的。从数学上证明了当质量矩阵为对称正定且刚度矩阵为对称正定（或半正定）时，式（8.57）中的所有特征值都是正（非负）实数，特征向量也是实向量。如果结构离散化后的特征值数为 n，将这些特征值按大小次序排列，有

$$0\leqslant\lambda_1\leqslant\lambda_2\leqslant\cdots\leqslant\lambda_n \tag{8.58}$$

第 i 个特征值和其对应的特征向量满足如下方程：

$$\boldsymbol{K}\boldsymbol{\phi}^i=\lambda_i\boldsymbol{M}\boldsymbol{\phi}^i,\ i=1,2,\cdots,n \tag{8.59}$$

组合所有的特征值和特征向量，可将式（8.59）改写为

$$\boldsymbol{K}\boldsymbol{\Phi}=\boldsymbol{M}\boldsymbol{\Phi}\boldsymbol{\Lambda} \tag{8.60}$$

式中，$\boldsymbol{\Phi}$——特征矩阵；

$\boldsymbol{\Lambda}$——对角矩阵，其对角项为相应的特征值，即

$$\boldsymbol{\Phi}=[\boldsymbol{\phi}^1\quad\boldsymbol{\phi}^2\quad\cdots\quad\boldsymbol{\phi}^n] \tag{8.61a}$$

$$\boldsymbol{\Lambda}=\mathrm{diag}(\lambda_i) \tag{8.61b}$$

8.5.2.2　特征矢量的正交性

给定广义特征值问题（式（8.56））的两个特征解，即 $(\lambda_i,\boldsymbol{\phi}^i)$ 和 $(\lambda_j,\boldsymbol{\phi}^j)$，则有

$$\boldsymbol{K}\boldsymbol{\phi}^i=\lambda_i\boldsymbol{M}\boldsymbol{\phi}^i \tag{8.62a}$$

$$\boldsymbol{K}\boldsymbol{\phi}^j=\lambda_j\boldsymbol{M}\boldsymbol{\phi}^j \tag{8.62b}$$

将式（8.62a）和式（8.62b）分别前乘 $\boldsymbol{\phi}^j$ 和 $\boldsymbol{\phi}^i$，然后将两式相减，可得

$$(\lambda_i-\lambda_j)(\boldsymbol{\phi}^{i\mathrm{T}}\boldsymbol{M}\boldsymbol{\phi}^j)=0 \tag{8.63}$$

如果 $i\neq j$ 时，$\lambda_i\neq\lambda_j$，则式（8.63）变为

$$\boldsymbol{\phi}^{i\mathrm{T}}\boldsymbol{M}\boldsymbol{\phi}^j=0 \tag{8.64}$$

式（8.64）称为特征向量 $\boldsymbol{\phi}$ 关于质量矩阵 $\boldsymbol{M}$ 的正交性。采用特征向量对质量矩阵的正则化公式，即 $\boldsymbol{\phi}^{i\mathrm{T}}\boldsymbol{M}\boldsymbol{\phi}^i=1$，再结合式（8.64），有

$$\boldsymbol{\phi}^{i\mathrm{T}}\boldsymbol{M}\boldsymbol{\phi}^j=\delta_{ij} \tag{8.65}$$

式中，δ_{ij}——克罗内克（Kronecker）函数，即当 $i=j$ 时 $\delta_{ij}=1$，当 $i\neq j$ 时 $\delta_{ij}=0$。

由式（8.62）和式（8.65），可得

$$\boldsymbol{\phi}^{i\mathrm{T}}\boldsymbol{K}\boldsymbol{\phi}^j=\lambda_i\delta_{ij} \tag{8.66}$$

式（8.66）表明，特征向量关于刚度矩阵也是正交的。

由式（8.65）、式（8.66）和式（8.48）、式（8.49），可得

$$\boldsymbol{\phi}^{i\mathrm{T}}\boldsymbol{C}\boldsymbol{\phi}^j=2\xi_i\omega_i\delta_{ij} \tag{8.67}$$

式（8.67）意味着特征向量关于比例阻尼矩阵也是正交的。

8.6　振型叠加法

在用振型叠加法分析动力学问题时，首先利用结构自由振动的固有振型将方程组转换为 n 个解耦的方程，然后用解析或数值方法对这些解耦的方程进行积分。在求解各方程后，通过叠加得到结构的动力响应。在使用数值方法时，每个方程可以采用不同的时间步长，即对低阶振型可以采用较大的时间步长。当分析的时间历程较长且只需少数低阶振型时，振型叠加法具有一定优势。应注意的是，这种方法只适用于线性系统和简单的阻尼情况。

在求出结构的固有频率和固有振型后，将结构的位移向量表示为各个振型的线性叠加，即

$$\boldsymbol{u}(t) = \sum_{i=1}^{n} \boldsymbol{\phi}^{i} x_{i}(t) = \boldsymbol{\Phi X}(t) \tag{8.68}$$

式中，$\boldsymbol{\Phi}$——振型矩阵，见式（8.61a）；

$\boldsymbol{X}$——待求的振型幅值向量，即

$$\boldsymbol{X}(t) = [x_1(t) \quad x_2(t) \quad \cdots \quad x_n(t)]^{\mathrm{T}} \tag{8.69}$$

将式（8.68）代入结构的动力学方程（即式（8.10）），并用振型矩阵 $\boldsymbol{\Phi}^{\mathrm{T}}$ 左乘该方程的两端，可得

$$\boldsymbol{\Phi}^{\mathrm{T}}\boldsymbol{M\Phi}\ddot{\boldsymbol{X}} + \boldsymbol{\Phi}^{\mathrm{T}}\boldsymbol{C\Phi}\dot{\boldsymbol{X}} + \boldsymbol{\Phi}^{\mathrm{T}}\boldsymbol{K\Phi X} = \boldsymbol{\Phi}^{\mathrm{T}}\boldsymbol{F} \tag{8.70}$$

利用特征向量的正交性，即式（8.65）~式（8.67），可得

$$\boldsymbol{\Phi}^{\mathrm{T}}\boldsymbol{M\Phi} = \begin{bmatrix} 1 & & & \\ & 1 & & \\ & & \ddots & \\ & & & 1 \end{bmatrix} \tag{8.71a}$$

$$\boldsymbol{\Phi}^{\mathrm{T}}\boldsymbol{C\Phi} = \begin{bmatrix} 2\xi_1\omega_1 & & & \\ & 2\xi_2\omega_2 & & \\ & & \ddots & \\ & & & 2\xi_n\omega_n \end{bmatrix} \tag{8.71b}$$

$$\boldsymbol{\Phi}^{\mathrm{T}}\boldsymbol{K\Phi} = \begin{bmatrix} \omega_1^2 & & & \\ & \omega_2^2 & & \\ & & \ddots & \\ & & & \omega_n^2 \end{bmatrix} \tag{8.71c}$$

将式（8.70）的右端项简写为

$$\boldsymbol{f} = \boldsymbol{\Phi}^{\mathrm{T}}\boldsymbol{F} \tag{8.72}$$

由式（8.71）和式（8.72），可得式（8.70）的 n 个解耦的二阶常微分方程组，即

$$\ddot{x}_i(t) + 2\xi_i\omega_i\dot{x}_i(t) + \omega_i^2 x_i(t) = f_i(t),\ i = 1,2,\cdots,n \tag{8.73}$$

式（8.73）的解可用杜阿梅尔（Duhamel）积分公式表示为

$$x_i(t) = \frac{1}{\bar{\omega}_i}\int_0^t f_i(\tau)\mathrm{e}^{-\xi_i\omega_i(t-\tau)}\sin(\bar{\omega}_i(t-\tau))\mathrm{d}\tau + \mathrm{e}^{-\xi_i\omega_i t}(\alpha_i\sin(\bar{\omega}_i t) + \beta_i\cos(\bar{\omega}_i t)) \tag{8.74}$$

式中，$\bar{\omega}_i = \omega_i\sqrt{1-\xi_i^2}$；$\alpha_i$ 和 β_i 由初始条件确定。

将得到的解 $x_i(t)$ 代入式（8.68），即可得到结构的动力响应。

数值试验表明，阻尼比 ξ_i 对结构的动力响应有较大影响。阻尼比 ξ_i 主要与结构类型、材料性质和振型等因素有关。高阶振型对结构动力响应的影响较小，因此只需计算部分低阶振型，这样既能提高计算效率，又能满足计算精度的要求。

例 8.6.1 考虑一个左端固支的杆件，其右端受一个图 8.8 所示的载荷作用。杆件长度和截面积分别为：$l = 1\ \mathrm{m}$，$A = 10^{-5}\ \mathrm{m}^2$；杆件材料性质为：$E = 1\,000\ \mathrm{GPa}$，$\rho = 4\,000\ \mathrm{kg/m^3}$。右

端力为：当 $0<t\leqslant\frac{t_{max}}{2}$时，$f(t)=2f_{max}\frac{t}{t_{max}}$；当 $t>\frac{t_{max}}{2}$时，$f(t)=f_{max}$。使用 3 个等长单元离散杆件。当 $0<t<t_{max}$时，计算杆件右端的位移。

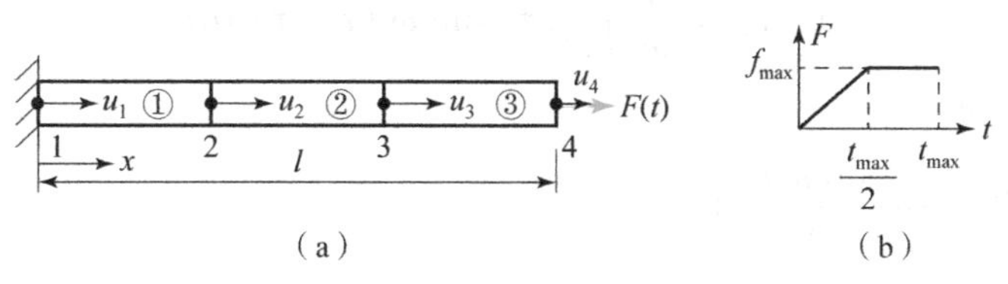

图 8.8　左端固支右端受力的杆件

(a) 结构图；(b) 载荷图

解：单元刚度矩阵为

$$k^1=k^2=k^3=\frac{3EA}{l}\begin{bmatrix}1 & -1\\ -1 & 1\end{bmatrix}$$

单元质量矩阵为

$$m^1=m^2=m^3=\frac{\rho Al}{18}\begin{bmatrix}2 & 1\\ 1 & 2\end{bmatrix}$$

施加边界条件 $u_1=0$ 后，整体刚度矩阵及整体质量矩阵分别为

$$K=\frac{EA}{l}\begin{bmatrix}6 & -3 & 0\\ -3 & 6 & -3\\ 0 & -3 & 3\end{bmatrix}=10^7\times\begin{bmatrix}6 & -3 & 0\\ -3 & 6 & -3\\ 0 & -3 & 3\end{bmatrix}$$

$$M=\frac{\rho Al}{18}\begin{bmatrix}4 & 1 & 0\\ 1 & 4 & 1\\ 0 & 1 & 2\end{bmatrix}=\begin{bmatrix}0.089 & 0.022 & 0\\ 0.022 & 0.089 & 0.022\\ 0 & 0.022 & 0.044\end{bmatrix}$$

将 $\boldsymbol{K}$ 和 $\boldsymbol{M}$ 代入式（8.57），并利用 MATLAB 命令“$[\boldsymbol{\Phi},\boldsymbol{D}]=\mathrm{eig}(\boldsymbol{K},\boldsymbol{M})$”，可得固有频率为

$$\omega_1=\sqrt{D_{11}}=8\,025,\quad \omega_2=\sqrt{D_{22}}=26\,243,\quad \omega_3=\sqrt{D_{33}}=47\,609$$

关于质量矩阵的正则化特征向量为

$$\boldsymbol{\Phi}=\begin{bmatrix}1.149\,6 & -2.752\,4 & 1.827\,7\\ 1.991\,2 & 0 & -3.165\,6\\ 2.299\,3 & 2.752\,4 & 3.655\,3\end{bmatrix}$$

广义力为

$$\boldsymbol{f}=\boldsymbol{\Phi}^{\mathrm{T}}\boldsymbol{F}=\boldsymbol{\Phi}^{\mathrm{T}}\begin{bmatrix}0\\ 0\\ F(t)\end{bmatrix}=\begin{bmatrix}1.827\,7\\ -3.165\,6\\ 3.655\,3\end{bmatrix}f(t)$$

式中，

$$f(t)=\begin{cases}2f_{max}\frac{t}{t_{max}}, & 0<t\leqslant\frac{t_{max}}{2}\\ f_{max}, & \frac{t_{max}}{2}<t<t_{max}\end{cases}$$

由初始条件 $\boldsymbol{u}(0)=\dot{\boldsymbol{u}}(0)=0$，可得 $\boldsymbol{X}(t)=\dot{\boldsymbol{X}}(t)=0$。这样，由式（8.74）得 $\alpha_i=\beta_i=0$。令

$$\bar{x}_i(t)=\frac{1}{\omega_i}\int_0^t f_i(\tau)\sin(\omega_i(t-\tau))\mathrm{d}\tau$$

上式积分后的结果为

$$\bar{x}_i(t)=\begin{cases}\dfrac{f_{\max}}{\omega_i^2}\left(\dfrac{t}{t_0}-\dfrac{\sin(\omega_i t)}{\omega_i t}\right), & 0<t\leqslant\dfrac{t_{\max}}{2}\\ \dfrac{f_{\max}}{\omega_i^2}\cos(\omega_i(t-t_0))+\dfrac{f_{\max}}{\omega_i^3 t_0}(\sin(\omega_i(t-t_0))-\sin(\omega_i t))+ & \\ \quad\dfrac{f_{\max}}{\omega_i^2}(1-\cos(\omega_i(t-t_0))), & \dfrac{t_{\max}}{2}<t<t_{\max}\end{cases}$$

由式（8.69），可得

$$\boldsymbol{X}(t)=\begin{bmatrix}x_1(t)\\x_2(t)\\x_3(t)\end{bmatrix}=\begin{bmatrix}1.8277\,\bar{x}_1(t)\\-3.1656\,\bar{x}_2(t)\\3.6553\,\bar{x}_3(t)\end{bmatrix}$$

最终，结点位移解为

$$\boldsymbol{u}(t)=\boldsymbol{\Phi}\boldsymbol{X}(t)=\boldsymbol{\Phi}\begin{bmatrix}1.8277\,\bar{x}_1(t)\\-3.1656\,\bar{x}_2(t)\\3.6553\,\bar{x}_3(t)\end{bmatrix}$$

8.7 直接积分法

直接积分法又称逐步积分法，其中心思想是直接将运动方程对时间进行离散，使得运动方程仅在时间离散点上得到满足，而在一个时间间隔 Δt 内假定位移、速度和加速度的某种关系。不同的假设导致了不同的直接积分法，如中心差分法、Newmark 方法、Wilson $-\theta$ 法和 HHT 法等。这些方法的收敛性和稳定性不同，计算精度也不同。中心差分法是一种显式算法，即由 t 时刻的解可以直接求出 $t+\Delta t$ 时刻的解。Newmark 方法、Wilson $-\theta$ 法和 HHT 法是隐式算法，它们要求必须在每一时刻都对运动方程进行求解。钟万勰（1995）提出的精细积分法已被应用于结构动力学响应分析，该方法能够给出计算机上的精确解，而且几乎与时间步长无关。

8.7.1 中心差分法

式（8.10）所述的动力学方程是一组二阶常微分方程。理论上，常微分方程组的任何经典解法都可以用来求解该方程组。这些解法本质上是假设一个足够小的时间增量，并写成式（8.10）的增量形式；然后，使用一种合适的方法通过时间推移来求解所得到的增量形式。从计算效率方面考虑，本节仅介绍在求解某些问题方面（如接触、冲击、爆炸等）具

有优势的中心差分法。该方法中的速度和加速度可以用位移表示，即

$$\dot{\boldsymbol{U}}_t = \frac{1}{2\Delta t}(\boldsymbol{U}_{t+\Delta t} - \boldsymbol{U}_{t-\Delta t}) \tag{8.75}$$

$$\ddot{\boldsymbol{U}}_t = \frac{1}{\Delta t^2}(\boldsymbol{U}_{t-\Delta t} - 2\boldsymbol{U}_t + \boldsymbol{U}_{t+\Delta t}) \tag{8.76}$$

以上两个方程用相邻时间点的位移来表示 t 时刻的速度和加速度。动力学方程（式（8.10））在 t 时刻的形式如下：

$$\boldsymbol{M}\ddot{\boldsymbol{U}}_t + \boldsymbol{C}\dot{\boldsymbol{U}}_t + \boldsymbol{K}\boldsymbol{U}_t = \boldsymbol{F}_t \tag{8.77}$$

将式（8.75）和式（8.76）代入式（8.77），即可得到中心差分法的计算公式：

$$\left(\frac{1}{\Delta t^2}\boldsymbol{M} + \frac{1}{2\Delta t}\boldsymbol{C}\right)\boldsymbol{U}_{t+\Delta t} = \boldsymbol{F}_t - \left(\boldsymbol{K} - \frac{2}{\Delta t^2}\boldsymbol{M}\right)\boldsymbol{U}_t - \left(\frac{1}{\Delta t^2}\boldsymbol{M} - \frac{1}{2\Delta t}\boldsymbol{C}\right)\boldsymbol{U}_{t-\Delta t} \tag{8.78}$$

由式（8.78），$\boldsymbol{U}_{t+\Delta t}$可以用已知的 $\boldsymbol{U}_t$ 和 $\boldsymbol{U}_{t-\Delta t}$来求解。为了在时间间隔 Δt 时解这个方程，就必须知道 $\boldsymbol{U}_t$ 和 $\boldsymbol{U}_{t-\Delta t}$。由于解是从已知的初始条件出发，因此假定在 $t=0$ 时，$\boldsymbol{U}_0$、$\dot{\boldsymbol{U}}_0$ 和$\ddot{\boldsymbol{U}}_0$ 都是已知的。需要注意的是，初始加速度$\ddot{\boldsymbol{U}}_0$ 是从式（8.77）中得到的，即

$$\ddot{\boldsymbol{U}}_0 = \boldsymbol{M}^{-1}(\boldsymbol{F}_0 - \boldsymbol{C}\dot{\boldsymbol{U}}_0 - \boldsymbol{K}\boldsymbol{U}_0) \tag{8.79}$$

初始时间的 $\boldsymbol{U}_{0-\Delta t}$值可通过式（8.75）和式（8.76）得到，即

$$\boldsymbol{U}_{0-\Delta t} = \boldsymbol{U}_0 - \Delta t\dot{\boldsymbol{U}}_0 + \Delta t^2\ddot{\boldsymbol{U}}_0 \tag{8.80}$$

一旦根据初始条件计算向量 $\boldsymbol{U}_{0-\Delta t}$，就可以给定一个时间增量 Δt，并使用式（8.78）重复求解过程。值得注意的是，时间增量 Δt 的选择对于解的收敛性非常重要，它必须基于结构的最高固有频率，以确保解的收敛性，并真实地显示结构的振动特性和行为，否则，算法将不稳定。中心差分法的稳定性条件如下：

$$\Delta t \leqslant \Delta t_{\text{cr}} = \frac{2}{\omega_{\text{n}}} = \frac{T_{\text{n}}}{\pi} \tag{8.81}$$

式中，Δt_{cr}——临界时间步长；

ω_{n}——结构的最高阶固有频率；

T_{n}——与结构有限元模型的所有特征值对应的最小固有振动周期。

试图获得一个有限元模型的所有特征值在数学上是不可能的，在物理上也是不必要的。对于一个实际结构的有限元模型，其自由度可能是巨大的，而最优和最有效的特征值计算算法实际上只可以确保有限阶矩阵的特征值的正确性。基于这个原因，为时间增量选择合适值的最佳方法通常是试错法，即：首先选择一个 Δt 值并求解问题，如果解是收敛的，对于选定的 Δt，就重新计算另一个 Δt（它是前一个 Δt 的 2 倍或一半）的解，并检查该解与前一个解的一致性。

8.7.2 Newmark 法

Newmark 法在 $t+\Delta t$ 时的速度和位移采用如下假设：

$$\dot{\boldsymbol{U}}_{t+\Delta t} = \dot{\boldsymbol{U}}_t + [(1-\delta)\ddot{\boldsymbol{U}}_t + \delta\ddot{\boldsymbol{U}}_{t+\Delta t}]\Delta t \tag{8.82}$$

$$\boldsymbol{U}_{t+\Delta t} = \boldsymbol{U}_t + \dot{\boldsymbol{U}}_t\Delta t + \left[\left(\frac{1}{2} - \alpha\right)\ddot{\boldsymbol{U}}_t + \alpha\ddot{\boldsymbol{U}}_{t+\Delta t}\right]\Delta t^2 \tag{8.83}$$

式中，α,δ——决定数值方法积分精度和稳定性的参数。

式（8.10）在 $t+\Delta t$ 时刻的形式如下：

$$\boldsymbol{M}\ddot{\boldsymbol{U}}_{t+\Delta t}+\boldsymbol{C}\dot{\boldsymbol{U}}_{t+\Delta t}+\boldsymbol{K}\boldsymbol{U}_{t+\Delta t}=\boldsymbol{F}_{t+\Delta t} \tag{8.84}$$

由式（8.83）解出$\ddot{\boldsymbol{U}}_{t+\Delta t}$，即

$$\ddot{\boldsymbol{U}}_{t+\Delta t}=\frac{1}{\alpha\Delta t^2}(\boldsymbol{U}_{t+\Delta t}-\boldsymbol{U}_t)-\frac{1}{\alpha\Delta t}\dot{\boldsymbol{U}}_t-\left(\frac{1}{2\alpha}-1\right)\ddot{\boldsymbol{U}}_t \tag{8.85}$$

将式（8.85）代入式（8.82），可得$\dot{\boldsymbol{U}}_{t+\Delta t}$的表达式为

$$\dot{\boldsymbol{U}}_{t+\Delta t}=\frac{\delta}{\alpha\Delta t}(\boldsymbol{U}_{t+\Delta t}-\boldsymbol{U}_t)+\left(1-\frac{\delta}{\alpha}\right)\dot{\boldsymbol{U}}_t+\left(1-\frac{\delta}{2\alpha}\right)\Delta t\ddot{\boldsymbol{U}}_t \tag{8.86}$$

将式（8.85）和式（8.86）代入式（8.84），可得

$$\bar{\boldsymbol{K}}\boldsymbol{U}_{t+\Delta t}=\bar{\boldsymbol{F}}_{t+\Delta t} \tag{8.87}$$

式中，

$$\bar{\boldsymbol{K}}=\boldsymbol{K}+\frac{1}{\alpha\Delta t^2}\boldsymbol{M}+\frac{\delta}{\alpha\Delta t}\boldsymbol{C} \tag{8.88}$$

$$\begin{aligned}\bar{\boldsymbol{F}}_{t+\Delta t}=\boldsymbol{F}_{t+\Delta t}&+\boldsymbol{M}\left[\frac{\delta}{\alpha\Delta t^2}\boldsymbol{U}_t+\frac{1}{\alpha\Delta t}\dot{\boldsymbol{U}}_t+\left(\frac{1}{2\alpha}-1\right)\ddot{\boldsymbol{U}}_t\right]+\\&\boldsymbol{C}\left[\frac{\delta}{\alpha\Delta t}\boldsymbol{U}_t+\left(\frac{\delta}{\alpha}-1\right)\dot{\boldsymbol{U}}_t+\left(\frac{\delta}{2\alpha}-1\right)\Delta t\ddot{\boldsymbol{U}}_t\right]\end{aligned} \tag{8.89}$$

在给定初始条件 $\boldsymbol{U}_0$、$\dot{\boldsymbol{U}}_0$ 和$\ddot{\boldsymbol{U}}_0$ 的情况下，由式（8.87）可得随时间变化的位移 $\boldsymbol{U}_{t+\Delta t}$。$t+\Delta t$ 时的速度和加速度可由式（8.82）和式（8.85）得到。

注意：在 Newmark 法中，针对 α 和 δ 的不同取值，可以得到不同的数值积分方案。当 $\alpha=1/4$和 $\delta=1/2$ 时，Newmark 法对应于无条件稳定的平均加速度法；对于 $\alpha=1/6$ 和 $\delta=1/2$ 的情况，Newmark 法则对应于线性加速度法。

8.7.3 Wilson $-\theta$ 法

Wilson $-\theta$ 法本质上就是假设在时间 t 和 $t+\theta\Delta t$ 之间加速度是线性变化的，即

$$\ddot{\boldsymbol{U}}_{t+\tau}=\ddot{\boldsymbol{U}}_t+\frac{\tau}{\theta\Delta t}(\ddot{\boldsymbol{U}}_{t+\theta\Delta t}-\ddot{\boldsymbol{U}}_t) \tag{8.90}$$

式中，τ——时间增量，$0\leqslant\tau\leqslant\theta\Delta t$，其中 $\theta\geqslant1$。

当 $\theta=1$ 时，该方法简化为线性加速度法。该方法在 $\theta\geqslant1.37$ 时是无条件稳定的。在数值解中，通常取 $\theta=1.4$。注意，该算法阻尼比较大，对结构低频的影响也会造成较大的影响，因此其实际适用范围较小。

对式（8.90）进行积分，可得

$$\dot{\boldsymbol{U}}_{t+\tau}=\dot{\boldsymbol{U}}_t+\tau\ddot{\boldsymbol{U}}_t+\frac{\tau^2}{2\theta\Delta t}(\ddot{\boldsymbol{U}}_{t+\theta\Delta t}-\ddot{\boldsymbol{U}}_t) \tag{8.91}$$

$$\boldsymbol{U}_{t+\tau}=\boldsymbol{U}_t+\tau\dot{\boldsymbol{U}}_t+\frac{1}{2}\tau^2\ddot{\boldsymbol{U}}_t+\frac{\tau^3}{6\theta\Delta t}(\ddot{\boldsymbol{U}}_{t+\theta\Delta t}-\ddot{\boldsymbol{U}}_t) \tag{8.92}$$

式（8.91）、式（8.92）在 $\tau=\theta\Delta t$ 时变为

$$\dot{U}_{t+\theta\Delta t}=\dot{U}_t+\frac{\theta\Delta t}{2}(\ddot{U}_{t+\theta\Delta t}+\ddot{U}_t) \tag{8.93}$$

$$U_{t+\theta\Delta t}=U_t+\theta\Delta t\dot{U}_t+\frac{\theta^2\Delta t^2}{6}(\ddot{U}_{t+\theta\Delta t}+2\ddot{U}_t) \tag{8.94}$$

由式（8.93）和式（8.94）可解出$\ddot{U}_{t+\theta\Delta t}$和$\dot{U}_{t+\theta\Delta t}$，其表达式为

$$\ddot{U}_{t+\theta\Delta t}=\frac{6}{\theta^2\Delta t^2}(U_{t+\theta\Delta t}-U_t)-\frac{6}{\theta\Delta t}\dot{U}_t-2\ddot{U}_t \tag{8.95}$$

$$\dot{U}_{t+\theta\Delta t}=\frac{3}{\theta\Delta t}(U_{t+\theta\Delta t}-U_t)-2\dot{U}_t-\frac{\theta\Delta t}{2}\ddot{U}_t \tag{8.96}$$

在 $t+\theta\Delta t$ 时刻的动力学平衡方程为

$$M\ddot{U}_{t+\theta\Delta t}+C\dot{U}_{t+\theta\Delta t}+KU_{t+\theta\Delta t}=F_{t+\theta\Delta t} \tag{8.97}$$

将式（8.95）和式（8.96）代入式（8.97），可得

$$\bar{K}U_{t+\theta\Delta t}=\bar{F}_{t+\theta\Delta t} \tag{8.98}$$

式中，

$$\bar{K}=K+\frac{6}{\theta^2\Delta t^2}M+\frac{3}{\theta\Delta t}C \tag{8.99}$$

$$\bar{F}_{t+\theta\Delta t}=F_{t+\theta\Delta t}+M\left(\frac{6}{\theta^2\Delta t^2}U_t+\frac{6}{\theta\Delta t}\dot{U}_t+2\ddot{U}_t\right)+C\left(\frac{3}{\theta\Delta t}U_t+2\dot{U}_t+\frac{\theta\Delta t}{2}\ddot{U}_t\right) \tag{8.100}$$

求解式（8.98），可得

$$U_{t+\theta\Delta t}=\bar{K}^{-1}\bar{F}_{t+\theta\Delta t} \tag{8.101}$$

将式（8.101）代入式（8.95），可得$\ddot{U}_{t+\theta\Delta t}$。继而由式（8.90），并取 $\tau=\Delta t$，可得$\ddot{U}_{t+\Delta t}$。选取 $\theta=1$，则从式（8.95）、式（8.93）和式（8.94）可分别得到 $t+\Delta t$ 时刻的加速度、速度和位移，即

$$\ddot{U}_{t+\Delta t}=\frac{6}{\theta^3\Delta t^2}(U_{t+\theta\Delta t}-U_t)-\frac{6}{\theta^2\Delta t}\dot{U}_t+\left(1-\frac{3}{\theta}\right)\ddot{U}_t \tag{8.102}$$

$$\dot{U}_{t+\Delta t}=\dot{U}_t+\frac{\Delta t}{2}(\ddot{U}_{t+\Delta t}+\ddot{U}_t) \tag{8.103}$$

$$U_{t+\Delta t}=U_t+\Delta t\dot{U}_t+\frac{\Delta t^2}{6}(\ddot{U}_{t+\Delta t}+2\ddot{U}_t) \tag{8.104}$$

8.7.4　Hilber－Hughes－Taylor 法（HHT 法）

HHT 法又称 α 法（Hilber et al.，1977）。该方法是为了在不降低 Newmark 法数值精度的情况下，将受控数值阻尼引入系统，其基本思想为在动力学有限元方程中引入松弛参数 α，即

$$M\ddot{U}_{t+\Delta t}+(1+\alpha)C\dot{U}_{t+\Delta t}-\alpha C\dot{U}_t+(1+\alpha)KU_{t+\Delta t}-\alpha KU_t=F_{t+\Delta t+\alpha\Delta t} \tag{8.105}$$

在不考虑阻尼的情况下，式（8.105）变为

$$M\ddot{U}_{t+\Delta t}+(1+\alpha)KU_{t+\Delta t}-\alpha KU_t=F_{t+\Delta t+\alpha\Delta t} \tag{8.106}$$

式中的时间离散和通常的 Newmark 法一样。但需要注意，为了不引起与松弛参数 α 的混淆，

本节用β取代式（8.83）中的α。显然，引入松弛参数α后，该方法的稳定性和数值阻尼特性取决于参数α、β和γ。当$\alpha=0$时，该方法即标准的Newmark法。因此，这个方法可以用与标准Newmark法相同的方式实现。

为了研究该方法的数值性质，我们通过模态分解来考虑系统的模态响应。忽略阻尼和外载荷，也即考虑单自由振动情况，我们有如下递推关系：

$$\begin{bmatrix} U_{t+\Delta t} \\ \Delta t\dot{U}_{t+\Delta t} \\ \Delta t^2\ddot{U}_{t+\Delta t} \end{bmatrix} = T\begin{bmatrix} U_t \\ \Delta t\dot{U}_t \\ \Delta t^2\ddot{U}_t \end{bmatrix} \tag{8.107}$$

式中，

$$\boldsymbol{T}=\frac{1}{d}\begin{bmatrix} 1+\alpha\beta\delta^2 & 1 & \frac{1}{2}-\beta \\ -\gamma\delta^2 & 1-(1+\alpha)(\gamma-\beta)\delta^2 & 1-\gamma-(1+\alpha)\left(\frac{1}{2}\gamma-\beta\right)\delta^2 \\ -\delta^2 & -(1+\alpha)\delta^2 & -(1+\alpha)\left(\frac{1}{2}-\beta\right)\delta^2 \end{bmatrix} \tag{8.108}$$

式中，

$$d=1+(1+\alpha)\beta\delta^2,\ \delta=\omega\Delta t,\ \omega=\sqrt{K/M} \tag{8.109}$$

式（8.108）中矩阵$\boldsymbol{T}$的谱半径小于1，即$\rho(\boldsymbol{T})\leqslant 1$是保证系统稳定性的条件。在此情况下，其特征方程为

$$\det(\boldsymbol{T}-\lambda\boldsymbol{I})=\lambda^3-A_1\lambda^2+A_2\lambda-A_3=0 \tag{8.110}$$

式中，

$$\begin{cases} A_1=2-\dfrac{\delta^2}{d}\left[(1+\alpha)\left(\gamma+\dfrac{1}{2}\right)-\alpha\beta\right] \\ A_2=1-\dfrac{\delta^2}{d}\left[\gamma-\dfrac{1}{2}+2\alpha(\gamma-\beta)\right] \\ A_3=\dfrac{\alpha\delta^2}{d}\left(\beta-\gamma+\dfrac{1}{2}\right) \end{cases} \tag{8.111}$$

速度和加速度可以通过反复使用式（8.107）来消除，这样得到的位移差分方程为

$$U_{t+\Delta t}-A_1U_t+A_2U_{t-\Delta t}-A_3U_{t-2\Delta t}=0 \tag{8.112}$$

将式（8.112）与式（8.110）比较，可得离散解的表达式为

$$U_t = \sum_{i=1}^{3} c_i\lambda_i^t \tag{8.113}$$

式中，c_i由初始条件确定。

数值研究表明，当参数α为正值时，算法引入的耗散不是很有效。一种更有效的方法是对α取负值，并定义参数$\beta=\dfrac{(1-\alpha)^2}{4}$和$\gamma=\dfrac{1}{2}-\alpha$。这样，不变量变成如下形式：

$$\begin{cases} A_1=2-\dfrac{\delta^2}{d}+A_3 \\ A_2=1+2A_3 \\ A_3=\dfrac{\alpha\delta^2}{4d}(1+\alpha)^2 \end{cases} \tag{8.114}$$

式中，$d=1+\frac{\delta^2}{4}(1-\alpha)(1-\alpha^2)$。

当 $-\frac{1}{3}\leqslant\alpha\leqslant 0$ 时，得到 $|\lambda|\leqslant 1$，说明 HHT 法是无条件稳定的。随着 α 值减小，数值阻尼的值增大。该方法的优点是保持了 Newmark 法中恒定平均加速度法的无条件稳定性，并能将引入的数值阻尼控制在对低阶振型影响不大的程度上。

8.7.5　精细积分法

精细积分法是由钟万勰等（1994；1995）提出的一种高精度和高效率的时域求解方法，已被应用于结构动力响应、随机振动、最优控制等领域。该方法易于处理一阶方程，因此在动力学问题的分析中，需要将有限元的二次方程转化为哈密顿体系下的一次方程。下面介绍该方法的基本思想。

针对在 8.2 节中给出的结构动力学的有限元方程（式（8.10）），引入对偶变量

$$\boldsymbol{X}=\begin{bmatrix}\boldsymbol{U}\\\boldsymbol{P}\end{bmatrix},\quad \boldsymbol{P}=\boldsymbol{M}\dot{\boldsymbol{U}}+\frac{1}{2}\boldsymbol{C}\boldsymbol{U} \tag{8.115}$$

得到哈密顿体系下的动力学方程为

$$\dot{\boldsymbol{X}}=\boldsymbol{H}\boldsymbol{X}+\boldsymbol{R} \tag{8.116}$$

式中，

$$\boldsymbol{H}=\begin{bmatrix}-\frac{1}{2}\boldsymbol{M}^{-1}\boldsymbol{C} & \boldsymbol{M}^{-1}\\ \frac{1}{4}\boldsymbol{C}\boldsymbol{M}^{-1}\boldsymbol{C}-\boldsymbol{K} & -\frac{1}{2}\boldsymbol{C}\boldsymbol{M}^{-1}\end{bmatrix},\quad \boldsymbol{R}=\begin{bmatrix}\boldsymbol{0}\\\boldsymbol{F}\end{bmatrix} \tag{8.117}$$

方便起见，暂且不考虑 $\boldsymbol{R}$ 项，这样就可以从式（8.116）中得到精确积分表达式，即

$$\boldsymbol{X}=\mathrm{e}^{\boldsymbol{H}(t-t_0)}\boldsymbol{X}_0 \tag{8.118}$$

式中，$\boldsymbol{X}_0$ 由初始条件 $\boldsymbol{U}_0$ 和 $\dot{\boldsymbol{U}}_0$ 通过式（8.115）来确定。

如果用等步长 Δt 离散时间域，则可得递推的积分公式为

$$\boldsymbol{X}_1=\boldsymbol{T}\boldsymbol{X}_0,\ \boldsymbol{X}_2=\boldsymbol{T}\boldsymbol{X}_1,\ \cdots,\ \boldsymbol{X}_n=\boldsymbol{T}\boldsymbol{X}_{n-1} \tag{8.119}$$

式中，$\boldsymbol{T}=\mathrm{e}^{\boldsymbol{H}\Delta t}$ 是精确的，没有任何近似，精细积分就是由此而来。然而，在实际分析中，矩阵指数的计算总是存在误差，因此有必要使用矩阵指数运算的精细算法，其基本要点如下。

利用指数函数的加法定律，有

$$\boldsymbol{T}=\mathrm{e}^{\boldsymbol{H}\Delta t}\equiv[\mathrm{e}^{\boldsymbol{H}\frac{\Delta t}{m}}]^m \tag{8.120}$$

式中，$m=2^N$，若选择 $N=20$，则 $m=1\,048\,576$。这样，$\Delta\tau=\frac{\Delta t}{m}$ 将是一个非常小的时间段。因此，对于 $\Delta\tau$，有

$$\begin{aligned}\mathrm{e}^{\boldsymbol{H}\Delta\tau}&=\boldsymbol{I}+\boldsymbol{H}\Delta\tau+\frac{(\boldsymbol{H}\Delta\tau)^2}{2!}+\frac{(\boldsymbol{H}\Delta\tau)^3}{3!}+\frac{(\boldsymbol{H}\Delta\tau)^4}{4!}+\cdots\\&\approx\boldsymbol{I}+\boldsymbol{T}_a\end{aligned} \tag{8.121}$$

式中，

$$T_a = H\Delta\tau + \frac{(H\Delta\tau)^2}{2}\left[I + \frac{H\Delta\tau}{3} + \frac{(H\Delta\tau)^2}{12}\right] \tag{8.122}$$

考虑到 $\Delta\tau$ 是一个非常小的量，因此可以确定幂级数的 5 项展开式已经非常精确了。为了避免小量矩阵 T_a 与 I 相加时成为尾数，需要将 T 做以下分解：

$$T = (I + T_a)^m = (I + T_a)^{2N} = (I + T_a)^{2(N-1)} \times (I + T_a)^{2(N-1)} \tag{8.123}$$

这样的分解共进行 N 次。由于下式成立：

$$(I + T_a) \times (I + T_b) = I + T_a + T_b + T_a \times T_b \tag{8.124}$$

将式（8.124）中的 T_b 替换为 T_a，则得

$$(I + T_a) \times (I + T_a) = I + (2T_a + T_a \times T_a) \tag{8.125}$$

将式（8.123）的 N 次分解改为如下式子的循环：

$$T_a = 2T_a + T_a \times T_a \tag{8.126}$$

计算增量矩阵，然后将循环结果添加到单位矩阵 I 中，即

$$T = I + T_a \tag{8.127}$$

上述指数矩阵的算法即其精细算法，它已最大限度地避免了舍入误差。在时间步进之前先计算 T 矩阵，然后根据式（8.119）和初始条件计算各离散点上的解。

当存在非齐次项时，根据常微分方程理论，其积分形式解为

$$X = e^{H(t-t_0)}X_0 + \int_{t_0}^{t} e^{H(t-\xi)}R(\xi)\,d\xi \tag{8.128}$$

令 $t = t_{k+1}$，可得

$$\begin{aligned} X_{k+1} &= e^{H(t_{k+1}-t_0)}X_0 + \int_{t_0}^{t_{k+1}} e^{H(t_{k+1}-\xi)}R(\xi)\,d\xi \\ &= e^{H\Delta t}e^{H(t_k-t_0)}X_0 + \int_{t_0}^{t_k} e^{H\Delta t}e^{H(t_k-\xi)}R(\xi)\,d\xi + \int_{t_k}^{t_{k+1}} e^{H(t_{k+1}-\xi)}R(\xi)\,d\xi \\ &= TX_k + \int_{t_k}^{t_{k+1}} e^{H(t_{k+1}-\xi)}R(\xi)\,d\xi \end{aligned} \tag{8.129}$$

在计算过程中，可以认为非齐次项在区间 $[t_k, t_{k+1}]$ 内是线性变化的，即

$$R(t) = R_0 + R_1(t - t_k) \tag{8.130}$$

式中，R_0 和 R_1 是给定量。

将式（8.130）代入式（8.129），可得

$$X_{k+1} = T[X_k + H^{-1}(R_0 + H^{-1}R_1)] - H^{-1}(R_0 + H^{-1}R_1 + R_1\Delta t) \tag{8.131}$$

式（8.131）即为存在非齐次项时的时域精细积分公式。

习　题

8.1　采用协调质量矩阵和集中质量矩阵分别计算图 P8.1 所示变截面均质杆的固有频率和振型。

8.2　用中心差分法、协调质量矩阵和集中质量矩阵分别计算图 P8.1 变截面杆在图 P8.2 所示的外载荷作用下的响应。初始条件：$u(x,0) = \dot{u}(x,0) = 0$；时间步长：$\Delta t = T_2/10$，$T_2, 5T_2$，其中 T_2 是变截面杆件的最小固有周期。

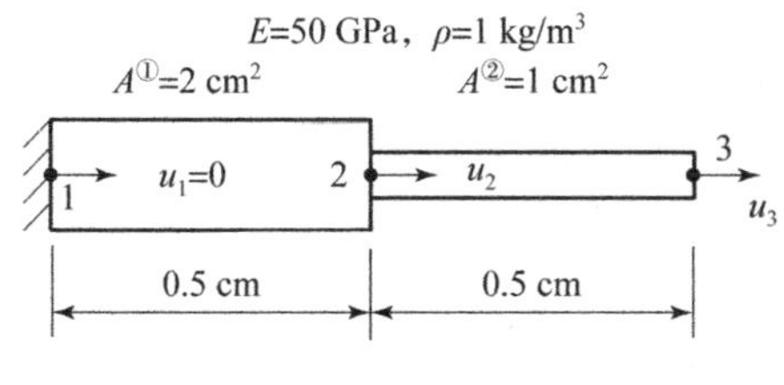

图 P8.1　变截面均质杆

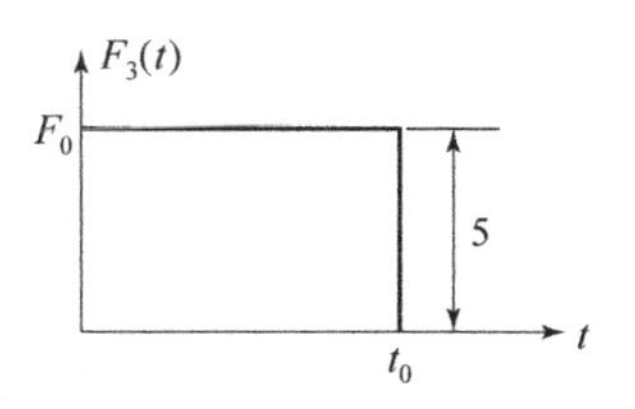

图 P8.2　变截面杆件右端作用的载荷

8.3　试用振型叠加法求解题 8.2。

8.4　试用 Newmark 法求解题 8.2。

8.5　试用 Wilson $-\theta$ 法求解题 8.2。

8.6　试用 HHT 法求解题 8.2。

8.7　试用精细积分法求解题 8.2。

8.8　假设在一个时间增量内的平均加速度是常数，推导速度和位移的表达式，将它们与 Newmark 法在 $\gamma=1/2$ 和 $\beta=1/4$ 时的对应表达式进行比较。

8.9　计算图 P8.9 所示平面桁架的固有频率。弹性模量 $E=200\,\text{GPa}$，杆件横截面积均为 $A=1.0\,\text{cm}^2$，质量密度为 $\rho=1\,\text{kg/m}^2$。

8.10　图 P8.10 是一悬臂梁，其厚度为 $t=0.01\,\text{m}$，弹性模量 $E=200\,\text{GPa}$，泊松比 $\nu=0.3$，质量密度 $\rho=1\,\text{kg/m}^3$。采用两个三结点三角形单元离散该梁。试用协调质量矩阵和集中质量矩阵分别计算该悬臂梁的固有频率和固有振型。

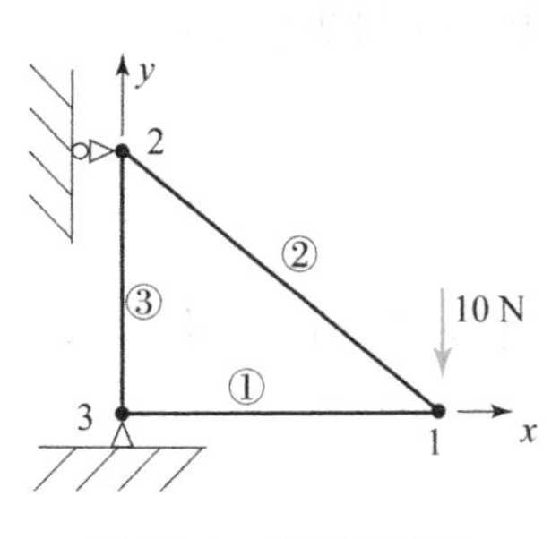

图 P8.9　三杆件桁架

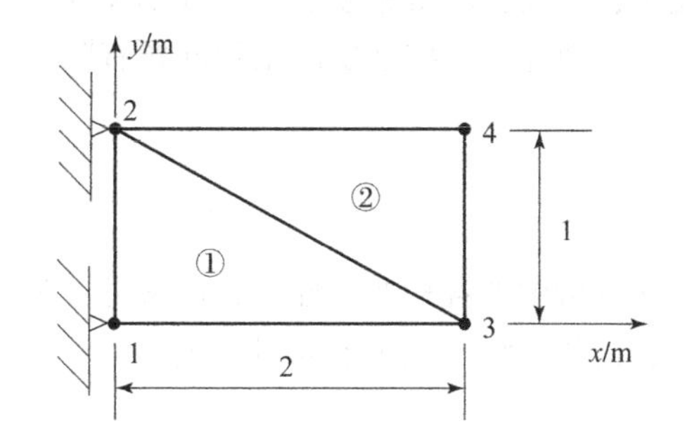

图 P8.10　悬臂梁

8.11　在图 P8.10 的结点 4 处作用一个沿 y 负方向的动载荷 $F(t)=10\sin(2\pi t)\,\text{N}$。试用中心差分法、Newmark 法、Wilson $-\theta$ 法、HHT 法及精细积分法计算其动力响应，并比较这些直接积分法的结果。

8.12　一个悬臂梁的长度为 1 m，截面为 20 mm × 20 mm 的正方形，弹性模量 $E=100\,\text{GPa}$，泊松比 $\nu=0.3$，质量密度 $\rho=4\,000\,\text{kg/m}^3$，试计算前 6 个固有频率和振型，并比较梁单元、平面应力单元和三维单元得到的解。

第9章

非线性有限元分析

9.1 引 言

第2~8章讨论了结构及固体力学中线性问题的有限元法。然而，许多实际问题都是非线性的。例如，在结构力学中，材料可能会屈服，这时材料的本构关系（应力－应变关系）是非线性的；结构也可能出现大转动或大变形，这时的几何关系、平衡方程甚至材料本构关系都是非线性的。各种接触问题在接触边界上都存在边界条件非线性。可以说，非线性现象无处不在。

当位移和力替换为增量对应项时，非线性近似情况下的有限元方程在形式上与线性有限元方程相似，但其中的切线刚度矩阵是结点位移的函数。非线性有限元法的求解远比线性有限元法复杂，需要在求解精度、计算效率及成本等方面综合考虑。

本章部分地介绍一些在实际工程问题有限元分析中使用的关键思想和技术。

9.2 非线性的类型

有限元分析中的各种非线性问题通常可分为三类——材料非线性、几何非线性、边界条件非线性，这些非线性也可能同时发生。

9.2.1 材料非线性

材料非线性也称为物理非线性。材料的应力－应变关系（即本构关系）可能不是线性的（如非线性弹性、弹塑性），有时也可能与时间有关（如黏弹性、黏塑性）。如果结构的实际行为超出材料的屈服极限，那么其材料的应力－应变关系是非线性的。实际上，材料的应力－应变关系非常复杂，应尽可能考虑到各种因素的影响，如应力、应变、应变率、时间和温度等因素之间的非线性关系。

9.2.2 几何非线性

严格来说，任何受载物体的变形过程都是非线性的。这些变形过程会涉及大变形，其中的应变－位移关系由特定的方程控制，这些方程代表了应变和位移梯度之间的非线性关系。大变形需要特殊的公式，因为材料的变形和未变形的形状是不一致的。因此，需要定义新的应力和应变，而且几何形状必须不断更新。与初始未变形几何结构相比，如果结构变形显著，则几何非线性效应占主导地位。然而，由于几何非线性效应依赖于结构的边界条件和尺寸，因此要确定大位移的极限是比较困难的。当力或压力作用于受几何非线性影响的结构时，非线性分析必须考虑“跟随力”的概念。这一概念确保所施加载荷的方向和大小随着结构位移和转动而变化。

9.2.3　边界条件非线性

边界条件非线性也称为运动学非线性，因为位移边界条件依赖于结构的变形。最典型的一个例子是接触问题，其中的接触条件在有限元求解之前是未知的，在求解过程中可以作为对施加载荷的响应来参与或退出。接触问题在实际中无处不在，如齿轮的啮合、板成形、机电轴承接触、车辆撞击等。19 世纪赫兹首次对接触问题进行了研究，其后的半个世纪几乎没有进展。直到有限元法的出现才又引起科研人员的关注和深入研究，并将研究成果应用于实际工程问题中。

9.3　非线性分析中的计算方法

结构和固体力学平衡方程的一般形式可以表示为

$$\boldsymbol{K}(\boldsymbol{U})\boldsymbol{U}=\boldsymbol{F} \tag{9.1}$$

式中，$\boldsymbol{U}$——待求的位移矢量；

$\boldsymbol{K}(\boldsymbol{U})$——$\boldsymbol{U}$ 的非线性函数矩阵，称为刚度矩阵；

$\boldsymbol{F}$——独立于 $\boldsymbol{U}$ 的已知载荷矢量。

该方程不能像线性方程组那样直接求解，因为现在的 $\boldsymbol{K}$ 不是常数矩阵。下面介绍几种求解非线性方程组的方法。

9.3.1　Newton - Raphson 法

为了便于说明，将式（9.1）改写为

$$\boldsymbol{\Psi}(\boldsymbol{U})=\boldsymbol{K}(\boldsymbol{U})\boldsymbol{U}-\boldsymbol{F}=\boldsymbol{P}(\boldsymbol{U})-\boldsymbol{F} \tag{9.2}$$

式中，

$$\boldsymbol{P}(\boldsymbol{U})=\boldsymbol{K}(\boldsymbol{U})\boldsymbol{U} \tag{9.3}$$

假设式（9.2）有近似解 $\boldsymbol{U}_i$，一般情况下，$\boldsymbol{\Psi}(\boldsymbol{U}_i)$不等于零。为得到改进解 $\boldsymbol{U}_{i+1}$，可以将 $\boldsymbol{\Psi}(\boldsymbol{U}_{i+1})$进行泰勒级数展开，并保留线性项，即

$$\boldsymbol{\Psi}(\boldsymbol{U}_{i+1})=\boldsymbol{\Psi}(\boldsymbol{U}_i)+\left(\frac{\partial\boldsymbol{\Psi}}{\partial\boldsymbol{U}}\right)_i\Delta\boldsymbol{U}_i=0 \tag{9.4}$$

式中，

$$\boldsymbol{U}_{i+1}=\boldsymbol{U}_i+\Delta\boldsymbol{U}_i \tag{9.5}$$

式（9.4）中的$\frac{\partial\boldsymbol{\Psi}}{\partial\boldsymbol{U}}$是切线矩阵，即

$$\frac{\partial\boldsymbol{\Psi}}{\partial\boldsymbol{U}}=\frac{\partial\boldsymbol{P}}{\partial\boldsymbol{U}}=\boldsymbol{K}_{\mathrm{T}}(\boldsymbol{U}) \tag{9.6}$$

由式（9.4）可得

$$\Delta \boldsymbol{U}_i = -[\boldsymbol{K}_{\mathrm{T}}(\boldsymbol{U}_i)]^{-1}\boldsymbol{\Psi}(\boldsymbol{U}_i) = -[\boldsymbol{K}_{\mathrm{T}}(\boldsymbol{U}_i)]^{-1}(\boldsymbol{P}(\boldsymbol{U}_i) - \boldsymbol{F})$$
$$= [\boldsymbol{K}_{\mathrm{T}}(\boldsymbol{U}_i)]^{-1}(\boldsymbol{F} - \boldsymbol{P}(\boldsymbol{U}_i)) \tag{9.7}$$

式中，$\boldsymbol{F} - \boldsymbol{P}(\boldsymbol{U}_i)$ ——第 i 次迭代的不平衡力。

将 $\Delta \boldsymbol{U}_i$ 代入式（9.5）得到的 $\boldsymbol{U}_{i+1}$ 仍为近似解，需要重复上述的迭代过程直至满足收敛要求。该法每次迭代都要重新形成结构的切线刚度矩阵和不平衡力，重新求解以不断更新平衡解，因此具有良好的收敛性，其迭代过程通过单自由度问题的 P 和 u 显示于图9.1中，其中 F 为给定的量，u_0 是初始值，$u_i(i=1,2,3)$ 是第 i 次迭代后的值，$\Delta u_i(i=0,1,2)$ 为第 i 次的迭代增量。

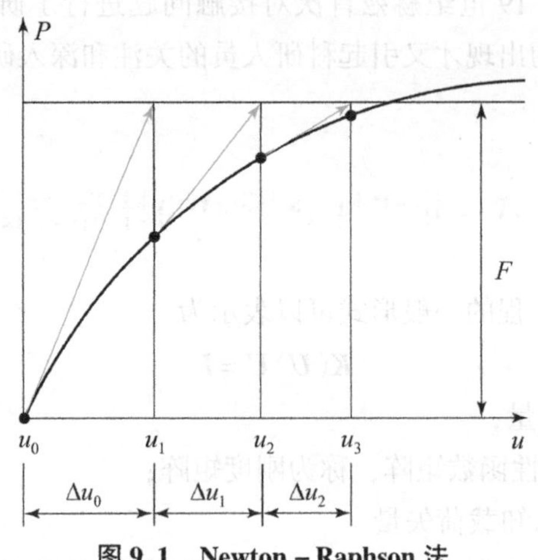

图 9.1　Newton – Raphson 法

9.3.2　修正的 Newton – Raphson 法

在 Newton – Raphson 法中，每次迭代都需要更新切线刚度矩阵并求解一组代数方程，这需要相当长的计算时间。为了提高计算效率，可以在每次计算位移增量前使用相同的切线刚度矩阵，也可以在若干次迭代后重新计算刚度矩阵。在一个自变量的情况下，其求解过程如图 9.2 所示。

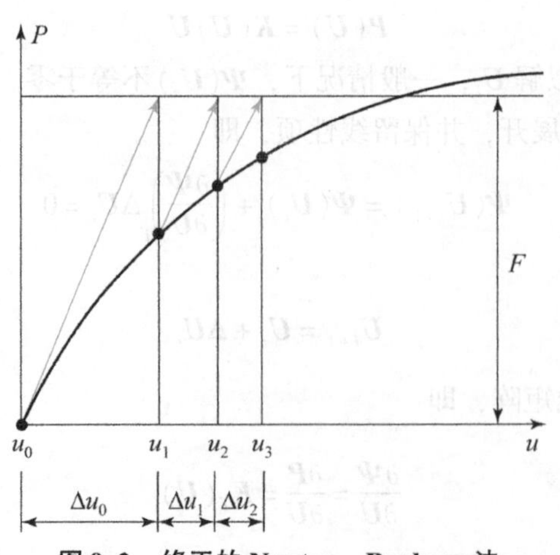

图 9.2　修正的 Newton – Raphson 法

修正的 Newton - Raphson 法避免了在每次迭代中重构新的刚度矩阵，只需计算式（9.7）右端的不平衡力项。这样的过程需要更多的迭代，但每次迭代所需的计算时间更少，从而显著节省了总体计算成本。

9.3.3 增量法

在增量法中，载荷是逐步施加的，增量越多，效果就越好。对于每一个载荷增量，组装刚度方程，求解非线性方程组，得到位移增量。为了说明该方法，将式（9.2）改写为

$$\boldsymbol{\Psi}(\boldsymbol{U},\lambda)=\boldsymbol{P}(\boldsymbol{U})-\lambda\bar{\boldsymbol{F}}=\boldsymbol{0} \tag{9.8}$$

式中，$\bar{\boldsymbol{F}}$——给定的参考载荷矢量；

λ——表示载荷变化的参数。

将式（9.8）对 λ 求导，得

$$\frac{\partial \boldsymbol{P}(\boldsymbol{U})}{\partial \boldsymbol{U}}\frac{\partial \boldsymbol{U}}{\partial \lambda}-\bar{\boldsymbol{F}}=\boldsymbol{K}_{\mathrm{T}}\frac{\partial \boldsymbol{U}}{\partial \lambda}-\bar{\boldsymbol{F}}=0 \tag{9.9}$$

式中，$\boldsymbol{K}_{\mathrm{T}}=\dfrac{\partial \boldsymbol{P}(\boldsymbol{U})}{\partial \boldsymbol{U}}$，称为切线矩阵。

式（9.9）可以写为

$$\frac{\partial \boldsymbol{U}}{\partial \lambda}=\boldsymbol{K}_{\mathrm{T}}^{-1}\bar{\boldsymbol{F}} \tag{9.10}$$

式（9.10）为常微分方程组，可采用欧拉法、修正的欧拉法、Newton - Raphson 法或修正的 Newton - Raphson 法求解。

1. 欧拉法

假如已知 $\boldsymbol{U}_i$，可以通过下面的方程得到 $\boldsymbol{U}_{i+1}$：

$$\boldsymbol{U}_{i+1}-\boldsymbol{U}_i=\Delta\boldsymbol{U}_i=\boldsymbol{K}_{\mathrm{T}}^{-1}\bar{\boldsymbol{F}}\Delta\lambda_i=\boldsymbol{K}_{\mathrm{T}}^{-1}\Delta\boldsymbol{F}_i \tag{9.11}$$

式中，$\Delta\lambda_i=\lambda_{i+1}-\lambda_i,\Delta\boldsymbol{F}_i=\boldsymbol{F}_{i+1}-\boldsymbol{F}_i,\boldsymbol{F}_{i+1}=\lambda_{i+1}\bar{\boldsymbol{F}},\boldsymbol{F}_i=\lambda_i\bar{\boldsymbol{F}}$。

只要载荷增量足够小，就可以得到满足精度要求的解。然而，如果载荷增量取得不合适，就可能得到一个较大的误差解，从而偏离正确的解。对于单自由度问题，其求解过程如图 9.3 所示。

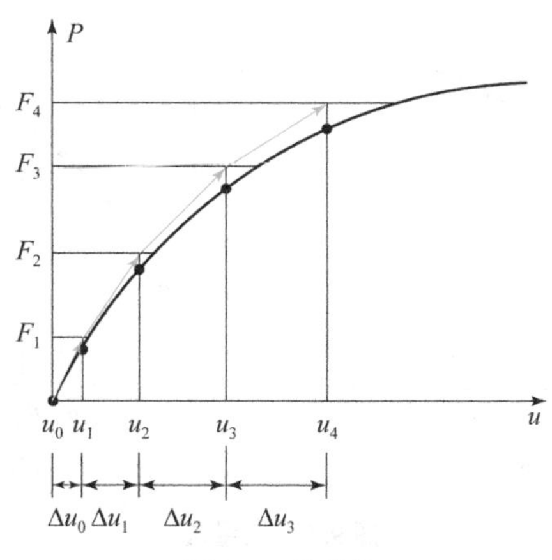

图 9.3 欧拉法

2. 修正的欧拉法

欧拉法每一增量步的解误差可能导致解偏离正确解，为克服此缺陷，可将式（9.11）改写为

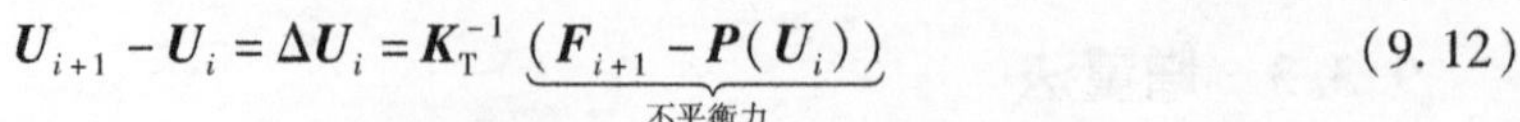

$$\boldsymbol{U}_{i+1}-\boldsymbol{U}_i=\Delta\boldsymbol{U}_i=\boldsymbol{K}_{\mathrm{T}}^{-1}\underbrace{(\boldsymbol{F}_{i+1}-\boldsymbol{P}(\boldsymbol{U}_i))}_{\text{不平衡力}} \tag{9.12}$$

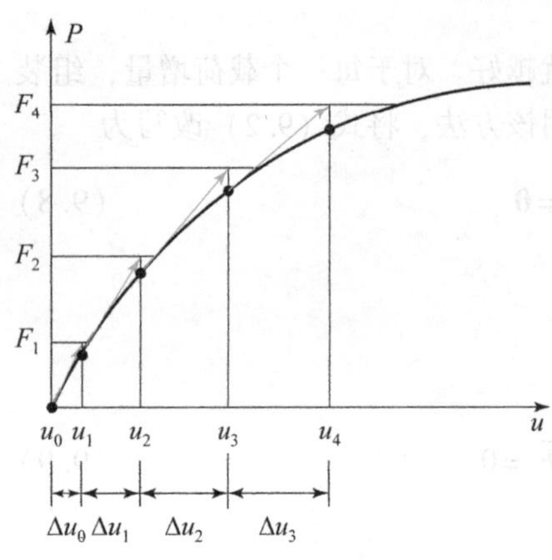

图 9.4 修正的欧拉法

上式中括号里的项 $\boldsymbol{F}_{i+1}-\boldsymbol{P}(\boldsymbol{U}_i)$ 取代了式（9.11）中的 $\Delta\boldsymbol{F}_i$，这意味着前一载荷步的不平衡力 $\boldsymbol{F}_i-\boldsymbol{P}(\boldsymbol{U}_i)$ 已归并到目前载荷增量中，避免了解的漂移。如果前一增量步的解是正确的解，即满足 $\boldsymbol{F}_i-\boldsymbol{P}(\boldsymbol{U}_i)=\boldsymbol{0}$，则式（9.12）和式（9.11）相同。对于单自由度问题，其求解过程如图 9.4 所示。

3. Newton－Raphson 法

为了进一步改进欧拉法的求解精度，可将 Newton－Raphson 法或修正的 Newton－Raphson 法用于每一个增量步中。对于 Newton－Raphson 法，其 λ 的 $m+1$ 次增量步的第 $i+1$ 次迭代公式如下：

$$\begin{aligned}\boldsymbol{\Psi}_{m+1,i+1}&=\boldsymbol{P}(\boldsymbol{U}_{m+1,i+1})-\boldsymbol{F}_{m+1}\\&=\boldsymbol{P}(\boldsymbol{U}_{m+1,i})-\boldsymbol{F}_{m+1}+(\boldsymbol{K}_{\mathrm{T}})_{m+1,i}\Delta\boldsymbol{U}_{m,i}=\boldsymbol{0}\end{aligned} \tag{9.13}$$

式中，$(\boldsymbol{K}_{\mathrm{T}})_{m+1,i}=\boldsymbol{K}_{\mathrm{T}}(\boldsymbol{U}_{m+1,i})$，是 $(\boldsymbol{K}_{\mathrm{T}})_{m+1}$ 的第 i 次更新值。

从式（9.13）中可以解出 $\Delta\boldsymbol{U}_{m,i}$，即

$$\Delta\boldsymbol{U}_{m,i}=(\boldsymbol{K}_{\mathrm{T}})_{m+1,i}^{-1}(\boldsymbol{F}_{m+1}-\boldsymbol{P}(\boldsymbol{U}_{m+1,i})) \tag{9.14}$$

由式（9.14）得到 $\boldsymbol{U}_{m+1}$ 的第 $i+1$ 次更新值为

$$\boldsymbol{U}_{m+1,i+1}=\boldsymbol{U}_{m+1,i}+\Delta\boldsymbol{U}_{m,i} \tag{9.15}$$

Newton－Raphson 法实施过程中的每一迭代步都要重新形成刚度矩阵，然后进行求解，其工作量巨大。为了节省计算时间，在每一载荷增量步中，采用修正的 Newton－Raphson 法，即使用相同的切线刚度矩阵。对单自由度系统，其 Newton－Raphson 法和修正的 Newton－Raphson 法的计算过程如图 9.5 所示。

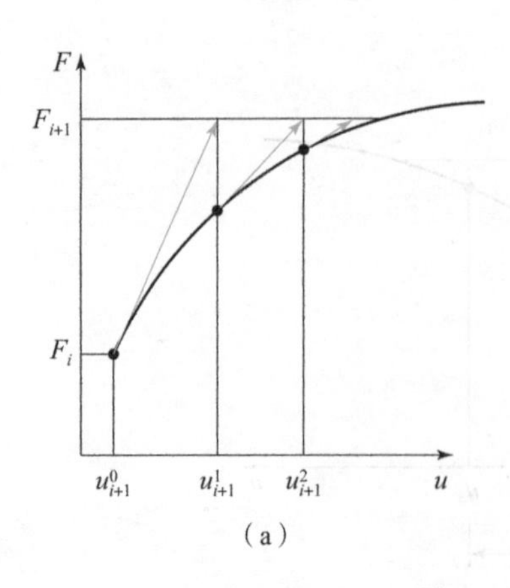

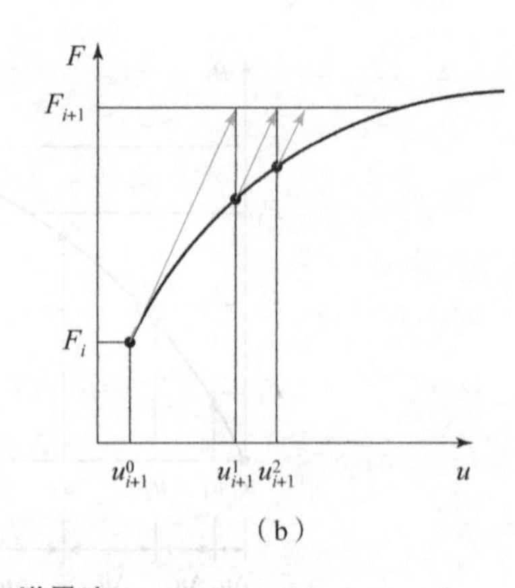

图 9.5 增量法

(a) Newton－Raphson 法；(b) 修正的 Newton－Raphson 法

9.3.4 弧长法

在载荷－位移图中，一些相对最大值点的切线刚度是零，Newton－Raphson 法已不能准确地得到平衡路径上的解。为避免此种情况，我们必须根据临界点的性质改变加载方式。图 9.6 显示了 Newton－Raphson 法在预测到达极限点 L 时精确行为的不足之处，其中 λ 为载荷控制参数，u 为位移。在这种情况下，Newton－Raphson 法在载荷控制中失败。图 9.7 所示为位移控制（回跳失稳）、载荷控制（突跳失稳）以及位移和载荷组合控制下的不稳定系统。由弧长法可以正确得到强非线性引起的复杂平衡路径。弧长法的基本思想（Vasios，2015）是在迭代过程中更新载荷和位移，而不是保持载荷或位移增量不变，该方法可以通过极限点 L 和转折点 T。

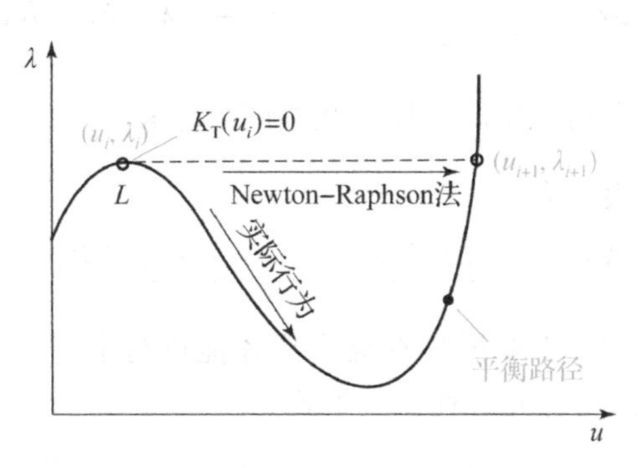

图 9.6 复杂的载荷－位移曲线

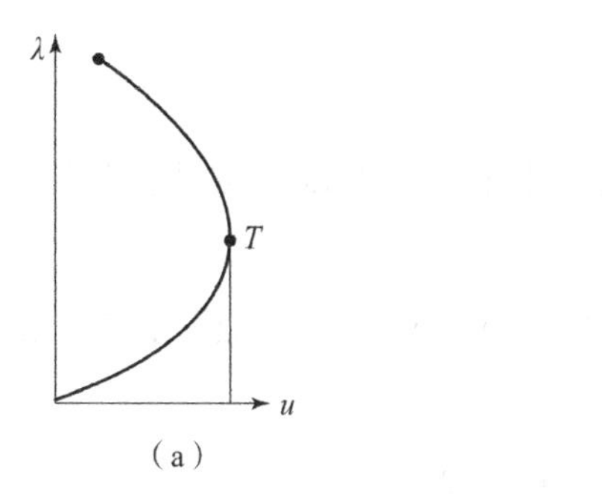

（a）

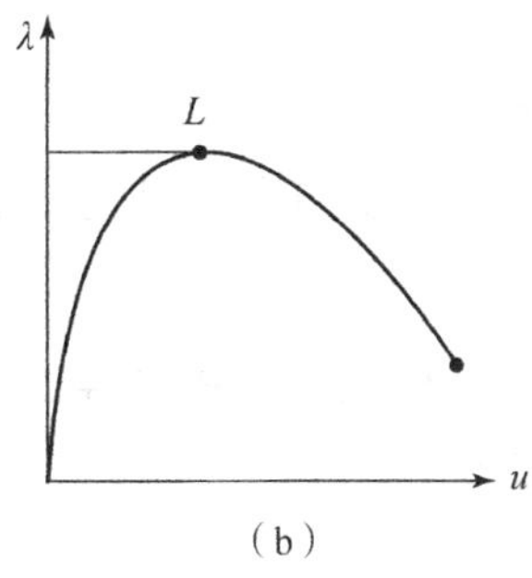

（b）

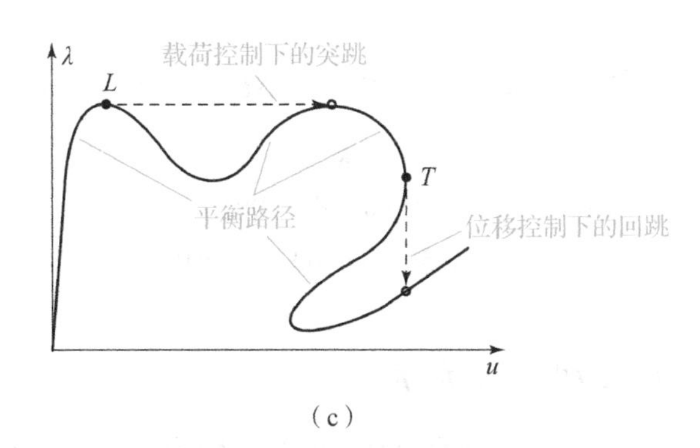

（c）

图 9.7 不稳定系统

（a）位移控制下的回跳；（b）载荷控制下的突跳；（c）位移和载荷组合控制下的失稳

假设 t 时刻点（${}^tU,{}^t\lambda$）满足式（9.8），即这个点位于平衡路径上。弧长法假定位移增量 ΔU 和载荷矢量系数 $\Delta\lambda$ 同时变化，因此有

$$\boldsymbol{\Psi}(U',\lambda')=P({}^tU+\Delta U)-({}^t\lambda+\Delta\lambda)\bar{F}=0 \tag{9.16}$$

如果式（9.16）成立，那么点$({}^tU+\Delta U,{}^t\lambda+\Delta\lambda)$位于平衡路径上。然而，在大多数情况下，该点并不满足该式。为此，我们需要对该点进行必要的更新，其更新量（$\delta U,\delta\lambda$）旨在使点$({}^tU+\Delta U+\delta U,{}^t\lambda+\Delta\lambda+\delta\lambda)$满足式（9.8），即

$$\boldsymbol{\Psi}(U'',\lambda'')=P({}^tU+\Delta U+\delta U)-({}^t\lambda+\Delta\lambda+\delta\lambda)\bar{F}=0 \tag{9.17}$$

利用泰勒级数将式（9.17）展开，只保留线性项，可得

$$P({}^tU+\Delta U)+\left[\frac{\partial P(U)}{\partial U}\right]_{{}^tU+\Delta U}\delta U-({}^t\lambda+\Delta\lambda+\delta\lambda)\bar{F}=0 \tag{9.18}$$

式中，$\frac{\partial P(U)}{\partial U}$——系统的雅可比矩阵，即切线刚度矩阵 K_T。

由此，式（9.18）可表示为

$$[K_T]_{{}^tU+\Delta U}\delta U-\delta\lambda\bar{F}=-\underbrace{\left[P({}^tU+\Delta U)-({}^t\lambda+\Delta\lambda)\bar{F}\right]}_{\Psi}=-\boldsymbol{\Psi}(U',\lambda') \tag{9.19}$$

式中，δU 和 $\delta\lambda$ 都是未知的，需要增加补充方程才能进行求解。在弧长法中，控制载荷因子增量的约束条件可作为这个补充方程，其形式为

$$(\Delta U+\delta U)^T(\Delta U+\delta U)+\alpha^2(\Delta\lambda+\delta\lambda)^2\bar{F}^T\bar{F}=(\Delta l)^2 \tag{9.20}$$

式中，$\Delta U={}^{t+\Delta t}U-{}^tU$；

$\Delta\lambda={}^{t+\Delta t}\lambda-{}^t\lambda$；

Δl——弧长；

α——比例因子，用于控制载荷增量和位移增量在弧长 Δl 中的作用。

由式（9.19），可得

$$\delta U=-[K_T]^{-1}_{{}^tU+\Delta U}\left[P({}^tU+\Delta U)-({}^t\lambda+\Delta\lambda)\bar{F}\right]+\delta\lambda\left[[K_T]^{-1}_{{}^tU+\Delta U}\bar{F}\right] \tag{9.21}$$

式（9.21）可简写为

$$\delta U=\delta\bar{U}+\delta\lambda U_t \tag{9.22}$$

式中，

$$\delta\bar{U}=-[K_T]^{-1}_{{}^tU+\Delta U}\left[P({}^tU+\Delta U)-({}^t\lambda+\Delta\lambda)\bar{F}\right] \tag{9.23a}$$

$$U_t=[K_T]^{-1}_{{}^tU+\Delta U}\bar{F} \tag{9.23b}$$

将式（9.22）代入式（9.20），可得（Crisfield，1981）

$$\alpha_1\delta\lambda^2+\alpha_2\delta\lambda+\alpha_3=0 \tag{9.24}$$

式中，

$$\begin{cases}\alpha_1=U^TU+\alpha^2\bar{F}^T\bar{F}\\ \alpha_2=2(\Delta U+\delta\bar{U})^TU_t+2\alpha^2\Delta\lambda\bar{F}^T\bar{F}\\ \alpha_3=(\Delta U+\delta\bar{U})^T(\Delta U+\delta\bar{U})+\alpha^2\Delta\lambda^2\bar{F}^T\bar{F}-\Delta l^2\end{cases} \tag{9.25}$$

由式（9.24）可得 $\delta\lambda$ 的两个不同解，由此会得到 $\delta\boldsymbol{U}$ 的两个不同解。因此，每次迭代都需要确定两组解，即（$\delta\boldsymbol{U}_1,\delta\lambda_1$）和（$\delta\boldsymbol{U}_2,\delta\lambda_2$）。在这两组解中，首先计算它们在先前更新解矢量上的投影（也即点积），然后选择使点积取最大值的 $\delta\lambda$ 和相应的 $\delta\boldsymbol{U}$，从而形成与前一个解最接近的更新解。这种选择正确解的方法的数学表达式为

$$
\begin{aligned}
\mathrm{DOT}_i &= (\Delta\boldsymbol{U}+\delta\boldsymbol{U}_i,\alpha(\Delta\lambda+\delta\lambda_i)\bar{\boldsymbol{F}})\cdot(\Delta\boldsymbol{U},\alpha\Delta\lambda\bar{\boldsymbol{F}}) \\
&= (\Delta\boldsymbol{U}+\delta\boldsymbol{U}_i)^{\mathrm{T}}\Delta\boldsymbol{U}+\alpha^2\Delta\lambda(\Delta\lambda+\delta\lambda_i)\bar{\boldsymbol{F}}^{\mathrm{T}}\bar{\boldsymbol{F}},\ i=1,2
\end{aligned}
\tag{9.26}
$$

图 9.8 显示了弧长法针对一维问题时计算平衡路径的迭代过程。上述方法在每个增量开始时，由于初始修正（$\Delta\boldsymbol{U},\Delta\lambda$）等于零，因此对应的 DOT 对于两个解也是零。在这种情况下，首先计算切线刚度矩阵的行列式和它的符号，然后求解弧长方程得到 $\delta\lambda_1$ 和 $\delta\lambda_2$，最后选择与切线刚度矩阵的行列式符号相同的 $\delta\lambda$。在每个增量的第一次迭代之后，我们仍然使用点积方法来确保下一个点不会使解向后发展。需要注意的是，Kadapa（2021）提出了一个计算非线性结构力学问题平衡路径的弧长法的简化实现方法。其基本思想是：通过外推的方法，从以前的两个收敛载荷步骤中获得预测值。外推预测值是前面两个收敛解的线性组合，因此它是简单和经济的。此外，该方法的外推预测值还可以作为一种识别沿平衡路径向前运动的手段，且无须任何通常用于显式跟踪的复杂技术。

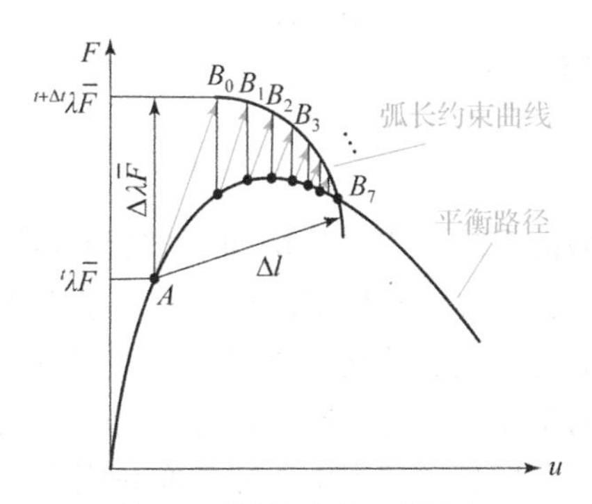

图 9.8　弧长法的迭代过程

9.4　弹塑性分析

在弹塑性材料小变形的情况下，弹性力学的平衡方程和几何关系仍然有效，但应力 - 应变关系（也称为本构关系）不同。本节先定义屈服准则和硬化准则的关键概念，再考虑小变形弹塑性有限元分析。

9.4.1　屈服准则

不失一般性，对于三维情况，其中任意点处的应力矢量为

$$
\boldsymbol{\sigma}=[\sigma_x \quad \sigma_y \quad \sigma_z \quad \sigma_{xy} \quad \sigma_{yz} \quad \sigma_{zx}]^{\mathrm{T}} \tag{9.27}
$$

引进应力偏量 $\boldsymbol{s}$，其分量形式为

$$
\begin{cases}
s_x=\sigma_x-\sigma_{\mathrm{m}}, & s_y=\sigma_y-\sigma_{\mathrm{m}}, & s_z=\sigma_z-\sigma_{\mathrm{m}} \\
s_{xy}=\sigma_{xy}, & s_{yz}=\sigma_{yz}, & s_{zx}=\sigma_{zx}
\end{cases}
\tag{9.28}
$$

式中，σ_m——平均应力或静水压力，其形式为

$$\sigma_m = \frac{1}{3}(\sigma_x + \sigma_y + \sigma_z) \tag{9.29}$$

等效应力（也称为 von Mises 应力）σ_e 为

$$\sigma_e = \left(\frac{3}{2}(s_x^2 + s_y^2 + s_z^2 + 2(s_{xy}^2 + s_{yz}^2 + s_{zx}^2))\right)^{\frac{1}{2}} \tag{9.30}$$

定义如下符号：

$$\bar{s} = [s_x \quad s_y \quad s_z \quad \sqrt{2}s_{xy} \quad \sqrt{2}s_{yz} \quad \sqrt{2}s_{zx}]^T \tag{9.31}$$

则式（9.30）可简写为

$$\sigma_e = \left(\frac{3}{2}\bar{s}^T\bar{s}\right)^{\frac{1}{2}} \tag{9.32}$$

如果三个主应力为 $\sigma_1, \sigma_2, \sigma_3$，则等效应力 σ_e 可写为

$$\sigma_e = ((\sigma_1 - \sigma_2)^2 + (\sigma_2 - \sigma_3)^2 + (\sigma_3 - \sigma_1)^2)^{\frac{1}{2}} \tag{9.33}$$

等效屈服准则认为，当等效应力 σ_e 达到屈服应力时，材料即进入屈服。这样，屈服条件就可写为

$$\sigma_e = \sigma_Y \tag{9.34}$$

式中，σ_Y——拉伸试验的屈服应力。

9.4.2 硬化准则

在塑性变形过程中，屈服面会随着应变的增加而扩展和/或平移，这称为应变硬化。如果一种材料不表现出应变硬化，则称为理想塑性材料。对于应变硬化的材料，屈服面必须改变以保证持续的应变。屈服面的变化受硬化规律的控制。使用有限元材料模型时，可采用不同的方法来模拟应变硬化。通常使用的硬化准则是各向同性硬化、运动硬化及混合硬化。

各向同性硬化的特征：在塑性流动过程中，加载面在应力空间中围绕原点均匀扩展，与原始屈服面保持相同的形状、中心和方向。根据各向同性硬化规则，如果一个结构在外载作用下发生永久变形之后对它卸载，然后重新加载，相比于先前的加载循环，结构中材料的屈服应力就会增加。这种情况只需要一个内变量 κ 即可表示屈服面的变化，即

$$f(\sigma_{ij}) - \sigma_Y(\kappa) = 0 \tag{9.35}$$

式中，$f(\sigma_{ij}) = \sigma_e$，$\sigma_{ij}$ 为应力张量分量；

σ_Y——现时的弹塑性应力；

κ——通常取为等效塑性应变 $e_p = \int de_p, de_p = \left(\frac{2}{3}d\varepsilon_{ij}^p d\varepsilon_{ij}^p\right)^{1/2}$，$d\varepsilon_{ij}^p$ 是塑性应变增量。

对于初始屈服面，有 $\kappa = 0$，$\sigma_Y(0) = \sigma_0$，即

$$f(\sigma_{ij}) - \sigma_0 = 0 \tag{9.36}$$

运动硬化的特征：在塑性变形期间，加载面转换为应力空间中的刚体，且保持屈服面的大小、形状和方向，即仅做平移。运动硬化模型的加载面可表示为

$$f(\sigma_{ij} - \alpha_{ij}) - \sigma_0 = 0 \tag{9.37}$$

式中，α_{ij}——加载面中心在应力空间内的移动张量，与材料硬化特性和变形历史有关；

σ_0——初始屈服面中给定的材料参数。

运动硬化模型较好地模拟了结构在循环载荷作用下的材料行为。然而，金属结构通常同时表现为各向同性和运动硬化，即混合硬化。混合硬化的特征是各向同性硬化和运动硬化的组合，其加载面形式为

$$f(\sigma_{ij}-\alpha_{ij})-\sigma_{\mathrm{Y}}(\kappa)=0 \tag{9.38}$$

材料的三种屈服面的演化过程如图 9.9 所示。

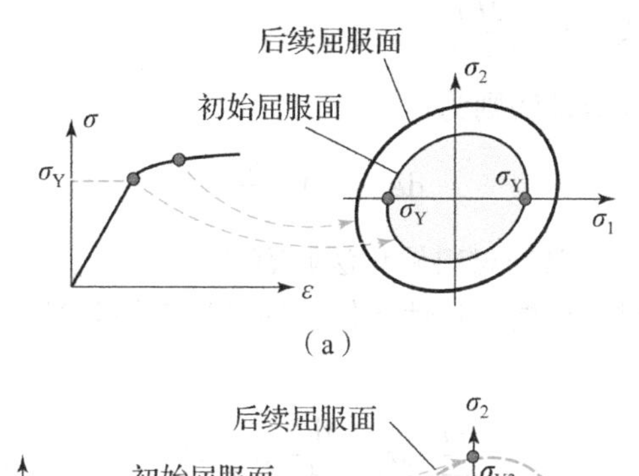

(a)

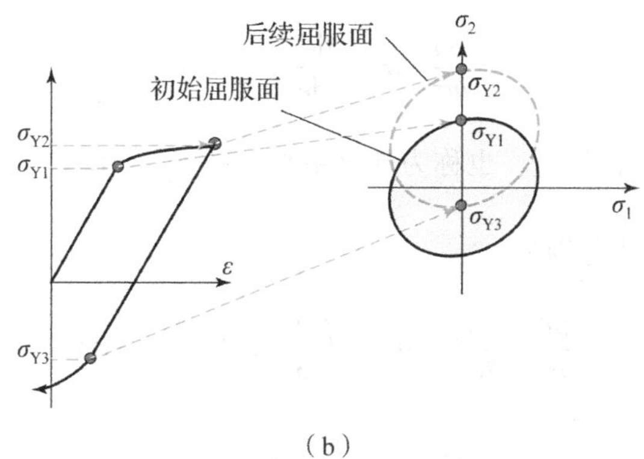

(b)

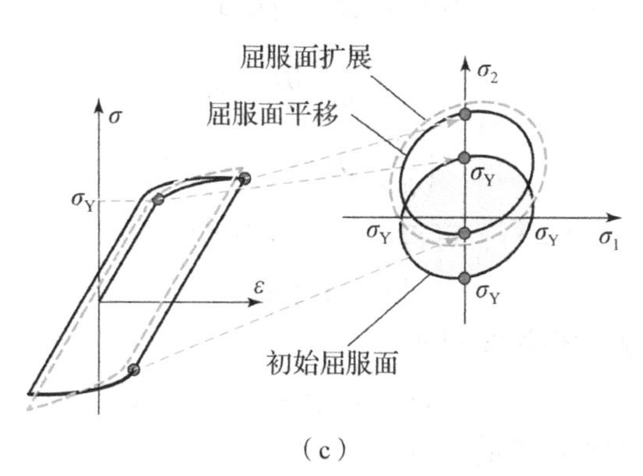

(c)

图 9.9　材料的三种屈服面的演化过程

(a) 各向同性硬化；(b) 运动硬化；(c) 混合硬化

9.4.3　经典弹塑性本构方程

在弹塑性小变形情况下，应变增量可以分解为弹性和塑性两部分，即

$$\mathrm{d}\varepsilon_{ij}=\mathrm{d}\varepsilon_{ij}^{\mathrm{e}}+\mathrm{d}\varepsilon_{ij}^{\mathrm{p}} \tag{9.39}$$

式中，上标 e 和 p 分别表示弹性和塑性部分。

利用弹性应力－应变关系，可将应力增量表示为

$$d\sigma_{ij} = D^{e}_{ijkl} d\varepsilon^{e}_{kl} = D^{e}_{ijkl}(d\varepsilon_{kl} - d\varepsilon^{p}_{kl}) \tag{9.40}$$

式中，D^{e}_{ijkl}——材料的弹性张量分量，其表达式为

$$D^{e}_{ijkl} = 2G\delta_{ik}\delta_{jl} + \lambda\delta_{ij}\delta_{kl} \tag{9.41}$$

式中，G——剪切模量，$G = \dfrac{E}{2(1+\nu)}$，E 为弹性模量，ν 为泊松比。

λ——Lamé 常数，$\lambda = \dfrac{2G\nu}{1-2\nu}$。

对于关联塑性情况，其流动法则为

$$d\varepsilon^{p}_{ij} = d\lambda \frac{\partial f}{\partial \sigma_{ij}} \tag{9.42}$$

式中，$d\lambda$——正的待定系数，其与材料硬化法则有关。

对于各向同性硬化材料，根据一致性条件，即弹塑性加载时，新的应力点仍然处在屈服面上。由式（9.35）可得

$$\frac{\partial f}{\partial \sigma_{ij}} d\sigma_{ij} - \frac{d\sigma_{Y}}{de_{p}} de_{p} = 0 \tag{9.43}$$

式中，$\dfrac{d\sigma_{Y}}{de_{p}}$——材料的塑性模量，也称为硬化系数，用 E_{p} 表示；

$\dfrac{\partial f}{\partial \sigma_{ij}}$和 de_{p} 的表达式分别为

$$\frac{\partial f}{\partial \sigma_{ij}} = \frac{3s_{ij}}{2\sigma_{Y}},\quad de_{p} = \left(\frac{2}{3} d\varepsilon^{p}_{ij} d\varepsilon^{p}_{ij}\right)^{1/2} = d\lambda \tag{9.44}$$

式中，s_{ij}——应力偏量分量。

将式（9.42）代入式（9.40），然后代入式（9.43），并考虑式（9.44），最终得到

$$d\lambda = \frac{\left(\dfrac{\partial f}{\partial \sigma_{ij}}\right) D^{e}_{ijkl} d\varepsilon_{kl}}{\left(\dfrac{\partial f}{\partial \sigma_{ij}}\right) D^{e}_{ijkl} \left(\dfrac{\partial f}{\partial \sigma_{kl}}\right) + E_{p}} \tag{9.45}$$

将式（9.45）代入式（9.40），可得应力－应变的增量关系为

$$d\sigma_{ij} = D^{ep}_{ijkl} d\varepsilon_{kl} \tag{9.46}$$

式中，D^{ep}_{ijkl}——连续介质弹塑性切线刚度，

$$D^{ep}_{ijkl} = D^{e}_{ijkl} - D^{p}_{ijkl} \tag{9.47}$$

式中，D^{p}_{ijkl}——材料的塑性张量，即

$$D^{p}_{ijkl} = \frac{D^{e}_{ijmn}\left(\dfrac{\partial f}{\partial \sigma_{mn}}\right)\left(\dfrac{\partial f}{\partial \sigma_{rs}}\right) D^{e}_{rskl}}{\left(\dfrac{\partial f}{\partial \sigma_{ij}}\right) D^{e}_{ijkl} \left(\dfrac{\partial f}{\partial \sigma_{kl}}\right) + E_{p}} \tag{9.48}$$

对于理想弹塑性材料，式（9.48）中的 $E_{p} = 0$。

9.4.4 数值积分

由于材料本构关系和塑性变量的演化在弹塑性模型中是以率的形式出现的，因此它们需要随时间增量（在静力学问题中，时间增量应理解为载荷增量）进行积分。在小变形弹塑

性分析中，通常将载荷分成若干增量，然后将每一载荷增量的弹塑性方程线性化，使非线性问题的解近似为线性问题的解。我们的目标是对于给定的位移增量，将应力和塑性变量从时间 t_n 更新到 t_{n+1}。接下来将介绍利用回退映射算法对弹塑性模型进行时间积分。该算法采用两步法：①计算所有应变增量皆为纯弹性的弹性试探状态；②如果试应力位于弹性区之外，则将试应力投影到屈服面。注意，在回退映射算法中，屈服面由于塑性变量的演化而不断发生变化（Kim，2015）。

9.4.4.1 回退映射算法

以关联塑性和各向同性硬化材料为例来说明回退映射算法。已知 t_n 时刻的位移增量，依据应变定义可得 t_n 时刻的应变增量 $\Delta\boldsymbol{e}$。其中，$\boldsymbol{e}=\mathrm{dev}[\boldsymbol{\varepsilon}]$，$\mathrm{dev}[\cdot]$ 为求某一张量的偏量，$\mathrm{dev}[\cdot]=(\cdot)-\frac{1}{3}(\mathrm{tr}[\cdot])\mathbf{1}$，$\mathrm{tr}(\cdot)$ 是迹算子，如 $\mathrm{tr}(\boldsymbol{\varepsilon})=\varepsilon_{kk}$（重复下标遵循爱因斯坦符号求和约定），$\mathbf{1}=[\delta_{ij}]$ 是二阶对称单位张量。据此应变增量 $\Delta\boldsymbol{e}$，对应力和硬化参数进行弹性预测，即

$$^{\mathrm{tr}}\boldsymbol{s}={}^{n}\boldsymbol{s}+2G\Delta\boldsymbol{e},\quad {}^{\mathrm{tr}}e_{\mathrm{p}}={}^{n}e_{\mathrm{p}} \tag{9.49}$$

式中，上标 n 表示时间 t_n，上标 tr 表示试状态。

在弹性预测时，所有应变增量都被认为是弹性的，因此所有塑性应变都是固定的，即塑性变量没有变化。虽然应力的静水应力部分和偏应力部分都发生了变化，但静水应力不影响塑性，以上只考虑了偏应力的变化。

如果试应力 $^{\mathrm{tr}}\boldsymbol{s}$ 在弹性域内，即 $F({}^{\mathrm{tr}}\boldsymbol{s},{}^{\mathrm{tr}}e_{\mathrm{p}})\leqslant 0$（注意，此处及后续的屈服函数皆定义为：$F(\boldsymbol{s},e_{\mathrm{p}})=\|\boldsymbol{s}\|-\sqrt{\frac{2}{3}}\sigma_{\mathrm{Y}}(e_{\mathrm{p}})$），则材料的状态是弹性的，应力和塑性变量使用预测值更新为

$$^{n+1}\boldsymbol{s}={}^{\mathrm{tr}}\boldsymbol{s},\quad {}^{n+1}e_{\mathrm{p}}={}^{\mathrm{tr}}e_{\mathrm{p}} \tag{9.50}$$

如果试应力 $^{\mathrm{tr}}\boldsymbol{s}$ 在弹性域之外，即 $F({}^{\mathrm{tr}}\boldsymbol{s},{}^{\mathrm{tr}}e_{\mathrm{p}})>0$，则材料的状态为塑性，需要进行塑性更新，以找出材料的塑性状态。我们通过考虑塑性变形对应力和塑性变量进行校正。图 9.10 所示为偏应力空间中各向同性硬化模型的弹性预测 - 塑性校正方法。由于塑性应变对应力没有贡献，因此试应力的减少与塑性应变增量成正比，即

$$\begin{aligned}^{n+1}\boldsymbol{s}&=2G({}^{n+1}\boldsymbol{\varepsilon}-{}^{n+1}\boldsymbol{\varepsilon}^{\mathrm{p}})=2G({}^{n+1}\boldsymbol{\varepsilon}-{}^{n}\boldsymbol{\varepsilon}^{\mathrm{p}})-2G({}^{n+1}\boldsymbol{\varepsilon}^{\mathrm{p}}-{}^{n}\boldsymbol{\varepsilon}^{\mathrm{p}})\\&={}^{\mathrm{tr}}\boldsymbol{s}-2G\Delta\boldsymbol{\varepsilon}^{\mathrm{p}}={}^{\mathrm{tr}}\boldsymbol{s}-2G\tilde{\gamma}\boldsymbol{N}\end{aligned} \tag{9.51}$$

式中，$\tilde{\gamma}$——塑性一致参数，且非负；

$\boldsymbol{N}$——单位偏张量，$\boldsymbol{N}={}^{n+1}\boldsymbol{s}/\|{}^{n+1}\boldsymbol{s}\|$，其垂直于 t_{n+1} 时刻的屈服面。

注意：应力在与 $\boldsymbol{N}$ 平行的方向上得到了更新。因为 $^{n+1}\boldsymbol{s}$ 平行于 $\boldsymbol{N}$，所以 $^{\mathrm{tr}}\boldsymbol{s}$ 也必须平行于 $\boldsymbol{N}$，这表明更新的应力和试应力在相同方向上。因此，屈服面的单位法向张量可由试应力计算，即

$$\boldsymbol{N}=\frac{^{\mathrm{tr}}\boldsymbol{s}}{\|{}^{\mathrm{tr}}\boldsymbol{s}\|} \tag{9.52}$$

根据流动法则，塑性变量也随应力同时更新为

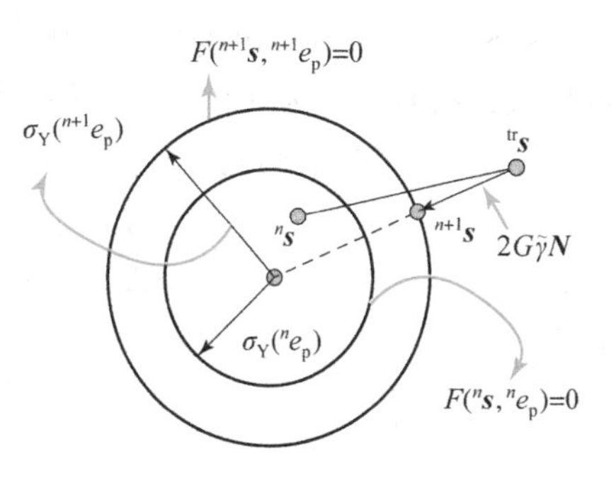

图 9.10 偏应力空间中各向同性硬化的回退映射法

$$^{n+1}\boldsymbol{e}_{\mathrm{p}} = {}^{n}\boldsymbol{e}_{\mathrm{p}} + \tilde{\gamma}\boldsymbol{N} \tag{9.53}$$

塑性更新可归结为确定塑性一致性参数 $\tilde{\gamma}$，据此可得塑性应变增量，其基本思想是使屈服函数满足更新状态下的屈服条件，即

$$\begin{aligned} F({}^{n+1}\boldsymbol{s}, {}^{n+1}e_{\mathrm{p}}) &= \| {}^{n+1}\boldsymbol{s} \| - \sqrt{\frac{2}{3}}\sigma_{\mathrm{Y}}({}^{n+1}e_{\mathrm{p}}) \\ &= \| {}^{\mathrm{tr}}\boldsymbol{s} \| - 2G\tilde{\gamma} - \sqrt{\frac{2}{3}}\sigma_{\mathrm{Y}}({}^{n+1}e_{\mathrm{p}}) = 0 \end{aligned} \tag{9.54}$$

式（9.54）为一个关于 $\tilde{\gamma}$ 的非线性方程，可用 Newton - Raphson 迭代法求解得到 $\tilde{\gamma}$。

9.4.4.2 更新应力和塑性应变

得到 $\tilde{\gamma}$ 之后，在时间步 t_{n+1}，偏应力可以更新为

$$^{n+1}\boldsymbol{s} = {}^{n}\boldsymbol{s} + 2G\Delta\boldsymbol{e} - 2G\tilde{\gamma}\boldsymbol{N} \tag{9.55}$$

一旦找到回退映射点，就可以得到更新应力，即

$$^{n+1}\boldsymbol{\sigma} = {}^{n}\boldsymbol{\sigma} + \Delta\boldsymbol{\sigma} \tag{9.56}$$

式中，$\Delta\boldsymbol{\sigma}$——应力增量，即

$$\Delta\boldsymbol{\sigma} = \boldsymbol{D} : \Delta\boldsymbol{\varepsilon} - 2G\tilde{\gamma}\boldsymbol{N} \tag{9.57}$$

等效塑性应变修正为

$$^{n+1}e_{\mathrm{p}} = {}^{n}e_{\mathrm{p}} + \sqrt{\frac{2}{3}}\tilde{\gamma} \tag{9.58}$$

9.4.4.3 一致切线刚度

在使用经典弹塑性切线刚度矩阵 $\boldsymbol{D}^{\mathrm{ep}}$（式（9.47））时，Newton - Raphson 迭代法并不具有二次收敛性，其原因在于 $\boldsymbol{D}^{\mathrm{ep}}$ 与时间积分算法不一致。$\boldsymbol{D}^{\mathrm{ep}}$ 是应力应变率之间的切线刚度矩阵，而时间积分算法使用有限大小的时间增量。在 Newton - Raphson 迭代法的迭代过程中，切线刚度必须与时间积分算法一致，以实现二次收敛。为此，接下来推导与载荷增量积分算法相一致的切线刚度。

将式（9.57）中的应力增量对应变增量进行微分，可得与回退映射算法一致的本构关系：

$$\boldsymbol{D}^{\mathrm{alg}} = \frac{\partial \Delta\boldsymbol{\sigma}}{\partial \Delta\boldsymbol{\varepsilon}} = \boldsymbol{D} - 2G\boldsymbol{N} \otimes \frac{\partial \tilde{\gamma}}{\partial \Delta\boldsymbol{\varepsilon}} - 2G\tilde{\gamma}\frac{\partial \boldsymbol{N}}{\partial \Delta\boldsymbol{\varepsilon}} \tag{9.59}$$

式（9.59）称为一致切线矩阵，其中需要塑性一致参数 $\tilde{\gamma}$ 和单位偏张量 $\boldsymbol{N}$ 对应变增量 $\Delta\boldsymbol{\varepsilon}$ 的导数，符号⊗称为并积，它将秩增加1。

由式（9.54），可得

$$\frac{\partial F}{\partial \Delta\boldsymbol{\varepsilon}} = \frac{\partial \| {}^{\mathrm{tr}}\boldsymbol{s} \|}{\partial \Delta\boldsymbol{\varepsilon}} - \left(2G + \frac{2}{3}\sigma_{\mathrm{Y},e_{\mathrm{p}}}\right)\frac{\partial \tilde{\gamma}}{\partial \Delta\boldsymbol{\varepsilon}} = 0 \tag{9.60}$$

式中，

$$\sigma_{\mathrm{Y},e_{\mathrm{p}}} = \frac{\partial \sigma_{Y}}{\partial e_{\mathrm{p}}} \tag{9.61a}$$

$$\frac{\partial \| {}^{\mathrm{tr}}\boldsymbol{s} \|}{\partial \Delta\boldsymbol{\varepsilon}} = 2G\frac{{}^{\mathrm{tr}}\boldsymbol{s}}{\| {}^{\mathrm{tr}}\boldsymbol{s} \|} = 2G\boldsymbol{N} \tag{9.61b}$$

由式（9.60），可得

$$\frac{\partial\tilde{\gamma}}{\partial\Delta\boldsymbol{\varepsilon}}=\frac{2G\boldsymbol{N}}{2G+\frac{2}{3}\sigma_{\mathrm{Y},e_{\mathrm{p}}}}\tag{9.62}$$

屈服函数上的单位法向张量对应变增量 $\Delta\boldsymbol{\varepsilon}$ 的导数为

$$\begin{aligned}\frac{\partial\boldsymbol{N}}{\partial\Delta\boldsymbol{\varepsilon}}&=\frac{\partial\boldsymbol{N}}{\partial^{\mathrm{tr}}\boldsymbol{s}}:\frac{\partial^{\mathrm{tr}}\boldsymbol{s}}{\partial\Delta\boldsymbol{\varepsilon}}=\left[\frac{\boldsymbol{I}}{\|^{\mathrm{tr}}\boldsymbol{s}\|}-\frac{^{\mathrm{tr}}\boldsymbol{s}\otimes{}^{\mathrm{tr}}\boldsymbol{s}}{\|^{\mathrm{tr}}\boldsymbol{s}\|^{3}}\right]:2G\boldsymbol{I}^{\mathrm{dev}}\\&=\frac{2G}{\|^{\mathrm{tr}}\boldsymbol{s}\|}[\boldsymbol{I}^{\mathrm{dev}}-\boldsymbol{N}\otimes\boldsymbol{N}]\end{aligned}\tag{9.63}$$

式中，

$$I_{ijkl}=\frac{1}{2}(\delta_{ik}\delta_{jl}+\delta_{il}\delta_{jk}),\ I_{ijkl}^{\mathrm{dev}}=I_{ijkl}-\frac{1}{3}\delta_{ij}\delta_{kl}\tag{9.64}$$

因此，由式（9.59）可得一致切线刚度矩阵为

$$\boldsymbol{D}^{\mathrm{alg}}=\boldsymbol{D}-\frac{4G^{2}\boldsymbol{N}\otimes\boldsymbol{N}}{2G+\frac{2}{3}\sigma_{\mathrm{Y},e_{\mathrm{p}}}}-\frac{4G^{2}\tilde{\gamma}}{\|^{\mathrm{tr}}\boldsymbol{s}\|}[\boldsymbol{I}^{\mathrm{dev}}-\boldsymbol{N}\otimes\boldsymbol{N}]\tag{9.65}$$

对于各向同性硬化模型，式（9.48）可改写为

$$\boldsymbol{D}^{\mathrm{ep}}=\boldsymbol{D}-\frac{4G^{2}\boldsymbol{N}\otimes\boldsymbol{N}}{2G+\frac{2}{3}\sigma_{\mathrm{Y},e_{\mathrm{p}}}}\tag{9.66}$$

比较式（9.65）和式（9.66），可知 $\boldsymbol{D}^{\mathrm{ep}}$ 中没有 $\boldsymbol{D}^{\mathrm{alg}}$ 中的第三项，该项表示应变增量对 $\boldsymbol{N}$ 变化的影响。因为率形式只考虑无穷小的应变增量，所以它没有考虑方向的变化。然而，当应变增量不是小量时，它可能改变应力的方向。

说明： 率形式首先微分硬化模型，然后取增量；增量形式则在取增量之后进行微分。

9.4.4.4　弹塑性增量方程

为便于表述，能量形式及其线性化定义为

$$a(^{n}e_{\mathrm{p}};{}^{n+1}\boldsymbol{u},\bar{\boldsymbol{u}})=\iint_{\Omega}\boldsymbol{\varepsilon}(\bar{\boldsymbol{u}}):{}^{n+1}\boldsymbol{\sigma}\mathrm{d}\Omega\tag{9.67}$$

$$a^{*}(^{n}e_{\mathrm{p}},{}^{n+1}\boldsymbol{u};\delta\boldsymbol{u},\bar{\boldsymbol{u}})=\iint_{\Omega}\boldsymbol{\varepsilon}(\bar{\boldsymbol{u}}):\boldsymbol{D}^{\mathrm{alg}}:\boldsymbol{\varepsilon}(\delta\boldsymbol{u})\mathrm{d}\Omega\tag{9.68}$$

式中，$\bar{\boldsymbol{u}}$——任意运动许可位移（对应于虚位移原理中的虚位移），且满足齐次本质边界条件；

$\delta\boldsymbol{u}$——位移增量；

$a^{*}(^{n}e_{\mathrm{p}},{}^{n+1}\boldsymbol{u};\delta\boldsymbol{u},\bar{\boldsymbol{u}})$——所表示的能量线性化形式隐式地依赖于塑性变量 $^{n}e_{\mathrm{p}}$ 和总位移 $\boldsymbol{u}$，而且关于 $\delta\boldsymbol{u}$ 和 $\bar{\boldsymbol{u}}$ 是双线性的。

注意： 能量形式 $a(^{n}e_{\mathrm{p}};{}^{n+1}\boldsymbol{u},\bar{\boldsymbol{u}})$ 也隐式地依赖于塑性变量 $^{n}e_{\mathrm{p}}$。

结构平衡的弱形式在载荷步 t_n 可以表示为

$$a(^{n}e_{\mathrm{p}};{}^{n+1}\boldsymbol{u},\bar{\boldsymbol{u}})=\ell(\bar{\boldsymbol{u}})\tag{9.69}$$

式中，载荷形式 $\ell(\bar{\boldsymbol{u}})$ 定义为

$$\ell(\bar{\boldsymbol{u}})=\iint_{\Omega}\bar{\boldsymbol{u}}^{\mathrm{T}}\boldsymbol{b}\mathrm{d}\Omega+\int_{\Gamma_t}\bar{\boldsymbol{u}}^{\mathrm{T}}\boldsymbol{t}\mathrm{d}\Gamma\tag{9.70}$$

式中，$\boldsymbol{b}$——体积力；

$\boldsymbol{t}$——给定面力边界 Γ_t 上的面力。

设当前载荷步为 t_{n+1}，当前迭代计数器为 k，假设施加载荷与位移无关，则式（9.69）的线性化增量方程为

$$a^*({}^n e_{\mathrm{p}}, {}^{n+1}\boldsymbol{u}; \delta\boldsymbol{u}^k, \bar{\boldsymbol{u}}) = \ell(\bar{\boldsymbol{u}}) - a({}^n e_{\mathrm{p}}; {}^{n+1}\boldsymbol{u}, \bar{\boldsymbol{u}}) \tag{9.71}$$

总位移修正为

$${}^{n+1}\boldsymbol{u}^{k+1} = {}^{n+1}\boldsymbol{u}^k + \delta\boldsymbol{u}^k \tag{9.72}$$

使用有限元离散线性化增量方程（式（9.71））后，其形式变为${}^{n+1}\boldsymbol{K}^k\delta\boldsymbol{u}^k = {}^{n+1}\boldsymbol{R}^k$。迭代求解式（9.71），直到不平衡力消失，即满足原非线性方程（式（9.69））。需要强调的是，式（9.71）求解的是两个连续迭代之间的位移增量 $\delta\boldsymbol{u}^k = {}^{n+1}\boldsymbol{u}^{k+1} - {}^{n+1}\boldsymbol{u}^k$，但使用位移增量 $\Delta\boldsymbol{u}^k = {}^{n+1}\boldsymbol{u}^k - {}^n\boldsymbol{u}^k$ 计算应变增量。这是因为，应力和所有历史变量都根据先前的收敛载荷增量进行更新，而不根据先前的迭代进行更新。

9.5 几何非线性分析

实际上，任何物体在载荷作用下的变形过程都是非线性的，因为每个平衡状态都与当前的构形相关。在小变形情况下，物体变形的平衡方程可以建立在初始构形上，由此得到的有限元解通常能够满足工程实际的需要。但在大变形情况下，由于变形前后的单元形状是不一致的，因此需要对应力和应变进行重新定义。几何非线性类型主要有两类，即大变形和大转动。大变形意味着单元的形状发生了显著变化，由此导致单元的刚度也发生了变化。大转动是指当单元的方位发生显著变化时，必须将单元的坐标更新到变形几何中，并在变形几何中构建平衡方程，这种情况也会引起大变形。与初始几何构形相比，如果结构变形显著，则几何非线性效应占主导地位。当力或压力作用于受几何非线性影响的结构时，非线性分析必须考虑载荷的方向和大小随结构的位移和转动而变化。

9.5.1 有效应变与应力

在有限应变分析中，通常有两种方法来定义应变张量，即 Green 应变和 Euler 应变。

Green 应变也称 Green - Lagrange 应变，定义为

$$E_{ij} = \frac{1}{2}\left(\frac{\partial x_k}{\partial X_i}\frac{\partial x_k}{\partial X_j} - \delta_{ij}\right) \tag{9.73}$$

式中，重复下标 k 遵循爱因斯坦符号求和约定；

X_i, X_j——初始坐标；

x_k——变形后的坐标；

δ_{ij}——克罗内克（Kronecker）函数；

$\dfrac{\partial x_k}{\partial X_i}, \dfrac{\partial x_k}{\partial X_j}$——变形梯度。

Green 应变是用变形前的坐标表示的，即它是 Lagrange 坐标的函数。

Euler 应变定义为

$$e_{ij} = \frac{1}{2}\left(\delta_{ij} - \frac{\partial X_k}{\partial x_i}\frac{\partial X_k}{\partial x_j}\right) \tag{9.74}$$

式中，Euler 应变是用变形后的坐标表示的，即它是 Euler 坐标的函数。

引进位移向量 $\boldsymbol{u}$，有

$$x_i = X_i + u_i,\quad i = 1,2,3 \tag{9.75}$$

将式（9.75）代入式（9.73）和式（9.74），可得用位移表示的两种应变张量的形式：

$$E_{ij} = \frac{1}{2}\left(\frac{\partial u_i}{\partial X_j} + \frac{\partial u_j}{\partial X_i} + \frac{\partial u_k}{\partial X_i}\frac{\partial u_k}{\partial X_j}\right) \tag{9.76}$$

$$e_{ij} = \frac{1}{2}\left(\frac{\partial u_i}{\partial x_j} + \frac{\partial u_j}{\partial x_i} - \frac{\partial u_k}{\partial x_i}\frac{\partial u_k}{\partial x_j}\right) \tag{9.77}$$

式（9.76）和式（9.77）在小变形情况下都变为柯西（Cauchy）应变张量，即

$$\varepsilon_{ij} = E_{ij} = e_{ij} = \frac{1}{2}\left(\frac{\partial u_i}{\partial X_j} + \frac{\partial u_j}{\partial X_i}\right) = \frac{1}{2}\left(\frac{\partial u_i}{\partial x_j} + \frac{\partial u_j}{\partial x_i}\right) \tag{9.78}$$

与两种有限应变的定义类似，应力也有不同的定义，即 Euler 应力、Lagrange 应力和 Kirchhoff 应力。

Euler 应力又称为 Cauchy 应力或真应力，它定义在变形后构形中的微面积 ds 上，即

$$\mathrm{d}T_i = \sigma_{ij} n_j \mathrm{d}s \tag{9.79}$$

式中，$\mathrm{d}T_i, n_j$——作用在微面积 ds 上的面力和外法线方向单位向量的分量；

σ_{ij}——Cauchy 应力张量的分量。

Lagrange 应力又称为第一类 Piola－Kirchhoff 应力或名义应力，它是用变形前的构形来定义的，即

$$\mathrm{d}T_i = \Sigma_{ij} N_j \mathrm{d}S \tag{9.80}$$

式中，$\mathrm{d}T_i, N_j$——作用在变形前的微面积 dS 上的面力和外法线方向单位向量的分量；

Σ_{ij}——Lagrange 应力张量的分量。

Kirchhoff 应力又称为第二类 Piola－Kirchhoff 应力，其定义式为

$$S_{ij} = \frac{\partial X_i}{\partial x_k}\Sigma_{jk} \tag{9.81}$$

式中，S_{ij}——对称的二阶张量的分量，它是用变形前的构形来定义的，且与 Green 应变在能量上是共轭的。

类似地，Euler 应力与 Euler 应变在能量上也是共轭的。

上述三种应力张量之间的关系如下：

$$\Sigma_{ij} = J\frac{\partial X_i}{\partial x_k}\sigma_{jk},\quad \sigma_{ij} = \frac{1}{J}\frac{\partial x_j}{\partial X_k}\Sigma_{ki} \tag{9.82}$$

$$S_{ij} = J\frac{\partial X_i}{\partial x_k}\frac{\partial X_j}{\partial x_m}\sigma_{km},\quad \sigma_{ij} = \frac{1}{J}\frac{\partial x_i}{\partial X_k}\frac{\partial x_j}{\partial X_m}S_{km} \tag{9.83}$$

式中，J——变形梯度$\dfrac{\partial x_i}{\partial X_k}$的行列式，即

$$J=\begin{vmatrix}\dfrac{\partial x_1}{\partial X_1} & \dfrac{\partial x_1}{\partial X_2} & \dfrac{\partial x_1}{\partial X_3}\\ \dfrac{\partial x_2}{\partial X_1} & \dfrac{\partial x_2}{\partial X_2} & \dfrac{\partial x_2}{\partial X_3}\\ \dfrac{\partial x_3}{\partial X_1} & \dfrac{\partial x_3}{\partial X_2} & \dfrac{\partial x_3}{\partial X_3}\end{vmatrix} \tag{9.84}$$

显然，$\boldsymbol{\sigma}$ 是对称应力张量；$\boldsymbol{\Sigma}$ 是不对称张量，因为作用在变形后微面积 ds 上的力在保持其大小和方向不变的情况下平移到初始构形下的相应微面积 dS 上；$\boldsymbol{S}$ 是对称应力张量，因为作用在变形后微面积 ds 上的力通过张量变换法则转换到初始构形下的相应微面积 dS 上。

9.5.2 本构关系

本节仅讨论几何非线性问题，即材料本构关系仍为弹性的。线弹性材料意味着当一个载荷被移除时，材料恢复到其未变形的构形，而且没有任何永久的变形。类似地，非线性弹性在卸载后也没有表现出永久变形的特性。换言之，在载荷释放后，没有能量耗散。非线性弹性和线性弹性的区别在于其应力和应变之间的关系是非线性的。这里只介绍两种弹性材料，即超弹性材料和 Saint – Venant Kirchhoff 材料。

超弹性材料表现为各向同性材料性质，而且应力和应变的依赖关系与应变速率的变化无关。由应变能密度函数 W 对 Green 应变 $\boldsymbol{E}$ 求导，可得超弹性非线性材料的本构关系，即其应力 – 应变关系为

$$S_{ij}=\frac{\partial W}{\partial E_{ij}} \tag{9.85}$$

Saint – Venant Kirchhoff 超弹性材料模型通常用于发生大位移而材料应变很小的情况。它表示的是非线性弹性响应。该模型的应变能密度函数用 Green 应变张量 $\boldsymbol{E}$ 表示，即

$$W=\frac{\lambda}{2}[\mathrm{tr}(\boldsymbol{E})]^2+G\mathrm{tr}(\boldsymbol{E}^2) \tag{9.86}$$

式中，λ, G——拉梅常量和剪切模量。

式（9.86）对 Green 应变张量 $\boldsymbol{E}$ 求导，可得第二类 Piola – Kirchhoff 应力张量：

$$\boldsymbol{S}=\lambda\mathrm{tr}(\boldsymbol{E})\boldsymbol{1}+2G\boldsymbol{E} \tag{9.87}$$

式中，$\boldsymbol{1}$——一个二阶单位矩阵。

Saint – Venant Kirchhoff 超弹性材料模型的经典定义与体积比 J（或变形梯度的行列式）无关，这意味着人们无法区分可压缩和不可压缩的超弹性材料响应。一种解决方法是给出修正的 Saint – Venant Kirchhoff 超弹性材料模型，其应变能密度函数为

$$W=\frac{\kappa}{2}(\ln J)^2+G\mathrm{tr}(\boldsymbol{E}^2) \tag{9.88}$$

式中，κ——体积模量；

$J=\det(\boldsymbol{F})$，$\boldsymbol{F}$ 为变形梯度，即 $F_{ij}=\dfrac{\partial x_i}{\partial X_j}$。

该模型使 Saint – Venant Kirchhoff 超弹性材料模型也适用于预测大压缩应变，从而避免了原始模型的一个主要缺陷。修正后的第二类 Piola – Kirchhoff 应力张量为

$$\boldsymbol{S} = 2\kappa J\mathbf{1} + 2G\boldsymbol{E} \tag{9.89}$$

9.5.3　几何非线性有限元方程

在几何非线性有限元的求解方法中，依据不同的参考构形，可以引入两个公式，即完全 Lagrange 公式和更新 Lagrange 公式（Kim，2015）。

9.5.3.1　完全 Lagrange 公式

图 9.11 显示了结构的初始和变形几何形状。考虑一个由 N 个载荷步组成的静态系统。在到达最后一个载荷步之前，当前载荷步用 n 表示，第 n 个载荷表示为 t_n。对于依赖于载荷步的变量，使用一个左上标来表示特定载荷步的变量。例如，${}^0\Omega$ 和 ${}^n\Omega$ 分别表示初始域和当前域。除非特别说明，为了标记方便，通常将省略左上标 n。在开始第 n 个载荷步时，采用 Newton – Raphson 法等迭代方法，寻求结构平衡。进一步假设，直到第 k 次迭代已经完成。目标是求出第 $k+1$ 次迭代时的增量位移，使不平衡力消失。在此基础上，建立非线性平衡方程和增量求解方法。

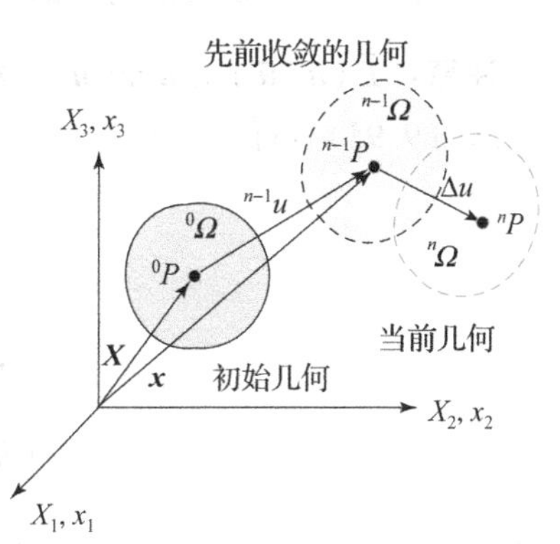

图 9.11　变形期间几何构形的变化

利用应变能 Π^{int} 和外力功 Π^{ext}，可得弹性系统的势能为

$$\begin{aligned}\Pi(\boldsymbol{u}) &= \Pi^{\text{int}}(\boldsymbol{u}) - \Pi^{\text{ext}}(\boldsymbol{u}) \\ &= \underbrace{\int_{{}^0\Omega} W(\boldsymbol{E})\,\mathrm{d}\Omega}_{\Pi^{\text{int}}(\boldsymbol{u})} - \underbrace{\left(\int_{{}^0\Omega} \boldsymbol{u}^{\mathrm{T}}\boldsymbol{f}\mathrm{d}\Omega + \int_{{}^0\Gamma^s} \boldsymbol{u}^{\mathrm{T}}\boldsymbol{t}\mathrm{d}\Gamma\right)}_{\Pi^{\text{ext}}(\boldsymbol{u})}\end{aligned} \tag{9.90}$$

式中，$\boldsymbol{u}$——位移；

$\boldsymbol{f}$——体力；

$\boldsymbol{t}$——边界 ${}^0\Gamma^s$ 上的表面面力；

$\boldsymbol{E}$——Lagrange 应变；

W——应变能密度函数。

假定位移场在任意许可位移 $\bar{\boldsymbol{u}}$（对应于虚功原理中的虚位移）方向上变化，τ 是控制位移变化大小的参数。位移变化表示为

$$\boldsymbol{u}_\tau = \boldsymbol{u} + \tau\bar{\boldsymbol{u}} \tag{9.91}$$

式中，$\bar{\boldsymbol{u}}$ 必须事先满足齐次本质边界条件。势能的一阶变分可以通过取势能在 $\bar{\boldsymbol{u}}$ 方向上的方向导数来获得，即

$$\bar{\Pi}(\boldsymbol{u},\bar{\boldsymbol{u}}) = \frac{\mathrm{d}}{\mathrm{d}\tau}\Pi(\boldsymbol{u}+\tau\bar{\boldsymbol{u}})\bigg|_{\tau=0} \tag{9.92}$$

利用式（9.90）中的势能，令其一阶变分等于零，可得如下变分方程：

$$\bar{\Pi}(\boldsymbol{u},\bar{\boldsymbol{u}}) = \int_{{}^0\Omega} \frac{\partial W(\boldsymbol{E})}{\partial \boldsymbol{E}} : \bar{\boldsymbol{E}}\mathrm{d}\Omega - \int_{{}^0\Omega} \bar{\boldsymbol{u}}^{\mathrm{T}}\boldsymbol{f}\mathrm{d}\Omega - \int_{{}^0\Gamma^s} \bar{\boldsymbol{u}}^{\mathrm{T}}\boldsymbol{t}\mathrm{d}\Gamma = 0 \tag{9.93}$$

式中，应变能密度对 Lagrange 应变求导可通过使用微分的链式法则获得，而 Lagrange 应变的变分从它的定义式中得到，即

$$\begin{cases}\bar{\boldsymbol{E}}(\boldsymbol{u},\bar{\boldsymbol{u}})=\dfrac{\mathrm{d}}{\mathrm{d}\tau}\boldsymbol{E}(\boldsymbol{u},\bar{\boldsymbol{u}})\bigg|_{\tau=0}=\mathrm{sym}(\nabla_0\bar{\boldsymbol{u}}^{\mathrm{T}}\boldsymbol{F})\\ \bar{E}_{ij}=\dfrac{1}{2}\left(\dfrac{\partial\bar{u}_i}{\partial X_j}+\dfrac{\partial\bar{u}_j}{\partial X_i}+\dfrac{\partial\bar{u}_k}{\partial X_i}\dfrac{\partial u_k}{\partial X_j}+\dfrac{\partial u_k}{\partial X_i}\dfrac{\partial\bar{u}_k}{\partial X_j}\right)\end{cases}\tag{9.94}$$

式中，$\mathrm{sym}(\cdot)$——张量的对称部分。

注意：$\bar{\boldsymbol{E}}(\boldsymbol{u},\bar{\boldsymbol{u}})$ 是 $\boldsymbol{u}$ 和 $\bar{\boldsymbol{u}}$ 的双线性函数。

式（9.93）可简写为

$$a(\boldsymbol{u},\bar{\boldsymbol{u}})=\ell(\bar{\boldsymbol{u}})\tag{9.95}$$

式中，

$$a(\boldsymbol{u},\bar{\boldsymbol{u}})=\int_{{}^0\Omega}\boldsymbol{S}(\boldsymbol{u}):\bar{\boldsymbol{E}}(\boldsymbol{u},\bar{\boldsymbol{u}})\mathrm{d}\Omega\tag{9.96}$$

$$\ell(\bar{\boldsymbol{u}})=\int_{{}^0\Omega}\bar{\boldsymbol{u}}^{\mathrm{T}}\boldsymbol{f}\mathrm{d}\Omega+\int_{{}^0\Gamma^s}\bar{\boldsymbol{u}}^{\mathrm{T}}\boldsymbol{t}\mathrm{d}\Gamma\tag{9.97}$$

式中，应力 $\boldsymbol{S}=\dfrac{\partial W}{\partial\boldsymbol{E}}$和应变 $\boldsymbol{E}$ 以初始几何为参考，所以称为完全 Lagrange 公式。

注意：$a(\boldsymbol{u},\bar{\boldsymbol{u}})$和$\ell(\bar{\boldsymbol{u}})$对 $\bar{\boldsymbol{u}}$ 是线性的，但$a(\boldsymbol{u},\bar{\boldsymbol{u}})$对位移 $\boldsymbol{u}$ 是非线性的，其原因在于应力和应变隐式地依赖于 $\boldsymbol{u}$，而$\ell(\bar{\boldsymbol{u}})$与位移 $\boldsymbol{u}$ 无关。

如果 $\boldsymbol{u}$ 和 $\bar{\boldsymbol{u}}$ 不满足式（9.95），则其左右两边的差可定义为残差或者不平衡力，即

$$R=a(\boldsymbol{u},\bar{\boldsymbol{u}})-\ell(\bar{\boldsymbol{u}})\tag{9.98}$$

在 Newton – Raphson 法中，每一次迭代都要求得到不平衡力的雅可比矩阵，即切线刚度矩阵，这个过程称为线性化。由于式（9.97）中的载荷形式与位移 $\boldsymbol{u}$ 无关，因此无须对其线性化。式（9.96）中能量形式的线性化可表示为

$$\begin{cases}L[a(\boldsymbol{u},\bar{\boldsymbol{u}})]=\displaystyle\int_{{}^0\Omega}[\Delta\boldsymbol{S}:\bar{\boldsymbol{E}}+\boldsymbol{S}:\Delta\bar{\boldsymbol{E}}]\mathrm{d}\Omega\\ L=\displaystyle\int_{{}^0\Omega}[\Delta S_{ij}\bar{E}_{ij}+S_{ij}\Delta\bar{E}_{ij}]\mathrm{d}\Omega\end{cases}\tag{9.99}$$

式中，$\Delta\boldsymbol{S}$——应力增量；

$\Delta\bar{\boldsymbol{E}}$——应变变分的增量。

对于 Saint – Venant Kirchhoff 超弹性材料，应力 – 应变关系是线性的，因此应力增量可以表示为

$$\begin{cases}\Delta\boldsymbol{S}=\dfrac{\partial\boldsymbol{S}}{\partial\boldsymbol{E}}:\Delta\boldsymbol{E}=\boldsymbol{D}:\Delta\boldsymbol{E}\\ \Delta S_{ij}=D_{ijkl}\Delta E_{kl}\end{cases}\tag{9.100}$$

式中，$\Delta\boldsymbol{E}$——Lagrange 应变增量；

$\boldsymbol{D}$——一个四阶本构张量，即

$$\begin{cases}\boldsymbol{D}=\lambda\boldsymbol{1}\otimes\boldsymbol{1}+2G\boldsymbol{I}\\ D_{ijkl}=\lambda\delta_{ij}\delta_{kl}+G(\delta_{ik}\delta_{jl}+\delta_{il}\delta_{jk})\end{cases}\tag{9.101}$$

式中，$\boldsymbol{1}$——二阶单位张量；

$\boldsymbol{I}$——四阶单位对称张量，即 $I_{ijkl}=\frac{1}{2}(\delta_{ik}\delta_{jl}+\delta_{il}\delta_{jk})$；

$\otimes$——张量积符号。

注意： 变形梯度的增量是 $\Delta\boldsymbol{F}=\nabla_0\Delta\boldsymbol{u}$，Lagrange 应变增量及其变分的增量可分别表示为

$$\begin{cases}\Delta\boldsymbol{E}(\boldsymbol{u},\Delta\boldsymbol{u})=\mathrm{sym}(\nabla_0\Delta\boldsymbol{u}^{\mathrm{T}}\boldsymbol{F})\\ \Delta E_{ij}=\frac{1}{2}\left(\frac{\partial\Delta u_i}{\partial X_j}+\frac{\partial\Delta u_j}{\partial X_i}+\frac{\partial u_k}{\partial X_i}\frac{\partial\Delta u_k}{\partial X_j}+\frac{\partial\Delta u_k}{\partial X_i}\frac{\partial u_k}{\partial X_j}\right)\end{cases}\tag{9.102}$$

$$\begin{cases}\Delta\bar{\boldsymbol{E}}(\Delta\boldsymbol{u},\bar{\boldsymbol{u}})=\mathrm{sym}(\nabla_0\bar{\boldsymbol{u}}^{\mathrm{T}}\nabla_0\Delta\boldsymbol{u})\\ \Delta\bar{E}_{ij}=\frac{1}{2}\left(\frac{\partial\bar{u}_k}{\partial X_i}\frac{\partial\Delta u_k}{\partial X_j}+\frac{\partial\Delta u_k}{\partial X_i}\frac{\partial\bar{u}_k}{\partial X_j}\right)\end{cases}\tag{9.103}$$

因此，式（9.99）中能量形式的线性化可以根据位移及其变分显式地推导，即

$$L[a(\boldsymbol{u},\bar{\boldsymbol{u}})]=\int_{^0\Omega}[\bar{\boldsymbol{E}}:\boldsymbol{D}:\Delta\boldsymbol{E}+\boldsymbol{S}:\Delta\bar{\boldsymbol{E}}]\mathrm{d}\Omega=a^*(\boldsymbol{u};\Delta\boldsymbol{u},\bar{\boldsymbol{u}})\tag{9.104}$$

式中，$a^*(\boldsymbol{u};\Delta\boldsymbol{u},\bar{\boldsymbol{u}})$隐式地依赖于总位移 $\boldsymbol{u}$，而且关于 $\Delta\boldsymbol{u}$ 和 $\bar{\boldsymbol{u}}$ 是双线性的。

式（9.104）中的第一个被积函数依赖于应力－应变关系。由于它与线性系统中的刚度项相似，所以被称为切线刚度；第二个被积函数在线性系统中不存在，它只出现在几何非线性问题中，由于它有应力项，所以称为初始应力刚度。

设当前载荷步为 t_n，当前迭代计数器为 k，假设加载与位移无关，则式（9.95）的线性化增量方程为

$$a^*({}^n\boldsymbol{u}^k;\Delta\boldsymbol{u}^k,\bar{\boldsymbol{u}})=\ell(\bar{\boldsymbol{u}})-a({}^n\boldsymbol{u}^k,\bar{\boldsymbol{u}})\tag{9.105}$$

总位移更新为

$${}^n\boldsymbol{u}^{k+1}={}^n\boldsymbol{u}^k+\Delta\boldsymbol{u}^k\tag{9.106}$$

使用有限元离散式（9.105）之后得到的增量形式为${}^n\boldsymbol{K}^k\Delta\boldsymbol{u}^k={}^n\boldsymbol{R}^k$，其中 $\boldsymbol{K}$ 是切线刚度矩阵，$\boldsymbol{R}$ 是不平衡力矢量。迭代求解式（9.105），直到残差消失，即满足式（9.95）。

9.5.3.2　更新 Lagrange 公式

更新 Lagrange 公式使用 Cauchy 应力 $\boldsymbol{\sigma}$ 和工程应变 $\boldsymbol{\varepsilon}$，其定义在当前几何构形中。需要注意的是，工程应变 $\boldsymbol{\varepsilon}$ 定义在大变形条件下的变形几何中，它不是位移的线性函数，这与小变形不同。方便起见，我们假设加载与变形无关（如集中力的大小和方向独立于结构变形），则更新 Lagrange 公式中的加载形式 $\ell(\bar{\boldsymbol{u}})$与式（9.97）（完全 Lagrange 公式）中的 $\ell(\bar{\boldsymbol{u}})$完全相同。更新 Lagrange 公式中的 Cauchy 应力 $\boldsymbol{\sigma}$ 和工程应变 $\boldsymbol{\varepsilon}$ 之间的关系，可通过第二类 Piola－Kirchhoff 应力 $\boldsymbol{S}$ 和 Lagrange 应变 $\boldsymbol{E}$ 之间的关系获得。

Lagrange 张量（$\boldsymbol{S},\bar{\boldsymbol{E}}$）和 Euler 张量（$\boldsymbol{\sigma},\bar{\boldsymbol{\varepsilon}}$）之间的关系可由式（9.83）和式（9.94）得到：

$$\boldsymbol{S}=J\boldsymbol{F}^{-1}\boldsymbol{\sigma}\boldsymbol{F}^{-\mathrm{T}}\tag{9.107}$$

$$\bar{\boldsymbol{E}}=\boldsymbol{F}^{\mathrm{T}}\boldsymbol{\varepsilon}(\bar{\boldsymbol{u}})\boldsymbol{F}\tag{9.108}$$

式中，$\boldsymbol{\varepsilon}(\bar{\boldsymbol{u}})$——工程应变在当前几何构形中的变分，其表达式为

$$\boldsymbol{\varepsilon}(\bar{\boldsymbol{u}})=\frac{1}{2}\left(\frac{\partial \bar{\boldsymbol{u}}^{\mathrm{T}}}{\partial \boldsymbol{x}}+\frac{\partial \bar{\boldsymbol{u}}}{\partial \boldsymbol{x}}\right)=\operatorname{sym}(\nabla_n \bar{\boldsymbol{u}}) \tag{9.109}$$

式中，∇_n——当前几何构形中的梯度算子，$\nabla_n=\dfrac{\partial}{\partial \boldsymbol{x}}$。

注意：式（9.109）是在大变形假设下定义在当前几何构形中，而且是位移的非线性函数，其原因在于分母 x 依赖于位移。

由式（9.107）和式（9.108），式（9.96）可以表示为空间描述的形式：

$$\begin{aligned}a(\boldsymbol{u},\bar{\boldsymbol{u}}) &= \int_{{}^0\Omega}\boldsymbol{S}(\boldsymbol{u}):\bar{\boldsymbol{E}}(\boldsymbol{u},\bar{\boldsymbol{u}})\mathrm{d}\Omega\\ &= \int_{{}^0\Omega}(J\boldsymbol{F}^{-1}\boldsymbol{\sigma}\boldsymbol{F}^{-\mathrm{T}}):(\boldsymbol{F}^{\mathrm{T}}\boldsymbol{\varepsilon}(\bar{\boldsymbol{u}})\boldsymbol{F})\mathrm{d}\Omega\\ &= \int_{{}^n\Omega}\boldsymbol{\sigma}:\boldsymbol{\varepsilon}(\bar{\boldsymbol{u}})\mathrm{d}\Omega\end{aligned} \tag{9.110}$$

式中利用了关系 $\mathrm{d}^n\Omega=J\mathrm{d}^0\Omega$。更新 Lagrange 公式的非线性变分方程与式（9.95）形式相同，即

$$a(\boldsymbol{u},\bar{\boldsymbol{u}})=\ell(\bar{\boldsymbol{u}}) \tag{9.111}$$

需要注意的是，$a(\boldsymbol{u},\bar{\boldsymbol{u}})$的表达式——式（9.110）与式（9.96）有所不同。

类似于式（9.110），将式（9.104）的被积函数转化到当前变形几何构形上，即

$$\begin{aligned}\boldsymbol{S}:\Delta\bar{\boldsymbol{E}} &= J(\boldsymbol{F}^{-1}\boldsymbol{\sigma}\boldsymbol{F}^{-\mathrm{T}}):\operatorname{sym}(\nabla_0\bar{\boldsymbol{u}}^{\mathrm{T}}\nabla_0\Delta\boldsymbol{u})\\ &= J\boldsymbol{\sigma}:\operatorname{sym}(\nabla_n\bar{\boldsymbol{u}}^{\mathrm{T}}\nabla_n\Delta\boldsymbol{u})=J\boldsymbol{\sigma}:\boldsymbol{\eta}(\Delta\boldsymbol{u},\bar{\boldsymbol{u}})\end{aligned} \tag{9.112}$$

$$\begin{aligned}\bar{\boldsymbol{E}}:\boldsymbol{D}:\Delta\boldsymbol{E} &= (\boldsymbol{F}^{\mathrm{T}}\boldsymbol{\varepsilon}(\bar{\boldsymbol{u}})\boldsymbol{F}):\boldsymbol{D}:(\boldsymbol{F}^{\mathrm{T}}\boldsymbol{\varepsilon}(\Delta\boldsymbol{u})\boldsymbol{F})\\ &= J\boldsymbol{\varepsilon}(\bar{\boldsymbol{u}}):\boldsymbol{c}:\boldsymbol{\varepsilon}(\Delta\boldsymbol{u})\end{aligned} \tag{9.113}$$

式中，$\boldsymbol{c}$——四阶 Euler 本构张量，其与 Lagrange 本构张量之间的关系为

$$c_{ijkl}=\frac{1}{J}F_{ir}F_{js}F_{km}F_{ln}D_{rsmn} \tag{9.114}$$

在由式（9.101）得到的 Saint - Venant Kirchhoff 非线性弹性材料的情况下，利用左 Cauchy - Green 变形张量 $\mathcal{G}=\boldsymbol{F}\cdot\boldsymbol{F}^{\mathrm{T}}$，Euler 本构张量变成

$$c_{ijkl}=\frac{1}{J}[\lambda\mathcal{G}_{ij}\mathcal{G}_{kl}+G(\mathcal{G}_{ik}\mathcal{G}_{jl}+\mathcal{G}_{il}\mathcal{G}_{jk})] \tag{9.115}$$

在更新 Lagrange 公式中能量形式的线性化可以从式（9.112）、式（9.113）中得到，即

$$L[a(\boldsymbol{u},\bar{\boldsymbol{u}})]=\int_{{}^n\Omega}[\boldsymbol{\varepsilon}(\bar{\boldsymbol{u}}):\boldsymbol{c}:\boldsymbol{\varepsilon}(\Delta\boldsymbol{u})+\boldsymbol{\sigma}:\boldsymbol{\eta}(\Delta\boldsymbol{u},\bar{\boldsymbol{u}})]\mathrm{d}\Omega=a^*(\boldsymbol{u};\Delta\boldsymbol{u},\bar{\boldsymbol{u}}) \tag{9.116}$$

式（9.116）使用了与完全 Lagrange 公式相同的符号 $a^*(\boldsymbol{u};\Delta\boldsymbol{u},\bar{\boldsymbol{u}})$，但需注意，当前几何构形隐式地依赖于总位移 $\boldsymbol{u}$，而且 $a^*(\boldsymbol{u};\Delta\boldsymbol{u},\bar{\boldsymbol{u}})$关于 $\Delta\boldsymbol{u}$ 和 $\bar{\boldsymbol{u}}$ 是线性的。

若当前时间步为 t_n，当前迭代计数器为 k，且假设外力与位移无关，则对式（9.111）进行线性化可得

$$a^*({}^n\boldsymbol{u}^k;\Delta\boldsymbol{u}^k,\bar{\boldsymbol{u}})=\ell(\bar{\boldsymbol{u}})-a({}^n\boldsymbol{u}^k,\bar{\boldsymbol{u}}) \tag{9.117}$$

注意：在计算上述逐项时，将根据第 k 次迭代时的变形在域上进行积分。从精确意义上

来讲，它不是当前几何构形。然而，当迭代收敛时，两个连续迭代之间的差异可以忽略不计。因此，在收敛时，迭代满足更新 Lagrange 的描述。

习　题

9.1　用 Newton – Raphson 法求下列非线性方程组的根，给定解的初始估计值为 $\boldsymbol{u}^0 = [1 \quad 5]^{\mathrm{T}}$ 和收敛极限为 10^{-5}，讨论收敛速度。

$$\boldsymbol{P}(\boldsymbol{u}) = \begin{bmatrix} u_1 + u_2 \\ u_1^2 + u_2^2 \end{bmatrix} = \begin{bmatrix} 3 \\ 9 \end{bmatrix} = \boldsymbol{f}$$

9.2　用修正 Newton – Raphson 法求题 9.1 中非线性方程组的根，并与 Newton – Raphson 法进行收敛性比较。

9.3　采用增量法求解题 9.1 中方程组的解，使用 5 个等步长载荷加载。

9.4　一维弹塑性问题如图 P9.4（a）所示，作用于中间界面的轴向力 $P = 30$ N。材料性质如图 P9.4（b）所示。试用直接迭代法、Newton – Raphson 法和修正 Newton – Raphson 法求解。给定截面面积为：$A_1 = A_2 = 1\ \mathrm{mm}^2$。

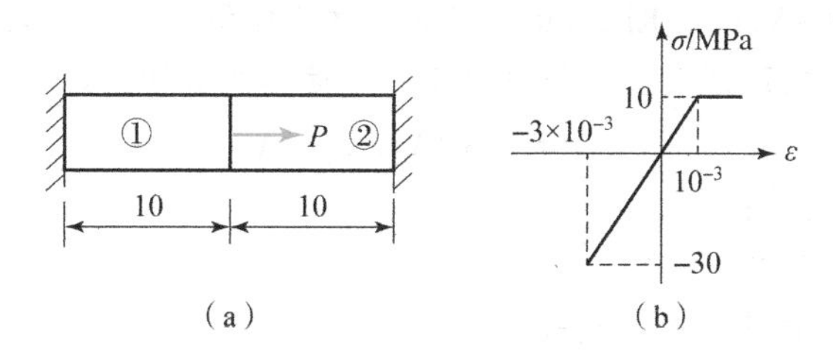

图 P9.4　一维弹塑性问题

9.5　对于题 9.4，载荷按以下两种方式加载：

（1）0→15→20→25→30；（2）0→16→24→30。

分别用有平衡修正和无平衡修正计算中间结点的位移和单元应力，并比较两种方法的收敛性。

9.6　考虑一个横截面积为 $A = 2 \times 10^{-4}\ \mathrm{m}^2$，单位长度为 $L = 1$ m 的均匀杆件，如图 P9.6（a）所示。杆件显示弹塑性材料的行为，如图 P9.6（b）所示。塑性变形始于屈服应力 $\sigma_{\mathrm{Y}} = 400$ MPa。弹性区域的弹性模量 $E = 200$ MPa，塑性区域的切向刚度 $E_{\mathrm{T}} = 200$ MPa。当在右端施加一个力 $F = 50$ kN 时，用一个杆单元计算右端的位移和单元应力。使用 10 个等间距的力增量，绘制力 – 位移曲线。假设位移 – 应变关系为线性。

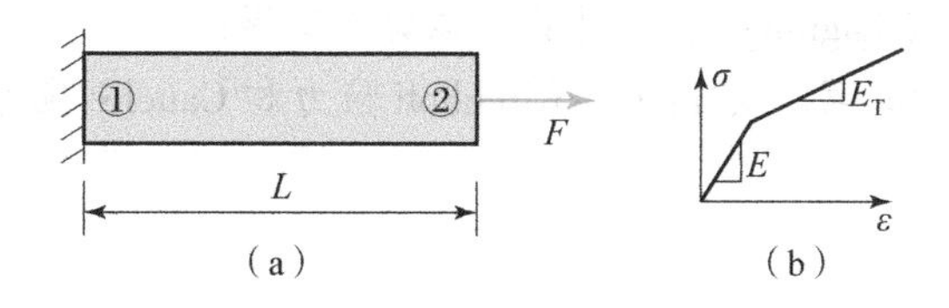

图 P9.6　一维弹塑性杆单元

9.7　考虑一个受振荡简单剪切变形作用的方形块体。未变形几何与变形几何的关系如下：

$$x_1 = X_1 + aX_2\sin(\omega t),\ x_2 = X_2,\ x_3 = X_3$$

计算变形梯度和体积变化。

9.8　四结点正方形单元在 XY 平面上的位移和旋转较大，如图 P9.8 所示。最初在原点的结点移动到$\left(1,\ 1-\sin\dfrac{\pi}{4}\right)$，而且单元旋转 45°。计算变形梯度和 Lagrange 应变，并证明刚体运动过程中没有应变发生。

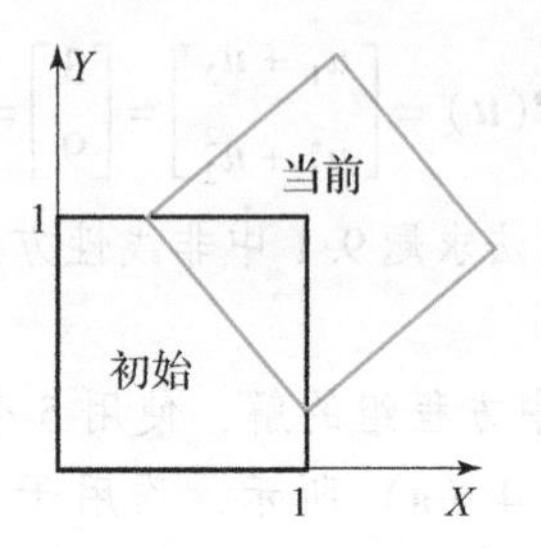

图 P9.8　四结点正方形单元

9.9　考虑一个具有单位厚度的平面应变正方形单元，如图 P9.9 所示。采用具有 λ 和 G 两个 Lamé 常数的 Saint－Venant Kirchoff 各向同性材料模型。一个均匀分布的力 T_x（每单位面积的力）水平地施加在顶部表面。假设这是一个简单的剪切问题，单元的变形为

$$x_1 = X_1 + kX_2,\ x_2 = X_2$$

（1）求 k 与 T_x 的关系；

（2）求顶面 X_2 方向的支反力；

（3）与线弹性模型的结果进行比较。

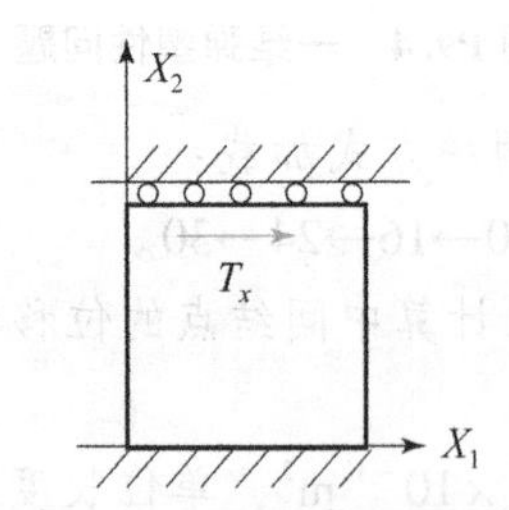

图 P9.9　平面应变正方形单元

9.10　考虑以下变形：

$$x_1 = X_1 + \alpha X_2,\ x_2 = \sqrt{1-\alpha^2}X_2,\ x_3 = X_3$$

其中，$|\alpha| \leqslant 1$。假设 Saint－Venant Kirchoff 材料，其有 λ 和 G 两个材料参数。

（1）说明上述变形按 Lagrange 应变计算为纯剪切变形；

（2）用 α、λ 和 G 计算第二类 Piola－Kirchhoff 应力和 Cauchy 应力。

第 10 章
边界元法

10.1 引　言

边界元法的基本思想是将问题的控制方程转换为边界积分方程，然后将边界离散为有限个单元进行求解。也就是说，对三维问题只需对其表面进行二维离散，对二维问题则需要沿其边界进行一维离散。将问题的维数降低一维，对于实现复杂几何形状的高质量和高效率网格划分具有重要优势。同时，边界元法采用了问题的基本解，具有域内解析和边界离散的特点，因此具有较高的计算精度。

本章仅介绍二维问题的边界元法。具体来说，首先介绍二维拉普拉斯方程边值问题的边界元法，然后介绍二维弹性力学问题的边界元法。

10.2 位势问题

10.2.1 基本方程和边界条件

二维拉普拉斯方程边值问题的基本方程为

$$\nabla^2 u = 0,\ x_1, x_2 \in \Omega \tag{10.1}$$

式中，u——场点 $Q(x_1, x_2)$ 的势；

　　∇^2——拉普拉斯算子或谐波算子，即

$$\nabla^2 = \frac{\partial^2}{\partial x_1^2} + \frac{\partial^2}{\partial x_2^2} \tag{10.2}$$

式（10.1）描述了许多物理系统的响应，它出现在热流、电流等稳态流动问题中，也出现在柱状杆的扭转、薄膜的弯曲等问题中。势方程的解必须满足问题边界 Γ 上的边界条件。这些边界条件可分为以下几类：

（1）Dirichlet 条件：

$$u = \bar{u} \tag{10.3}$$

式中，$u = \bar{u}$ 是边界上 u 的给定值。

（2）Neumann 条件：

$$\frac{\partial u}{\partial n} = \bar{u}_n \tag{10.4}$$

式中，$\bar{u}_n$——边界上 u 的法向导数$\dfrac{\partial u}{\partial n}$给定的值。

（3）混合条件：

$$u=\bar{u}\ ,\ x_1,x_2\in\Gamma_1 \tag{10.5a}$$

$$\frac{\partial u}{\partial n}=\bar{u}_n,\ x_1,x_2\in\Gamma_2 \tag{10.5b}$$

式中，$\Gamma_1\cup\Gamma_2=\Gamma$，$\Gamma_1\cap\Gamma_2=\varnothing$。

（4）Robin 条件：

$$u+k\frac{\partial u}{\partial n}=0 \tag{10.6}$$

式中，k——边界上给定的已知函数。

10.2.2 基本解

考虑 x_1x_2 平面上放置于源点 $P(\xi_1,\xi_2)$ 上的一个单位点源。它在场点 $Q(x_1,x_2)$ 的密度可以用 Delta 函数表示为

$$f(Q)=\delta(Q,P) \tag{10.7}$$

因此，在 Q 点产生的位势 u^* 满足下面的方程：

$$\nabla^2u^*+\delta(Q,P)=0 \tag{10.8}$$

式（10.8）的奇异特解称为位势方程（10.1）的基本解，即

$$u^*(P,Q)=\frac{1}{2\pi}\ln r \tag{10.9}$$

式中，r——场点 $Q(x_1,x_2)$ 与源点 $P(\xi_1,\xi_2)$ 之间的距离，即

$$\begin{aligned} r&=\sqrt{(x_1-\xi_1)^2+(x_2-\xi_2)^2}\\ &=\sqrt{(x_1(Q)-x_1(P))^2+(x_2(Q)-x_2(P))^2} \end{aligned} \tag{10.10}$$

式（10.10）表明，当点 P 和点 Q 互换时，基本解的值是不变的。这意味着 u^* 对于这些点是对称的，即

$$u^*(P,Q)=u^*(Q,P) \tag{10.11}$$

10.2.3 积分方程

为了推导拉普拉斯方程边值问题的边界积分方程，接下来首先列出格林公式，即

$$\int_\Omega(v\nabla^2u-u\nabla^2v)\mathrm{d}\Omega=\int_\Gamma\left(v\frac{\partial u}{\partial n}-u\frac{\partial v}{\partial n}\right)\mathrm{d}\Gamma \tag{10.12}$$

将式（10.12）中的 v 替换为拉普拉斯方程的基本解 u^*，可得

$$\int_\Omega(u^*(P,Q)\nabla^2u-u\nabla^2u^*(P,Q))\mathrm{d}\Omega=\int_\Gamma\left(u^*(P,q)\frac{\partial u}{\partial n}-u\frac{\partial u^*(P,q)}{\partial n}\right)\mathrm{d}\Gamma \tag{10.13}$$

式中，P,Q——域内的源点和场点；

q——边界上的点。

由拉普拉斯方程可知，式（10.13）等号左端的第一项为零，第二项由式（10.8）可得

$$-\int_{\Omega} u(Q)\nabla^2 u^*(P,Q)\,\mathrm{d}\Omega = \int_{\Omega} u(Q)\delta(P,Q)\,\mathrm{d}\Omega = u(P) \tag{10.14}$$

因此，式（10.13）变为

$$u(P) = \int_{\Gamma}\left(u^*(P,q)\frac{\partial u(q)}{\partial n} - u\frac{\partial u^*(P,q)}{\partial n}\right)\mathrm{d}\Gamma \tag{10.15}$$

式中，u^* 和 $\frac{\partial u^*}{\partial n}$ 都是已知的，因而该式意味着，当边界上的 u 和 $\frac{\partial u}{\partial n}$ 皆已知时，就可以求出域内任意点处 u 的值。式（10.15）称为拉普拉斯边值问题的积分方程。从边界条件可以明显看出，在边界上的一点 q 处，只有一个量 $\left(u \text{ 或} \frac{\partial u}{\partial n}\right)$ 是给定的。因此，还不可能从式（10.15）中确定解，而是需要对在边界上没有给定的边界量 $\left(u \text{ 或} \frac{\partial u}{\partial n}\right)$ 进行求值。为此，需要推导当源点 P 到达边界上的点 p 时的边界积分方程。

10.2.4 边界积分方程

为了建立边界积分方程，我们需要将源点 P 从域内移到边界点 p。根据格林公式的应用条件，需要将边界上点 P（图 10.1）附近区域进行扩展。以点 P 为圆心、ε 为半径画一圆弧 Γ_ε，其外法线与半径 ε 重合，弧长 $\widehat{PA}$ 和 $\widehat{PB}$ 之和记为 ℓ。于是，点 P 位于以 $(\Gamma-\ell)\cup\Gamma_\varepsilon$ 为边界的区域内，因而可以应用内点的边界积分方程，即

$$u(P) = \int_{\Gamma-\ell}\left(u^*(P,q)\frac{\partial u(q)}{\partial n} - u\frac{\partial u^*(P,q)}{\partial n}\right)\mathrm{d}\Gamma + \int_{\Gamma_\varepsilon}\left(u^*(P,q)\frac{\partial u(q)}{\partial n} - u\frac{\partial u^*(P,q)}{\partial n}\right)\mathrm{d}\Gamma \tag{10.16}$$

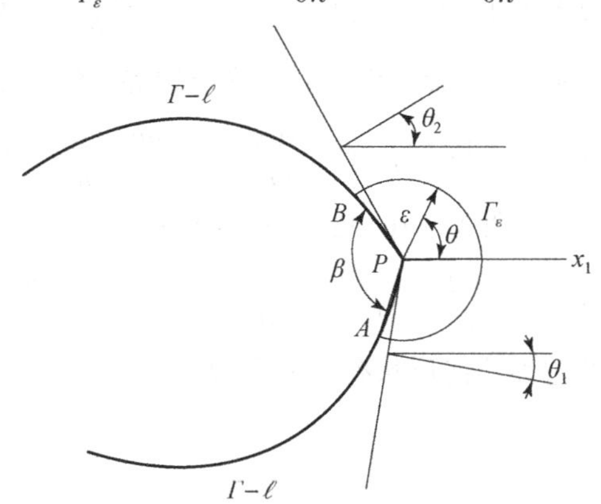

图 10.1 位于边界上的 P 点

接下来，研究当 $\varepsilon\to 0$ 时上述方程中积分的行为。显然，式（10.16）的第一个积分变成

$$\lim_{\varepsilon\to 0}\int_{\Gamma-\ell}\left(u^*(P,q)\frac{\partial u(q)}{\partial n} - u\frac{\partial u^*(P,q)}{\partial n}\right)\mathrm{d}\Gamma = \int_{\Gamma}\left(u^*(p,q)\frac{\partial u(q)}{\partial n} - u\frac{\partial u^*(p,q)}{\partial n}\right)\mathrm{d}\Gamma \tag{10.17}$$

式（10.16）中的第二个积分可写为

$$\lim_{\varepsilon\to 0}\int_{\Gamma_\varepsilon}\left(u^*(P,q)\frac{\partial u(q)}{\partial n} - u\frac{\partial u^*(P,q)}{\partial n}\right)\mathrm{d}\Gamma$$

$$= \lim_{\varepsilon\to 0}\int_{\Gamma_\varepsilon} u^*(P,q)\frac{\partial u(q)}{\partial n}\mathrm{d}\Gamma - \lim_{\varepsilon\to 0}\int_{\Gamma_\varepsilon} u\frac{\partial u^*(P,q)}{\partial n}\mathrm{d}\Gamma = I_1 + I_2 \tag{10.18}$$

在 Γ_ε 上，$\frac{\partial u^*}{\partial n}=\frac{\partial u^*}{\partial r}=-\frac{1}{2\pi r}$，$\mathrm{d}\Gamma = r\mathrm{d}\theta$，$\theta$ 以逆时针方向旋转为正。因此，式（10.18）中的第一个积分为

$$\begin{aligned}I_1 &= \lim_{\varepsilon\to 0}\int_{\Gamma_\varepsilon} u^*\frac{\partial u}{\partial n}\mathrm{d}\Gamma = \lim_{\varepsilon\to 0}\int_{\theta_1-\frac{\pi}{2}}^{\theta_2+\frac{\pi}{2}}\frac{1}{2\pi}\ln\left(\frac{1}{r}\right)\frac{\partial u}{\partial n}r\mathrm{d}\theta\\ &= \lim_{\varepsilon\to 0}\left(\frac{\varepsilon}{2\pi}\ln\left(\frac{1}{\varepsilon}\right)\int_{\theta_1-\frac{\pi}{2}}^{\theta_2+\frac{\pi}{2}}\frac{\partial u}{\partial n}\mathrm{d}\theta\right)\\ &= \lim_{\varepsilon\to 0}\left(\frac{\varepsilon}{2\pi}\ln\left(\frac{1}{\varepsilon}\right)\right)(\theta_2-\theta_1+\pi)\frac{\partial u}{\partial n}(p) = 0\end{aligned} \tag{10.19}$$

式中，θ_1 和 θ_2 如图 10.1 所示，其均以由 x_1 轴出发逆时针旋转为正、顺时针旋转为负。

第二个积分为

$$\begin{aligned}I_2 &= -\lim_{\varepsilon\to 0}\int_{\Gamma_\varepsilon} u\frac{\partial u^*}{\partial n}\mathrm{d}\Gamma = -\lim_{\varepsilon\to 0}\int_{\theta_1-\frac{\pi}{2}}^{\theta_2+\frac{\pi}{2}}\left(-\frac{1}{2\pi r}\right)ur\mathrm{d}\theta\\ &= \frac{1}{2\pi}\lim_{\varepsilon\to 0}\int_{\theta_1-\frac{\pi}{2}}^{\theta_2+\frac{\pi}{2}}u\mathrm{d}\theta = \frac{1}{2\pi}\left[\theta_2+\frac{\pi}{2}-\left(\theta_1-\frac{\pi}{2}\right)\right]u(p)\\ &= \left(1-\frac{\beta}{2\pi}\right)u(p)\end{aligned} \tag{10.20}$$

式中，β 如图 10.1 所示，且 $\beta = \pi - \theta_2 + \theta_1$。

将式（10.17）、式（10.19）和式（10.20）代入式（10.16），得

$$\frac{\beta}{2\pi}u(p) = \int_\Gamma\left(u^*(p,q)\frac{\partial u(q)}{\partial n} - u\frac{\partial u^*(p,q)}{\partial n}\right)\mathrm{d}\Gamma \tag{10.21}$$

式（10.21）称为边界点 p 的边界积分方程。对于光滑边界，$\beta=\pi$，则式（10.21）变为

$$\frac{1}{2}u(p) = \int_\Gamma\left(u^*(p,q)\frac{\partial u(q)}{\partial n} - u\frac{\partial u^*(p,q)}{\partial n}\right)\mathrm{d}\Gamma \tag{10.22}$$

式（10.15）、式（10.21）和式（10.22）可以统一写为

$$c(p)u(p) = \int_\Gamma\left(u^*(p,q)\frac{\partial u(q)}{\partial n} - u\frac{\partial u^*(p,q)}{\partial n}\right)\mathrm{d}\Gamma \tag{10.23}$$

式中，$c(p)$——与 p 点处的边界几何形状有关的系数。

10.2.5 离散方法

将求解域 Ω 的边界 Γ 用 N_E 个边界单元离散。通常采用的边界单元类型有常单元、线性单元和二次单元，如图 10.2 所示。

式（10.23）的离散形式为

$$c(p)u(p) = \sum_{e=1}^{N_\mathrm{E}}\int_{\Gamma_e}\left(u^*(p,q)\frac{\partial u(q)}{\partial n} - u\frac{\partial u^*(p,q)}{\partial n}\right)\mathrm{d}\Gamma \tag{10.24}$$

式中，Γ_e——第 e 个边界单元所在的边界。

在每个单元上，任意一点的 u 可用单元结点处的 u_j 表示，$j=1,2,\cdots,m$，m 为单元的结点数，即

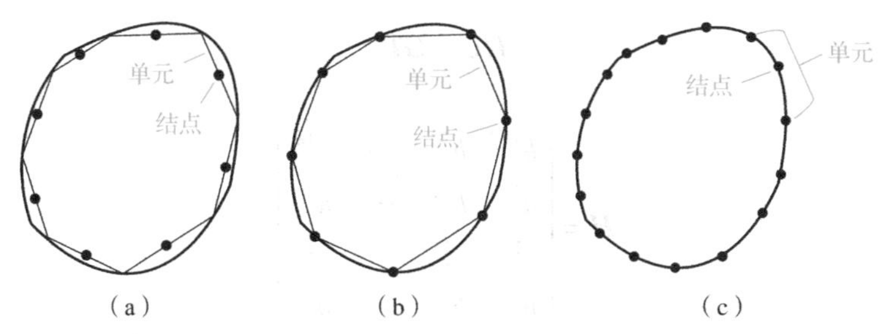

图 10.2　边界元类型

(a) 常单元；(b) 线性单元；(c) 二次单元

$$u = \sum_{j=1}^{m} N_j u_j^e,\ \frac{\partial u}{\partial n} = \sum_{j=1}^{m} N_j \left(\frac{\partial u}{\partial n}\right)_j^e \tag{10.25}$$

式中，$(\cdot)_j^e$——第 e 个单元中第 j 个结点的值。

将式（10.25）代入式（10.24），得

$$c(p)u(p) = \sum_{e=1}^{N_E}\left[\sum_{j=1}^{m}\left(\frac{\partial u}{\partial n}\right)_j^e \int_{\Gamma_e} u^*(p,q)N_j\mathrm{d}\Gamma(q)\right] - \sum_{e=1}^{N_E}\left[\sum_{j=1}^{m} u_j^e \int_{\Gamma_e}\frac{\partial u^*(p,q)}{\partial n}N_j\mathrm{d}\Gamma(q)\right] \tag{10.26}$$

1. 常单元

在常单元中，$m=1$，$N_j=1$。边界结点总数为 $n=N_E$。由此，式（10.26）变为

$$\frac{1}{2}u(p) = \sum_{e=1}^{N_E}\left(\frac{\partial u}{\partial n}\right)^e \int_{\Gamma_e} u^*(p,q)\mathrm{d}\Gamma(q) - \sum_{e=1}^{N_E} u^e \int_{\Gamma_e}\frac{\partial u^*(p,q)}{\partial n}\mathrm{d}\Gamma(q) \tag{10.27}$$

令

$$\begin{cases} g^{pe} = \displaystyle\int_{\Gamma_e} u^*(p,q)\mathrm{d}\Gamma(q) \\ \bar{h}^{pe} = \displaystyle\int_{\Gamma_e}\frac{\partial u^*(p,q)}{\partial n}\mathrm{d}\Gamma(q) \end{cases} \tag{10.28}$$

上述积分通常采用数值方法进行计算。

将式（10.27）简写为

$$\frac{1}{2}u(p) + \sum_{e=1}^{N_E}\bar{h}^{pe}u^e = \sum_{e=1}^{N_E} g^{pe}\left(\frac{\partial u}{\partial n}\right)^e \tag{10.29}$$

令

$$h^{pe} = \begin{cases} \bar{h}^{pe}, & p \neq e \\ \dfrac{1}{2} + \bar{h}^{pe}, & p = e \end{cases} \tag{10.30}$$

则式（10.29）改写为

$$\sum_{e=1}^{N_E} h^{pe}u^e = \sum_{e=1}^{N_E} g^{pe}\left(\frac{\partial u}{\partial n}\right)^e,\ p = 1,2,\cdots,n \tag{10.31}$$

在每个结点 p 上，u^p 和 $\left(\frac{\partial u}{\partial n}\right)^p$ 中有一个是已知的，而另一个未知。这样就可以形成 n 个未知值的线性代数方程组，其可写成矩阵形式为

$$\boldsymbol{HU}=\boldsymbol{GT} \tag{10.32}$$

式中，

$$\boldsymbol{H}=\begin{bmatrix} h^{11} & h^{12} & \cdots & h^{1n} \\ h^{21} & h^{22} & \cdots & h^{2n} \\ \vdots & \vdots & & \vdots \\ h^{n1} & h^{n2} & \cdots & h^{nn} \end{bmatrix} \tag{10.33a}$$

$$\boldsymbol{G}=\begin{bmatrix} g^{11} & g^{12} & \cdots & g^{1n} \\ g^{21} & g^{22} & \cdots & g^{2n} \\ \vdots & \vdots & & \vdots \\ g^{n1} & g^{n2} & \cdots & g^{nn} \end{bmatrix} \tag{10.33b}$$

$$\boldsymbol{U}=[u^1 \quad u^2 \quad \cdots \quad u^n]^{\mathrm{T}} \tag{10.33c}$$

$$\boldsymbol{T}=\left[\left(\frac{\partial u}{\partial n}\right)^1 \quad \left(\frac{\partial u}{\partial n}\right)^2 \quad \cdots \quad \left(\frac{\partial u}{\partial n}\right)^n\right]^{\mathrm{T}} \tag{10.33d}$$

将式（10.32）中的未知量和已知量分别移到等号左端和右端，可得求解线性方程组的标准形式，即

$$\boldsymbol{AX}=\boldsymbol{F} \tag{10.34}$$

式中，$\boldsymbol{A}$——系数矩阵；

$\boldsymbol{X}$——未知的 n 个 u 和$\frac{\partial u}{\partial n}$；

$\boldsymbol{F}$——常数列阵。

求解式（10.34），即可得到边界上的全部 u 和$\frac{\partial u}{\partial n}$。域内任意一点的 u 可由式（10.15）求得，其离散形式为

$$u(p)=\sum_{e=1}^{N_{\mathrm{E}}} g^{pe}\left(\frac{\partial u}{\partial n}\right)^e-\sum_{e=1}^{N_{\mathrm{E}}} \bar{h}^{pe} u^e \tag{10.35}$$

2. 线性单元

考虑一个任意线性边界元，如图 10.3 所示，其形函数为

$$N_1=\frac{1}{2}(1-\xi),\ N_2=\frac{1}{2}(1+\xi) \tag{10.36}$$

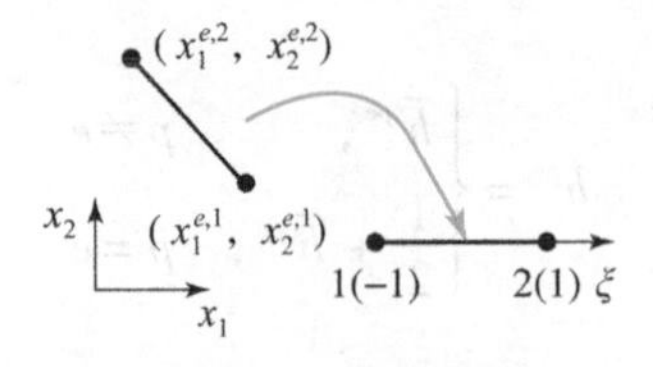

图 10.3　线性边界元

单元中任意一点的 u 和$\frac{\partial u}{\partial n}$可表示为

$$u=N_1 u^{e,1}+N_2 u^{e,2}=[N_1 \quad N_2]\begin{bmatrix} u^{e,1} \\ u^{e,2} \end{bmatrix} \tag{10.37}$$

$$\frac{\partial u}{\partial n}=N_1\left(\frac{\partial u}{\partial n}\right)^{e,1}+N_2\left(\frac{\partial u}{\partial n}\right)^{e,2}=[N_1\quad N_2]\begin{bmatrix}\left(\frac{\partial u}{\partial n}\right)^{e,1}\\ \left(\frac{\partial u}{\partial n}\right)^{e,2}\end{bmatrix}\tag{10.38}$$

在式（10.26）中，对于线性单元，$m=2$。将式（10.36）代入式（10.26），得

$$\begin{aligned}&c(p)u(p)+\sum_{e=1}^{N_E}\left(\int_{\Gamma_e}\frac{\partial u^*(p,q)}{\partial n}[N_1\quad N_2]\begin{bmatrix}u^{e,1}\\ u^{e,2}\end{bmatrix}\mathrm{d}\Gamma(q)\right)\\&=\sum_{e=1}^{N_E}\left(\int_{\Gamma_e}u^*(p,q)[N_1\quad N_2]\begin{bmatrix}\left(\frac{\partial u}{\partial n}\right)^{e,1}\\ \left(\frac{\partial u}{\partial n}\right)^{e,2}\end{bmatrix}\mathrm{d}\Gamma(q)\right)\end{aligned}\tag{10.39}$$

令

$$\begin{cases}h^{(p,e,1)}=\int_{\Gamma_e}\frac{\partial u^*(p,q)}{\partial n}N_1\mathrm{d}\Gamma(q)\\ h^{(p,e,2)}=\int_{\Gamma_e}\frac{\partial u^*(p,q)}{\partial n}N_2\mathrm{d}\Gamma(q)\\ g^{(p,e,1)}=\int_{\Gamma_e}u^*(p,q)N_1\mathrm{d}\Gamma(q)\\ g^{(p,e,2)}=\int_{\Gamma_e}u^*(p,q)N_2\mathrm{d}\Gamma(q)\end{cases}\tag{10.40}$$

式中，u^*和$\frac{\partial u^*}{\partial n}$都是在整体坐标系下表示的，需要将其转换到自然坐标系下，然后对积分进行数值求解。

式（10.39）可简写为

$$c(p)u(p)+\sum_{e=1}^{N_E}[h^{(p,e,1)}\quad h^{(p,e,2)}]\begin{bmatrix}u^{e,1}\\ u^{e,2}\end{bmatrix}=\sum_{e=1}^{N_E}[g^{(p,e,1)}\quad g^{(p,e,2)}]\begin{bmatrix}\left(\frac{\partial u}{\partial n}\right)^{e,1}\\ \left(\frac{\partial u}{\partial n}\right)^{e,2}\end{bmatrix}\tag{10.41}$$

式（10.41）进一步改写为

$$\begin{aligned}&c(p)u(p)+[\bar{H}^{p,1}\quad \bar{H}^{p,2}\quad\cdots\quad \bar{H}^{p,n}]\begin{bmatrix}u^1\\ u^2\\ \vdots\\ u^n\end{bmatrix}\\&=[G^{p,1}\quad G^{p,2}\quad\cdots\quad G^{p,n}]\begin{bmatrix}\left(\frac{\partial u}{\partial n}\right)^1\\ \left(\frac{\partial u}{\partial n}\right)^2\\ \vdots\\ \left(\frac{\partial u}{\partial n}\right)^n\end{bmatrix}\end{aligned}\tag{10.42}$$

式中，第 j 项 $\bar{H}^{p,j}$ 是第 j 个边界元的 $h^{(p,j,1)}$ 和第 $j-1$ 个边界元的 $h^{(p,j-1,2)}$ 之和；第 j 项 $G^{p,j}$ 是第 j 个边界元的 $g^{(p,j,1)}$ 和第 $j-1$ 个边界元的 $g^{(p,j-1,2)}$ 之和；对于单连体的线性单元，边界结点总数 $n=N_{\mathrm{E}}$。

式（10.42）简写为

$$c(p)u(p)+\sum_{j=1}^{n}\bar{H}^{p,j}u^{j}=\sum_{j=1}^{n}G^{p,j}\left(\frac{\partial u}{\partial n}\right)^{j} \tag{10.43}$$

式中，j——第 j 个边界元与第 $j-1$ 个边界元的交结点。

式（10.43）可写为

$$\boldsymbol{HU}=\boldsymbol{GT} \tag{10.44}$$

式中，$\boldsymbol{H},\boldsymbol{G}$——$n$ 阶方阵；

$\boldsymbol{U},\boldsymbol{T}$——由结点的 u 和 $\frac{\partial u}{\partial n}$ 组成的 n 阶列矢量。

为了避免直接计算式（10.43）中的系数 c，我们可以采用均匀势的方法计算矩阵 $\boldsymbol{H}$ 中主对角线上的项。基本思路为：假如问题域边界上的势函数 u 是均匀的，则可知其法向导数必然为零，这样就有

$$\boldsymbol{HU}=\boldsymbol{0} \tag{10.45}$$

式（10.45）表明 $\boldsymbol{H}$ 中每一行主对角线上的项可由其非对角线上的所有项求和得到，即

$$H_{ii}=-\sum_{j=1,\neq i}^{n}H_{ij} \tag{10.46}$$

将式（10.44）中的未知量和已知量分别移到等号左端和右端，可得类似于式（10.34）的求解线性方程组。

3. 二次单元

考虑一个三结点二次边界元，如图 10.4 所示，其形函数为

$$N_1=\frac{1}{2}\xi(\xi-1),\ N_2=1-\xi^2,\ N_3=\frac{1}{2}\xi(1+\xi) \tag{10.47}$$

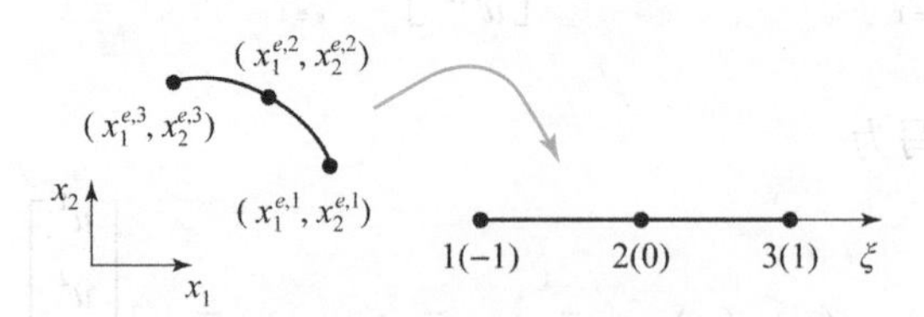

图 10.4　二次边界元

单元内任意一点的坐标可通过该单元的结点坐标表示为

$$\begin{cases}x_1=N_1x_1^{e,1}+N_2x_1^{e,2}+N_3x_1^{e,3}\\x_2=N_1x_2^{e,1}+N_2x_2^{e,2}+N_3x_2^{e,3}\end{cases} \tag{10.48}$$

单元内任意一点的 u 和 $\frac{\partial u}{\partial n}$ 可通过该单元的结点值表示为

$$\begin{cases}u=N_1u^{e,1}+N_2u^{e,2}+N_3u^{e,3}\\\dfrac{\partial u}{\partial n}=N_1\left(\dfrac{\partial u}{\partial n}\right)^{e,1}+N_2\left(\dfrac{\partial u}{\partial n}\right)^{e,2}+N_3\left(\dfrac{\partial u}{\partial n}\right)^{e,3}\end{cases} \tag{10.49}$$

在式（10.26）中，对于二次单元，$m=3$。将式（10.49）代入式（10.26），得

$$c(p)u(p)+\sum_{e=1}^{N_E}\left\{\int_{\Gamma_e}\frac{\partial u^*(p,q)}{\partial n}[N_1\quad N_2\quad N_3]\begin{bmatrix}u^{e,1}\\u^{e,2}\\u^{e,3}\end{bmatrix}\mathrm{d}\Gamma(q)\right\}$$
$$=\sum_{e=1}^{N_E}\left\{\int_{\Gamma_e}u^*(p,q)[N_1\quad N_2\quad N_3]\begin{bmatrix}\left(\frac{\partial u}{\partial n}\right)^{e,1}\\\left(\frac{\partial u}{\partial n}\right)^{e,2}\\\left(\frac{\partial u}{\partial n}\right)^{e,3}\end{bmatrix}\mathrm{d}\Gamma(q)\right\} \tag{10.50}$$

令

$$\begin{cases}h^{(p,e,m)}=\displaystyle\int_{\Gamma_e}\frac{\partial u^*(p,q)}{\partial n}N_m\mathrm{d}\Gamma(q)\\g^{(p,e,m)}=\displaystyle\int_{\Gamma_e}u^*(p,q)N_m\mathrm{d}\Gamma(q)\end{cases},\quad m=1,2,3 \tag{10.51}$$

式中的积分需要在自然坐标系下进行数值求解。

式（10.50）可以简写为

$$c(p)u(p)+\sum_{e=1}^{N_E}[h^{(p,e,1)}\quad h^{(p,e,2)}\quad h^{(p,e,3)}]\begin{bmatrix}u^{e,1}\\u^{e,2}\\u^{e,3}\end{bmatrix}$$
$$=\sum_{e=1}^{N_E}[g^{(p,e,1)}\quad g^{(p,e,2)}\quad g^{(p,e,3)}]\begin{bmatrix}\left(\frac{\partial u}{\partial n}\right)^{e,1}\\\left(\frac{\partial u}{\partial n}\right)^{e,2}\\\left(\frac{\partial u}{\partial n}\right)^{e,3}\end{bmatrix} \tag{10.52}$$

当源点取为每一个边界结点时，由式（10.52）可以得到线性方程组，即

$$\boldsymbol{HU}=\boldsymbol{GT} \tag{10.53}$$

将边界条件代入式（10.53），可以得到类似于式（10.34）的求解方程组。

注意：矩阵 $\boldsymbol{H}$ 中每行对角线的项用等势法进行间接计算。

10.3　弹性力学问题

本节介绍平面弹性力学问题的边界积分方程及其离散化公式。

10.3.1　基本方程和边界条件

弹性力学问题的平衡方程为

$$\sigma_{ij,j}+f_i=0,\quad x_i\in\Omega \tag{10.54}$$

式中，对于平面问题，$i,j=1,2$；应力分量 σ_{ij} 是坐标 x_i 的函数，下标逗号表示对空间坐标求

导；f_i 是作用在物体域 Ω 上的体力分量。

式（10.54）的定解条件为

$$u_i = \bar{u}_i,\ x_i \in \Gamma_u \tag{10.55a}$$

$$t_i = \bar{t}_i,\ x_i \in \Gamma_t \tag{10.55b}$$

式中，$\bar{u}_i, \bar{t}_i$——边界 Γ_u 和 Γ_t 上给定的位移分量和面力分量；

t_i——作用在边界上的面力分量，$t_i = \sigma_{ij} n_j$，n_j 为边界外法线单位矢量的分量；

$\Gamma = \Gamma_u \cup \Gamma_t$——物体域的边界。

几何方程和本构方程如下：

$$\varepsilon_{ij} = \frac{1}{2}(u_{i,j} + u_{j,i}) \tag{10.56}$$

$$\sigma_{ij} = \lambda \varepsilon_{mm} \delta_{ij} + 2G\varepsilon_{ij} \tag{10.57}$$

式中，λ, G——拉梅常量与剪切模量；

逗号(,)——对空间坐标求导；

δ_{ij}——克罗内克函数。

以位移表示的平衡方程和边界条件为

$$(\lambda + G) u_{j,ji} + G u_{i,jj} + f_i = 0,\ x_i \in \Omega \tag{10.58}$$

$$u_i = \bar{u}_i,\ x_i \in \Gamma_u \tag{10.59a}$$

$$G\left[u_{i,j} + u_{j,i} + \frac{2\nu}{1-2\nu}\delta_{ij} u_{m,m}\right] n_j = \bar{t}_i,\ x_i \in \Gamma_t \tag{10.59b}$$

式中，ν——泊松比。

10.3.2 基本解

平面弹性力学问题的基本解 U_{ij} 指的是在无限域线弹性物体内某点 $P(x_1^P, x_2^P)$ 处的 x_i 方向作用单位集中力时，在任意点 $Q(x_1^Q, x_2^Q)$ 处的 x_j 方向上产生的位移解，即 U_{ij} 应满足如下方程：

$$(\lambda + G) U_{im,mj} + G U_{ij,mm} + \delta_{ij} \delta(x_1^Q - x_1^P, x_2^Q - x_2^P) = 0 \tag{10.60}$$

式中，

$$U_{ij} = \frac{1}{8\pi G(1-\nu)}\left[(3-4\nu)\delta_{ij} \ln\frac{1}{r} + \frac{\partial r}{\partial x_i}\frac{\partial r}{\partial x_j}\right] \tag{10.61}$$

与位移基本解 U_{ij} 相对应的面力基本解 T_{ij}（即在点 $Q(x_1^Q, x_2^Q)$ 处的外法线方向余弦为（n_1, n_2）的截面上产生的 x_j 方向的面力分量）为

$$T_{ij} = -\frac{1}{4\pi(1-\nu) r}\left\{\frac{\partial r}{\partial n}\left[(1-2\nu)\delta_{ij} + 2\frac{\partial r}{\partial x_i}\frac{\partial r}{\partial x_j}\right] - (1-2\nu)\left(\frac{\partial r}{\partial x_i} n_j - \frac{\partial r}{\partial x_j} n_i\right)\right\} \tag{10.62}$$

式中，

$$r = \left[(x_1^Q - x_1^P)^2 + (x_2^Q - x_2^P)^2\right]^{\frac{1}{2}} \tag{10.63}$$

10.3.3 内点边界积分公式

推导物体域内点边界积分公式的出发点，是采用加权余量法写出式（10.54）和式

（10.55）所表示的微分方程定解问题的弱形式。若不考虑体力影响（即 $f_i=0$），则相应的加权余量的形式为

$$\int_{\Omega}\sigma_{ij,j}w_i\mathrm{d}\Omega+\int_{\Gamma_u}(u_i-\bar{u}_i)w_{ti}\mathrm{d}\Gamma+\int_{\Gamma_t}(t_i-\bar{t}_i)w_{ui}\mathrm{d}\Gamma=0 \tag{10.64}$$

式中，w_i, w_{ui}, w_{ti}——物体域 Ω、边界 Γ_t 和边界 Γ_u 上的权函数。

现在，取基本解 U_{mj} 为物体域 Ω 的权函数，即 $w_j=U_{mj}$。这种选取方法意味着权函数是由源点 $P(x_1^P, x_2^P)$ 处 m 方向的单位集中力所产生的在场点 $Q(x_1^Q, x_2^Q)$ 处 j 方向的位移。边界 Γ_t 和边界 Γ_u 的权函数分别取为：$w_{uj}=-U_{mj}$，$w_{tj}=T_{mj}=\Sigma_{mji}n_i$，其中 Σ_{mji} 为由源点 $P(x_1^P, x_2^P)$ 处 m 方向的单位集中力所产生的在场点 $Q(x_1^Q, x_2^Q)$ 处的应力分量，n_i 是场点 Q 处单位外法线矢量的分量。将选取的 3 个权函数代入式（10.64），得

$$\int_{\Omega}\sigma_{ij,j}U_{mi}\mathrm{d}\Omega+\int_{\Gamma_u}(u_i-\bar{u}_i)T_{mi}\mathrm{d}\Gamma-\int_{\Gamma_t}(t_i-\bar{t}_i)U_{mi}\mathrm{d}\Gamma=0 \tag{10.65}$$

式中的第一个域积分通过分部积分变换为

$$\begin{aligned}\int_{\Omega}\sigma_{ij,j}U_{mi}\mathrm{d}\Omega&=\int_{\Omega}(\sigma_{ij}U_{mi})_{,j}\mathrm{d}\Omega-\int_{\Omega}\sigma_{ij}U_{mi,j}\mathrm{d}\Omega\\&=\int_{\Gamma}\sigma_{ij}n_jU_{mi}\mathrm{d}\Gamma-\int_{\Omega}\sigma_{ij}U_{mi,j}\mathrm{d}\Omega\\&=\int_{\Gamma}t_iU_{mi}\mathrm{d}\Gamma-\int_{\Omega}\sigma_{ij}U_{mi,j}\mathrm{d}\Omega\end{aligned} \tag{10.66}$$

式中利用了散度定理和 $t_i=\sigma_{ij}n_j$。

式（10.66）等号右端第二个积分中的被积函数可做如下变换：

$$\begin{aligned}\sigma_{ij}U_{mi,j}&=\frac{1}{2}(\sigma_{ij}U_{mi,j}+\sigma_{ji}U_{mj,i})=\frac{1}{2}\sigma_{ij}(U_{mi,j}+U_{mj,i})\\&=\sigma_{ij}\varepsilon_{mij}=D_{ijkl}\varepsilon_{kl}\varepsilon_{mij}=\Sigma_{mkl}\varepsilon_{kl}=\Sigma_{mkl}u_{k,l}=\Sigma_{mij}u_{i,j}\end{aligned} \tag{10.67}$$

式中使用了下列关系式，并考虑了本构张量 $\boldsymbol{D}$ 以及应力张量 $\boldsymbol{\sigma}$ 和应变张量 $\boldsymbol{\varepsilon}$ 的对称性：

$$\varepsilon_{mij}=\frac{1}{2}(U_{mi,j}+U_{mj,i}),\quad \sigma_{ij}=D_{ijkl}\varepsilon_{kl},\quad \Sigma_{mkl}=D_{ijkl}\varepsilon_{mij} \tag{10.68}$$

因此，式（10.66）可写为

$$\int_{\Omega}\sigma_{ij,j}U_{mi}\mathrm{d}\Omega=\int_{\Gamma}U_{mi}t_i\mathrm{d}\Gamma-\int_{\Gamma}T_{mi}u_i\mathrm{d}\Gamma+\int_{\Omega}\Sigma_{mij,i}u_j\mathrm{d}\Omega \tag{10.69}$$

将式（10.69）代入式（10.65），得

$$\begin{aligned}&\int_{\Omega}\Sigma_{mij,i}u_j\mathrm{d}\Omega+\int_{\Gamma_u}U_{mi}t_i\mathrm{d}\Gamma+\int_{\Gamma_t}U_{mi}t_i\mathrm{d}\Gamma-\int_{\Gamma_u}T_{mi}u_i\mathrm{d}\Gamma-\int_{\Gamma_t}T_{mi}u_i\mathrm{d}\Gamma+\\&\int_{\Gamma_u}T_{mi}(u_i-\bar{u}_i)\mathrm{d}\Gamma-\int_{\Gamma_t}U_{mi}(t_i-\bar{t}_i)\mathrm{d}\Gamma=0\end{aligned} \tag{10.70}$$

式中，利用了 $\Gamma=\Gamma_u\cup\Gamma_t$。于是，式（10.70）可写为

$$\int_{\Omega}\Sigma_{mij,i}u_j\mathrm{d}\Omega+\int_{\Gamma_u}U_{mi}t_i\mathrm{d}\Gamma+\int_{\Gamma_t}U_{mi}\bar{t}_i\mathrm{d}\Gamma-\int_{\Gamma_u}T_{mi}\bar{u}_i\mathrm{d}\Gamma-\int_{\Gamma_t}T_{mi}u_i\mathrm{d}\Gamma=0 \tag{10.71}$$

式中的应力基本解满足下式：

$$\Sigma_{mij,i}+\delta(P,Q)\delta_{mj}=0 \tag{10.72}$$

将式（10.72）代入式（10.71），并利用 Delta 函数的性质以及令边界 Γ_u 和 Γ_t 上的 $\bar{u}_i$

和 $\bar{t}_i$ 仍然记为 u_i 和 t_i，则可以得到物体域内点的边界积分方程为

$$u_i(P) = \int_{\Gamma} U_{ij}(P,q)t_j(q)\mathrm{d}\Gamma - \int_{\Gamma} T_{ij}(P,q)u_j(q)\mathrm{d}\Gamma \tag{10.73}$$

式（10.73）表明，如果边界上的位移 u_j 和面力 t_j 给定，则通过该式可以求得域内任意点的位移分量 u_i。

10.3.4 边界点处的边界积分公式

与解决位势问题类似，可通过将域内点 P 趋于边界点 p 的方法推导弹性力学问题边界积分方程。参考图 10.1，式（10.73）可改写为

$$\begin{aligned} u_i(P) = &\int_{\Gamma-\ell} U_{ij}(P,q)t_j(q)\mathrm{d}\Gamma - \int_{\Gamma-\ell} T_{ij}(P,q)u_j(q)\mathrm{d}\Gamma + \\ &\int_{\Gamma_\varepsilon} U_{ij}(P,q)t_j(q)\mathrm{d}\Gamma - \int_{\Gamma_\varepsilon} T_{ij}(P,q)u_j(q)\mathrm{d}\Gamma \end{aligned} \tag{10.74}$$

现在考虑当 $\varepsilon\to 0$ 时，式（10.74）中各积分的极限。对于其中的第一个和第二个积分，可以计算如下：

$$\lim_{\varepsilon\to 0}\int_{\Gamma-\ell} U_{ij}(P,q)t_j(q)\mathrm{d}\Gamma = \int_{\Gamma} U_{ij}(P,q)t_j(q)\mathrm{d}\Gamma \tag{10.75}$$

$$\lim_{\varepsilon\to 0}\int_{\Gamma-\ell} T_{ij}(P,q)u_j(q)\mathrm{d}\Gamma = \int_{\Gamma} T_{ij}(P,q)u_j(q)\mathrm{d}\Gamma \tag{10.76}$$

第三个积分计算如下：

$$\begin{aligned} &\lim_{\varepsilon\to 0}\int_{\Gamma_\varepsilon} U_{ij}(P,q)t_j(q)\mathrm{d}\Gamma \\ &= t_j(p)\lim_{\varepsilon\to 0}\int_{\Gamma_\varepsilon} U_{ij}(P,q)\mathrm{d}\Gamma \\ &= t_j(p)\lim_{\varepsilon\to 0}\int_{\theta_1-\frac{\pi}{2}}^{\theta_2+\frac{\pi}{2}} \frac{1}{8\pi G(1-\nu)}\left[(3-4\nu)\ln\frac{1}{\varepsilon}\delta_{ij} + \frac{\partial r}{\partial x_i}\frac{\partial r}{\partial x_j}\right]\varepsilon\mathrm{d}\theta = 0 \end{aligned} \tag{10.77}$$

为了便于讨论，把第四个积分记为

$$I = \lim_{\varepsilon\to 0}\int_{\Gamma_\varepsilon} T_{ij}(P,q)u_j(q)\mathrm{d}\Gamma = u_j(p)\lim_{\varepsilon\to 0}\int_{\Gamma_\varepsilon} T_{ij}(P,q)\mathrm{d}\Gamma \tag{10.78}$$

在边界 Γ_ε 上，$\dfrac{\partial r}{\partial n}=1$，$n_i=\dfrac{\partial r}{\partial x_i}$。于是，式（10.62）变为

$$T_{ij} = -\frac{1}{4\pi(1-\nu)r}\left[(1-2\nu)\delta_{ij} + 2\frac{\partial r}{\partial x_i}\frac{\partial r}{\partial x_j}\right] \tag{10.79}$$

将式（10.79）代入式（10.78），可得

$$I = u_j(p)\lim_{\varepsilon\to 0}\int_{\theta_1-\frac{\pi}{2}}^{\theta_2+\frac{\pi}{2}} -\frac{1}{4\pi(1-\nu)}\left[(1-2\nu)\delta_{ij} + 2\frac{\partial r}{\partial x_i}\frac{\partial r}{\partial x_j}\right]\mathrm{d}\theta \tag{10.80}$$

式中，$\dfrac{\partial r}{\partial x_1}=\cos\theta$，$\dfrac{\partial r}{\partial x_2}=\sin\theta$。

当 $i=1, j=1$ 时，有

$$I = u_1(p)\left\{\frac{-1}{8\pi(1-\nu)}\left[4(1-\nu)(\pi+\theta_2-\theta_1)+\sin(2\theta_1)-\sin(2\theta_2)\right]\right\} \tag{10.81}$$

当 $i=1,j=2$ 时，有

$$I=u_2(p)\left[\frac{-1}{8\pi(1-\nu)}(\cos(2\theta_2)-\cos(2\theta_1))\right] \tag{10.82}$$

当 $i=2,j=1$ 时，有

$$I=u_1(p)\left[\frac{-1}{8\pi(1-\nu)}(\cos(2\theta_2)-\cos(2\theta_1))\right] \tag{10.83}$$

当 $i=2,j=2$ 时，有

$$I=u_2(p)\left\{\frac{-1}{8\pi(1-\nu)}[4(1-\nu)(\pi+\theta_2-\theta_1)+\sin(2\theta_2)-\sin(2\theta_1)]\right\} \tag{10.84}$$

当 p 处在光滑边界时，上述的 I 可统一写为

$$I=-\frac{1}{2}u_j(p)\delta_{ij} \tag{10.85}$$

因此，式（10.74）成为

$$c_{ij}u_j(p)=\int_\Gamma U_{ij}(p,q)t_j(q)\mathrm{d}\Gamma-\int_\Gamma T_{ij}(p,q)u_j(q)\mathrm{d}\Gamma \tag{10.86}$$

式（10.86）称为平面弹性问题的边界积分方程，系数矩阵 $\boldsymbol{c}$ 为

$$\boldsymbol{c}=\begin{bmatrix}1-\dfrac{4(1-\nu)(\pi+\theta_2-\theta_1)+\sin(2\theta_1)-\sin(2\theta_2)}{8\pi(1-\nu)} & \dfrac{\cos(2\theta_1)-\cos(2\theta_2)}{8\pi(1-\nu)}\\ \dfrac{\cos(2\theta_1)-\cos(2\theta_2)}{8\pi(1-\nu)} & 1-\dfrac{4(1-\nu)(\pi+\theta_2-\theta_1)+\sin(2\theta_2)-\sin(2\theta_1)}{8\pi(1-\nu)}\end{bmatrix} \tag{10.87}$$

当点 p 处在光滑边界时，系数矩阵 $\boldsymbol{c}$ 则为

$$\boldsymbol{c}=\begin{bmatrix}\dfrac{1}{2} & 0\\ 0 & \dfrac{1}{2}\end{bmatrix} \tag{10.88}$$

10.3.5　边界积分公式的离散化

与位势问题的边界积分方程离散化相似，弹性体的边界也可以使用有限个单元对边界进行离散。这些单元可以是常单元、线性单元和二次单元，如图 10.2 所示。由于二次单元求解精度高，所以本节仅介绍基于二次单元的边界元法。三结点二次单元如图 10.4 所示。单元内任意一点的整体坐标与自然坐标之间的关系如式（10.48）所示。单元上任意一点 q 处的位移和面力可以通过该单元上的结点值表示为

$$\begin{bmatrix}u_1(q)\\ u_2(q)\end{bmatrix}=\begin{bmatrix}N_1 & 0 & N_2 & 0 & N_3 & 0\\ 0 & N_1 & 0 & N_2 & 0 & N_3\end{bmatrix}\begin{bmatrix}u_1^{e,1}\\ u_2^{e,1}\\ u_1^{e,2}\\ u_2^{e,2}\\ u_1^{e,3}\\ u_2^{e,3}\end{bmatrix} \tag{10.89}$$

$$\begin{bmatrix} t_1(q) \\ t_2(q) \end{bmatrix} = \begin{bmatrix} N_1 & 0 & N_2 & 0 & N_3 & 0 \\ 0 & N_1 & 0 & N_2 & 0 & N_3 \end{bmatrix} \begin{bmatrix} t_1^{e,1} \\ t_2^{e,1} \\ t_1^{e,2} \\ t_2^{e,2} \\ t_1^{e,3} \\ t_2^{e,3} \end{bmatrix} \tag{10.90}$$

将式（10.89）和式（10.90）代入式（10.86），得

$$\begin{bmatrix} c_{11} & c_{12} \\ c_{21} & c_{22} \end{bmatrix} \begin{bmatrix} u_1(p) \\ u_2(p) \end{bmatrix} + \sum_{e=1}^{N_E} \int_{\Gamma_e} \begin{bmatrix} T_{11}N_1 & T_{12}N_1 & T_{11}N_2 & T_{12}N_2 & T_{11}N_3 & T_{12}N_3 \\ T_{21}N_1 & T_{22}N_1 & T_{21}N_2 & T_{22}N_2 & T_{21}N_3 & T_{22}N_3 \end{bmatrix} \begin{bmatrix} u_1^{e,1} \\ u_2^{e,1} \\ u_1^{e,2} \\ u_2^{e,2} \\ u_1^{e,3} \\ u_2^{e,3} \end{bmatrix} \mathrm{d}\Gamma$$

$$= \sum_{e=1}^{N_E} \int_{\Gamma_e} \begin{bmatrix} U_{11}N_1 & U_{12}N_1 & U_{11}N_2 & U_{12}N_2 & U_{11}N_3 & U_{12}N_3 \\ U_{21}N_1 & U_{22}N_1 & U_{21}N_2 & U_{22}N_2 & U_{21}N_3 & U_{22}N_3 \end{bmatrix} \begin{bmatrix} t_1^{e,1} \\ t_2^{e,1} \\ t_1^{e,2} \\ t_2^{e,2} \\ t_1^{e,3} \\ t_2^{e,3} \end{bmatrix} \mathrm{d}\Gamma \tag{10.91}$$

令

$$\begin{aligned} \boldsymbol{h}^{pe} &= \int_{\Gamma_e} \begin{bmatrix} T_{11}N_1 & T_{12}N_1 & T_{11}N_2 & T_{12}N_2 & T_{11}N_3 & T_{12}N_3 \\ T_{21}N_1 & T_{22}N_1 & T_{21}N_2 & T_{22}N_2 & T_{21}N_3 & T_{22}N_3 \end{bmatrix} \mathrm{d}\Gamma \\ &= \begin{bmatrix} h_{11}^{p,e,1} & h_{12}^{p,e,1} & h_{11}^{p,e,2} & h_{12}^{p,e,2} & h_{11}^{p,e,3} & h_{12}^{p,e,3} \\ h_{21}^{p,e,1} & h_{22}^{p,e,1} & h_{21}^{p,e,2} & h_{22}^{p,e,2} & h_{21}^{p,e,3} & h_{22}^{p,e,3} \end{bmatrix} \end{aligned} \tag{10.92}$$

$$\begin{aligned} \boldsymbol{g}^{pe} &= \int_{\Gamma_e} \begin{bmatrix} U_{11}N_1 & U_{12}N_1 & U_{11}N_2 & U_{12}N_2 & U_{11}N_3 & U_{12}N_3 \\ U_{21}N_1 & U_{22}N_1 & U_{21}N_2 & U_{22}N_2 & U_{21}N_3 & U_{22}N_3 \end{bmatrix} \mathrm{d}\Gamma \\ &= \begin{bmatrix} g_{11}^{p,e,1} & g_{12}^{p,e,1} & g_{11}^{p,e,2} & g_{12}^{p,e,2} & g_{11}^{p,e,3} & g_{12}^{p,e,3} \\ g_{21}^{p,e,1} & g_{22}^{p,e,1} & g_{21}^{p,e,2} & g_{22}^{p,e,2} & g_{21}^{p,e,3} & g_{22}^{p,e,3} \end{bmatrix} \end{aligned} \tag{10.93}$$

式中，

$$h_{ij}^{p,e,m} = \int_{\Gamma_e} T_{ij} N_m \mathrm{d}\Gamma,\ g_{ij}^{p,e,m} = \int_{\Gamma_e} U_{ij} N_m \mathrm{d}\Gamma,\ i,j = 1,2;m = 1,2,3 \tag{10.94}$$

式（10.94）被积函数的基本解中，当源点和场点重合时，积分将具有奇异性。位移基本解 U_{ij} 中含有弱奇异的 $\ln r$ 项，而面力基本解 T_{ij} 中含有强奇异性的 $1/r$ 项。这些奇异积分可以用我们熟悉的算法来计算。对于非奇异积分，可以采用高斯积分算法。取每个边界结点为 p 点，由式（10.91）可以得到线性方程组，其矩阵形式类似于位势问题，即

$$HU = GT \tag{10.95}$$

式中，$\boldsymbol{U}, \boldsymbol{T}$——边界上的结点位移和面力列阵。

将边界条件代入式（10.95），可以得到类似式（10.34）的求解方程组。

注意：矩阵 $\boldsymbol{H}$ 中每行对角线的项用刚体位移法进行计算。

10.3.6　域内点位移和应力

当边界上结点位移和面力求出后，由式（10.73）可以得到域内点的位移，而域内点应力可利用几何方程（式（10.56））和本构方程（式（10.57））以及式（10.73）获得，即

$$\sigma_{ij}(P) = \int_\Gamma U_{ijk}(P,q)t_k(q)\mathrm{d}\Gamma - \int_\Gamma T_{ijk}(P,q)u_k(q)\mathrm{d}\Gamma \tag{10.96}$$

式中，

$$U_{ijk} = \frac{1}{4\pi(1-\nu)r}[(1-2\nu)(\delta_{ki}r_{,j} + \delta_{kj}r_{,i} - \delta_{ij}r_{,k}) + 2r_{,i}r_{,j}r_{,k}] \tag{10.97}$$

$$T_{ijk} = \frac{G}{2\pi(1-\nu)r^2}\Big\{2r_{,m}n_m[(1-2\nu)\delta_{ij}r_{,k} + \nu(\delta_{ki}r_{,j} + \delta_{kj}r_{,i}) - 4r_{,i}r_{,j}r_{,k}] + 2\nu(n_ir_{,j}r_{,k} + n_jr_{,i}r_{,k}) + (1-2\nu)(2n_kr_{,i}r_{,j} + n_j\delta_{ki} + n_i\delta_{kj}) - (1-4\nu)n_k\delta_{ij}\Big\} \tag{10.98}$$

10.3.7　边界点应力

由式（10.97）和式（10.98）可知，当源点 P 到达边界时，基本解 U_{ijk} 和 T_{ijk} 中分别存在 $1/r$ 和 $1/r^2$ 的奇异性，因此式（10.96）不适合求解边界应力。为此，需要采用如下方法计算边界应力。

假设边界单元 e 上任意点 p 处的法向正应力、切向正应力和剪应力分别为 σ_n、σ_s 和 σ_{ns}。已知该点的面力分量为 t_1 和 t_2，则该点的法向正应力和剪应力（图 10.5）可以由下式直接计算：

$$\begin{cases} \sigma_n = t_1\cos\theta + t_2\sin\theta \\ \sigma_{ns} = -t_1\sin\theta + t_2\cos\theta \end{cases} \tag{10.99}$$

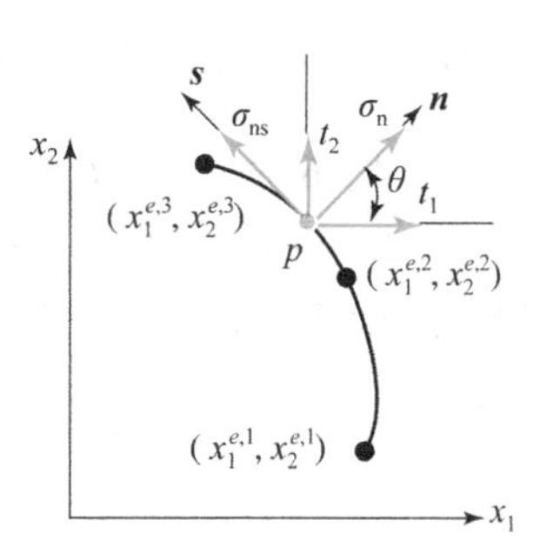

图 10.5　边界点应力

式中，θ——边界上的法向 $\boldsymbol{n}$ 与 x_1 轴的夹角，以由 x_1 轴方向逆时针转向边界法向 $\boldsymbol{n}$ 为正。

为了计算切向正应力，我们需要引入如下本构关系：

$$\begin{cases} \sigma_n = 2G\varepsilon_n + \lambda(\varepsilon_n + \varepsilon_s) \\ \sigma_s = 2G\varepsilon_s + \lambda(\varepsilon_n + \varepsilon_s) \end{cases} \tag{10.100}$$

从式（10.100）中消去 ε_n 后，得

$$\sigma_s = \frac{1}{1-\nu}(2G\varepsilon_s + \nu\sigma_n) \tag{10.101}$$

式中，

$$\varepsilon_s = \frac{\partial u_s}{\partial s} = -\frac{\partial u_1}{\partial s}\sin\theta + \frac{\partial u_2}{\partial s}\cos\theta \tag{10.102}$$

式中，

$$\begin{cases}\dfrac{\partial u_1}{\partial s}=\dfrac{\partial u_1}{\partial \xi}\Big/\dfrac{\partial s}{\partial \xi}, \quad \dfrac{\partial u_2}{\partial s}=\dfrac{\partial u_2}{\partial \xi}\Big/\dfrac{\partial s}{\partial \xi} \\ \cos\theta=\dfrac{\partial x_2}{\partial \xi}\Big/\dfrac{\partial s}{\partial \xi}, \quad \sin\theta=-\dfrac{\partial x_1}{\partial \xi}\Big/\dfrac{\partial s}{\partial \xi}\end{cases} \tag{10.103}$$

式中，

$$\begin{cases}\dfrac{\partial u_1}{\partial \xi}=\dfrac{\partial N_1}{\partial \xi}u_1^{e,1}+\dfrac{\partial N_2}{\partial \xi}u_1^{e,2}+\dfrac{\partial N_3}{\partial \xi}u_1^{e,3} \\ \dfrac{\partial u_2}{\partial \xi}=\dfrac{\partial N_1}{\partial \xi}u_2^{e,1}+\dfrac{\partial N_2}{\partial \xi}u_2^{e,2}+\dfrac{\partial N_3}{\partial \xi}u_2^{e,3} \\ \dfrac{\partial x_1}{\partial \xi}=\dfrac{\partial N_1}{\partial \xi}x_1^{e,1}+\dfrac{\partial N_2}{\partial \xi}x_1^{e,2}+\dfrac{\partial N_3}{\partial \xi}x_1^{e,3} \\ \dfrac{\partial x_2}{\partial \xi}=\dfrac{\partial N_1}{\partial \xi}x_2^{e,1}+\dfrac{\partial N_2}{\partial \xi}x_2^{e,2}+\dfrac{\partial N_3}{\partial \xi}x_2^{e,3} \\ \dfrac{\partial s}{\partial \xi}=\sqrt{\left(\dfrac{\partial x_1}{\partial \xi}\right)^2+\left(\dfrac{\partial x_2}{\partial \xi}\right)^2}\end{cases} \tag{10.104}$$

式中，$u_i^{e,j}, x_i^{e,j}$——e 单元中第 j 个结点在 i 方向的位移分量和坐标。

将式（10.99）、式（10.102）代入式（10.101），可以得到单元 e 上任意一点 p 处的切向正应力 σ_s。

习　题

10.1　对图 P10.1 所示的情况，试用高斯积分法计算 $I=\int_{-\frac{L}{2}}^{\frac{L}{2}}\frac{1}{r^2}\mathrm{d}x$，高斯积分点数分别取为 2、4、6 和 8，$D/L$ 分别取为 0.5、1、4、6 和 8。

10.2　图 P10.2 所示为一个等腰直角三角形板，其每个边界用等长的常单元离散，结点编号用(·)表示，实心符号旁边的数字表示单元号。当源点 p 分别取为第 2、4 和 6 个单元的中点时，计算势问题中的 $\bar{h}^{pe}$ 和 g^{pe}，其中 $e=1,2,\cdots,6$。

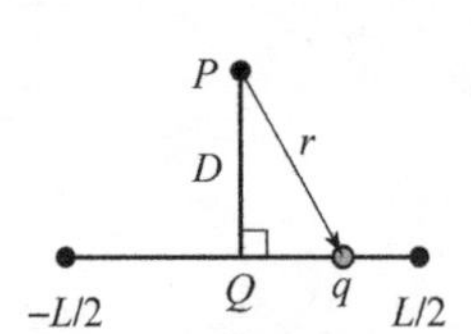

图 P10.1　高斯积分法应用

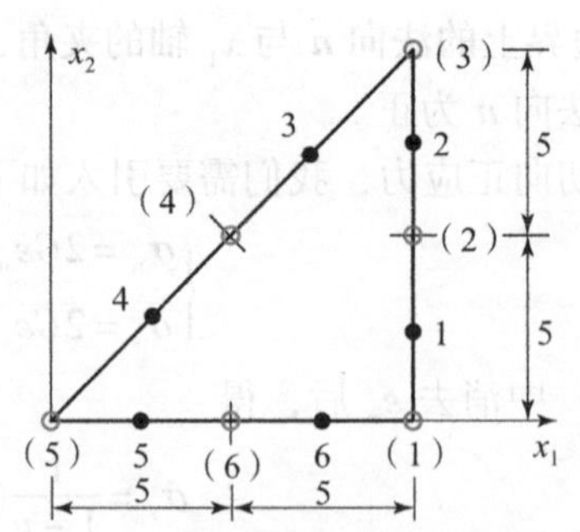

图 P10.2　6 个常量边界元离散等腰直角三角形板

10.3　证明三维位势问题的基本解

$$u^*(P,Q)=\frac{1}{4\pi r(P,Q)}$$

在无限域上满足：

$$\nabla^2 u^*(P,Q) + \Delta(P,Q) = 0$$

10.4　由式（10.15）推导导数$\frac{\partial u}{\partial x}$和$\frac{\partial u}{\partial y}$的积分表达式。

10.5　图 P10.5 显示了一个简单方形域 Ω 的拉普拉斯方程的势问题，并给出了它的边界条件。将边界离散为 4 个常量单元，试计算式（10.34）中的矩阵 $\boldsymbol{A}$ 和矢量 $\boldsymbol{F}$。

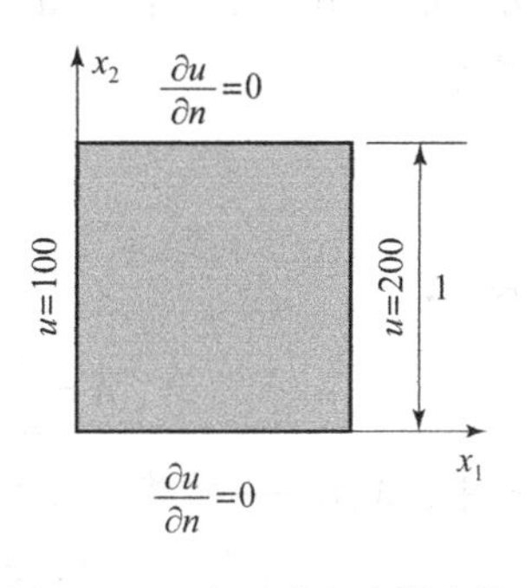

图 P10.5　方形域和边界条件

10.6　使用常单元离散弹性体的边界，针对式（10.94），计算 $h_{ij}^{p,e,m}$和 $g_{ij}^{p,e,m}$，其中源点 P 处在单元 e 的中心，且 $N_m = 1$。

10.7　考虑受单向拉伸的方板，其边长为 4 m，材料常数为：$E = 200$ GPa，$\nu = 0.3$，均布载荷为 $p = 2$ MPa。考虑到问题的对称性，取四分之一板进行计算，如图 P10.7 所示。用二次边界元法计算方板内点（1,0.5）、（1,1）和（1,1.5）的位移和应力，并与解析解进行对比。

10.8　考虑受内压 $p = 100$ MPa 的厚壁圆筒，材料常数为：$E = 200$ GPa，$\nu = 0.3$，内外半径分别为 $r_1 = 1$ m，$r_2 = 25$ m。该问题为平面应变问题。考虑问题的对称性，取四分之一厚壁圆筒作为计算模型（图 P10.8）。试用二次边界元法对该模型进行计算，并与解析解进行对比。

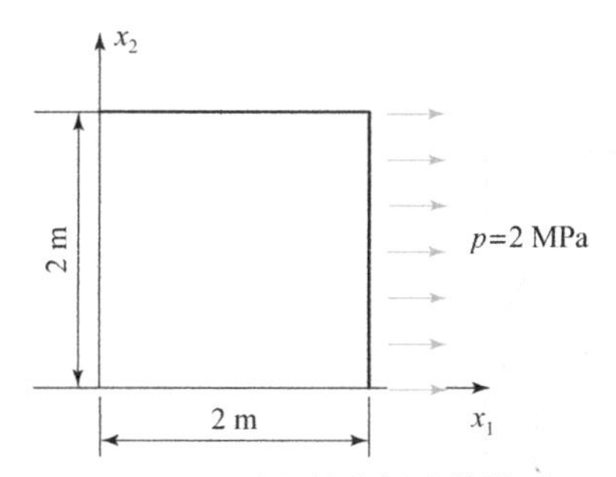

图 P10.7　单向拉伸板计算模型

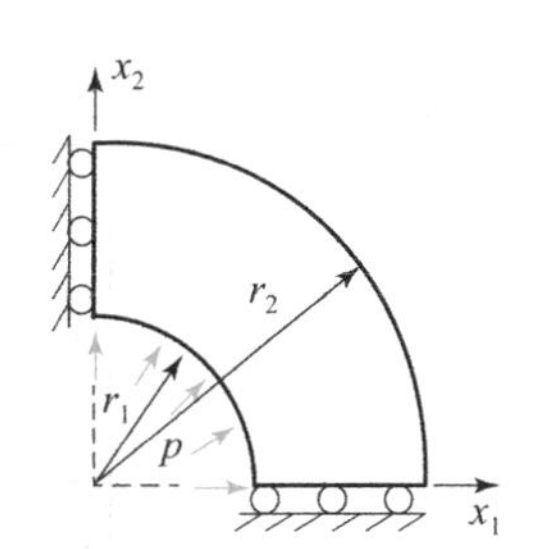

图 P10.8　四分之一厚壁圆筒计算模型

10.9　对于图 P10.9 所示的平面椭圆孔问题，使用二次边界元法研究 $a/b = 1/3, 1, 3$ 时的孔边应力集中，并与弹性力学的精确解进行比较。建议计算时取 $E = 210 \times 10^9$ N/m^2，$\nu = 0.33$，$B = L = 20a$，$a = 1$ m，$q = 100$ N/m^2，并按平面应力情况进行分析。

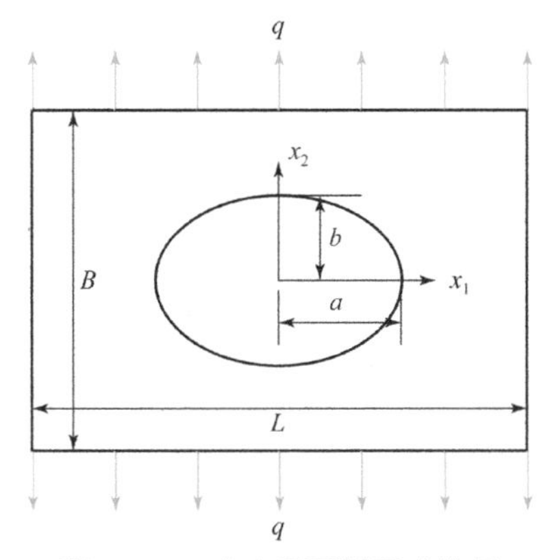

图 P10.9　含有平面椭圆孔的板

10.10 对于图 P10.10 所示的无限域平面应变椭圆形夹杂问题，使用二次边界元法研究 $a/b=1/3,1,3$ 时由夹杂引起的基体弹性能的变化，并与弹性力学的精确解进行比较。如果夹杂形状任意，其结果又将如何？计算时，建议取：$a=1$，$E_{\mathrm{M}}=1$，$E_{\mathrm{I}}=0,1,\cdots,10$，$\nu_{\mathrm{M}}=\nu_{\mathrm{I}}=0.3$，$\sigma^0=1$。下标 M 和 I 分别表示基体和夹杂。当 $a=b$ 时，可得基体弹性能变化的公式为

$$\Delta U=\pi a\sigma^0\left(1-\frac{E_{\mathrm{I}}}{E_{\mathrm{M}}}\right)\left(Aa+\frac{B}{a}\right)$$

其中，

$$A=\frac{0.5\sigma^0}{\lambda_{\mathrm{M}}+G_{\mathrm{M}}},\ B=0.5\sigma^0a^2\frac{\lambda_{\mathrm{M}}+G_{\mathrm{M}}-\lambda_{\mathrm{I}}-G_{\mathrm{I}}}{(\lambda_{\mathrm{M}}+G_{\mathrm{M}})(\lambda_{\mathrm{I}}+G_{\mathrm{I}}+G_{\mathrm{M}})}$$

式中，λ,G——拉梅常量和剪切模量。

对于一般性的夹杂，基体弹性能变化的计算公式为（Dong，2019；Sun et al.，2021）

$$\Delta U=\frac{1}{2}\int_{\Gamma}\left[\left(1-\frac{(1+\nu_{\mathrm{M}})E_{\mathrm{I}}}{(1+\nu_{\mathrm{I}})E_{\mathrm{M}}}\right)t_i^0-\frac{(\nu_{\mathrm{I}}-\nu_{\mathrm{M}})(1+\nu_{\mathrm{M}})E_{\mathrm{I}}}{(1+\nu_{\mathrm{I}})(1-2\nu_{\mathrm{I}})E_{\mathrm{M}}}\sigma_{mm}^0n_i\right]u_i\mathrm{d}\Gamma$$

式中，

$$t_i^0=\sigma_{ij}^0n_j,\ \sigma_{mm}^0=\sigma_{xx}^0+\sigma_{yy}^0$$

注意：由边界元法计算出界面上的位移，代入上式，即可求出基体弹性能的变化 ΔU。

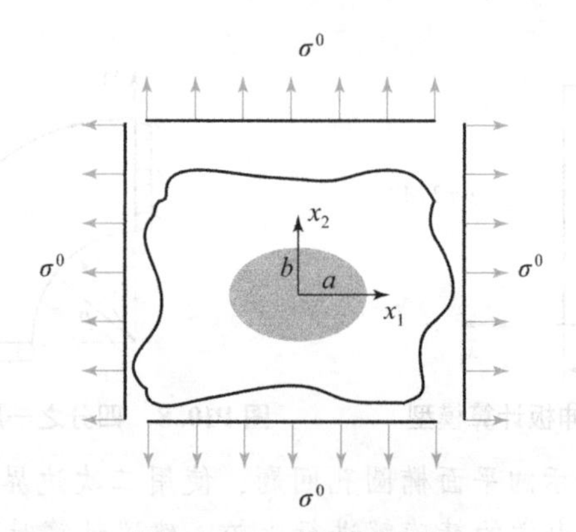

图 P10.10 椭圆形夹杂

第 11 章 等几何分析

11.1 引 言

随着科技的进步，现代工程已经非常依赖计算机，特别是在设计和分析阶段。这两个阶段（设计和分析）相互依赖，本质上是循环的。典型的设计包括通过计算机辅助设计（CAD）环境开发结构的几何形状。这个几何形状接着被传递到分析阶段，被转换成一个近似的适合分析的几何形状，然后使用有限元法、边界元法或其他数值分析方法进行网格划分和分析。为了在分析后进行重新设计，在 CAD 中再次调用设计阶段命令，之后是数值分析阶段。在工程中，CAD 空间与数值分析空间之间的这种循环性是研究的主要内容。随着结构复杂性的增加，循环时间也将呈指数增长。

尽管设计和分析阶段处理的是相同的对象，但两者的数学基础相差很大。这就是两者之间存在鸿沟的原因。在基于有限元/边界元的分析阶段，我们利用拉格朗日基函数近似结构的几何和场变量；在 CAD 中，我们利用非均匀有理 B 样条（non - uniform rational B - splines，NURBS）基函数通过结点矢量精确地表示几何图形。因此，实现 CAD 和有限元/边界元无缝连接的一个简单方法是使用一个相同的基函数（如 NURBS 基函数），这样就可以将设计阶段和分析阶段集成为一体。这就是等几何分析（isogeometric analysis，IGA）的主要思想（Hughes et al.，2005）。

等几何分析这一新兴领域自提出以来就受到国内外科研人员的广泛关注，新的研究成果不断涌现，其基本思想是在分析阶段用 CAD 的标准基函数代替拉格朗日基函数对几何变量和场变量进行建模。IGA 的起源是利用 NURBS 基函数。随着研究的不断深入，出现了许多其他类型的基函数，如 T 样条和 PHT 样条等。本章只介绍以 NURBS 基函数为基础的等几何分析方法，包括等几何有限元法和等几何边界元法。

11.2 NURBS 曲线曲面

11.2.1 B 样条基函数

定义一个单调不减的实数序列 $\boldsymbol{U}=\{\xi_1,\xi_2,\cdots,\xi_{n+p+1}\}$，即结点向量，其中 n 为基函数个数，p 为曲线阶数，而且 $\xi_i\leqslant\xi_{i+1}$，$i=1,2,\cdots,n+p$。B 样条基函数可以通过 Cox - de Boor 递推公式得到，第 i 个 p 次 B 样条基函数定义如下：

$$\begin{cases} N_{i,0}(\xi) = \begin{cases} 1, & \xi_i \leqslant \xi < \xi_{i+1} \\ 0, & \text{其他} \end{cases} \\ N_{i,p}(\xi) = \dfrac{\xi - \xi_i}{\xi_{i+p} - \xi_i} N_{i,p-1}(\xi) + \dfrac{\xi_{i+p+1} - \xi}{\xi_{i+p+1} - \xi_{i+1}} N_{i+1,p-1}(\xi) \end{cases} \tag{11.1}$$

对于上式，规定0/0 =0。图11.1所示为定义在结点向量{0,0,0,1,2,3,4,4,5,5,5}上的非零二次B样条基函数曲线。

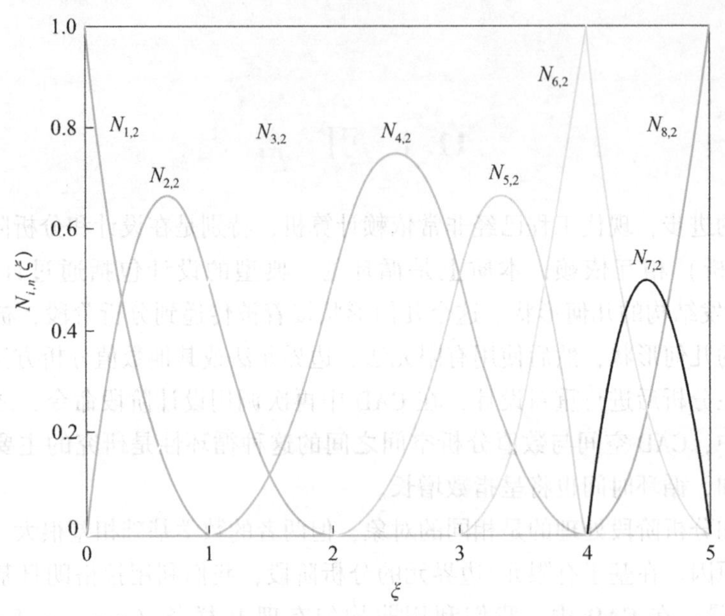

图11.1　定义在{0,0,0,1,2,3,4,4,5,5,5}上的非零二次B样条基函数（附彩图）

类似地，B样条基函数的导数也可以采用递推公式得到，其一阶导数为

$$\frac{\mathrm{d}}{\mathrm{d}\xi} N_{i,p}(\xi) = \frac{p}{\xi_{i+p} - \xi_i} N_{i,p-1}(\xi) - \frac{p}{\xi_{i+p+1} - \xi_{i+1}} N_{i+1,p-1}(\xi) \tag{11.2}$$

k 阶导数为

$$\frac{\mathrm{d}^k}{\mathrm{d}\xi^k} N_{i,p}(\xi) = \frac{p}{\xi_{i+p} - \xi_i}\left(\frac{\mathrm{d}^{k-1}}{\mathrm{d}\xi^{k-1}} N_{i,p-1}(\xi)\right) - \frac{p}{\xi_{i+p+1} - \xi_{i+1}}\left(\frac{\mathrm{d}^{k-1}}{\mathrm{d}\xi^{k-1}} N_{i+1,p-1}(\xi)\right) \tag{11.3}$$

结点向量为{0,0,0,1,2,3,4,4,5,5,5}的B样条基函数（$p=2$）的一阶导数如图11.2所示。

11.2.2　NURBS基函数

NURBS基函数定义为

$$R_{i,p}(\xi) = \frac{N_{i,p}(\xi)\omega_i}{\sum_{j=1}^{n} N_{j,p}(\xi)\omega_j} = \frac{N_{i,p}(\xi)\omega_i}{W(\xi)},\ 1 \leqslant i \leqslant n \tag{11.4}$$

式中，$N_{i,p}(\xi)$——B样条基函数；

ω_i——控制点对应的权值；

$W(\xi) = \sum_{j=1}^{n} N_{j,p}(\xi)\omega_j$。

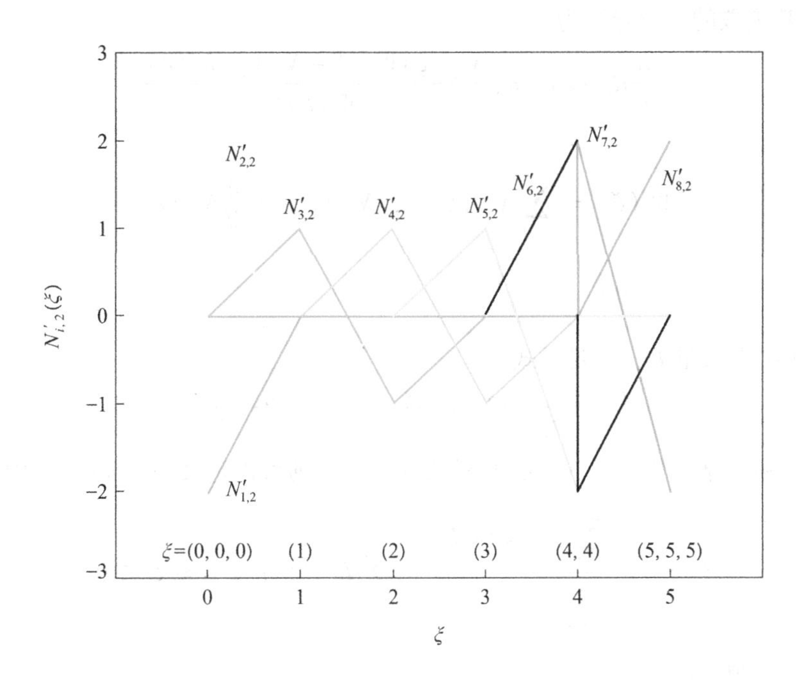

图 11.2　结点向量为{0,0,0,1,2,3,4,4,5,5,5}的 B 样条基函数的一阶导数（附彩图）

如果所有的权值都满足 $\omega_i = c$，且 c 为非零常数，则 $R_{i,p}(\xi) = N_{i,p}(\xi)$。当 $c = 1$ 时，NURBS 基函数即 B 样条基函数。图 11.3 所示为定义在结点向量{0,0,0,0,0.25,0.5,0.75,1,1,1,1}上的非零三次 NURBS 基函数曲线，其控制点对应的权值为{1,0.2,1,3,2,5,1}。

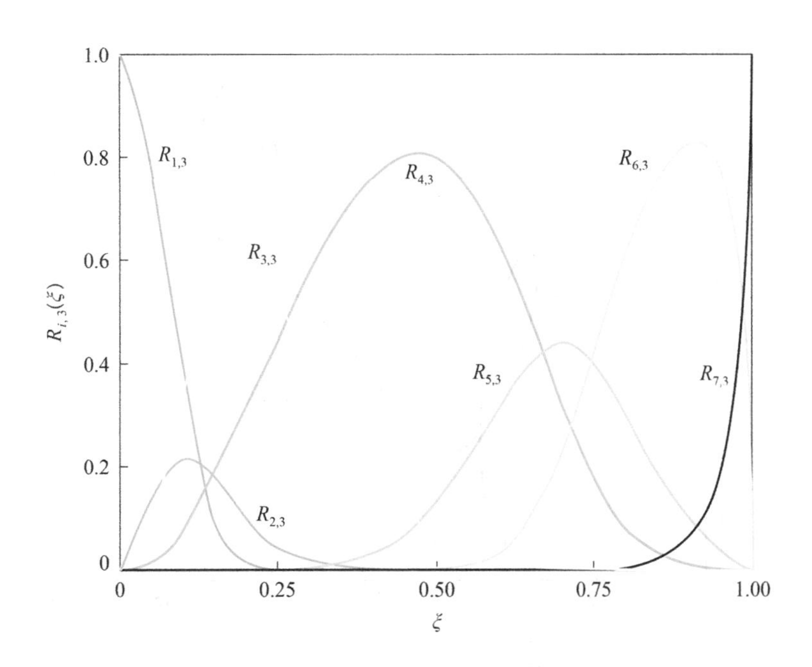

图 11.3　定义在{0,0,0,0,0.25,0.5,0.75,1,1,1,1}上的非零三次 NURBS 基函数（附彩图）

NURBS 基函数的一阶导数为

$$\frac{\mathrm{d}}{\mathrm{d}\xi}R_{i,p}(\xi)=\omega_i\frac{N'_{i,p}(\xi)W(\xi)-N_{i,p}(\xi)W'(\xi)}{W(\xi)^2} \tag{11.5}$$

式中，

$$W'(\xi)=\sum_{j=0}^{n}N'_{j,p}(\xi)\omega_j,\ N'_{j,p}(\xi)=\frac{\mathrm{d}}{\mathrm{d}\xi}N_{j,p}(\xi) \tag{11.6}$$

11.2.3 NURBS 曲线

给定一个结点矢量 $\boldsymbol{U}$，满足下式：

$$\boldsymbol{U}=\{\underbrace{a,\cdots,a}_{p+1个},\xi_{p+2},\xi_{p+3},\cdots,\xi_n,\underbrace{b,\cdots,b}_{p+1个}\} \tag{11.7}$$

$N_{i,p}(\xi)$为定义在该结点矢量上的 p 次 B 样条基函数，则可以定义一条 p 次 NURBS 曲线为

$$C(\xi)=\frac{\sum_{i=1}^{n}N_{i,p}(\xi)\omega_i P_i}{\sum_{j=1}^{n}N_{j,p}(\xi)\omega_j}=\sum_{i=1}^{n}R_{i,p}(\xi)P_i,\ a\leqslant\xi\leqslant b \tag{11.8}$$

式中，P_i——控制点；

ω_i,ω_j——控制点对应的权值。

一般情况下，设定 $a=0$，$b=1$，且对所有 i，满足 $\omega_i>0$。

图 11.4 给出了一条三次 NURBS 曲线，其中结点向量为$\{0,0,0,0,0.25,0.5,0.75,1,1,1,1\}$，控制点为 $CP_1(0,0)$, $CP_2(7,7)$, $CP_3(-6,6)$, $CP_4(2,0)$, $CP_5(10,6)$, $CP_6(16,5)$, $CP_7(12,7.5)$。

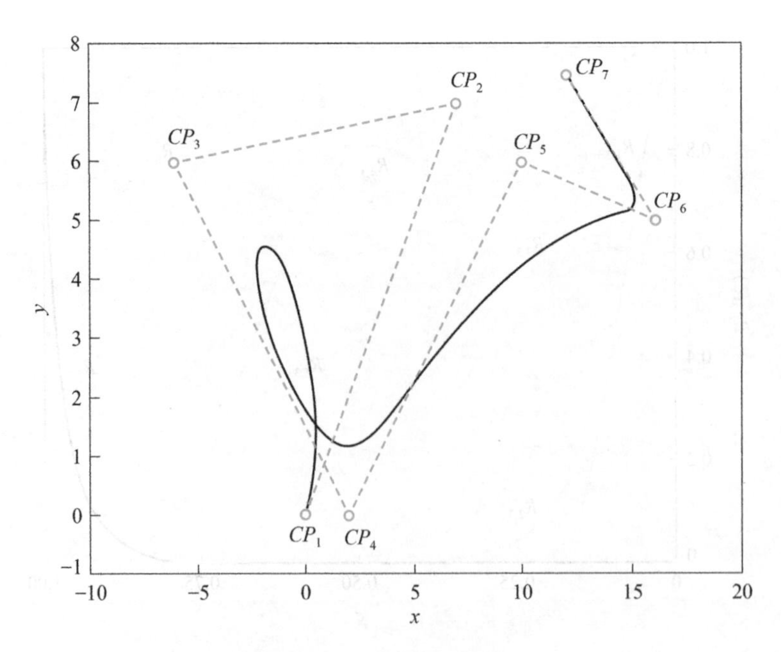

图 11.4　三次 NURBS 曲线

11.2.4 NURBS 曲面

给定两个结点矢量 $\boldsymbol{U}$ 和 $\boldsymbol{V}$，其满足下式：

$$\boldsymbol{U}=\{\underbrace{0,\cdots,0}_{p+1个},\xi_{p+2},\xi_{p+3},\cdots,\xi_n,\underbrace{1,\cdots,1}_{p+1个}\} \tag{11.9a}$$

$$\boldsymbol{V}=\{\underbrace{0,\cdots,0}_{q+1个},\eta_{q+2},\eta_{q+3},\cdots,\eta_m,\underbrace{1,\cdots,1}_{q+1个}\} \tag{11.9b}$$

式中，n,m——ξ 方向和 η 方向的基函数个数。

$N_{i,p}(\xi)$ 和 $N_{j,q}(\eta)$ 分别为定义在结点矢量 $\boldsymbol{U}$ 和 $\boldsymbol{V}$ 上的 B 样条基函数，则可以定义一张在 ξ 方向 p 次、η 方向 q 次的 NURBS 曲面为

$$S(\xi,\eta)=\frac{\sum_{i=1}^{n}\sum_{j=1}^{m}N_{i,p}(\xi)N_{j,q}(\eta)\omega_{i,j}P_{i,j}}{\sum_{i=1}^{n}\sum_{j=1}^{m}N_{i,p}(\xi)N_{j,q}(\eta)\omega_{i,j}},\quad 0\leqslant\xi,\eta\leqslant 1 \tag{11.10}$$

式中，$P_{i,j}$——两个方向的控制点网格；

$\omega_{i,j}$——控制点对应的权值。

定义有理基函数为

$$R_{i,j}(\xi,\eta)=\frac{N_{i,p}(\xi)N_{j,q}(\eta)\omega_{i,j}}{\sum_{i=1}^{n}\sum_{j=1}^{m}N_{i,p}(\xi)N_{j,q}(\eta)\omega_{i,j}} \tag{11.11}$$

则式（11.10）可以表示为

$$S(\xi,\eta)=\sum_{i=1}^{n}\sum_{j=1}^{m}R_{i,j}(\xi,\eta)P_{i,j} \tag{11.12}$$

图 11.5 所示为一个双二次 NURBS 曲面的基函数，两个方向上的结点向量分别为{0,0,0,0.5,1,1,1}和{0,0,0,1,1,1}，相应的权值为{1,0.85355,0.85355,1}和{1,1,1}。由这些 NURBS 基函数生成的曲面如图 11.6 所示，其中控制点坐标见表 11.1。

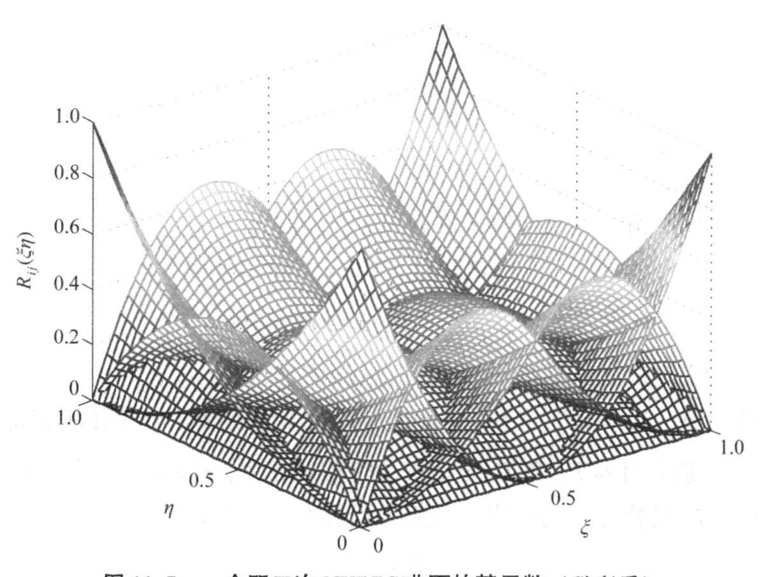

图 11.5 一个双二次 NURBS 曲面的基函数（附彩图）

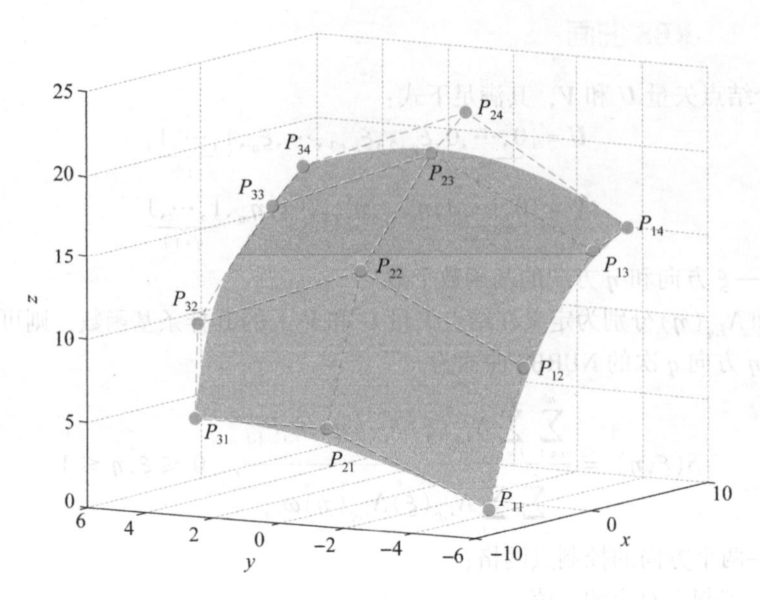

图 11.6　一个双二次 NURBS 曲面

表 11.1　双二次 NURBS 曲面的控制点 $P_{i,j}$ 坐标

i \ j	1	2	3	4
1	(−6, −5,1)	(−3, −5,9)	(3, −5,15)	(6, −5,16)
2	(−6,0,5)	(−3,0,14)	(3,0,20)	(6,0,22)
3	(−6,4,5)	(−3,5,10)	(3,5,16)	(6,5,18)

11.3　等几何有限元法

11.3.1　弱形式

弹性力学问题的平衡方程及定解条件为

$$\sigma_{ij,j} + f_i = 0,\ x_i \in \Omega \tag{11.13}$$

$$u_i = \bar{u}_i,\ x_i \in \Gamma_u \tag{11.14a}$$

$$t_i = \bar{t}_i,\ x_i \in \Gamma_t \tag{11.14b}$$

式中，对于平面问题，$i,j=1,2$。应力分量 σ_{ij} 是坐标 x_i 的函数，f_i 是作用在物体域 Ω 上的体力分量。$\bar{u}_i$ 和 $\bar{t}_i$ 分别为边界 Γ_u 和 Γ_t 上给定的位移和面力，$t_i = \sigma_{ij} n_j$ 为作用在边界上 n_j 方向的面力。$\Gamma = \Gamma_u \cup \Gamma_t$ 是物体域的边界。几何方程和本构方程如下：

$$\varepsilon_{ij} = \frac{1}{2}(u_{i,j} + u_{j,i}) \tag{11.15}$$

$$\sigma_{ij}=D_{ijkl}\varepsilon_{kl} \tag{11.16}$$

式中，逗号(,)——对坐标分量的偏导数，如 $u_{i,j}=\dfrac{\partial u_i}{\partial x_j}$；

D_{ijkl}——一个四阶材料本构张量的分量。

为了从平衡方程的一系列解中求出唯一的正确数值解，位移场 $\boldsymbol{u}$ 必须满足式（11.13）和式（11.14a）。推导有限元公式的出发点是采用加权余量法写出式（11.13）和式（11.14b）所表示的微分方程定解问题的弱形式，即

$$\int_{\Omega}(\sigma_{ij,j}+f_i)\delta u_i \mathrm{d}\Omega-\int_{\Gamma_t}(t_i-\bar{t}_i)\delta u_i \mathrm{d}\Gamma=0 \tag{11.17}$$

式中，δu_i——虚位移分量，已满足位移边界条件。

式（11.17）域积分中的应力项经过分部积分后和边界上的面力项结合，可得

$$\int_{\Omega}\varepsilon_{ij}(\boldsymbol{u})D_{ijkl}\varepsilon_{kl}(\delta\boldsymbol{u})\mathrm{d}\Omega-\int_{\Gamma_t}\bar{t}_i\delta u_i \mathrm{d}\Gamma-\int_{\Omega}f_i\delta u_i \mathrm{d}\Omega=0 \tag{11.18}$$

11.3.2 等几何公式

等几何分析与传统有限元分析方法的主要区别在于它的基函数组合方式和它表示精确几何形状的能力。在数值分析中使用了用于CAD几何图形建模和离散化的基函数，即NURBS基函数。物体域 Ω 被离散为一系列子域 Ω^e，但采用NURBS基函数。于是，式（11.18）的离散形式为

$$\sum_{e=1}^{N_{\mathrm{E}}}\left[\int_{\Omega^e}\varepsilon_{ij}(\boldsymbol{u})D_{ijkl}\varepsilon_{kl}(\delta\boldsymbol{u})\mathrm{d}\Omega-\int_{\Gamma_t^e}\bar{t}_i\delta u_i \mathrm{d}\Gamma-\int_{\Omega^e}f_i\delta u_i \mathrm{d}\Omega\right]=0 \tag{11.19}$$

式中，N_{E}——离散的单元数。

物体域 Ω 和位移场的离散化过程可以从接下来的说明中理解。为了便于公式推导，定义一个单元控制点的索引号 a 为

$$a=(p+1)(j-1)+i,\ i=1,2,\cdots,p+1;\ j=1,2,\cdots,q+1 \tag{11.20}$$

子域 Ω^e 的几何形状可以用NURBS基函数 R_a 和控制点变量 P_a 的组合准确地表示，即

$$x^e(\xi,\eta)=\sum_{a=1}^{n^e}R_a P_a \tag{11.21}$$

式中，n^e——单元 e 的控制点数目，$n^e=(p+1)(q+1)$。

基于伽辽金（Galerkin）法，位移场和虚位移场可分别表示为

$$\boldsymbol{u}^e(\xi,\eta)=\sum_{a=1}^{n^e}R_a\boldsymbol{u}_a,\ \delta\boldsymbol{u}^e(\xi,\eta)=\sum_{a=1}^{n^e}R_a\delta\boldsymbol{u}_a \tag{11.22}$$

式中，$\boldsymbol{u}_a,\delta\boldsymbol{u}_a$——第 a 个控制点的位移和虚位移系数。

为了计算应变，我们需要先计算位移的导数，即

$$u_{i,j}^e(\xi,\eta)=\sum_{a=1}^{n^e}R_{a,j}u_{ai} \tag{11.23}$$

式中，

$$\frac{\partial R_a}{\partial\xi}=\frac{\partial R_a}{\partial x_1}\frac{\partial x_1}{\partial\xi}+\frac{\partial R_a}{\partial x_2}\frac{\partial x_2}{\partial\xi} \tag{11.24a}$$

$$\frac{\partial R_a}{\partial\eta}=\frac{\partial R_a}{\partial x_1}\frac{\partial x_1}{\partial\eta}+\frac{\partial R_a}{\partial x_2}\frac{\partial x_2}{\partial\eta} \tag{11.24b}$$

上式可以写为矩阵形式：

$$\begin{bmatrix} \dfrac{\partial R_a}{\partial \xi} \\ \dfrac{\partial R_a}{\partial \eta} \end{bmatrix} = \begin{bmatrix} \dfrac{\partial x_1}{\partial \xi} & \dfrac{\partial x_2}{\partial \xi} \\ \dfrac{\partial x_1}{\partial \eta} & \dfrac{\partial x_2}{\partial \eta} \end{bmatrix} \begin{bmatrix} \dfrac{\partial R_a}{\partial x_1} \\ \dfrac{\partial R_a}{\partial x_2} \end{bmatrix} \tag{11.25}$$

式中，

$$\begin{bmatrix} \dfrac{\partial x_1}{\partial \xi} & \dfrac{\partial x_2}{\partial \xi} \\ \dfrac{\partial x_1}{\partial \eta} & \dfrac{\partial x_2}{\partial \eta} \end{bmatrix} = \begin{bmatrix} \sum_{a=1}^{n^e} \dfrac{\partial R_a}{\partial \xi} x_{a1} & \sum_{a=1}^{n^e} \dfrac{\partial R_a}{\partial \xi} x_{a2} \\ \sum_{a=1}^{n^e} \dfrac{\partial R_a}{\partial \eta} x_{a1} & \sum_{a=1}^{n^e} \dfrac{\partial R_a}{\partial \eta} x_{a2} \end{bmatrix} \tag{11.26}$$

式中，x_{a1} 和 x_{a2} 分别是控制点 a 的 x_1 和 x_2 方向上的坐标分量。

于是，由式（11.25）可得

$$\begin{bmatrix} \dfrac{\partial R_a}{\partial x_1} \\ \dfrac{\partial R_a}{\partial x_2} \end{bmatrix} = \begin{bmatrix} \dfrac{\partial x_1}{\partial \xi} & \dfrac{\partial x_2}{\partial \xi} \\ \dfrac{\partial x_1}{\partial \eta} & \dfrac{\partial x_2}{\partial \eta} \end{bmatrix}^{-1} \begin{bmatrix} \dfrac{\partial R_a}{\partial \xi} \\ \dfrac{\partial R_a}{\partial \eta} \end{bmatrix} \tag{11.27}$$

由式（11.15），可得

$$\boldsymbol{\varepsilon}^e = \begin{bmatrix} \varepsilon_{11} \\ \varepsilon_{22} \\ 2\varepsilon_{12} \end{bmatrix} = \begin{bmatrix} \boldsymbol{B}_1 & \boldsymbol{B}_2 & \cdots & \boldsymbol{B}_{n^e} \end{bmatrix} \begin{bmatrix} \boldsymbol{u}_1 \\ \boldsymbol{u}_2 \\ \vdots \\ \boldsymbol{u}_{n^e} \end{bmatrix} \tag{11.28}$$

式中，

$$\boldsymbol{B}_i = \begin{bmatrix} \dfrac{\partial R_i}{\partial x_1} & 0 \\ 0 & \dfrac{\partial R_i}{\partial x_2} \\ \dfrac{\partial R_i}{\partial x_2} & \dfrac{\partial R_i}{\partial x_1} \end{bmatrix}, \ \boldsymbol{u}_i = \begin{bmatrix} u_{i1} \\ u_{i2} \end{bmatrix}, \ i = 1, 2, \cdots, n^e \tag{11.29}$$

式（11.28）可简写为

$$\boldsymbol{\varepsilon}^e(\boldsymbol{u}^e) = \boldsymbol{B}\boldsymbol{u}^e \tag{11.30}$$

类似地，虚位移引起的虚应变为

$$\boldsymbol{\varepsilon}^e(\delta \boldsymbol{u}^e) = \boldsymbol{B}\delta \boldsymbol{u}^e \tag{11.31}$$

将式（11.30）、式（11.31）及式（11.22）代入式（11.19），并考虑到虚位移 $\delta \boldsymbol{u}^e$ 的任意性，可得

$$\sum_{e=1}^{N_E} \left[\int_{\Omega^e} \boldsymbol{B}^{\mathrm{T}} \boldsymbol{D} \boldsymbol{B} \mathrm{d}\Omega \boldsymbol{u}^e - \int_{\Gamma_t^e} \boldsymbol{R} \bar{\boldsymbol{t}} \mathrm{d}\Gamma - \int_{\Omega^e} \boldsymbol{R} \boldsymbol{f} \mathrm{d}\Omega = \boldsymbol{0} \right] \tag{11.32}$$

式中，$\boldsymbol{R}$ 定义如下：

（1）对于边界 $\boldsymbol{\Gamma}_t^e$，

$$\boldsymbol{R}=\begin{bmatrix} R_1(\xi) & 0 & R_2(\xi) & 0 & \cdots & R_{p+1}(\xi) & 0 \\ 0 & R_1(\xi) & 0 & R_2(\xi) & \cdots & 0 & R_{p+1}(\xi) \end{bmatrix}^{\mathrm{T}} \tag{11.33}$$

（2）对于子域 Ω^e，

$$\boldsymbol{R}=\begin{bmatrix} R_1(\xi,\eta) & 0 & R_2(\xi,\eta) & 0 & \cdots & R_{p+1}(\xi,\eta) & 0 \\ 0 & R_1(\xi,\eta) & 0 & R_2(\xi,\eta) & \cdots & 0 & R_{p+1}(\xi,\eta) \end{bmatrix}^{\mathrm{T}} \tag{11.34}$$

与有限元法一样，式（11.32）可以写为如下形式：

$$\sum_{e=1}^{N_{\mathrm{E}}}[\boldsymbol{K}^e\boldsymbol{U}^e = \boldsymbol{F}^e] \tag{11.35}$$

式中，$\boldsymbol{K}^e,\boldsymbol{F}^e,\boldsymbol{U}^e$——基于 NURBS 基函数的等几何单元刚度矩阵、等效结点载荷矢量及位移矢量。

式（11.35）的整体平衡方程形式为

$$\boldsymbol{KU}=\boldsymbol{F} \tag{11.36}$$

注意：矢量 $\boldsymbol{U}$ 对应的是控制点的位移，而控制点通常并不位于物体域的边界上，因此需要对边界条件做特殊处理。

11.3.3　等几何分析的实施细节

11.3.3.1　等几何分析涉及的相关空间

在经典有限元分析中，涉及的区域有物理网格、物理单元和自然单元。物理网格是用结点和单元表示几何图形的一种形式。物理网格被划分为非重叠的物理单元。自然单元是利用高斯求积法则进行积分的单元。所有物理单元都映射到同一个自然单元。物理单元由结点坐标定义，场变量由结点上的值和形函数表示。在等几何分析中，不同的工作域有物理网格、控制网格、参数空间和自然单元，如图 11.7 所示。物理空间是实际几何图形由基函数和控制点的线性组合表示的空间，基函数通常不会插值控制点。物理网格是几何的分解，可以以两种不同的方式划分为单元，即要么把它分割成多个片，要么把它按结点跨度划分。一个片可以被认为是一个子域。片是一维的曲线、二维的曲面和三维的体积。每个片可以再次划分为结点跨度。控制网格由控制点定义，其插值所有控制点。它控制几何形状，但通常与物理网格不一致。在一维空间中，控制单元是两个控制点之间的直线。在二维网格中，网格由 4 个控制点定义的双线性四边形组成。在三维空间中，控制单元是由 8 个控制点定义的三线性六面体。控制变量位于控制点处。控制网格可能会严重变形，而物理几何仍然有很好的定义。参数空间是由 NURBS 基函数定义和由结点给出的局部单元的空间。参数空间对片来说是局部的。参数空间的取值范围通常为 0 到 1。物理网格与参数空间的映射关系如式（11.12）所示。自然单元是一个标准的正方形区域，它是数值积分完成的单元。从自然单元 $[\xi_i,\xi_{i+1}]\otimes[\eta_j,\eta_{j+1}]$ 到参数空间坐标 (ξ,η) 的变换公式为

$$\begin{cases} \xi=\dfrac{1}{2}[(\xi_{i+1}-\xi_i)\bar{\xi}+(\xi_{i+1}+\xi_i)] \\ \eta=\dfrac{1}{2}[(\eta_{i+1}-\eta_i)\bar{\eta}+(\eta_{i+1}+\eta_i)] \end{cases} \tag{11.37}$$

式中，$\bar{\xi}$ 和 $\bar{\eta}$ 是自然单元中的已知积分点，可通过高斯积分规则求得。

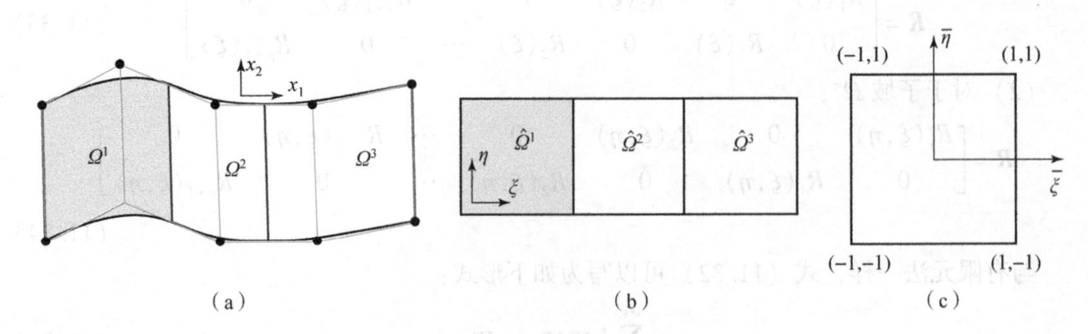

图 11.7　等几何分析中涉及的积分空间

(a) 物理空间；(b) 参数空间；(c) 自然单元

11.3.3.2　细化方法

B 样条基函数可以通过三种不同类型的细化方法来改进。这些方法是结点插入、阶次升高和 k 细化。前两种方法分别等效于有限元的 h 细化和 p 细化，最后一种方法在标准有限元法中没有等效的方法。值得注意的是，经过细化后的曲线（或曲面）在几何和参数上保持不变。

结点插入方法中，额外的结点被插入结点向量，这导致了附加的结点跨度。存在于结点向量中的结点值也可以以这种方式重复，从而增加其多样性，但会导致基函数的连续性减少。由于结点插入将现有的单元分割成新的单元，因此它类似于 h 细化。然而，它在创建的新基函数的数量和单元之间的连续性方面有所不同。

阶次升高方法增加了用于表示几何图形的基函数的阶数。由于 B 样条基函数在两个单元之间具有 C^{p-m}（m 为结点重复度）的连续性，为了保持 B 样条的连续性，还应增加结点的重复度。因此，在阶次升高方法中，结点的重复度增加了 1，但没有增加新的结点值。与结点插入一样，参数和几何结构都没有改变。

k 细化是一种更强大的细化方法，它是 B 样条基函数所特有的。本质上，k 细化是一种阶次升高的方法，它利用了阶次升高和结点插入不可交换的事实。在 k 细化中，首先将 B 样条曲线的阶次 p 提升到 q，然后在两个不同的结点值之间添加一个特有的结点值 $\bar{\xi}$。这样，基函数在 $\bar{\xi}$ 处具有 $q-1$ 次的连续导数。k 细化有助于求解结构的自由振动和薄梁、板和壳的分叉屈曲等问题。

11.3.3.3　边界条件

在有限元分析中，有两种边界条件：狄利克雷边界条件和诺伊曼边界条件。施加在未知主变量上的边界条件（如位移、温度等）称为狄利克雷边界条件。诺伊曼边界条件施加于主变量的导数（如面力、热流等）。边界条件 $u=0$ 称为齐次狄利克雷边界条件，其中 u 可以是任何主变量。这种类型的条件是通过将相应的控制变量赋值为零来实现的。边界条件 $u=\bar{u}$ 称为非齐次狄利克雷边界条件。这些条件也可以通过将相应的控制变量设置为 $\bar{u}$ 来实现。对于开结点向量，根据 Kronecker delta 函数性质，当控制变量在自由端或在角点时，两种狄利克雷边界条件都可以得到满足。如果将狄利克雷边界条件强加于物体域的任何其他点（端点/曲线除外），则采用罚函数法、拉格朗日乘子法和最小二乘法等特殊技术。另一种方法是在要施加狄利克雷边界条件的域边界上使用 h 细分。该方法实现简单，但有时由于边界条件只是部分满足，误差较大。等几何分析中诺伊曼边界条件的施加与标准有限元法相同，这些条件在弱形式下自然得到满足。

11.3.4　例题

例 11.3.1　考虑一个带圆孔的无限大板，其两端受到无穷远处面力 $T_x=10$ 的作用，如图 11.8（a）所示。计算模型定义在图 11.8（b）中，底边和右边位于对称轴上，而顶边和左边承受着精确的面力 T_x。试用等几何有限元法求解该问题（Cottrell et al.，2009）。

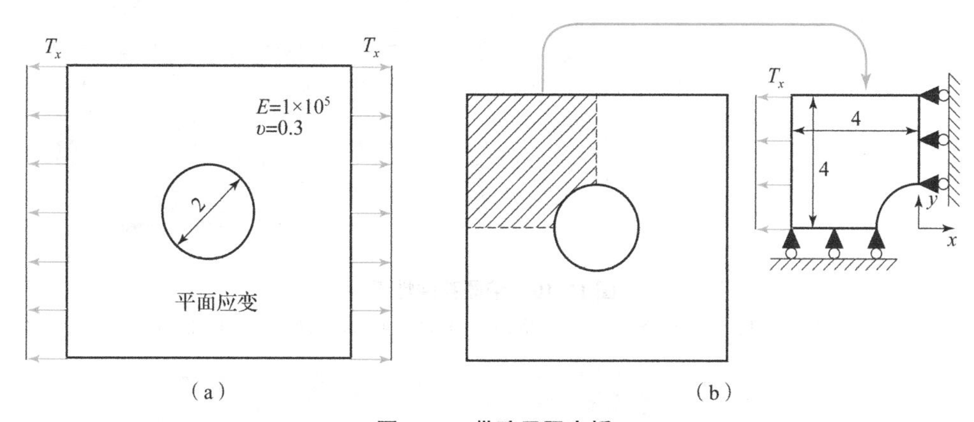

图 11.8　带孔无限大板

（a）载荷、几何和材料参数；（b）计算模型

解：最粗糙的网格由下列 ξ 和 η 方向上的结点矢量定义：

$$\boldsymbol{U}=\{0,0,0,0.5,1,1,1\}$$

$$\boldsymbol{V}=\{0,0,0,1,1,1\}$$

精确的几何形状仅由两个单元表示，如图 11.9（a）所示。相应的控制网格如图 11.9（b）所示。一个重复控制点位于左上角。分析中使用的前 6 个网格如图 11.10 所示。网格 1、4、6 结果的等值线图如图 11.11 所示。等值线图表明，随着网格的细化，可以很好地得到点$\left(r=1,\ \theta=\dfrac{\pi}{2}\right)$处的应力集中，同时也获得了整个域内的光滑应力场。

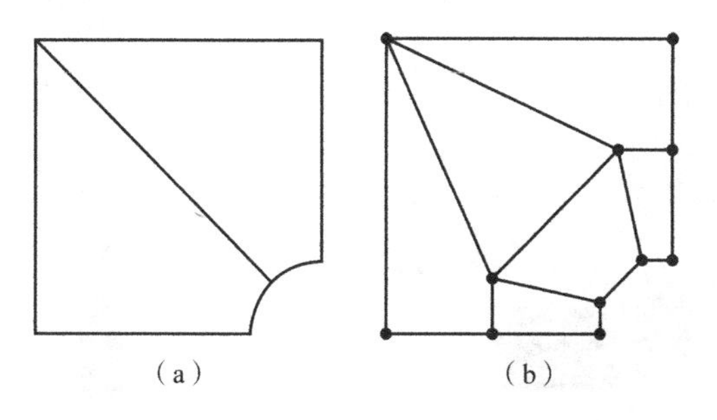

图 11.9　带圆孔弹性板

（a）最粗糙的网格；（b）控制网格

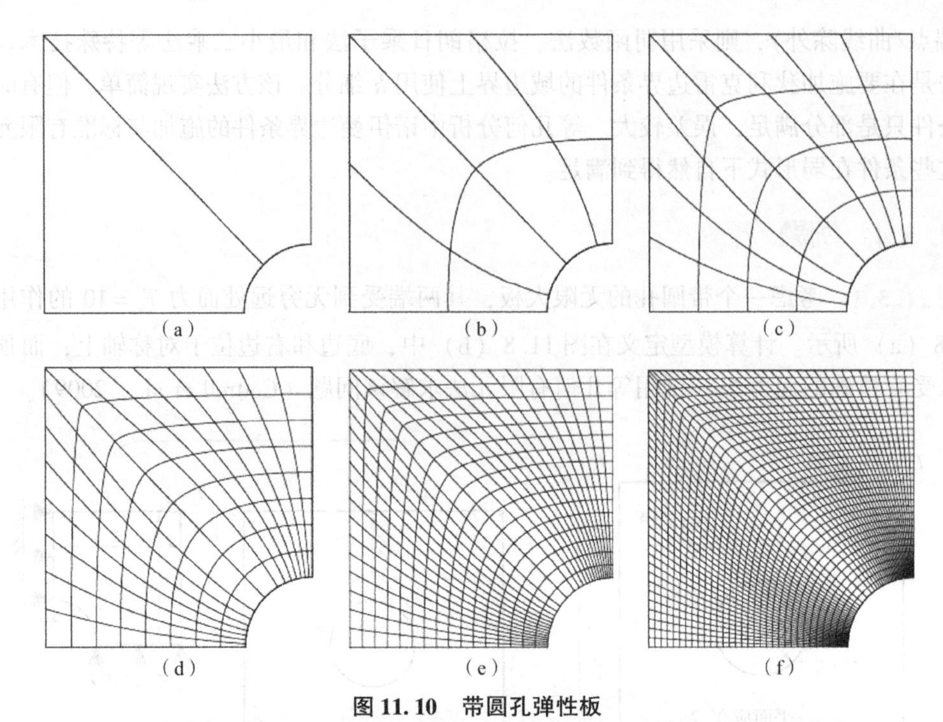

图 11.10　带圆孔弹性板

(a) 网格 1；(b) 网格 2；(c) 网格 3；(d) 网格 4；(e) 网格 5；(f) 网格 6

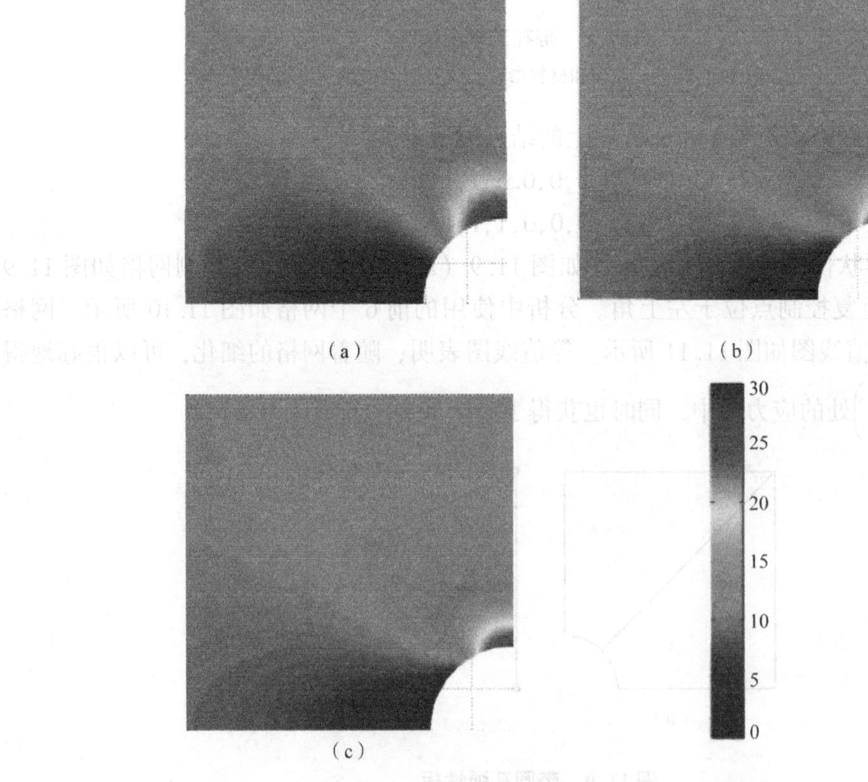

图 11.11　应力等值线图 ($p=2$) (附彩图)

(a) 网格 1；(b) 网格 4；(c) 网格 6

11.4　等几何边界元公式

11.4.1　边界积分方程

平面弹性问题的边界积分方程为

$$c_{ij}u_j(p) = \int_\Gamma U_{ij}(p,q)t_j(q)\mathrm{d}\Gamma - \int_\Gamma T_{ij}(p,q)u_j(q)\mathrm{d}\Gamma \tag{11.38}$$

式中，c_{ij}——与边界点 p 的几何形状相关的系数，当 p 处于光滑边界时，$c_{ij}=\frac{1}{2}\delta_{ij}$；

u_j,t_j——边界 Γ 上的位移和面力分量；

U_{ij},T_{ij}——无限大弹性域的位移和面力基本解，其形式见式（10.61）和式（10.62）。

11.4.2　边界积分方程的等几何离散化

在等几何分析时，几何和场变量皆通过 NURBS 基函数描述。考虑单个 NURBS 样条，该样条被离散为一系列单元，其中 Γ_e 上的几何和面力分量可表示如下：

$$\boldsymbol{x}(\boldsymbol{\xi}) = \sum_{a=1}^{p+1} R_a(\boldsymbol{\xi})\boldsymbol{x}_a \tag{11.39}$$

$$\boldsymbol{u}(\boldsymbol{\xi}) = \sum_{a=1}^{p+1} R_a(\boldsymbol{\xi})\boldsymbol{u}_a \tag{11.40}$$

$$\boldsymbol{t}(\boldsymbol{\xi}) = \sum_{a=1}^{p+1} R_a(\boldsymbol{\xi})\boldsymbol{t}_a \tag{11.41}$$

将式（11.40）和式（11.41）代入式（11.38）中的 $\boldsymbol{u}$ 和 $\boldsymbol{t}$，离散化的等几何边界积分方程可以写为

$$c_{ij}\sum_{a=1}^{p+1} R_a^{\bar{e}}(\bar{\xi}')u_j^{\bar{e}a} = \sum_{e=1}^{N_\mathrm{E}}\sum_{\alpha=1}^{p+1} U_{ij}^{e\alpha}(p,q)t_j^{e\alpha} - \sum_{e=1}^{N_\mathrm{E}}\sum_{\alpha=1}^{p+1} T_{ij}^{e\alpha}(p,q)u_j^{e\alpha} \tag{11.42}$$

式中，

$$U_{ij}^{e\alpha}(p,q) = \int_{-1}^{1} U_{ij}(p,x(\tilde{\xi}))R_\alpha^e(\tilde{\xi})J(\tilde{\xi})\mathrm{d}\tilde{\xi} \tag{11.43}$$

$$T_{ij}^{e\alpha}(p,q) = \int_{-1}^{1} T_{ij}(p,q(\tilde{\xi}))R_\alpha^e(\tilde{\xi})J(\tilde{\xi})\mathrm{d}\tilde{\xi} \tag{11.44}$$

式中，N_E——离散的单元数；

$\tilde{\xi}$——局部坐标，$\tilde{\xi}\in[-1,1]$；

$\bar{e}$——配点 p 所在的单元；

$\tilde{\xi}'$——配点的局部坐标；

$u_j^{e\alpha},t_j^{e\alpha}$——第 e 个单元中第 α 个控制点的第 j 个位移和面力分量；

$J(\tilde{\xi})$——单元的雅可比值，其计算公式如下：

$$J(\tilde{\xi}) = J_1(\xi)J_2(\tilde{\xi}) \tag{11.45}$$

式中，J_1——从物理空间转化到相应的参数空间时的雅可比系数；

$$J_1(\xi) = \frac{\mathrm{d}\Gamma}{\mathrm{d}\xi} = \sqrt{\left(\frac{\mathrm{d}x_1}{\mathrm{d}\xi}\right)^2 + \left(\frac{\mathrm{d}x_2}{\mathrm{d}\xi}\right)^2}$$

$$= \sqrt{\left(\sum_{a=1}^{p+1} \frac{\mathrm{d}R_a(\xi)}{\mathrm{d}\xi} x_{a1}\right)^2 + \left(\sum_{a=1}^{p+1} \frac{\mathrm{d}R_a(\xi)}{\mathrm{d}\xi} x_{a2}\right)^2} \tag{11.46}$$

J_2——从参数坐标为 $\xi \in [\xi_i, \xi_{i+1}]$ 的单元转换为对应自然坐标空间 $\tilde{\xi} \in [-1, 1]$ 的雅可比系数，

$$J_2 = \frac{1}{2}(\xi_{i+1} - \xi_i) \tag{11.47}$$

参数坐标与自然坐标的关系为

$$\xi = \frac{1}{2}[(\xi_{i+1} - \xi_i)\tilde{\xi} + (\xi_{i+1} + \xi_i)] \tag{11.48}$$

11.4.3 边界条件处理及求解方程组

等几何边界元法的求解方程需要通过式（11.42）由配点来形成，而配点的选取会影响数值结果的精度和稳定性。一般来说，使用 Greville 坐标定义的配点可以保证数值结果的合理性和精确度，具体定义如下：

$$\bar{\xi}_i = (\xi_i + \xi_{i+1} + \cdots + \xi_{i+p})/p,\ i = 1, 2, \cdots, n \tag{11.49}$$

式中，p——ξ 方向的曲线阶次。

为了获得求解方程组，需要循环边界上的每一个配点。于是，式（11.42）可转化为矩阵形式：

$$\boldsymbol{Hu} = \boldsymbol{Gt} \tag{11.50}$$

式中，$\boldsymbol{u}, \boldsymbol{t}$——所有控制点的位移向量和面力向量；

$\boldsymbol{H}$——包含 T_{ij} 核积分和系数项 c_{ij} 的组合方阵；

$\boldsymbol{G}$——U_{ij} 核积分的矩阵。

在非插值控制点上应用非齐次边界条件，将引入误差，降低求解精度。下面介绍的方法可以克服这一问题。

NURBS 边界上配点的位移和面力可以表示为 N 个变量 $\boldsymbol{u}$ 和 $\boldsymbol{t}$ 的矩阵形式：

$$\tilde{\boldsymbol{u}} = \boldsymbol{Cu} \tag{11.51a}$$

$$\tilde{\boldsymbol{t}} = \boldsymbol{Ct} \tag{11.51b}$$

式中，

$$\tilde{\boldsymbol{u}} = [\tilde{\boldsymbol{u}}(p(\bar{\xi}_1)) \quad \tilde{\boldsymbol{u}}(p(\bar{\xi}_2)) \quad \cdots \quad \tilde{\boldsymbol{u}}(p(\bar{\xi}_N))]^{\mathrm{T}} \tag{11.52a}$$

$$\tilde{\boldsymbol{t}} = [\tilde{\boldsymbol{t}}(p(\bar{\xi}_1)) \quad \tilde{\boldsymbol{t}}(p(\bar{\xi}_2)) \quad \cdots \quad \tilde{\boldsymbol{t}}(p(\bar{\xi}_N))]^{\mathrm{T}} \tag{11.52b}$$

$$\boldsymbol{C} = \begin{bmatrix} \boldsymbol{C}_{11} & \boldsymbol{C}_{12} & \cdots & \boldsymbol{C}_{1N} \\ \boldsymbol{C}_{21} & \boldsymbol{C}_{22} & \cdots & \boldsymbol{C}_{2N} \\ \vdots & \vdots & & \vdots \\ \boldsymbol{C}_{N1} & \boldsymbol{C}_{N2} & \cdots & \boldsymbol{C}_{NN} \end{bmatrix} \tag{11.53}$$

式中，2×2 阶子矩阵 $\boldsymbol{C}_{ij}$ 包含一个标量项 $R_{j,p}(\bar{\xi}_i)$，可以很容易地计算，即

$$\boldsymbol{C}_{ij}=\begin{bmatrix} R_{j,p}(\bar{\xi}_i) & 0 \\ 0 & R_{j,p}(\bar{\xi}_i) \end{bmatrix},\ i,j=1,2,\cdots,N \tag{11.54}$$

对式（11.51）求逆，可得

$$\boldsymbol{u}=\boldsymbol{C}^{-1}\tilde{\boldsymbol{u}} \tag{11.55a}$$

$$\boldsymbol{t}=\boldsymbol{C}^{-1}\tilde{\boldsymbol{t}} \tag{11.55b}$$

将式（11.55）代入式（11.50），可得

$$\tilde{\boldsymbol{H}}\tilde{\boldsymbol{u}}=\tilde{\boldsymbol{G}}\tilde{\boldsymbol{t}} \tag{11.56}$$

事实上，在等几何分析中，整体矩阵 $\tilde{\boldsymbol{H}}$ 和 $\tilde{\boldsymbol{G}}$ 是通过合适地插入 $2N\times2N$ 个子矩阵 $\tilde{\boldsymbol{H}}_{\text{nurbs}}$ 和 $\tilde{\boldsymbol{G}}_{\text{nurbs}}$ 构造的。每一对子矩阵 $\tilde{\boldsymbol{H}}_{\text{nurbs}}$ 和 $\tilde{\boldsymbol{G}}_{\text{nurbs}}$ 都可以通过以下公式获得：

$$\tilde{\boldsymbol{H}}_{\text{nurbs}}=\boldsymbol{H}_{\text{nurbs}}\boldsymbol{C}^{-1} \tag{11.57a}$$

$$\tilde{\boldsymbol{G}}_{\text{nurbs}}=\boldsymbol{G}_{\text{nurbs}}\boldsymbol{C}^{-1} \tag{11.57b}$$

在特殊情况下，如果一个常值面力作用于 Γ_{nurbs}（即一个 NURBS 边界），即

$$\tilde{t}_i(p)=K,\ \ \forall p\in\Gamma_{\text{nurbs}} \tag{11.58}$$

那么，由于 NURBS 的单位分解性质，式（11.55b）隐含下式：

$$t_i(p)=K,\ \ \forall p\in\Gamma_{\text{nurbs}} \tag{11.59}$$

在所有其他情况下，当边界条件直接应用于 t_i 而不是 $\tilde{t}_i$ 时，就会发生误差。

注意：①矩阵 $\boldsymbol{C}$ 的逆矩阵不是通过数值方法得到的，而是在给定边界条件下通过求解式（11.51）得到的；②式（11.51）的解是针对每个 NURBS，而不是针对整个边界，即矩阵 $\boldsymbol{C}$ 的维数是有限的；③矩阵 $\boldsymbol{C}$ 是正定的和带状的（带宽为 $p+1$）。

对式（11.56）重新排列，将所有未知分量放在等号左边，将已知分量放在等号右边，可得

$$\boldsymbol{Ax}=\boldsymbol{b} \tag{11.60}$$

式中，$\boldsymbol{x}$——包含所有未知的位移和面力分量。

求解式（11.60），即可得到问题的解。

11.4.4 例题

例 11.4.1 试用等几何边界元法求解 11.3.4 节中的带圆孔板的拉伸问题（Simpson et al.，2012）。

解：选择 NURBS 基函数的阶次为二次（$p=2$），则精确表示该问题几何形状所需的最小控制点数为 $n=11$，如图 11.12（a）所示，其中第一个点和最后一个点重合。在这种情况下，结点向量 $\boldsymbol{U}$ 和权值 $w_a(a=1,2,\cdots,n)$ 分别是：

$$\boldsymbol{U}=\{0,0,0,1/9,1/9,3/9,3/9,6/9,6/9,7/9,7/9,1,1,1\}$$

$$\boldsymbol{w}=\{1,1,1,1/\sqrt{2},1,1,1,1,1,1,1\}$$

使用等几何分析中描述的单元和配点的定义，这组控制点和结点向量的等几何边界元网格如图 11.12（b）所示。参数空间中 $p=2$ 的 NURBS 基函数如图 11.12（c）所示。为了评估高阶 NURBS 基函数的影响，我们将图 11.12 所示的网格和基函数设置为 $p=3$ 来描述几何和未知场。图 11.13 给出了带孔板问题对应的控制点、单元、配点和生成的基函数。

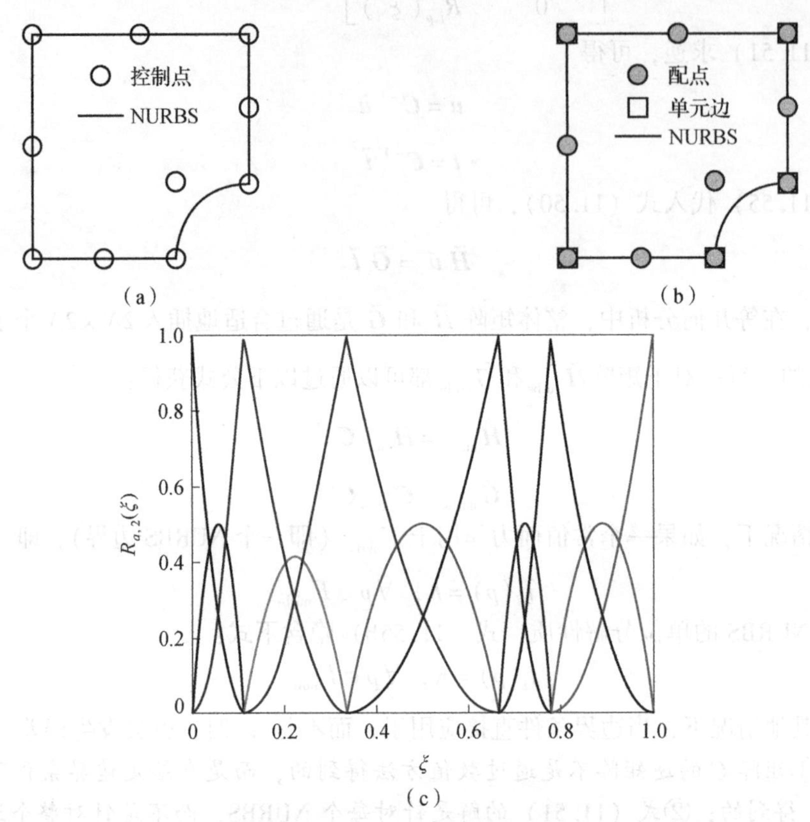

图 11.12　$p=2$ 时的网格和基函数

（a）控制点；（b）单元和配点；（c）NURBS 基函数（附彩图）

对于 $p=2$ 和 $p=3$，我们采用结点插入法，在边界上进行均匀细化的收敛性研究。此外，采用等效网格细化方法的二次等参边界元法对该问题进行了分析。对于等几何边界元法和传统边界元法，使用完全相同数量的高斯点来计算边界积分方程中的每一个边界积分。图 11.14 显示了每条边有三个单元的等几何边界元网格和变形轮廓，其结果与解析解一致。

使用以下定义计算边界位移的相对 L_2 误差范数：

$$e_{L_2}=\frac{\| \boldsymbol{u}-\boldsymbol{u}_{\text{exact}} \|_{L_2}}{\| \boldsymbol{u}_{\text{exact}} \|_{L_2}}$$

式中，$\| \boldsymbol{u} \|_{L_2}=\sqrt{\int_{\Gamma}\sum_{i=1}^{2}(u_i)^2\mathrm{d}\Gamma}$。

可以将等几何边界元法和传统边界元法进行比较（图 11.15）。在 $p=2$ 和二次边界元的情况下，两种方法以相同的速度收敛，但重要的是，对所有网格，等几何边界元法显示了始终较低的误差。对于 $p=3$ 的等几何边界元法，正如预期那样，与 $p=2$ 相比，获得了更高的收敛速度和更低的误差。

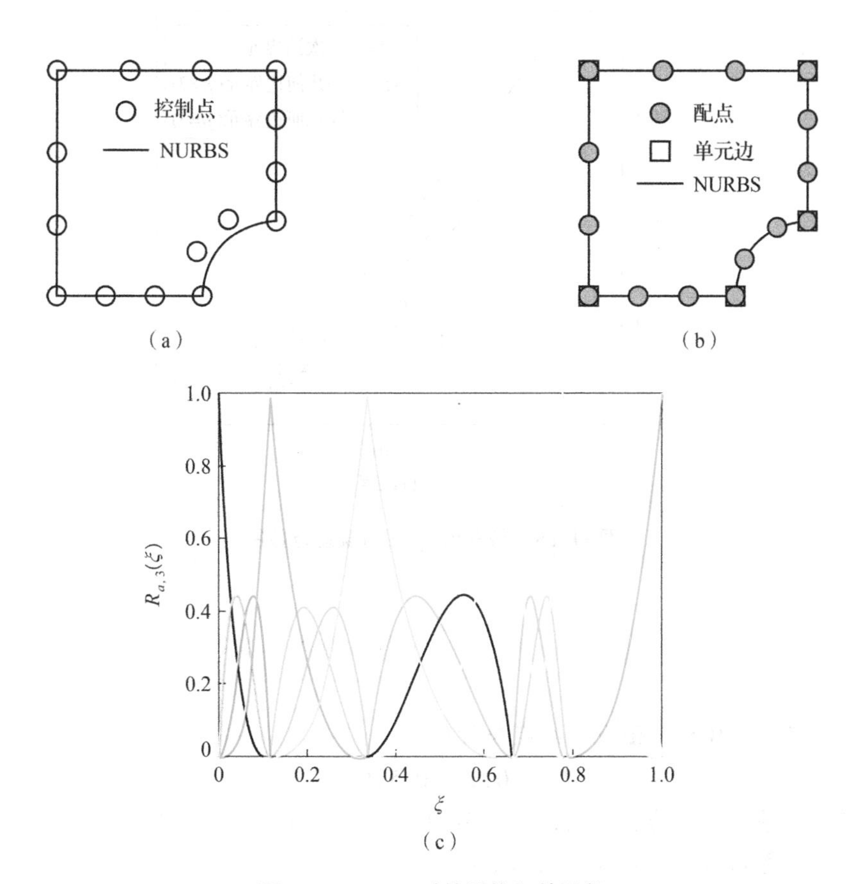

图 11.13 $p=3$ 时的网格和基函数

(a) 控制点；(b) 单元和配点；(c) NURBS 基函数（附彩图）

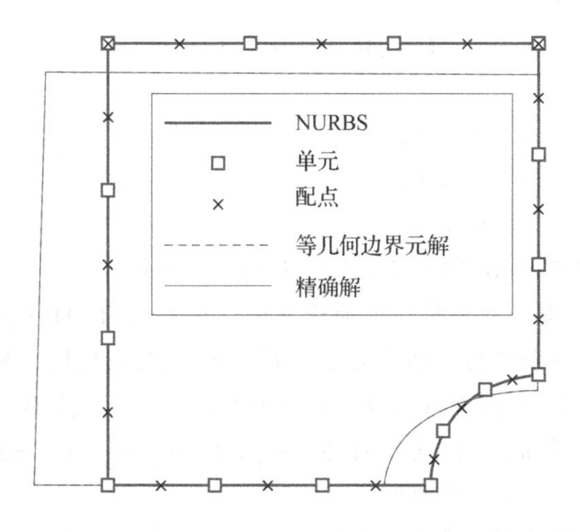

图 11.14 当 $p=2$ 和每边离散为三个单元时，变形轮廓的等几何边界元解与精确解比较（附彩图）

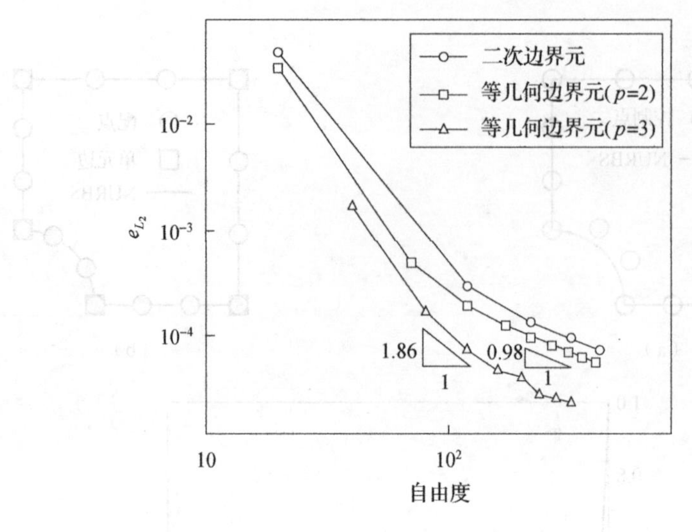

图 11.15　带孔板 L_2 相对误差范数图

习　题

11.1　给定二次 B 样条函数的结点矢量为

$$\boldsymbol{U}=[0,0,0,0.5,1,1,1]$$

试求该 B 样条基函数的表达式，并用 MATLAB 软件画出相应的曲线图。

11.2　针对题 11.1，给定如下权系数：

(1) $w_1=1, w_2=1, w_3=2, w_4=1$

(2) $w_1=1, w_2=1, w_3=0.5, w_4=1$

试求 NURBS 基函数的表达式，并用 MATLAB 软件画出相应的曲线图。

11.3　给定二次 B 样条函数的结点矢量为

$$\boldsymbol{U}=[0,0,0,0.5,1,1,1]$$

权系数如下：

(1) $w_1=1, w_2=1, w_3=2, w_4=1$；

(2) $w_1=1, w_2=1, w_3=1, w_4=1$；

(3) $w_1=1, w_2=1, w_3=0.5, w_4=1$。

控制点坐标：$(0,0.5),(0.25,0.2),(0.75,1),(1,0.6)$。

试求不同的 NURBS 基函数所描述的曲线方程，并用 MATLAB 软件画出相应的曲线图。

11.4　给定 ξ 和 η 两个方向的结点矢量为 $\boldsymbol{U}=[0,0,0,1,1,1]$，$\boldsymbol{V}=[0,0,1,1]$，控制点坐标为 $P_{11}=(0,0,0)$，$P_{21}=(1,0,3)$，$P_{31}=(2,0,0)$，$P_{12}=(0,5,0)$，$P_{22}=(1,5,3)$，$P_{32}=(2,5,0)$，相应的权系数为 $w_{11}=1$，$w_{21}=0.5$，$w_{31}=1$，$w_{12}=1$，$w_{22}=2$，$w_{32}=1$。试推导该曲面方程，并用 MATLAB 软件画出该曲面。

11.5　考虑一个单位长度和宽度的方板，其两端受到 x 方向的面力 $T_x=10$ kN/m，材料的弹性模量为 210×10^9 N/m²，泊松比为 0.33。试用等几何有限元法和等几何边界元法分别研究该问题，并对结果进行比较。

11.6　试用等几何有限元法和等几何边界元法分别计算第10章习题10.9中平面椭圆孔的孔边应力集中系数，并与弹性力学的精确解进行比较。

11.7　试用等几何有限元法和等几何边界元法分别研究第10章习题10.10中平面椭圆形夹杂所引起的基体弹性能的变化，并与弹性力学的精确解进行比较。

参考文献

杜庆华，岑章志，稽醒，等，1989. 边界积分方程法－边界元方法：力学基础与工程应用［M］. 北京：高等教育出版社.

冯康，1965. 基于变分原理的差分格式［J］. 应用数学和计算数学，2（4）：238－262.

高效伟，彭海峰，杨恺，等，2014. 高等边界元法－理论与程序［M］. 北京：科学出版社.

胡海昌，1954. 论弹性体力学与受范性体力学中的一般变分原理［J］. 物理学报，10（3）：259－290.

胡平，祝雪峰，夏阳，2016. 精确几何拟协调分析［M］. 北京：科学出版社.

姜弘道，2008. 弹性力学问题的边界元法［M］. 北京：中国水利水电出版社.

林丽，陆新征，韩鹏飞，等，2014. 大型商用飞机有限元建模及撞击力研究［C］//中国土木工程学会防护工程分会第十四次学术年会，西安：146－152.

钱令希，1950. 余能原理［J］. 中国科学，1（2/3/4）：449－456.

钱伟长，1980. 变分法及有限元［M］. 北京：科学出版社.

孙雁，李红云，刘正兴，2019. 计算固体力学［M］. 上海：上海交通大学出版社.

王秀喜，吴恒安，2009. 计算力学基础［M］. 合肥：中国科学技术大学出版社.

王勖成，2003. 有限单元法［M］. 北京：清华大学出版社.

王元汉，李丽娟，李银平，2002. 有限元法基础与程序设计［M］. 广州：华南理工大学出版社.

吴永礼，2003. 计算固体力学方法［M］. 北京：科学出版社.

邢誉峰，2019. 计算固体力学原理与方法［M］. 北京：北京航空航天大学出版社.

徐荣桥，2006. 结构分析的有限元法与 MATLAB 程序设计［M］. 北京：人民交通出版社.

徐芝纶，1974. 弹性力学问题的有限单元法［M］. 北京：中国水利水电出版社.

杨庆生，2007. 现代计算固体力学［M］. 北京：科学出版社.

姚振汉，王海涛，2010. 边界元法［M］. 北京：高等教育出版社.

曾攀，2009. 有限元基础教程［M］. 北京：高等教育出版社.

张雄，王天舒，刘岩，2015. 计算动力学［M］. 北京：清华大学出版社.

张耀明，谷岩，陈正宗，2010. 位势边界元法中的边界层效应与薄体结构［J］. 力学学报，42（2）：219－227.

钟万勰，1995. 暂态历程的精细计算方法［J］. 计算结构力学及其应用，12（1）：1－6.

周维垣，杨强，2005. 岩石力学数值计算方法［M］. 北京：中国电力出版社.

朱加铭，欧贵宝，何蕴增，2004. 有限元与边界元法 [M]. 哈尔滨：哈尔滨工程大学出版社.

AGRAWAL V, GAUTAM S, 2018. IGA: a simplified introduction and implementation details for finite element users [J]. Journal of the institution of engineers (India) series C, 100 (1): 1 -25.

ASTIER V, 2007. A finite element model of the shoulder for many applications: trauma and orthopaedics [C] // Technical session 9: Biomechanics, European HyperWorks Technology Conference.

BAI Y, DONG C Y, LIU Z Y, 2015. Effective elastic properties and stress states of doubly periodic array of inclusions with complex shapes by isogeometric boundary element method [J]. Composite structures, 128: 54 -69.

BAZILEVS Y, TAKIZAWA K, TEZDUYAR T E, 2013. Computational fluid - structure interaction methods and applications [M]. West Sussex: John Wiley & Sons Ltd.

BEER G, SMITH I M, DUENSER C, 2008. The boundary element method with programming for engineers and scientists [M]. Morlenbach: Springer.

BEER G, BORDAS S, 2015. Isogeometric methods for numerical simulation [M]. London: Springer.

BEER G, 2015. Advanced numerical simulation methods - from CAD data directly to simulation results [M]. New York: CRC Press.

BEER G, MARUSSIG B, DUENSER C, 2020. The isogeometric boundary element method [M]. Cham: Springer.

BREBBIA C A, 1978. The boundary element method for engineers [M]. London: Pentech Press.

CLOUGH R W, 2001. Thoughts about the origin of the finite element method [J]. Computers & structures, 79 (22/23/24/25): 2029 -2030.

CLOUGH R W, TOCHER J L, 1966. Finite element stiffness matrices for analysis of plate bending [M] // PREZEMIENICKI J S, BADER R M, BOZICH W F, et al. Proceedings of the first conference on matrix methods in structural mechanics, Volume AFFDL - TR - 66 - 80, Air Force Flight Dynamics Laboratory, Wright Patterson Air Force Base, OH: 515 -546.

COOK R D, MALKUS D S, PLESHA M E, et al., 2000. Concepts and applications of finite element analysis [M]. New York: John Wiley & Sons, Inc.

COTTRELL J A, HUGHES T J R, BAZILEVS Y, 2009. Isogeometric analysis - toward integration of CAD and FEA [M]. West Sussex: John Wiley & Sons Ltd.

COURANT R, 1943. Variational methods for the solution of problems of equilibrium and vibrations [J]. Bulletin of American Mathematical Society, 49: 1 -23.

CRISFIELD M A, 1981. A fast incremental/iterative solution procedure that handles "snap - through" [J]. Computers & structures, 13: 55 -62.

CROSS H, 1932. Analysis of continuous frames by distributing fixed - end moments [J]. Transactions of the American society of civil engineers, 96 (1): 1 -10.

CRUSS T A, 1969. Numerical solutions in three - dimensional elastostatics [J]. International journal of solids and structures, 5 (12): 1259 -1274.

CRUSE T A, RIZZO F J, 1968. A direct formulation and numerical solution of the general transient elastodynamic problem – I [J]. Journal of mathematical analysis and applications, 22 (2): 341 – 355.

CRUSE T A, RIZZO F J, 1975. Boundary integral equation method [M]. New York: McGraw – Hill.

DE BORST R, 2018. Computational methods for fracture in porous media – isogeometric and extended finite element methods [M]. Amsterdam: Elsevier.

DAI R, DONG C Y, XU C, et al., 2021. IGABEM of 2D and 3D liquid inclusions [J]. Engineering analysis with boundary elements, 132: 33 – 49.

DENG J, CHEN F, XIN L, et al., 2008. Polynomial splines over hierarchical T – meshes [J]. Graphical models, 70 (4): 76 – 86.

DONG C Y, BONNET M, 2002. An integral formulation for steady – state elastoplastic contact over a coated half – plane [J]. Computational mechanics, 28 (2): 105 – 121.

DONG C Y, 2019. A more general interface integral formula for the variation of matrix elastic energy of heterogeneous materials [C]//力学与工程数值计算及数据分析, 北京: 95 – 98.

ESLAMI M R, 2014. Finite elements methods in mechanics [M]. New York: Springer.

GAN B S, 2018. An isogeometric approach to beam structures – bridging the classical to modern technique [M]. Cham: Springer.

GAO X W, 2002. The radial integration method for evaluation of domain integrals with boundary – only discretization [J]. Engineering analysis with boundary elements, 26 (10): 905 – 916.

GAO X W, GUO L, ZHANG C H, 2007. Three – step multi – domain BEM solver for nonhomogeneous material problems [J]. Engineering analysis with boundary elements, 31 (12): 965 – 973.

GAO X W, DAVIES T G, 2002. Boundary element programming in mechanics [M]. Cambridge: Cambridge University Press.

GHABOUSSI J, WU X S, 2016. Numerical methods in computational mechanics [M]. Boca Raton: CRC Press.

GOMEZ H, CALO V M, BAZILEVS Y, et al., 2008. Isogeometric analysis of the Cahn – Hilliard phase – field model [J]. Computer methods in applied mechanics and engineering, 197: 4333 – 4352.

GONDEGAON S, VORUGANTI H K, 2016. Static structural and modal analysis using isogeometric analysis [J]. Journal of theoretical and applied mechanics, 46: 36 – 75.

GONG Y P, DONG C Y, QIN X C, 2017. An isogeometric boundary element method for three dimensional potential problems [J]. Journal of computational and applied mathematics, 313: 454 – 468.

GOYAL VIJAY K, GOYAL VINAY K, 2021. Solution to engineering problems using finite element methods [M]. Georgia: Self – Publishing Company.

GRANDIN H, Jr, 1986. Fundamentals of the finite element method [M]. New York: Macmillan Publishing Company.

HESS J L, 1962. Calculation of potential flow about bodies of revolution having axes perpendicular to the free - stream direction [J]. Journal of the aerospace sciences, 29 (6): 726 - 742.

HRENNIKOFF A, 1941. Solution of problems of elasticity by the framework method [J]. Journal of applied mechanics, 8 (4): 169 - 175.

HILBER H M, HUGHES T J R, TAYLOR R L, 1977. Improved numerical dissipation for time integration algorithms in structural dynamics [J]. Earthquake engineering and structural dynamics, 5: 282 - 292.

HUGHES T J R, COTTRELL J A, BAZILEVS Y, 2005. Isogeometric analysis: CAD, finite elements, NURBS, exact geometry, and mesh refinement [J]. Computer methods in applied mechanics and engineering, 194: 4135 - 4195.

HUTTON D V, 2004. Fundamentals of finite element analysis [M]. New York: McGraw - Hill.

JASWON M A, 1963. Integral equation methods in potential theory I [J]. Proceedings of the Royal Society of London, 275 (1360): 23 - 32.

JASWON M A, PONTER M, 1963. An integral equation solution of the torsion problem [J]. Proceedings of the Royal Society of London, 273 (1353): 237 - 246.

KADAPA C, 2021. A simple extrapolated predictor for overcoming the starting and tracking issues in the arc - length method for nonlinear structural mechanics [J]. Engineering structures, 234: 111755.

KATSIKADELIS J T, 2016. The boundary element method for engineers and scientists [M]. Amsterdam: Elsevier.

KIM N H, 2015. Introduction to nonlinear finite element analysis [M]. New York: Springer.

KIM N H, SANKAR B V, KUMAR A V, 2017. Introduction to finite element analysis and design [M]. New York: Wiley.

LIU Y J, NISHIMURA N, OTANI Y, et al., 2005. A fast boundary element method for the analysis of fiber - reinforced composites based on a rigid - inclusion model [J]. Journal of applied mechanics, 72 (1): 115 - 128.

LOGAN D L, 2014. A first course in the finite element method [M]. Boston: Cengage Learning.

LUO J F, LIU Y J, BERGER E J, 1998. Analysis of two - dimensional thin structures (from micro - to nano - scale) using the boundary element method [J]. Computational mechanics, 22 (5): 404 - 412.

MA H, KAMIYA N, 2002. A general algorithm for the numerical evaluation of nearly singular boundary integrals of various orders for two - and three - dimensional elasticity [J]. Computational mechanics, 29 (4/5): 277 - 288.

MADIER D, 2020. Practical finite element analysis for mechanical engineers [M]. Val - Morin: FEA Academy.

NGUYEN V P, ANITESCU C, BORDAS S P A, et al., 2015. Isogeometric analysis: an overview and computer implementation aspects [J]. Mathematics and computers in simulation, 117: 89 - 116.

ODEN J T, 1972. Finite elements of nonlinear continua [M]. New York: McGraw - Hill.

OKEREKE M, KEATES S, 2018. Finite element applications - a practical guide to the FEM process [M]. Cham: Springer.

PARK K C, 1982. A family of solution algorithms for nonlinear structural analysis based on relaxation equations [J]. International journal for numerical methods in engineering, 18: 1337 - 1347.

PERELMUTER A V, FIALKO S Y, 2003. Problems of computational mechanics related to finite - element analysis of structural constructions [C] // CMM - 2003 - Computer Methods in Mechanics, June 3 - 6, 2003, Gliwice.

QIN X C, DONG C Y, WANG F, et al., 2017. Static and dynamic analyses of isogeometric curvilinearly stiffened plates [J]. Applied mathematical modelling, 45: 336 - 364.

RITZ W, 1909. Über eine neue methode zur lösung gewissen variations - probleme der mathematischen physik [J]. Journal für die Reine und angewandte mathematik, 135: 1 - 61.

RIZZO F J, 1967. An integral equation approach to boundary value problems of classical elastostatics [J]. Quarterly journal of applied mathematics, 25: 83 - 95.

SIMPSON R N, BORDAS S P A, TREVELYAN J, et al., 2012. A two - dimensional isogeometric boundary element method for elastostatic analysis [J]. Computer methods in applied mechanics and engineering, 209/210/211/212: 87 - 100.

SUN D Y, DONG C Y, 2021. Isogeometric analysis of the new integral formula for elastic energy change of heterogeneous materials [J]. Journal of computational and applied mathematics, 382: 113106.

SUN F L, DONG C Y, YANG H S, 2019. Isogeometric boundary element method for crack propagation based on Bézier extraction of NURBS [J]. Engineering analysis with boundary elements, 99: 76 - 88.

TURNER J M, CLOUGH R W, MARTIN H C, et al., 1956. Stiffness and deflection analysis of complex structures [J]. Journal of aeronautical sciences, 23 (9): 805 - 823.

VASIOS N, 2015. Nonlinear analysis of structures - the arc length method: formulation, implementation and applications [M]. https://scholar.harvard.edu/files/vasios/files/ArcLength.pdf.

WANG C M, REDDY J N, LEE K H, 2000. Shear deformable beams and plates [M]. Amsterdam: Elsevier.

WU Y H, DONG C Y, YANG H S, 2020a. Isogeometric indirect boundary element method for solving the 3D acoustic problems [J]. Journal of computational and applied mathematics, 363: 273 - 299.

WU Y H, DONG C Y, YANG H S, 2020b. Isogeometric FE - IBE coupling method for acoustic - structural interaction and its application in rocket tail and submarine [J]. Ocean engineering, 218: 108183.

XU C, DONG C Y, DAI R, 2021. RI - IGABEM based on PIM in transient heat conduction problems of FGMs [J]. Computer methods in applied mechanics and engineering, 374: 113601.

YANASE K, 2017. A gentle introduction to isogeometric analysis Part I: B - spline curve & 1D finite element analysis [J]. Fukuoka University review of technological sciences, 98: 1 - 9.

YANASE K, 2017. A gentle introduction to isogeometric analysis Part II: NURBS curve and surface [J]. Fukuoka University review of technological sciences, 99: 1 -11.

YANG H S, DONG C Y, 2019. Adaptive extended isogeometric analysis based on PHT - splines for thin cracked plates and shells with Kirchhoff - Love theory [J]. Applied mathematical modelling, 76: 759 -799.

YANG H S, DONG C Y, WU Y H, et al., 2021a. Mixed dimensional isogeometric FE - BE coupling analysis for solid - shell structures [J]. Computer methods in applied mechanics and engineering, 382: 113841.

YANG H S, DONG C Y, WU Y H, 2021b. Non - conforming interface coupling and symmetric iterative solution in isogeometric FE - BE analysis [J]. Computer methods in applied mechanics and engineering, 373: 113561.

YAO Z H, WANG H T, WANG P B, et al., 2008. Some recent investigations on fast multipole BEM in solid mechanics [J]. Journal of University of Sciences and Technology of China: 1 -17.

YU T T, BUI T Q, YIN S, et al., 2016. On the thermal buckling analysis of functionally graded plates with internal defects using extended isogeometric analysis [J]. Composite structures, 136: 684 -695.

YU T T, YUAN H, GU J, et al., 2020. Error - controlled adaptive LR B - plines XIGA for assessment of fracture parameters in through - cracked Mindlin - Reissner plates [J]. Engineering fracture mechanics, 229: 106964.

ZHAN Y, XU C, YANG H, et al., 2022. Isogeometric FE - BE method with non - conforming coupling interface for solving elastic - thermoviscoelastic problems [J]. Engineering analysis with boundary elements, 141: 199 -221.

ZHANG J M, QIN X Y, HAN X, et al., 2009. A boundary face method for potential problems in three dimensions [J]. International journal for numerical methods in engineering, 80: 320 -337.

ZHONG W X, WILLIAMS F W, 1994. A precise time step integration method [J]. Journal of mechanical engineering science, 208 (6): 427 -430.

ZIENKIEWICZ O C, CHEUNG Y K, 1967. The finite element method in structural and continuum mechanics [M]. London: McGraw - Hill.

图 1.3　铲斗有限元模型

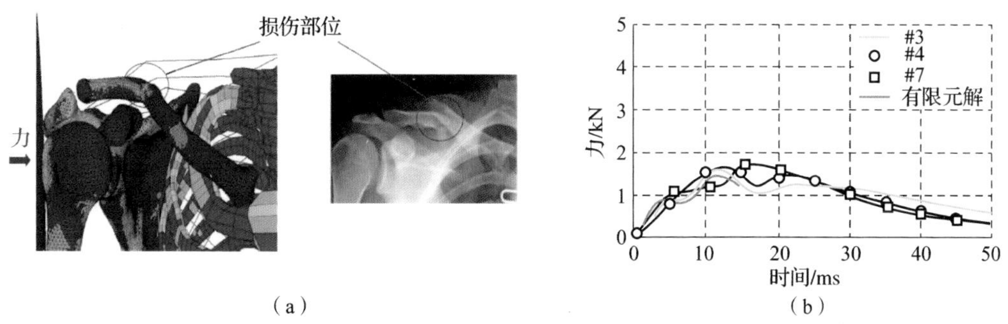

（a）　　　　　　　　　　　　　　　　（b）

图 1.4　人体肩部骨骼模型

（a）与侧面汽车碰撞时观察到的损伤和医学数据集吻合良好；

（b）有限元解和三组实验结果（#3、#4、#7）吻合良好

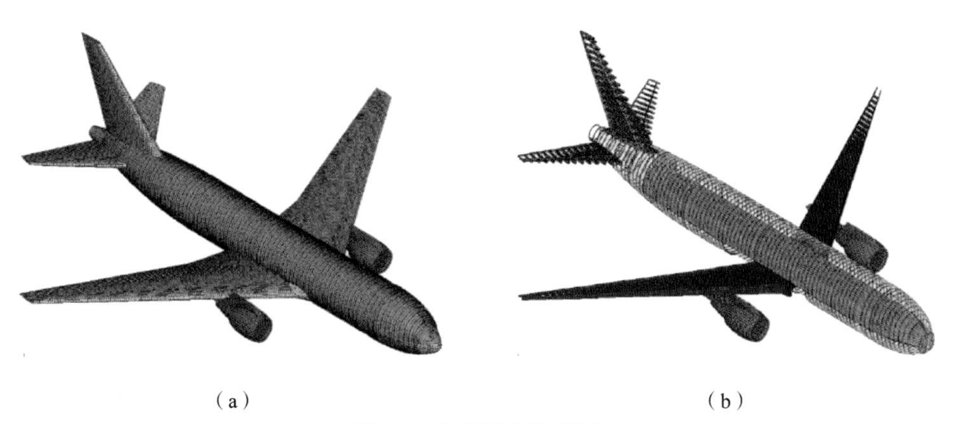

（a）　　　　　　　　　　　　　　　　（b）

图 1.5　飞机有限元模型

（a）飞机外层蒙皮壳单元；（b）飞机内部结构壳单元及梁单元

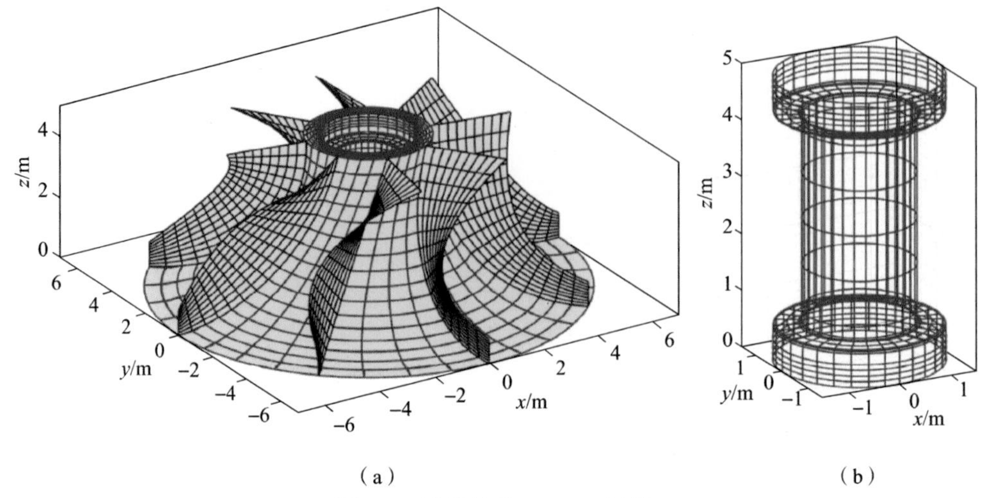

图 1.9　叶轮片的 NURBS 网格

（a）整体模型网格；（b）轮毂的内表面网格

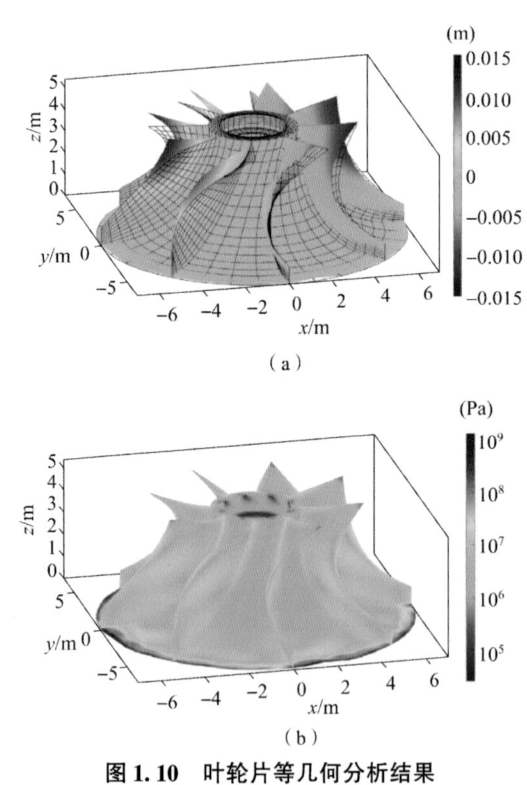

图 1.10　叶轮片等几何分析结果

（a）y 方向的位移分布；（b）冯米塞斯应力等值线图

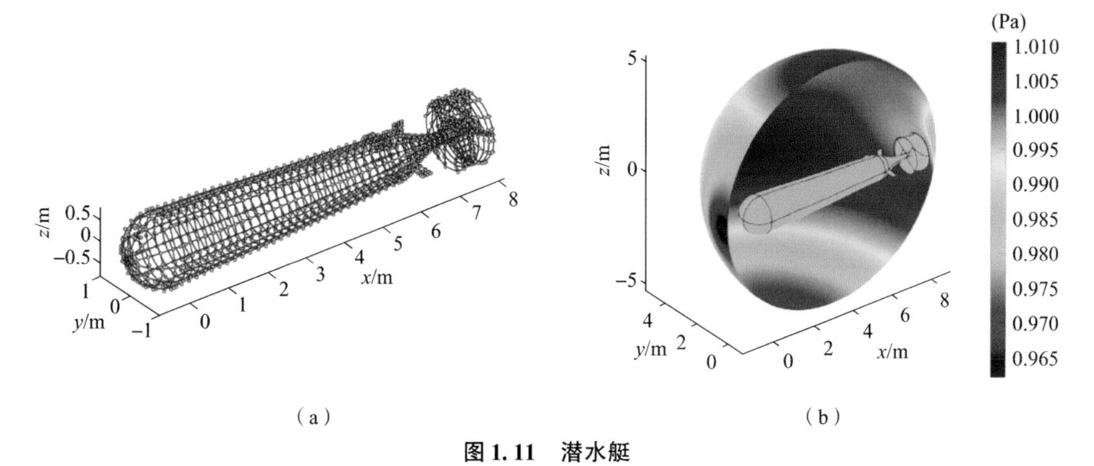

（a）　　　　　　　　　　　　（b）

图 1.11　潜水艇

（a）潜水艇控制点和网格的分布；（b）球面散射声压分布

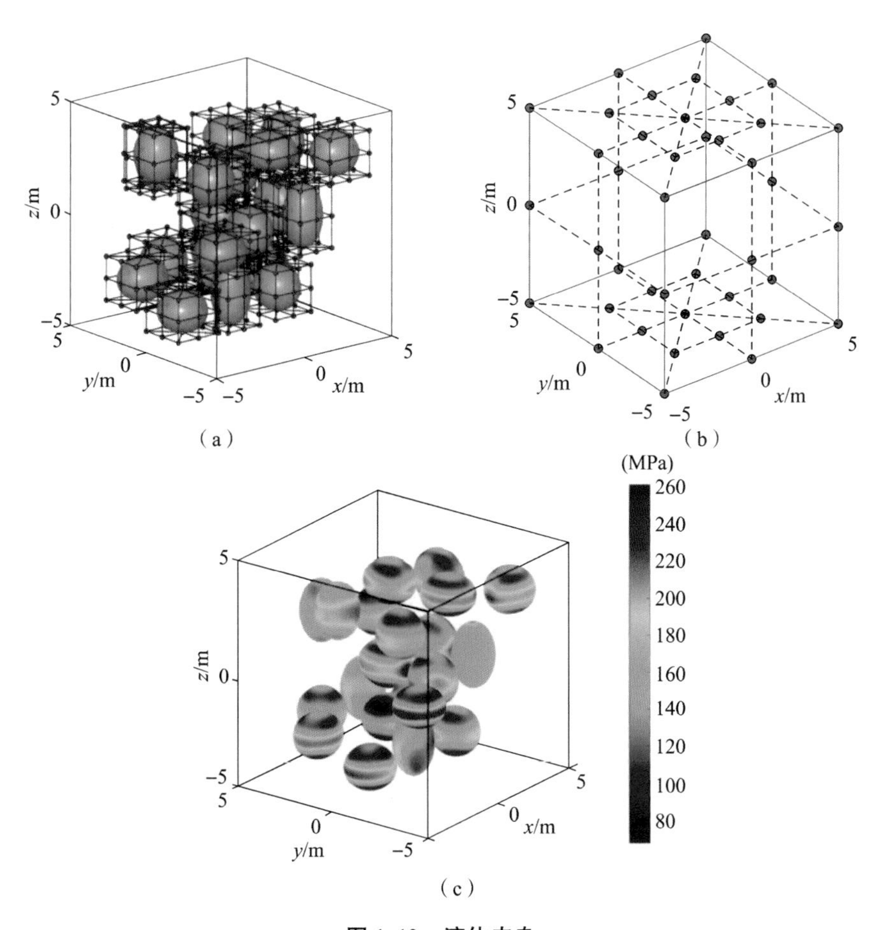

（a）　　　　　　　　　　　　（b）

（c）

图 1.12　液体夹杂

（a）夹杂控制点；（b）胞元外边界控制点；（c）液体夹杂表面的冯米塞斯应力分布

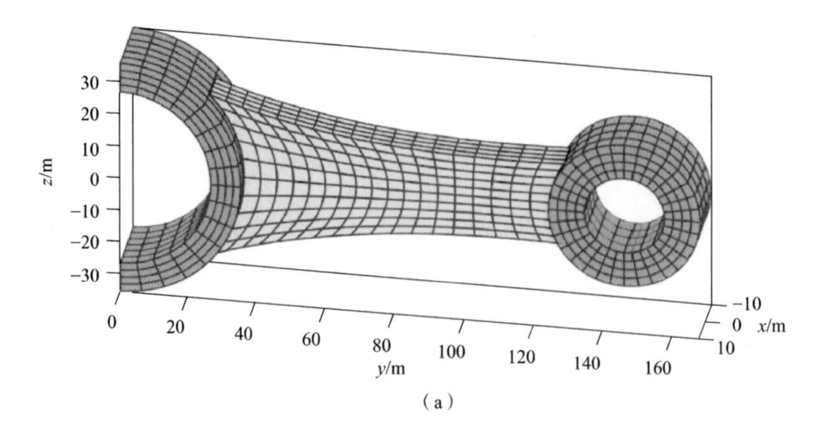

（a）

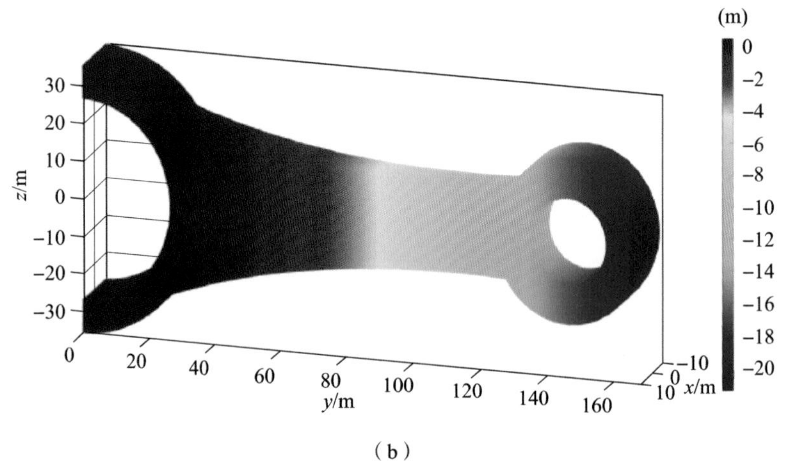

（b）

图 1.13　三维连杆结构

（a）NURBS 离散；（b）z 方向位移的等值线图

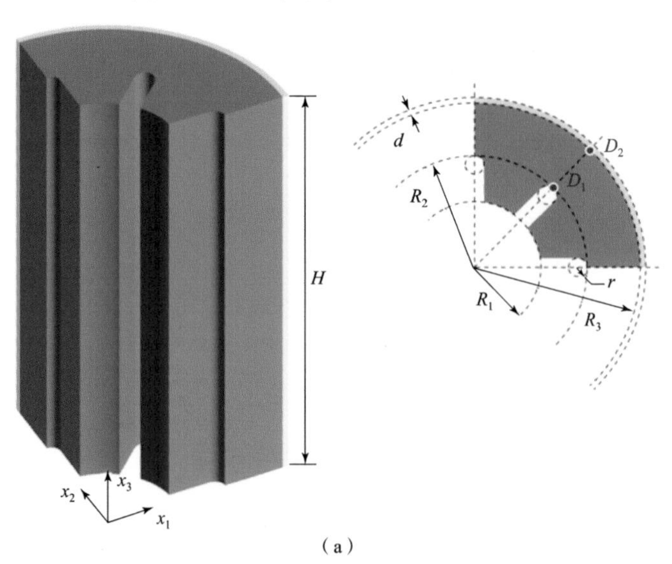

（a）

图 1.14　固体火箭发动机燃烧室

（a）计算模型和几何参数

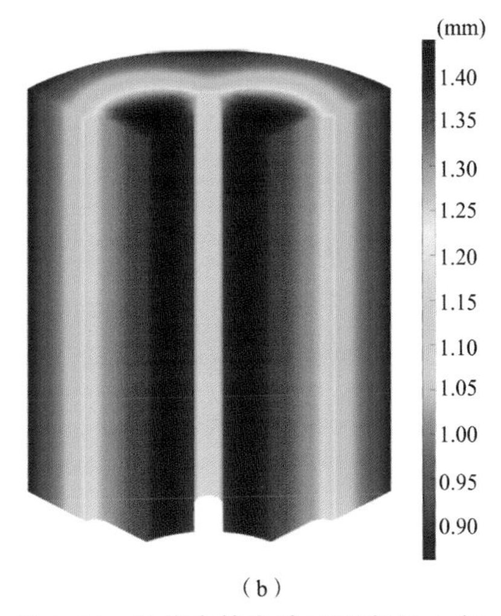

(b)

图 1.14　固体火箭发动机燃烧室（续）

(b) 受内压与温度变化影响的模型径向位移云图

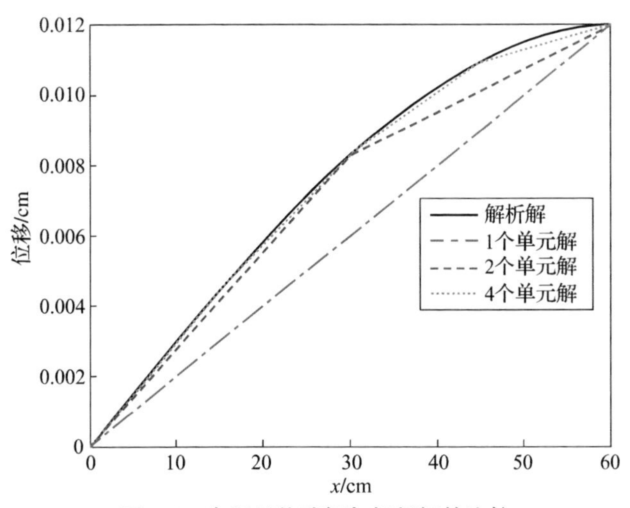

图 2.8　有限元位移解与解析解的比较

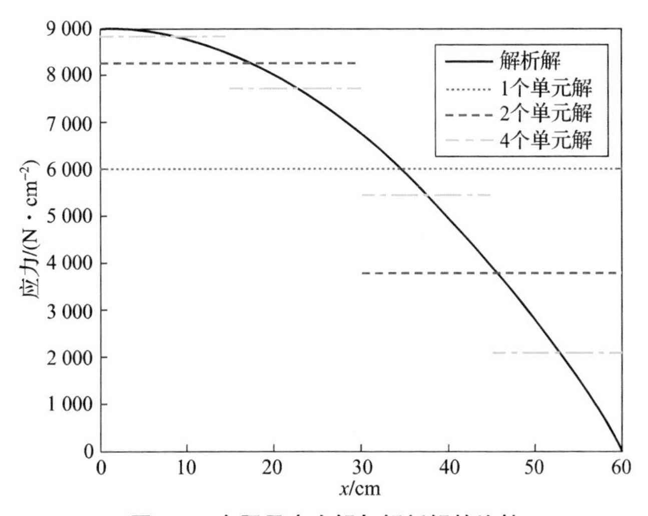

图 2.9　有限元应力解与解析解的比较

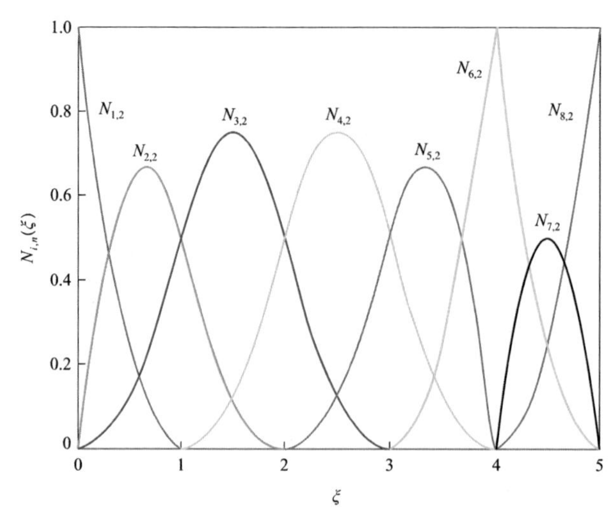

图 11.1　定义在{0,0,0,1,2,3,4,4,5,5,5}上的非零二次 B 样条基函数

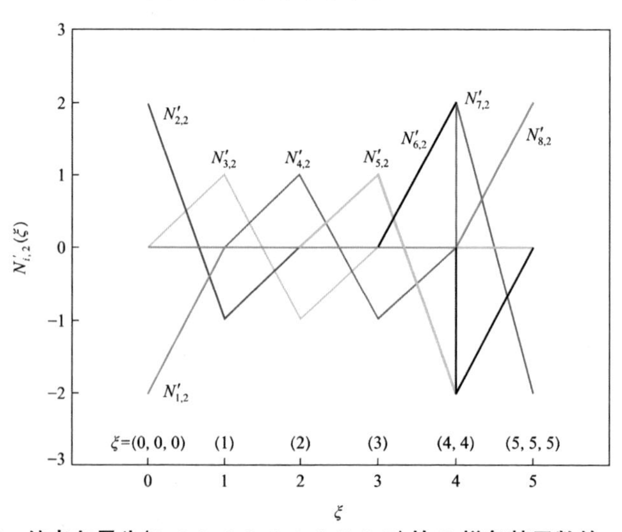

图 11.2　结点向量为{0,0,0,1,2,3,4,4,5,5,5}的 B 样条基函数的一阶导数

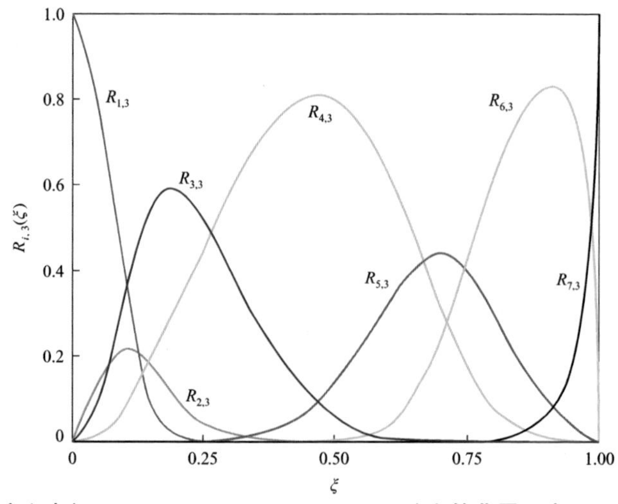

图 11.3　定义在{0,0,0,0,0.25,0.5,0.75,1,1,1,1}上的非零三次 NURBS 基函数

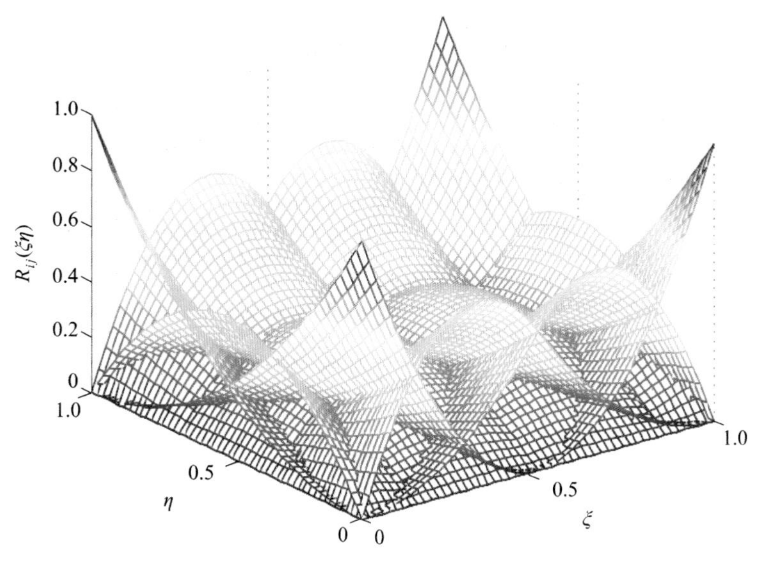

图 11.5　一个双二次 NURBS 曲面的基函数

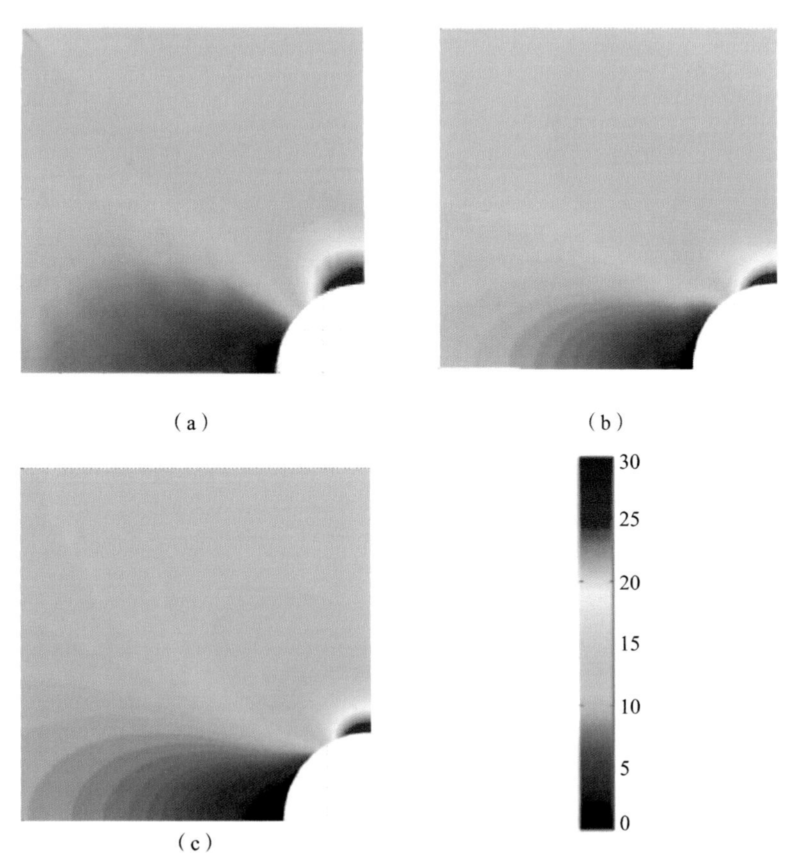

图 11.11　应力等值线图（$p=2$）

（a）网格 1；（b）网格 4；（c）网格 6

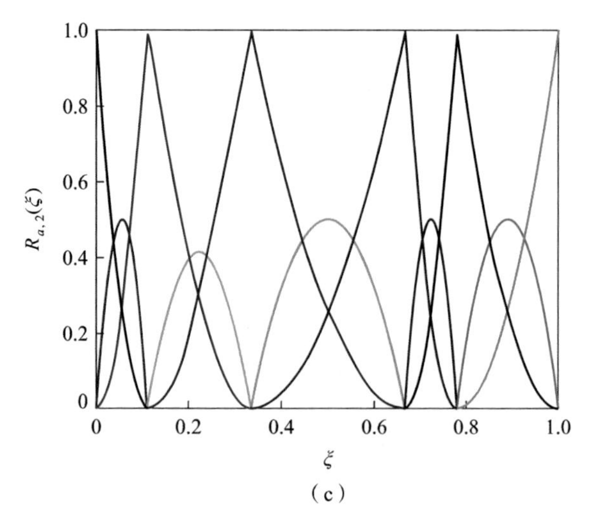

(c)

图 11.12　$p=2$ 时的网格和基函数

(c) NURBS 基函数

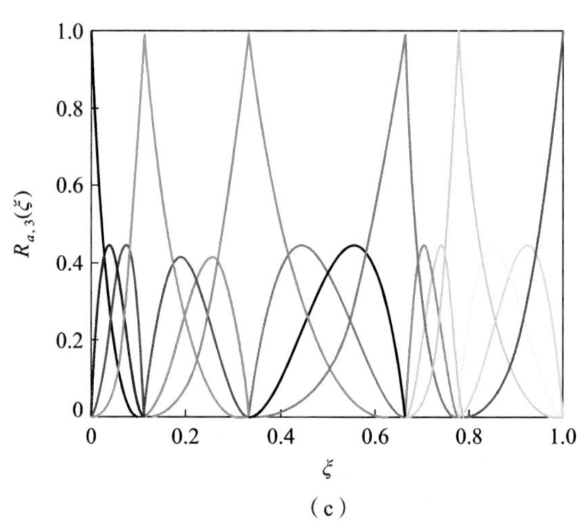

(c)

图 11.13　$p=3$ 时的网格和基函数

(c) NURBS 基函数

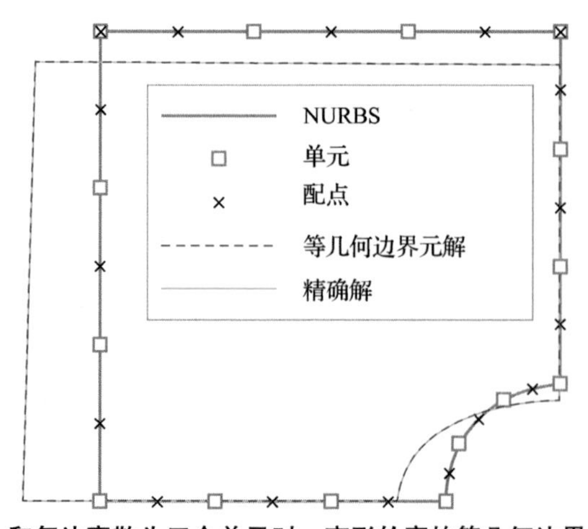

图 11.14　当 $p=2$ 和每边离散为三个单元时，变形轮廓的等几何边界元解与精确解比较